2025

管理类经济类综合能力

逻辑真题

全国硕士研究生招生考试

挑灯成硕◎编著

MBA MPA MPAcc

MEM MF

吉林科学技术出版社

图书在版编目(CIP)数据

管理类经济类综合能力. 逻辑真题 / 挑灯成硕编著.
-- 长春 : 吉林科学技术出版社, 2023.4(2024.4 重印)
全国研士研究生招生考试
ISBN 978-7-5744-0291-1

Ⅰ. ①管… Ⅱ. ①挑… Ⅲ. ①逻辑-研究生-入学考试-习题集 Ⅳ. ①G643

中国国家版本馆 CIP 数据核字(2023)第 065321 号

管理类经济类综合能力　逻辑真题

GUANLI LEI JINGJI LEI ZONGHE NENGLI　LUOJI ZHENTI

编　　著　挑灯成硕
出 版 人　宛　霞
责任编辑　郑宏宇
开本尺寸　185 mm×260 mm
字　　数　415 千字
印　　张　16.75
印　　数　27 001-37 000 册
版　　次　2023 年 4 月第 1 版
印　　次　2024 年 4 月第 2 次印刷

出　　版　吉林科学技术出版社
发　　行　吉林科学技术出版社
地　　址　长春市福祉大路 5788 号龙腾国际大厦 A 座
邮　　编　130118
发行部电话/传真　0431-81629529　81629530　81629531
81629532　81629533　81629534
储运部电话　0431-86059116
编辑部电话　0431-81629516
网　　址　http://www.jlstp.com
印　　刷　大厂回族自治县彩虹印刷有限公司

书　　号　ISBN 978-7-5744-0291-1
定　　价　58.00 元

本书使用指南

How to use this book

本书可作为逻辑学习的第二阶段用书，也可作为第二次备考的逻辑复习教材。考生在阅读本书之前，应尽量将《管理类经济类综合能力 逻辑攻略》①吃透，或者经过了专业硕士逻辑应试辅导，否则未免浪费真题——只记得答案却不明其理，得其形而忘其神，甚是可惜。

专业硕士的逻辑备考，经过基础学习之后，距离“活学活用”还有相当长的路要走。最典型的表现就是，形式逻辑的知识都已经学过，一做题却找不到思路，无从下手；论证推理题型的套路也都了解过，但是具体某道题用什么套路，还是没有方向。考生遇到这种问题，往往又会回到习惯性的思路上，试图通过语义理解来做题。这样一来，前期学过的内容就难以得到巩固，做题速度慢而且正确率欠佳。

所以，经过基础阶段的学习之后，接下来的关键在于通过精练形成“题感”，即对于一道题目考点的快速把握。这是必须通过一定量的做题实践才具有的一种能力。而最好的模拟题，莫过于历年真题。本书就是基于这样的考虑而编写的。

本书的特点在于：

1. 与《逻辑攻略》《管理类经济类综合能力 逻辑真题分类训练》②形成互补。《逻辑攻略》《真题分类训练》将部分真题按类型编排；本书将2004年及以后的MBA联考真题、管综真题和经综真题按年份编排，训练考生在不同类型题目之间熟练切换思路。《真题分类训练》的题目与本书的题目不重合，具有互补性。

2. 网上真题往往有错别字，有的甚至严重影响到了做题，本书2011年之后的真题采用了高等教育出版社的标准版本，之前的真题则多方考证对比，最大限度保证可靠性。

3. 真题中有些具有争议性的题目，答案往往众说纷纭；有时候网上的答案以讹传讹，误导考生。本书参考阅卷答案，做了深入浅出的解析，对于早年真题的个别命题错误，在解析中进行了分析。

4. 本书解析力求简单易懂，针对刚入门的考生编写，对于容易误选的干扰项，作出了详细解释。有一定基础的考生阅读本书，完全可以举一反三，达到巩固深化基础考点、提高做题速度、增强得分能力的效果。

建议考生将本书阅读三遍：

第一遍——做题：计时做题，自我测试，暴露问题。

第一遍做题的目的是，考生在学完《逻辑攻略》后，能够通过成套的试题，暴露自身问题。

以下为第一遍刷题的具体建议：

1. 全部完成：真题很宝贵，但它不是吃完就没有了的粮食，真题不需要也不应该留到后面以备饥荒；真题的价值只有在反复练习中才能体现！考生在这一点上存在广泛的认知误区，务

① 以下简称《逻辑攻略》

② 以下简称《真题分类训练》

必注意。越是近年的题目越要反复练习，不能留在最后——这些题目意味着命题趋势，不去反复研习就是舍本逐末；至于保留当年真题到最后测试水平，其实没必要，因为其中的很多题目你会在备考过程中见到，何必装作没见过。

2. 三科分开：整个综合能力考试的套卷练习，是冲刺阶段的任务。在10月底之前，没有必要进行3个小时以内的整套试卷多学科综合练习。因为备考是循序渐进的，经过类型化训练阶段之后，前两遍刷真题就是为了在不同类型的题目之间熟练切换，强行3科3个小时之内做完，只会打击自己的信心。

3. 重在过程：第一遍刷真题，无论错误率和速度如何，都没必要大惊小怪。提高需要过程，要接受这个过程。既然无论好坏都无法放心，那么不妨冷静看待正确率和速度，心里有数即可，不要自己吓唬自己。发现问题是好事，刷真题错得多，意味着可以弥补的漏洞被找到了，总比在考场上错要好得多。

4. 一气呵成：每套题都要一气呵成，不可因杂事而间断，并且做完统一对答案，不要做一道题看一次解析。

5. 计时做题：对于每套真题的做题时间没有限制，但必须统计做题时间，并做好记录，以备提高。

时间充裕的同学，第一遍做题要力争每天一套题，每5天完成一组5套题，再利用两天时间归纳（具体归纳方法，在第二遍归纳中叙述）；时间紧张的同学，第一遍做题可每两天完成一套题，每6天完成一组3套题，再利用一天时间归纳（具体归纳方法，在第二遍归纳中叙述）。

时间充裕的同学，可额外拓展去做《真题分类训练》，以强化题感。

6. 标记问题：做题时，规定两种符号，将"不会做的题目"和"拿不准的题目"分别标识，前者以便于填补盲区和考前选择性重做，后者以便于针对性熟化套路；对答案时，再规定两种符号，分别标记"本应做对但是做错的"和"存疑"的题目，前者以便于识别自身错因，后者以便于第二遍做题之后请教老师或与同学讨论。

引用王国维在《人间词话》中所述，这第一遍刷题就像：
"昨夜西风凋碧树，独上高楼，望尽天涯路。"此第一境也。

第二遍——归纳：举一反三，优化过程，归纳问题。

第一遍做题的目的是，在第一遍做题后，能够根据暴露出来的错误，找到自身问题，进而对症下药。

有些考生觉得第二遍做题的时候还记得答案，就想多间隔一段时间忘掉答案，甚至考虑买一本新的书来做，这恰恰是错误的！

其实对题目已经有了印象是好事，是经验塑成的体现。每次重复做题都像做新题一样，这不是说明学习没有进步吗？考生如果是这样"努力"，那只是做了"努力"这个动作，效果只是感动自己而已，对于备考来说没有意义。

更何况，第一遍做题往往把注意力放在了知识点本身，解题过程和动作未必规范，题目的切入点未必找得准确；而第二遍做题的时候，由于已经知道了答案，就可以静下心来优化做题过程，寻找解题起点，梳理解题线索……

以下为第二遍刷题的具体建议：

1. 归纳时段：5天（或6天）一组的"第一遍做题"之后，用2天（或1天）时间做第二遍的归纳工作。

2. 错因分类：归纳时，可将第一遍做题过程中标记的问题进行统计，以便于总结弱项。统计表示范如下：

逻辑真题问题统计表

一级问题点	二级问题点	三级问题点	题号
考点未掌握	联言命题		
	选言命题		
	假言命题	假言命题“除非否则”刻画困难，从而速度慢	2013 年 29
		题干条件没有转化成假言命题，从而速度慢	2013 年 31
		假言矛盾的优先验证技巧虽然知道但是没有运用	2015 年 50
	直言命题		
	模态命题		
	关系命题		
	概念	集合概念、性质掌握不够好	2013 年 39
	三大定律		
	推理方法		
	其他问题		
套路未掌握	题型识别		
	读题策略		
	解题策略	忘记了解题起点未必是从第一个条件开始	2016 年 35
注意力转移	相反陷阱	“除了”没看见	2017 年 37
	看漏看错	没有注意到原来也是 10 万，从而选了 A 项	2013 年 26
		没有抓住话题关键词——“关键场次”	2013 年 44
	选错涂错		
	其他问题		

这个表格中的项目已基本涵盖了考生常见问题，读者也可自行添加。填制过程可能会花费较多时间，但这种细致工作是值得做的，毕竟思维的提升需要有一个总结提炼的过程。

逻辑试题字数较多，归纳错题时不要抄题，标记“页码+题号+关键词”即可。

3. 刻意练习：上表中，对于考点未掌握和套路未掌握的错因，若是不理解可查阅书籍或课程对应位置，以重新学习；若是不熟悉，可在平时空余时间中，在脑海中反复模拟做题过程，以自我熟化；对于注意力转移的错因，要记住类似问题，在后续做题中不断提示自己，以防止在大脑高速运转时，忽略这些常犯的粗心问题。

4. 互相讨论：做题中遇到困惑，既不要着急向老师寻求答案，也不要闭门造车，而是要与研友讨论，要在讨论当中提高自己的理解，强化自己的掌握。学过之后，你要想印象深刻，最好的办法就是给别人讲一遍。你看“智”字如何写——上“知”下“曰”，“知而能曰为智”。讨论一下、讲一讲是快速提升的有效手段，也可以在此过程中举一反三。

引用王国维在《人间词话》中所述，这第二遍刷题就像：

“衣带渐宽终不悔，为伊消得人憔悴。”此第二境也。

第三遍——巩固:培养习惯,建立题感,返璞归真。

如果说第一遍阅读是暴露自身问题,第二遍阅读是归纳和解决对应问题,那么第三遍阅读真题则是为了真正建立题感,达到“看山还是山看水还是水”的返璞归真境界。

有些同学进入到冲刺阶段后,真题已经训练过两遍,答案都很熟悉了,于是沉迷于模拟题。其实,真题的命题组合、答案语言的编排都有自己的特色,很多模拟题风格与之并不相同。如果在最后冲刺阶段忽略了真题,则无异于舍本逐末。

1. 冲刺复习:第三遍阅读真题,时间应该放在最后冲刺的一个月甚至半个月。

2. 形成题感:每天都适当浏览一些,可以略读,不要求全部看完,目的仅仅是保持对真题的熟悉感觉,看自己是否能够快速反应解题方法和思路——关键是每天都看一点。

3. 总结题型:考生可将真题中反复出现的题型总结到笔记本上,达到举一反三的效果。本书已经将大多数不同年份有关联的题目在解析中做了索引,考生还可以再补充,比如某两道题中命制思路相同的两个选项等。总结表示范如下:

逻辑真题总结表

	题号	**解释**
干扰设置		
范围陷阱		
相反陷阱		
相关陷阱		
概念陷阱		
程度陷阱		
其他		
形式逻辑		
寻找推出		
寻找矛盾		
连逻辑链		
其他		
论证逻辑		
搭桥与断桥		
逻辑谬误		
推论题型		
其他		
综合推理		
确定入手顺藤摸瓜		
选项列举代入排除		
假设代入还剩什么		
其他		

本部分仅列举了部分题型,考生可在此基础之上加以扩充。

总结题目的笔记,不必抄题,还是标记"页码+题号+关键词"即可。万万不要只重视笔记的形式而无谓浪费时间。

引用王国维在《人间词话》中所述,这第三遍刷题就像:

"众里寻他千百度,蓦然回首,那人却在,灯火阑珊处。"此第三境也。

纵观历年真题,很多命题思路是反复出现的。愈是近年的题目考点,愈能体现当下的命题思路变化,考生一定要研究透彻。

编者相信,将本书真题反复训练、熟练分析之后,考生到了考场上,对大部分逻辑题都会有似曾相识之感。如果能按要求阅读本书,考生一定能感受到:逻辑的考查思路万变不离其宗,考场应试是很简单的。

作者:挑灯成硕
微信公众号:挑灯成硕
小红书:语逻老王
微博:@语逻老王
2024年4月

目录

CONTENTS

2024 年
入学经济类综合能力逻辑真题①

36. 数字技术正以新理念、新业态、新模式全面融入人类经济、政治、文化、社会、生态文明建设各领域和全过程，给人类生产生活带来广泛而深刻的影响。只有营造良好数字生态，才能促进产业链、供应链、价值链的优化升级、融合融通；才能激发数字技术的创新活力，引领和驱动经济结构调整；才能推动数字惠民，满足人民美好数字生活需要。

根据上述信息，可以得出以下哪项？

A. 只有激发数字技术的创新活力，推动数字惠民，才能满足人民美好数字生活需要。

B. 如果推动数字惠民但没有营造良好数字生态，就不能满足人民美好数字生活需要。

C. 如果激发数字技术的创新活力但没有推动数字惠民，就不能引领和驱动经济结构调整。

D. 只有营造良好数字生态，才能让数字技术全面融入人类经济、政治、文化、社会、生态文明建设各领域和全过程。

E. 如果要促进产业链、供应链、价值链的优化升级、融合融通，就要营造良好数字生态，推动数字惠民。

37. 饮茶越来越成为中国年轻人的新“食”尚。去年中国茶叶消费者年龄分布的统计数据显示，19～25 岁的消费者占比为 18%，26～40 岁的消费者占比超过六成，40 岁以上的消费者占比为 12%；另外，通过线上平台选购茶叶的消费者接近六成，通过茶叶专卖店选购的有 57%，通过茶农选购的有 28%。

根据上述信息，可以得出以下哪项？

A. 26～40 岁的消费者大都习惯在茶叶专卖店选购茶叶。

B. 当前饮茶的年轻化趋势越来越凸显，中老年茶客已比往年大幅减少。

C. 今年众多茶农纷纷开始线上营销，茶叶的线上销售额已经赶超线下。

D. 随着直播营销的深入发展，网购已成为年轻消费者选购茶叶的主要方式。

E. 40 岁及以下的部分消费者既未通过茶农选购茶叶，也未通过茶叶专卖店选购茶叶。

38. 本科毕业卖猪肉，研究生毕业送快递，海归博士回乡种田……近年来，这些看似“学历浪费”的故事总能在互联网上引起围观。这些高学历拥有者“跨界”就业，用非所学，从事明显“较低”层面的工作。有围观者认为他们在浪费人生；但也有专家认为，这些年轻人善于变通，选择从基层做起，他们的人生积极向上，而积极的人生何谈“浪费”。

以下哪项如果为真，最能支持上述专家的观点？

A. 随着中国高等教育的日益普及，人们的择业观念也越来越多元，“什么人只能干什么工作”的刻板成见已逐渐被人们抛弃。

B. 有些高学历者愿意从事“较低”层面的工作，一是为了摆脱“较高”层面工作的压力，二是为了发挥自己的真正价值。

---

①编者注：经济类综合能力的命题于 2020 年进行了改革，命题权收归教育部考试中心，故此前的“真题”对于现在的考试来说已经不再有参考价值（就题目本身而言，此前的命题往往直接套用早年 MBA 联考真题，本书已有收录）。本书仅提供 2021 年之后的经济类综合能力真题。

C. 从人力资源配置效益最大化角度看，“用非所学”不但浪费了以往的学习成本，而且造成了人才资源的极大浪费。

D. 有些高学历者只是因为求职受挫才勉强“跨界”就业，工作一段时间后，他们大多又会找到专业对口的工作。

E. 一个人只要积极进取，依靠自己的智慧和汗水诚实劳动、服务社会，就不能算作蹉跎人生、虚度年华。

39. 某小区甲、乙、丙、丁、戊 5 人均是健身爱好者。已知：在周一至周五的 5 天中，他们每人每天均进行骑行、跑步、游泳、跳操、乒乓球 5 项运动之一，每人每天的运动项目各不相同，5 人在 5 天中任一天的运动项目也均不相同。另外，还知道：

(1) 周一甲骑行，乙游泳，丁跳操；

(2) 周二乙打乒乓球，戊骑行；

(3) 周四甲跳操，丙游泳，戊跑步。

根据以上信息，可以得出以下哪项？

A. 甲周二跑步。　　B. 乙周三骑行。　　C. 丙周二跳操。

D. 丁周三打乒乓球。　　E. 戊周三游泳。

40. 近年来，有些老牌纯文学期刊陆续推出纯文学 APP，其网页设计精美、内容丰富，既有新旧文章阅读，也有读者评论、心得交流，更有刊物购买链接。只是这些纯文学 APP 大多对过刊阅读要求付费，当月新刊也只提供几页的免费试读。有专家就此认为，纯文学 APP 要求付费阅读，很难产生较强的用户黏性，未来不会走得太远。

以下哪项如果为真，最能支持上述专家的观点？

A. 大多纯文学 APP 有纸刊品牌力量支撑，提供多种美好阅读体验，虽实行“付费分享”政策，但可满足许多人热爱文学、享受文学的需求。

B. 近年来，纯文学期刊网络推广动作迟缓，早已失掉与网络文学争抢用户的最佳时机，在与博客、微博、公众号、视频号等新媒体的竞争中处境艰难。

C. 有些纯文学 APP 当前很难判断潜在用户的付费意愿，在缺乏足够用户群明确支持的前提下贸然实行收费政策，可能会将部分读者挡在门外。

D. 纯文学 APP 如果前期不能提供一定比例的免费阅读作品，就无法吸引用户；而一旦缺少用户支撑，这些纯文学网络平台就无法维持下去。

E. 有些网络文学和财经类 APP 现在可以收费，是因为它们积累了大量的付费群体，同时也有足够的免费阅读内容，刚刚试水的纯文学 APP 难以与之相比。

41~42 题基于以下题干

某次国际会议期间，陈、王、李、赵、孔、宋、刘 7 人坐在同一列前后连续 7 个座位上。已知：

(1) 赵和宋中间隔 2 人；

(2) 陈和孔中间隔 3 人；

(3) 李在孔的前面，在王的后面。

41. 若刘坐在 7 人中从前到后的第三排，则可以得出以下哪项？

A. 王坐在第二排。　　B. 李坐在第五排。　　C. 赵坐在第四排。

D. 赵坐在第七排。　　E. 宋坐在第四排。

42. 若李坐在赵的前面，且在 7 人中坐在第四排，则可以得出以下哪项？

A. 赵、刘前后相邻。　　B. 陈、王前后相邻。　　C. 陈、赵中间隔 2 人。

D. 赵、李中间隔 1 人。　　E. 宋、陈中间隔 1 人。

43. 近年来，我国各地频现驴友野游遇险事件。在这些事件发生时，当地政府一般都实施应急救援。消防救援队伍、警察、景区救援团队以及民间救援组织往往都参与其中，消耗较多公共应急救援资源。为此，有些地方政府出台有偿救援政策，要求驴友支付因自身野游遇险而产生的救援费用。有专家指出，有偿救援制度将会对驴友野游产生有力的约束作用。

以下哪项如果为真，最能质疑上述专家的观点？

A. 游客在未开发、未开放区域活动是“自甘风险”，为其出动应急救援力量是额外消耗公共资源，不应列入政府的免费公共服务范围。

B. 有些经济条件较好的驴友在进入未开发、未开放区域遇险难以自救时，会立即向外求救，对由此产生的救援费用并不在意。

C. 约束驴友野游除了提高他们的违规成本外，还需预防在前、惩防结合、多管齐下，形成立体多元的预防惩戒体系。

D. 有偿救援制度的实施，有利于社会化专业应急救援力量的成长，可有效弥补公共应急救援力量的不足。

E. 有些经济条件窘迫的驴友在探索未开发、未开放区域前，一般会考虑探险装备投入及遇险求救费用。

44. 某研究团队有宋、方、刘、王、孙、罗 6 人，其中有 3 名女性、3 名博士、4 名工程师。已知：

(1)工程师中只有方、孙 2 人是男性；

(2)若刘、王中至少有 1 人是博士，则宋、罗均是女工程师。

根据以上信息，以下哪项是不可能的？

A. 至少有 1 人是男博士。

B. 王、孙中至少有 1 人是博士。

C. 刘、方中至少有 1 人是博士。

D. 罗、王均不是博士，王是工程师。

E. 宋、孙均不是博士，刘是工程师。

45. 以往我国对汽车驾驶人的年龄有所限制，但前几年公安部已经取消领取驾照的年龄上限，70 岁以上的老人也可以开车上路了。近几年，我国每年大约有 1 000 万新增老龄人口，如果超过 70 岁不能开车，就意味着拥有驾照的群体将大规模减少。有专家由此指出，公安部此举不但方便老人出行，还能刺激汽车消费，助力中国经济增长。

以下哪项如果为真，最能支持上述专家的观点？

A. 在一些老龄化程度较高的国家，老年人是最富有的社会群体，其消费能力远超年轻人，老年司机随处可见。

B. 我国有些 70 岁以上老年人虽然自己行动不便，但是乐意资助儿孙买车买房，以表达长辈对晚辈的关爱。

C. 我国许多老年人比较热衷于棋牌、摄影、书法、广场舞等项目，他们对汽车驾驶其实并不感兴趣。

D. 世界上大多数国家对于申领驾照都没有设置年龄上限，我国放开年龄上限，其实是与国际接轨。

E. 2021 年上半年，我国 60 岁以上驾驶人同比增加 200 多万，增速高达 18%；而 26 岁到 50 岁阶段的驾驶人仅增加 120 万，增速不到 1%。

46. 某市存有“临风楼”“登高台”“义云馆”“正阳阁”和“望江亭”5 座历史建筑，它们分别坐落于该市东、南、西、北、中的某方位上，且所处的方位各不相同。已知：

(1)若“临风楼”或“登高台”坐落于西，则“义云馆”与“望江亭”分别坐落于南、北；

(2)若“登高台”或“正阳阁”坐落于中，则“望江亭”与“临风楼”分别坐落于东、西；

(3)若“义云馆”或“望江亭”坐落于中,则“正阳阁”与“登高台”分别坐落于东、西。

根据上述信息,可以得出以下哪项?

A.“义云馆”坐落于南。 B.“登高台”坐落于西。 C.“望江亭”坐落于北。

D.“临风楼”坐落于中。 E.“正阳阁”坐落于东。

47. 有数据显示,野生黑猩猩从本世纪之初的 100 万只减少至目前的 17~30 万只。很多国家宣布黑猩猩是濒危动物,并采取人工饲养方式保护黑猩猩。但是,人工饲养的黑猩猩长大后很难回归到野生猩猩群落中,有研究人员由此认为,这将难以达到把黑猩猩的基因保护下来的目的。

下列哪项为真,最能支持研究人员观点?

A. 黑猩猩是群落性灵长类动物,回归后的黑猩猩一般会意识到自己在群落中的地位并尊重群体的规划。

B. 一些人员饲养的黑猩猩长大后回归到野生部落会受到自己的父亲和非亲生母猩的虐待。

C. 人工饲养的黑猩猩只有尽早返回野生黑猩猩群落,才能知道如何与同类相处并延续下一代。

D. 有些研究机构在经历多次黑猩猩放归失败后,已不再从事人工饲养黑猩猩的工作。

E. 动物园以往的饲养经验显示,人工饲养的黑握猩更愿意接近人类,而不是同类。

48. 王先生和他女儿住在阳光小区,李女士与她的儿子住在另一小区。一天,两家 4 人一起参加社区组织的乒乓球比赛,按规定,他们 4 人中需有一人担任教练员,一人担任裁判员,其余两人为运动员。关于他们四人,已知:

(1)如果教练员和裁判员的性别相同,则教练员是中学教师;

(2)如果教练员和裁判员的性别不同,则教练员住阳光小区;

(3)如果教练员和裁判员是一家人,则教练员不是中学教师;

(4)如果教练员和裁判员不是一家人,则教练员不住阳光小区。

根据以上信息,可以得出哪个选项?

A. 王先生和李女士两人中有一人是教练员。

B. 王先生和李女士两人中有一人是裁判员。

C. 王先生和李女士儿子两人中有一人是教练员。

D. 王先生女儿和李女士两人中有一人是裁判员。

E. 王先生女儿和李女士儿子两人中有一人是运动员。

(备注:截止本教材出版,还没有搜集到完整版本的 2024 入学经综逻辑真题,故有部分题目缺失。预计九月中旬之后可以有标准版本真题公开,届时读者可以从微信公众号“挑灯成硕”搜“24 经综逻辑真题”,获得缺失的题目及其解析。)

2024 年入学经济类综合能力逻辑真题解析

答案速查:BEECD BABEA DCE

36. 答案:B 解析:本题应采用代入法解题,将选项刻画后在题干中找印证。B 项对应题干中“只有营造良好数字生态,……才能推动数字惠民,满足人民美好数字生活需要”。其余各项在题干中都找不到对应。

37. 答案:E 解析:本题应采用代入法排除无法对应的选项。A 项所涉“习惯”、B 项所涉“往年”、C 项所涉“销售额”、D 项所涉“直播营销”均无法在题干中找到印证。

由“40 岁以上的消费者占比为 12%”可知,40 岁以下的消费者占比为 88%,而通过茶叶专卖店或茶农选购的消费者占比为 85%,因此必然有 40 岁以下的消费者既未通过茶农也未通过茶叶专卖店选购茶叶，故选E项。

38. 答案：E 解析：专家的观点是，选择从基层做起是积极向上的人生，谈不上"浪费"。唯有E项的"积极进取""不能算作蹉跎人生、虚度年华"与此相对应。C项是削弱项，其他各项都与是否"浪费人生"无关。

39. 答案：C 解析：根据题干条件，可列表如下：

	周一	周二	周三	周四	周五
甲	骑行			跳操	
乙	游泳	乒乓球			
丙				游泳	
丁	跳操				
戊		骑行		跑步	

根据表格信息，可按下表中标号顺序依次填入：

	周一	周二	周三	周四	周五
甲	骑行			跳操	
乙	游泳	乒乓球			
丙	2 跑步	3 跳操		游泳	
丁	跳操				
戊	1 乒乓球	骑行		跑步	

这道题的命题思路与管综24年第45题相同。

40. 答案：D 解析：题干中专家的观点是纯文学APP未来不会走得太远，理由是它们要求付费阅读。各选项中，B项"处境艰难"、D项"无法维持下去"都匹配了"不会走得太远"，而其中只有D项涉及到了付费问题。

41. 答案：B 解析：根据题干条件，列表如下（左为前，右为后）：

1	2	3	4	5	6	7
		刘				

根据条件（3），既然李在王的后面，考虑王是否有可能在第三排之后——不可能。例如王在第四排时，条件（1）无论如何也无法满足；王在第五排时，条件（2）无论如何也无法满足。那么王就只有可能坐在前两排。假设王坐在第二排（即A项），李只能坐在第四排及之后。当李坐在第四排时无法满足条件（1）；当李坐在第五排时，无法满足条件（2）。所以王也不可能坐在第二排。

现在推出王只剩下第一排可以坐，再来讨论孔有可能的位置。根据条件（2），陈和孔可能分别坐在第一和第五排、第二和第六排、第三和第七排。由于第一排和第三排已经被占据，所以陈和孔只能坐在第二和第六排。又根据"李在孔的前面"，孔只能安排在第六排。

此时为了满足条件（1），李必须坐在第五排，图示如下：

1	2	3	4	5	6	7
王	陈	刘		李	孔	

C 项和 D 项都有可能为真,但都不是必然得出的结论,故不选。

42. 答案:A 解析:根据题干条件,列表如下(左为前,右为后):

1	2	3	4	5	6	7
			李			

根据本题补充条件"李在赵的前面",以及条件(1),赵只有可能坐在第五或者第六排。

根据条件(1),赵不可能在第七排。当赵在第五排时,宋在第二排,此时陈和孔只能安排在第三和第六排。根据"李坐在王的后面",所以第六排只能坐刘。此时 A 项为真。图示如下:

1	2	3	4	5	6	7
	宋	陈	李	赵	刘	孔

当赵在第六排时,宋在第三排,此时陈和孔只能安排在第一和第五排,A 项仍然为真。此时 B 项也为真,但是在上一种假设中 B 项为假。图示如下:

1	2	3	4	5	6	7
陈		宋	李	孔	赵	刘

43. 答案:B 解析:专家的观点是,有偿救援制度将会对驴友野游产生有力的约束作用。B 项表明对于经济条件较好的驴友而言,有偿救援制度无法对其产生约束作用,是削弱项。A、C 和 D 项均不涉及"对驴友野游的约束作用",因此均与专家观点无关。E 项表明对于经济条件窘迫的驴友而言,有偿救援制度可以对其产生约束作用,具有支持作用。

44. 答案:E 解析:注意本题的相反陷阱。根据条件(1)工程师中只有方、孙 2 人是男性,则男性还剩 1 个名额,工程师还剩 2 个名额。假设王是男博士,则条件(2)前件为真,推出后件为真,此时与题干条件没有矛盾。故 A 项和 B 项都是有可能为真的,排除。同理,假设刘是博士,也不会产生矛盾,排除 C 项。

验证 D 选项:如果王是工程师,又由于 4 位工程师中已经确定了方和孙,则条件(2)后件为假(不可能出现 5 位工程师),所以刘和王都不是博士。如果罗也不是博士,与题干条件不矛盾。排除 D 项。

验证 E 选项:如果刘是工程师,则条件(2)后件为假,推出刘和王都不是博士。当宋和孙也都不是博士时,只剩下两个人有可能是博士,满足不了"3 名博士"的题干要求。故 E 项不可能为真。

45. 答案:A 解析:专家的观点是,公安部此举(取消领取驾照的 70 岁年龄上限)不但方便老人出行,还能刺激汽车消费,助力中国经济增长。A 项"老年人消费能力远超年轻人"表明老年人拥有消费能力,而"老年司机随处可见"表明若没有驾照年龄上限,则老年人会开汽车,从而对"取消驾照年龄上限"与"刺激汽车消费"作了搭桥。注意,本项涉及一项常识,即我国属于老龄化程度较高的国家。

B 项虽然表明老年人拥有消费能力,但与"取消驾照年龄上限"无直接联系,因此不如 A 项。

C 项表明即使没有驾照年龄上限,老年人也不会开汽车,削弱了专家观点。D 项和 E 项均不涉及"汽车消费""中国经济",因此与专家观点无关。

46. 答案:D 解析:设条件(3)前件为真,可得"正阳阁"与"登高台"分别坐落于东、西,结合条件(1),则"义云馆"与"望江亭"分别坐落于南、北,与假设自相矛盾,因此假设失败,"义云馆"和"望江亭"均不坐落于中。

设条件(2)前件为真,可得"望江亭"与"临风楼"分别坐落于东、西,结合条件(1),则"义云馆"

与“望江亭”分别坐落于南、北，与刚推出的“望江亭”坐落于东自相矛盾，假设失败，因此“登高台”和“正阳阁”均不坐落于中。

综上，只能是剩余的“临风楼”坐落于中，故选D项。

47. 答案：C 解析：研究人员的观点是，因为人工饲养的黑猩猩长大后很难回归到野生猩猩群落中，所以难以达到把黑猩猩的基因保护下来的目的。在各选项中唯有C项的“延续下一代”能匹配“把黑猩猩的基因保护下来”。

C项本质上是将“黑猩猩长大后很难回归到野生猩猩群落中”与“难以达到把黑猩猩的基因保护下来的目的”作搭桥。题干中研究人员的这个因果关系刻画并逆否可得：如果要保护黑猩猩的基因，就要在它们长大前让其回归野生猩猩群落中。C项刻画与之匹配。

48. 答案：E 解析：设条件(4)后件为假，逆否可得教练员和裁判员是一家人；根据条件(3)，可推知教练员不是中学教师；又根据条件(1)，可推知教练员和裁判员的性别不同；再根据条件(2)，可推知教练员住阳光小区。推理至此没有矛盾，说明教练员的确有可能住在阳光小区，王先生和他女儿分别担任教练员和裁判员，而运动员则是李女士与她的儿子。此时，王先生可以是裁判员，王先生女儿可以是教练员，从而A、C和D项均不是一定为真；王先生也可以是教练员，从而B项不是一定为真，因此排除B项。故选E项。

2024 年 入学管理类综合能力逻辑真题

26. 健康连着千家万户的幸福，关系国家民族的未来，对于个人来说，健康是幸福之源。拥有健康，不一定拥有幸福；但失去健康，必然失去幸福，对于国家来说，人民健康是强盛之基。只有拥有健康的人民，才能拥有高质量发展的能力。必须把保障人民健康放在优先发展的战略位置，大力推进健康中国建设。

根据以上陈述，可以得出以下哪项？

A. 有的人拥有幸福，但不一定拥有健康。

B. 只要人民健康，就能推动国家高质量发展。

C. 世界上只有少数国家实现了人民健康、国力强盛。

D. 若没有健康的人民，一个国家就不会拥有高质量发展的能力。

E. 如果把保障人民健康放在优先发展的战略位置，就能实现国家强盛。

27. 某大学管理学院安排甲、乙、丙、丁、戊、己 6 位院务会成员暑期值班 6 周，每人值班一周。已知：

(1)乙第四周值班；

(2)丁和戊的值班时间都早于己；

(3)甲值班的时间早于乙，但晚于丙。

根据以上信息，第三周可以安排的值班人员有哪些？

A. 仅甲、丁。　　B. 仅甲、戊。　　C. 仅丁、戊。

D. 仅甲、丁、戊。　　E. 仅丁、戊、己。

28. 随着传播媒介的不断发展，其接收方式越来越多样。声音，作为一种接收门槛相对较低的传播媒介，它的“可听化”比视频的“可视化”受限制条件少，接收方式灵活。近来，各种有声读物、方言乡音等媒介日渐红火，一些听书听剧网站颇受欢迎，这让一些人看到了希望：会说话就行，用“声音”就可以获得财富。有专家就此认为，声媒降低了就业门槛，为人们提供了更多平等就业的机会。

以下哪项如果为真，最能质疑上述专家的观点？

A. 传媒接收门槛的降低并不意味着声媒准入门槛的降低。

B. 只有切实贯彻公平合理的就业政策，人们平等就业才有实现的可能。

C. 一个行业吸纳的就业人员越多，它所能提供的平均薪酬水平往往越低。

D. 有人愿意为听书付费，而有人不愿意，靠“声音”获得财富并不容易。

E. 有人天生一副好嗓子，而有人的嗓音则需通过训练才能达到播音标准。

29. 某部门拟在甲、乙、丙、丁、戊 5 个乡镇中选择 3 个进行调研。调研要求如下：

(1)乙、丁至多调研其一；

(2)若选择丙，则选择乙而不选择甲；

(3)若甲、戊中至少有一个不选择，则不选择丙。

根据以上信息，可以得出以下哪项？

A. 甲、戊均不选。　　B. 甲、戊恰选其一。　　C. 乙、丙均不选。

D. 乙、丙、丁恰选其一。　　E. 乙、丙、丁恰选其二。

30. 当前,越来越多的网络作品将枯燥的文字转化成轻松的视听语言,不时植入段子、金句或评论,让年轻人乐此不疲,逐渐失去忍耐枯燥的能力,进入不了深度学习的状态。但是,能真正滋养一个人的著作往往都带着某种枯燥,需要读者投入专注力去穿透抽象。由此有专家建议,年轻人读书要先克服前30页的阅读痛苦,这样才能获得知识与快乐。

以下哪项如果为真,最能支持上述专家的观点?

A. 读书本身就很枯燥,学习就是学习,娱乐就是娱乐,所谓"娱乐式学习"并不存在。

B. 有些人拿起任何一本书都能津津有味地读下去。即使连续读30页,也不会感到枯燥乏味。

C. 一本书的前30页往往是该书概念术语的首次展现,要想获得阅读的愉悦,就要越过这个门槛。

D. 那些让人很舒服、不断点头的轻松阅读,往往只是重复你既有认知的无效阅读,哪怕读再多页也无益处。

E. 有些书即使硬着头皮读了前30页,后面的文字仍不能让人感到快乐并有所收获,读者将其弃置一边也不奇怪。

31. 纸箱是邮寄快递的主要包装材料之一,初次使用的纸箱大都可重复使用。目前大部分旧纸箱仍被当作生活垃圾处理,不利于资源的利用和环境的保护。其实,我们寄快递时所用的新纸箱快递点一般都要收费。有专家就此认为,即使从自身利益角度出发,快递点对纸箱回收也应具有积极性。

以下哪项如果为真,最能质疑上述专家的观点?

A. 有些人在收到快递后习惯将包装纸箱留存,积攒到一定数量后,再送到附近废品收购站卖掉。

B. 快递员回收纸箱的意愿并不高,为了赶时间,他们不会等客户拆封后再带走空纸箱。

C. 旧纸箱一般是以往客户丢下的,快递点并未花钱回购,在为客户提供旧纸箱时也不会收费。

D. 为了"有面子",有些人在寄快递时宁愿花钱购买新纸箱,也不愿使用旧纸箱,哪怕免费使用也不行。

E. 快递点大多设有纸箱回收处,让客户拿到快递后自己决定是否将快递当场拆封,并将纸箱留下。

32. 近日,某博物馆展出中国古代书画家赵、唐、沈、苏4人的书画,其中展览的《松溪图》《涧石图》《山高图》《雪钓图》分别是这4位最具代表性的画作之一。已知:

(1)若《松溪图》不是苏所画,则《山高图》是唐所画;

(2)若《松溪图》是苏或赵所画,则《雪钓图》是沈所画;

(3)若《雪钓图》是沈所画或《山高图》是唐所画,则《涧石图》是苏所画或《雪钓图》是唐所画。

根据上述信息,可以得出以下哪项?

A.《雪钓图》是沈所画。　　B.《松溪图》是赵所画。　　C.《松溪图》是唐所画。

D.《涧石图》是苏所画。　　E.《山高图》是沈所画。

33. 人们常常听到这样的说法:"天气凉了,大家要小心着凉感冒。"然而着凉未必意味着感冒。"着凉"仅仅指没有穿够保暖的衣物时体温过低的情况,而感冒的原因是病毒或细菌感染。但有研究人员分析了过去5年流感疫情监测数据后发现,流感的频繁活动通常发生在当年11月至次年3月期间。由此他们断定,寒冷天气确实更容易让人感染流行性感冒。

以下各项如果为真,则除哪项外均能支持上述研究人员的观点?

A. 各种病毒在低温且干燥的环境中更稳定,而且繁殖得更快。

B. 寒冷的天气里,人们更愿意呆在温暖的室内,而不愿进行户外活动。

C. 在通风不良的室内供暖环境中,人体抵御细菌感染的机能会有所减弱。

D. 温度大幅降低会导致人体温度下降，妨碍呼吸系统和消化系统的正常运转。

E. 当人体处于紧张状态比如承受低温时，其代谢系统和免疫系统的正常运转将会受到影响。

34. 位于长江三角洲的良渚古城遗址是中国已知古城中最早建有大型水利工程的城池。大约4300年前，良渚古城遭到神秘摧毁，良渚文明就此崩溃。研究人员借助良渚古城的地质样本，对该地的古代气候进行评估后断定，良渚古城的摧毁很可能与洪水的暴发存在关联。

以下哪项如果为真，最能支持上述研究人员的观点？

A. 到目前为止，研究人员尚未发现人为因素导致良渚文明覆灭的证据。

B. 研究人员发现，在保存完好的良渚古城遗址上覆盖着一层湿润的黏土。

C. 良渚古城外围建有多条水坝，这些距今5000年左右的水坝能防御超大洪灾。

D. 距今4345年至4324年期间，长江三角洲曾有一段强降雨时期，之后雨又断断续续下了很长时间。

E. 公元前2277年前的某个夏季，异常的降雨量超出了当时先进的良渚古城水坝和运河的承受极限。

35~36题基于以下题干

某大学进行校园形象动物评选。对于喜鹊、松鼠、狐狸、刺猬、乌鸦和白鹭6种动物能否进入初选，有人预测如下：

(1)上述6种动物中若至少有4种入选，则刺猬和松鼠均入选；

(2)若松鼠、狐狸和乌鸦中至少有1种入选，则喜鹊入选，而刺猬不会入选。

评选结果表明，上述预测正确。

35. 根据以上信息，关于上述6种动物的入选情况，可以得出以下哪项？

A. 至多有3种入选。

B. 至少有3种入选。

C. 乌鸦和刺猬均未入选。

D. 乌鸦和刺猬至少有1种入选。

E. 白鹭、松鼠和狐狸中至少有1种入选。

36. 若恰好有3种动物入选，则可以得出以下哪项？

A. 刺猬入选。　　B. 狐狸入选。　　C. 喜鹊入选。

D. 松鼠入选。　　E. 白鹭入选。

37. 脉冲星是银河系中难得的定位点，对导航极为有用。通过测量来自3颗或更多脉冲星每个脉冲的微小变化，航天器可以利用三角测量法确定自己在银河系中的位置。1972年，科学家在一台宇宙探测器上安装了刻有14颗脉冲星的铭牌，这些脉冲星被当作一组特殊的宇宙路标，科学家试图以此引导外星人来到地球，但有专家断言，地球人制作的这一“脉冲星地图”很难实现预想的目标。

以下哪项如果为真，最能支持上述专家的观点？

A. 科学家曾向太空发射载有地球信息的无线电波，但至今一无所获。

B. 我们并不了解外星人，贸然邀请并指引他们来地球是非常危险的。

C. 外星人即使获取铭牌，也可能看不懂铭牌，从而发现不了那14颗脉冲星。

D. 任何先进到足以发现并获取“脉冲星地图”的智慧生物，都能看懂这张地图。

E. 外星人捕获人类探测器的时间还很遥远，到那时14颗脉冲星的位置已发生很大变化，他们即使看懂铭牌，也只能“受骗上当”了。

38. 瘦肉精是一种牲畜饲料添加剂的统称，现在主要指莱克多巴胺，它通过模拟肾上腺素的功能来抑制饲养动物的脂肪生长，从而增加瘦肉含量。从现实来看，食用瘦肉精含量极低的肉类仍是安全的,但科学还无法证明瘦肉精对人体完全无害。目前,全球有 160 多个国家禁止在本国销售含有瘦肉精的肉类。有专家就此指出,全球多数国家对莱克多巴胺采取零容忍政策是一项正确合理的决策。

以下哪项如果为真,最能支持上述专家的观点?

A. 喂了瘦肉精的动物更容易疲劳、受伤,其死亡的概率也会增加。

B. 目前,全球有 20 多个国家不允许在饲养中使用瘦肉精,但允许进口含有瘦肉精的肉类。

C. 某国食品法典委员会规定,市场销售的肉类中莱克多巴胺的最高残留量不得超过亿分之一。

D. 一项科学实验显示,摄入微量莱克多巴胺对人体无害,但该实验仅招募了 6 名志愿者,样本量严重不足。

E. 如果允许瘦肉精合法使用,无法保证饲养者会严格按照使用指南喂养牲畜,而政府有关部门检查起来技术复杂、成本高昂。

39. 老孟、小王、大李 3 人为某小区保安。已知:一周 7 天每天总有他们 3 人中的至少 1 人值班,没有人连续 3 天值班,任意 2 人在同一天休假的情况均不超过 1 次。另外,还知道:

(1)老孟周二、周四和周日休假;

(2)小王周四、周六休假,周五值班;

(3)大李周六、周日休假,周五值班。

根据以上信息,可以得出以下哪项?

A. 老孟周一值班。 B. 小王周一值班。 C. 老孟周五值班。

D. 小王周三休假。 E. 大李周四休假。

40. 某单位举办两轮羽毛球单打表演赛,共有甲、乙、丙、丁、戊、己 6 位选手参加。每轮表演赛都按以下组合进行了 5 场比赛:甲对乙、甲对丁、丙对戊、丙对丁、戊对己。已知:

(1)每场比赛均决出胜负;

(2)每轮比赛中,各参赛选手均至多输一场;

(3)每轮比赛决出的冠军在该轮比赛中未有败绩,甲在第一轮比赛中获冠军;

(4)只有一组选手在第二轮比赛中的胜负结果与第一轮相同,其余任一组选手的两轮比赛结果均不同。

根据上述信息,可以得出第二轮表演赛的冠军是:

A. 乙。 B. 丙。 C. 丁。

D. 戊。 E. 己。

41. 我国有些传统村落已有数百年历史,具有较高的历史文化价值。政府相继发布一批中国传统村落名录,对有些传统村落给予了有效的保护。但是,大量未纳入保护范围的传统村落仍处于放任自流的状态,其现状不容乐观。有专家就此指出,随着社会的快速发展和新生活方式的兴起,这些传统村落走向衰亡是一种必然趋势。

以下哪项如果为真,最能质疑上述专家的观点?

A. 中国拥有高度发达的农耕文明,乡土中国的精神和文化现在仍是我们文化身份、民族情感的重要来源。

B. 有些城里人自愿来到农村居住,他们养鸡种菜、耕读垂钓,全然不顾想去城市生活的乡邻们异样的眼光。

C. 欧洲国家在工业化、城市化进程中,对一些传统村落进行了较好的保护,使其乡村文化、乡村生活方式延续至今。

D. 我国有些传统村落虽未纳入保护名录,但也被重新规划、修缮,宜居程度显著提高,美丽乡村既留住了村民,也迎来了游客。

E. 基于资源、环境、公共服务等方面的考虑，某些地方开启乡村合并模式，部分传统村落已经消失在合并的过程中。

42. 某烟花专卖店销售多种烟花。已知：

(1)若不是危险性大的烟花，则它们可降解或没有漂浮物；

(2)若是新型组合烟花或危险性大的烟花，则它们不是环保类烟花。

若该店所销售的某类产品是环保类烟花，则可以推出该类烟花：

A. 可降解。

B. 若不可降解，则没有漂浮物。

C. 不可降解。

D. 若可降解，则有漂浮物。

E. 没有漂浮物。

43. 曼特洛编码是只能按照如下 3 条规则生成的符号串：

(1)曼特洛图形只有三个▲、▽、☆；

(2)一对圆括号中若只含有 0 个、1 个或者 2 个不同的曼特洛图形，则为曼特洛编码；

(3)一对圆括号中若只含有 1 个或 2 个曼特洛编码且不含其他符号，则也为曼特洛编码。

根据上述规定，以下哪项符号串是曼特洛编码？

A. (()(▲☆)(☆▽))　　B. ((▲☆)(☆(▽)))　　C. ((▲)(☆())(☆▽))

D. ((▲)(((☆▽)()))) 　　E. ((▲)(☆)(▽())☆)

44. 为满足持续激增的市场需求，半导体行业的许多工厂竞相增加芯片产能，预计供求平衡将在明年达成，此后可能会出现供应过剩。有分析人士认为，今年随着智能手机和新能源汽车的销售势头放缓，两大行业的产能将会降低，芯片供应的紧张形势有望得到缓解。

以下哪项最可能是上述分析人士的假设？

A. 新能源汽车制造商在销售疲软的情况下大幅削减芯片库存。

B. 智能手机和新能源汽车是半导体行业的两大主要终端用户。

C. 智能手机因零部件短缺而更新升级迟缓，今年下半年销量将有所下滑。

D. 芯片市场具有很强的周期性，每隔数年就会经历一次从峰值到低谷的循环。

E. 市场需求情况将通过产品销售、生产供应等逐步向上游传导，并最终影响相关工厂的产能。

45. 下面有一 5×5 的方阵，它所含的每个小方格中均可填入“稻”“黍”“稷”“麦”“豆”五谷名称之一，有部分方格已经填入。要求该方阵每行、每列的五个小方格中均含有五谷名称，不能重复也不能遗漏。

根据上述要求，以下哪项是方阵①空格中应填入的五谷名称？

稷	麦			黍
麦	豆			
			①	
		黍		麦
	稷			稻

A. 麦　　B. 豆　　C. 稻

D. 稷　　E. 黍

46. 马可波罗在《马可·波罗游记》中对元世祖忽必烈颇有赞词，并称忽必烈寿命“约有八十五岁”。这一说法与《元史》中“在位三十五年，寿八十”的记载不符。但有学者指出，游记中的说法很可能是正确的，因为拉施都丁在14世纪初写成的《史集》中称：“忽必烈合罕（即可汗）在位三十五年，并在他的年龄达到八十三之后……去世。”

以下哪项如果为真，最能支持上述学者的观点？

A. 关于忽必烈寿命的记载，《元史》很可能使用的是中国人惯用的虚岁记法。

B. 中国历代皇帝平均寿命不到40岁，忽必烈则超出一倍多，历史排名第五。

C.《史集》可信度较高，它纪年用的伊斯兰太阳历比《马可·波罗游记》用的突厥太阳历每30年少1年。

D.《马可·波罗游记》出自鲁斯蒂谦之手，他声称该游记是他在狱中根据马可·波罗生前口述整理而成。

E.《饮膳正要》曾记录忽必烈的生活：“饮食必稽于本草，动静必准乎法度。”他的长寿与其善用医理调理身心有关。

47. 某大学从候选人甲、乙、丙、丁、戊、己、庚7人中选出3人作为本年度优秀教师。已知：

(1) 甲、丙、丁、戊、己中至多有2人入选；

(2) 若戊、己都没有入选，则丁、庚也都没有入选；

(3) 若乙、庚中至少有1人没入选，则甲、丙都入选。

根据上述信息，可以得出以下哪项？

A. 甲入选。　B. 乙入选。　C. 丙入选。

D. 戊入选。　E. 庚入选。

48. 近年来，网络美图和短视频热带动了不少小众景点升温。然而许多网友发现，他们实地探访所见的小众景点与滤镜照片中的同一景点形成强烈反差，而且其中一些体验项目也不像网络宣传的那样有趣美好、物有所值。有专家就此建议，广大游客应远离小众景点，不给他们宰客的机会。

以下哪项如果为真，最能质疑上述专家的建议？

A. 有些专家的建议值得参考，而有些专家的建议则可能存在偏狭之处。

B. 旅游业做不了“一锤子买卖”，好口碑才是真正的“流量密码”，靠“照骗”出位无异于饮鸩止渴。

C. 一般来说，在拍照片或短视频时相机或手机会自动美化，拍摄对象也是拍摄者主观选取的局部风景。

D. 随着互联网全面进入“光影时代”，越来越多的景点通过网络营销模式进行推广和宣传，即使那些著名景点也不例外。

E. 如今很多乡村景点虽不出名，但他们尝试农旅结合，推出“住农家屋，采农家菜，吃农家饭”的乡村游项目，让游客们在美丽乡村流连忘返。

49. 某省举办运动会，该省H市参加跳水、射箭、体操、篮球和短跑等项目所获金牌情况如下：

(1) 跳水、射箭至少有一项获得金牌；

(2) 若射箭、短跑至少有一项获得金牌，则体操也获得金牌；

(3) 若短跑、篮球至少有一项未获金牌，则跳水也未获金牌。

根据上述信息，可以得出以下哪项？

A. 跳水获得金牌。　B. 篮球未获金牌。　C. 射箭未获金牌。

D. 体操获得金牌。　E. 短跑未获金牌。

50. 甲、乙、丙、丁、戊5人参加某单位招聘，他们分别应聘市场部、人事部和外联部3个岗位。已知每人都选择了2个岗位应聘，其中1个岗位5人都选择应聘。另外，还知道：

(1) 选择市场部的人数比选择外联部的多1人；

(2)若甲、丙、丁中至少有1人选择了市场部,则只有甲和戊选择了外联部。

根据以上信息,可以得出以下哪项?

A.甲选择了市场部和外联部。 B.乙选择了市场部和人事部。 C.丙选择了人事部和外联部。

D.丁选择了市场部和外联部。 E.戊选择了市场部和人事部。

51.在航空公司眼中,旅客大体分为两类:“时间敏感而价格不敏感”且多在工作日出行的群体,“时间不敏感而价格敏感”且多在周末出行的群体。去年,为改善低客流状况,S航空公司堆出了“周末随心飞”特惠产品:用户只需花3 000元即可在本年度任意周六和周日,不限次数乘坐该航空公司除飞往港澳台以外的任意国内航班。据统计,在S航的大本营H市,多个航班的“周末随心飞”旅客占比超过90%,且这些旅客大多是从H市飞往成都、深圳、三亚、昆明等热点城市的。

根据上述信息,可以得出以下哪项?

A.有些“周末随心飞”旅客以往不曾飞往成都。

B.去年S航推出的“周末随心飞”产品可以跨年兑换使用。

C.没有“时间不敏感而价格敏感”的旅客会选择工作日出行。

D.有些“时间敏感而价格不敏感”的旅客会乘坐S航的周末航班。

E.去年乘坐了S航航班飞往香港的旅客,使用的不是“周末随心飞”特惠产品。

52.为了提高效益,经销商李军拟在花生、甜菜、棉花、百合、黄芪和生姜6种农产品中选择3种经营。他有如下考虑:

(1)若经营百合,则也经营黄芪但不经营甜菜;

(2)若经营花生,则也经营甜菜但不经营棉花;

(3)若生姜或棉花至少经营一种,则同时也经营花生和百合。

根据以上信息,以下哪两种产品是李军拟经营的?

A.花生和甜菜。 B.甜菜和棉花。 C.百合和黄芪。

D.花生和百合。 E.棉花和生姜。

53.很多迹象表明,三星堆文化末期发生过重大变故,比如,三星堆两个器物坑的出土文物就留有不少被砸过和烧过的残损痕迹。关于三星堆王国衰亡的原因,一种说法认为是外敌入侵,但也有学者认为,衰亡很可能是内部权力冲突导致的。他们的理由是,三星堆出土的文物显示,三星堆王国是由笄发的神权贵族和辫发的世俗贵族联合执政;而金沙遗址出土的文物显示,三星堆王国衰亡之后继起的金沙王国仅由三星堆王国中辫发的世俗贵族单独执政。

以下哪项为真,最能支持上述学者的观点?

A.三星堆出土的文物并不完整,使得三星堆王国因外敌入侵而衰亡的说法备受质疑。

B.有证据显示,从三星堆文化到金沙文化,金沙王国延续了三星堆王国的主要族群和传统。

C.一个古代王国中不同势力的联合执政意味着政治权力的平衡,这种平衡一旦被打破就会出现内部冲突。

D.根据古蜀国的史料记载,三星堆文化晚期曾出现宗教势力过大,财富大多集中到神权贵族一方的现象。

E.三星堆城池遭到严重破坏很可能是外部入侵在先、内部冲突在后,迫使三星堆人迁都金沙,重建都城。

54~55基于以下题干

甲、乙、丙、丁4位记者对张、陈、王、李4位市民就民生问题进行了访谈。每次访谈均是1对1进行。每个人均进行或接受了至少1次访谈,访谈共进行了6次。已知:

(1)若甲、丙至少有1人访谈了陈,则乙分别访谈了王、李各2次。

(2)若乙、丁至少有1人访谈了陈,则王只分别接受了丙、丁各1次访谈。

54. 根据以上信息,可以得出以下哪项?

A. 甲至少访谈了张、李中的1人。

B. 乙至少访谈了陈、李中的1人。

C. 乙至少访谈了张、王中的1人。

D. 丁至少访谈了陈、张中的1人。

E. 丁至少访谈了李、张中的1人。

55. 若丙访谈了张和李,则可以得出以下哪项?

A. 张只接受了1次访谈。

B. 丙只进行了2次访谈。

C. 陈只接受了1次访谈。

D. 丁只进行了2次访谈。

E. 李只接受了1次访谈。

2024年入学管理类综合能力逻辑真题解析

答案速查:DDADC CDBEA CEEAE DBDBA CBEDB EACAC

26. 答案:D 解析:此题应采用代入法解题。D项可以刻画为:没有健康的人民→国家不会拥有高质量发展的能力。对应题干倒数第二句的刻画:拥有高质量发展的能力→拥有健康的人民。二者互为逆否命题。A项和C项在题干中找不到对应。B项和E项都是误把必要条件当成了充分条件。

27. 答案:D 解析:此题宜采用排除法解题。根据条件(1)和(3)可知,丙不可能在第三周值班。由于前三周必然有甲和丙值班,故根据条件(2)可知,己不可能在第三周值班。排除乙(第四周)、丙、己之后,还剩甲、丁、戊有可能在第三周值班。

28. 答案:A 解析:专家的观点是"声媒降低了就业门槛,提供了更多平等就业的机会",要质疑这一观点,就要尽量说明声媒没有降低就业门槛。各选项中只有A项涉及"不意味着声媒准入门槛的降低"。B项没有针对"声媒"进行讨论,与题干论证无关;C项提及的是"薪酬水平",无关;D项说的是获得财富的难易程度,无关;E项是最强干扰项,题干没有提到声媒从业者都要达到播音标准,此外,嗓音需要训练也并不意味着"不平等",故该项不能质疑专家观点。

29. 答案:D 解析:假设条件(3)后件为假,根据其逆否命题可以推知甲、戊都选;根据条件(2)推知不选择甲,自相矛盾,故假设失败,不选择丙。结合条件(1)乙、丁至多选其一,故剩下的甲、戊必须入选,排除A、B两项。此时还剩一个名额,故选择D项。C项不必然为真。

30. 答案:C 解析:专家的观点是读书要先克服前30页的阅读痛苦……。C项解释了为什么前30页无法让人获得阅读的愉悦,是诸选项中对专家观点最强的支持。A项和D项都与"克服前30页的阅读痛苦"无关;B项说的是"连续读30页",同样无关;E项不能支持也不能削弱专家观点,因为题干中专家观点认为"克服前30页的阅读痛苦"是"获得知识与快乐"的必要条件,而非充分条件,E项将其当作充分条件加以反驳,所以还是无关项。

31. 答案:C 解析:题干中专家认为快递点对纸箱回收应该有积极性,理由是"从自身利益角度出发"。C项指出,快递点回收旧纸箱没有成本,也没有收益,由此可以合理推断:快递点从自身利益角度出发,对于回收旧纸箱没有积极性,故C项是最强的削弱。A、B、D三项说的都不是"快递点",E项与"自身利益"无关,故都不选。

32. 答案:D　解析:条件(1)和(2)的前件都提到了《松溪图》,无论是不是苏所画,这两个条件的后件必有一真,故条件(3)的前件这个选言命题必有一个选言支为真,故条件(3)前件为真,其后件也为真。由于其后件是个选言命题,先假设《雪钓图》是唐所画,根据条件(2)的逆否命题,《松溪图》不是苏、赵画的,条件(1)前件为真,故《山高图》是唐所画。由于题干中4位书画家和4幅作品一一对应,故唐不可能同时是《雪钓图》和《山高图》的作者,假设失败。为保证条件(3)后件这个选言命题为真,必须确保《涧石图》是苏所画。

33. 答案:B　解析:注意问题中的相反陷阱。由于题干提到"感冒的原因是病毒或细菌感染",故A项和C项支持了研究人员的观点;由于题干没有涉及"户外活动"与流感的关系,故B项是无关项;与B项相比,可以合理认为D项提及的"呼吸系统和消化系统"、E项提及的"代谢系统和免疫系统"都与流感有关。故此题B项是不能支持研究人员观点的选项。

34. 答案:E　解析:研究人员的观点是良渚古城的摧毁很可能与洪水的暴发存在关联。E项在"良渚古城的摧毁"与"洪水的暴发"之间搭桥是最强支持项。注意,将"公元前2277年前"加上公元后2023年,恰好是题干中良渚古城摧毁的时间"4300年前"。A项"尚未发现人为因素导致良渚文明覆灭的证据",无法断定实际情况,也不能支持"洪水爆发"的因素;B项提及的"黏土"与"洪水爆发"的相关性未知;C项有削弱作用;D项提及的持续强降雨时期与良渚古城被摧毁是否具有相关性,无法证明。

35 答案:A　解析:设刺猬入选,根据条件(2)的逆否命题,松鼠、狐狸和乌鸦都不入选,此时条件(1)后件为假(因为松鼠不入选),可推知其前件为假,即6种动物中最多3种入选;再设刺猬不入选,条件(1)后件为假,可以推出同样的结果。综上,本题选A。

36. 答案:C　解析:根据上一题的推理可知,条件(2)的前件有可能为假,即松鼠、狐狸和乌鸦不必然入选,故A、B、D三项不必然为真。设C项为假,根据题干条件(2)做逆否推理,松鼠、狐狸和乌鸦都不入选,此时只有两种动物可以入选,不符合本题补充条件"恰好有3种动物入选",故该项必然为真。

37. 答案:E　解析:要想证明"脉冲星地图"很难实现预想的目标,就要说明此手段无效,E项指出了这一点。A项不能选,因为过去一无所获不能作为未来类似情况的证据。B项谈的不是脉冲星地图是否能实现目标,而是危害,与话题无关。C项只是指出"可能"看不懂铭牌,并不是必然的,故支持力度较弱。D项是削弱项。

38. 答案:E　解析:题干第一句指出,瘦肉精主要指莱克多巴胺。E项指出使用瘦肉精的不合理性,支持了专家的观点。A项讲的是瘦肉精对动物的影响,尚不足以支持"零容忍政策"。B项和C项与零容忍政策无关。D项的科学实验样本量不足,无法作为论据。

39. 答案:A　解析:本题推理应结合图表进行,将题干条件填表如下:

	周一	周二	周三	周四	周五	周六	周日
孟		休假		休假			休假
王				休假	值班	休假	
李					值班	休假	休假

因为"任意2人在同一天休假的情况均不超过1次",而上表中,任意2人已有同一天休假的情况,从而可得周一、周二、周三和周五必然最多1人休假,如下表:

	周一	周二	周三	周四	周五	周六	周日
孟		休假		休假			休假
王		值班		休假	值班	休假	值班
李		值班			值班	休假	休假

又因为“没有人连续3天值班”，而上表中，王周日和周二值班，故周一必须休假。可得下表：

	周一	周二	周三	周四	周五	周六	周日
孟		休假		休假			休假
王	休假	值班		休假	值班	休假	值班
李		值班			值班	休假	休假

既然王已经在周一休假，那么这一天另外两人就不能再休假，否则将再次出现同时休假，如下表：

	周一	周二	周三	周四	周五	周六	周日
孟	值班	休假		休假			休假
王	休假	值班		休假	值班	休假	值班
李	值班	值班			值班	休假	休假

此时可知A项正确。

40. 答案：E 解析：根据条件(3)，甲是冠军且未有败绩，那么甲胜了乙和丁。由于第一轮丁输给了甲，根据条件(2)，丁必然赢了丙，可推出此轮丙赢了戊；同理可证戊赢了己。如下表所示：

甲(胜)	乙(输)
甲(胜)	丁(输)
丙(输)	丁(胜)
丙(胜)	戊(输)
戊(胜)	己(输)

根据条件(2)，甲在第二轮不可能输两场，所以条件(4)中比赛结果与第一轮相同的一定在与甲有关的两场比赛中。

根据条件(4)以及上表中第一轮比赛结果，可知丙、丁、戊在第二轮都有败绩，不可能是冠军。

再根据条件(2)，由于丁在第二轮至多输一场，已经输给了丙，故必然战胜了甲。由此可知，第二轮胜负结果与第一轮相同的是甲战胜了乙。乙也有败绩，不可能是冠军。

排除掉前四个选项后，只剩下己符合条件(3)的要求，是第二轮比赛的冠军。

此题的另一种解法：观察题干给出的对阵信息，可以发现只有乙和己每轮比赛仅出战一场。由于第一轮甲是冠军(冠军未有败绩)，所以乙输了。如果己在第一轮胜了戊，根据条件(2)可推出戊胜了丙，丙则必须战胜丁，此时丁输给了甲和丙，违背条件(2)，故己第一轮输了。

根据条件(2)，甲在第二轮不可能输两场，所以条件(4)中比赛结果与第一轮相同的一定在与甲有关的两场比赛中。此时可以推知己在第二轮赢了，而且由于仅出战一场，没有败绩，故冠军是己。

41. 答案:D 解析:专家观点是,传统村落走向衰亡是必然趋势。要想质疑这一点,就要指出传统村落没有走向衰亡。C 项和 D 项都有此意,但是 C 项说的是欧洲国家的传统村落,虽然其经验可以借鉴,但是不如 D 项直接指出我国传统村落没有衰亡的质疑力度更强,故选 D。E 项有支持意味,其余选项无关。

42. 答案:B 解析:根据销售的是环保类烟花,结合条件(2),逆否可得:不是新型组合烟花也不是危险性大的烟花,结合条件(1),可推出:可降解或没有漂浮物。对于这个相容选言命题来说,否定一个选言支才能肯定另一个选言支,B 项否定了"可降解",可以肯定"没有漂浮物",是唯一的正确答案。

43. 答案:D 解析:根据条件(2)和(3),可以逆向思考:什么情况下不是曼特洛编码呢?当一对圆括号中既含有曼特洛编码也含有曼特洛图形时。只要排除这样的选项即可选出正确答案,反之,如果将每个选项都正向思考,本题的解题速度将会大大降低。B 项中的(☆(▽))既含有图形又含有编码,需要排除;同理,C 项中的(☆())、E 项中的(▽())都不符合条件。A 项中最外侧的小括号里含有三个曼特洛编码,不符合条件(3),也需要排除(C 项和 E 项也可以用类似的方法排除)。上述两种排除 C 项和 E 项的方法殊途而同归,实战中考虑到哪一种方法,取决于当时的注意是放在了条件(3)的"1 个或 2 个"上,还是放在了"不含其他符号"这句话上。两种方法都是可以的。

44. 答案:B 解析:分析人士根据两大行业的产能降低,推出芯片供应紧张形势有望缓解的结论,这就必须假设两大行业的产能与芯片供应形势有直接关系,B 项指出了这一点,该项提到的"半导体行业"可以回文定位到题干第一句"半导体行业的许多工厂竞相增加芯片产能",可视作对"芯片产能"的同义替换。A 项和 C 项分别只提到了两大行业中的一个行业,况且,即使某个行业削减芯片库存、销量下滑,但如果它不是半导体行业的主要用户,那么也不会对芯片供应形势形成关键影响。D 项与两大行业的产能降低造成的芯片供应形势无关。E 项提到的是工厂产能,而题干说的是"供应紧张","产能"和"供应紧张"之间有关系,但产能即便没有降低,芯片供应的紧张形势仍然有可能存在,故该项不是假设项(假设是寻找"没它就不行"的必要条件)。

45. 答案:A 解析:按顺序填表如下,可得答案:

稷	麦	6 豆	5 稻	黍
麦	豆	3 稻	4 黍	1 稷
		7 稷		2 豆
		黍		麦
	稷			稻

解释填表思路:

方阵中的最后一列缺少了"稷"和"豆",由于第二行已经有了"豆",所以它只能填在最后一列第三行,即目标空格中不能填"豆",排除 B 项。

方阵第二行已经填了"麦""豆"和"稷",少了"稻""黍",由于第三列已经填入了"黍",故这一行第三列只能填"稻","黍"要填在第四列,即目标方格中不能填"黍",排除 E 项。

再观察第一行,缺少"稻"和"豆",由于第二行第三列填了"稻",故第一行的"稻"只能填在第四列，即目标方格中不能填“稻”，排除C项。第一行第三列填“豆”。

此时第三列已经自上而下依次填了“豆”“稻”“黍”，还剩下“稷”“麦”。“稷”如果填在第五行，则重复，所以只能填在第三行，即目标方格中不能填“稷”，排除D项。

46. 答案：C　解析：学者的观点是，《马可·波罗游记》中的说法很可能是正确的，其依据是拉施都丁的《史集》。要想支持学者的观点，就需要对《史集》和《马可·波罗游记》作搭桥，C项符合此点。既然《史集》比《马可·波罗游记》每30年少1年，那么若忽必烈在《史集》中记载为83岁，则在《马可·波罗游记》中确实应记载为85岁。其余选项均与学者观点无关。

47. 答案：B　解析：设条件(3)前件为真，则甲、丙都入选，再根据条件(1)，则丁、戊、己均不入选，再根据条件(2)，则庚也没有入选，此时需要入选剩余的乙。反向验证：假设乙没有入选，根据条件(3)，则甲、丙都入选，再根据条件(1)，则丁、戊、己均不入选，再根据条件(2)，则庚也都没有入选，此时入选人数不足3人，违背题干限定条件，故选B项。更简单的解法是：由于总数量选3人，根据条件(1)，剩下的乙和庚至少1人入选。直接反向验证B项得到矛盾，即可确定该项必然为真。

48. 答案：E　解析：专家的建议是，广大游客应远离小众景点，不给他们宰客的机会。要质疑这一建议，就要表明存在值得游览的小众景点，E项所涉“很多不出名的乡村景点”即是“小众景点”，质疑了专家的建议。其余选项均没有描述“小众景点”本身的情况，因此均与专家建议无关。

49. 答案：D　解析：假设条件(3)后件为假，逆否可得短跑和篮球都获得了金牌，此时条件(2)前件为真，可推出体操获得了金牌，可选D项。反向验证该选项：假设体操没有获得金牌，则根据条件(2)逆否可得射箭和短跑都没获得金牌，此时条件(3)前件为真，推出跳水也未获得金牌——跳水射箭都没获得金牌，违反了条件(1)，故D项必真。

50. 答案：B　解析：由于5人各选择了2个岗位应聘，共计10人次，其中1个岗位5人都选择应聘，则还剩5人次。根据条件(1)可知，或者选择市场部的有3人、选择外联部的有2人、选择人事部的有5人，或者选择市场部的有5人、选择外联部的有4人、选择人事部的有1人。设条件(2)后件为假，逆否可得甲丙丁都不选择市场部，能选市场部的人数达不到3人，故假设失败，只有甲和戊选择了外联部。既然外联部人数只有两人，则剩下的乙、丙、丁选择了市场部。答案选B。

51. 答案：E　解析：这道题题干信息量大，要想找到正确答案，应该采用代入法，用选项信息回文定位到题干进行验证。A项的“以往不曾”找不到对应；B项的“跨年兑换”违背了题干的“本年度”的约束条件；C项的“时间不敏感而价格敏感”的旅客在题干中是“多在周末出行”，题干没有提到他们不会选择工作日出行；D项提到的“时间敏感而价格不敏感”的旅客，是否会乘坐S航周末航班，在题干中找不到对应；E项，根据题干“乘坐该航空公司除飞往港澳台以外的任意国内航班”可知必然为真。

52. 答案：A　解析：设条件(3)后件为假，逆否可得不经营生姜和棉花。此时剩下的4种农产品中必须选择3种经营。设条件(1)前件为真，则不经营甜菜，那么花生必须经营，但是根据条件(2)又会得到不经营甜菜，自相矛盾，故条件(1)前件为假，不经营百合；那么剩下的花生、甜菜、黄芪都要经营，各选项中只有A项符合要求。

反向代入验证A项：假设不经营花生，根据条件(3)的逆否命题，可得出不经营生姜和棉花，那么剩下的百合、甜菜、黄芪都要经营，但是这不符合条件(1)，假设失败；如果假设不经营甜菜，根据条件(2)的逆否命题，还是会导致不经营花生，假设仍然失败。故A项必真。

这道题如果先观察条件(1)和(2)的后件，发现共同要素“甜菜”，不难判断这两个后件不可能同时为真，那么它们的前件也不可能同时为真，即条件(3)的后件必然为假。这样一来，就可以省略上述反向验证的步骤，直接选择A项。这说明，在综合能力考试中，要想提高速度，“善于观察特征”这种能力其实比解题技术更为关键。

53. 答案：C 解析：学者的观点是，三星堆王国衰亡很可能是内部权力冲突导致的。各选项中只有C项和E项涉及“内部冲突”，C项提到了“联合执政”与题干的论据相匹配，直接支持了学者观点。E项认为外部入侵在先，有削弱作用。其余各项都与题干中学者的观点无关。

54. 答案：A 解析：设条件(2)后件为假，则逆否可得：乙、丁都没有访谈陈。那么还剩下甲、丙可以访谈陈，所以此时条件(1)前件为真，可推出其后件也为真，访谈已经有4次；而此时还有甲、丙、丁三人必须进行访谈，总访谈次数超过6次，故假设失败，条件(2)后件为真。此时条件(1)后件为假，逆否可得：甲、丙都没有访谈陈。

结合条件(2)后件，甲也没有访谈王，故甲只剩下张、李有可能访谈，答案选A。

55. 答案：C 解析：将补充条件，及上题结论填入下表可得：

	张	陈	王	李
甲		×	×	
乙			×	
丙	√	×	√	√
丁			√	

丙访谈了3人，可以排除B项；此时已有4次访谈，记者剩下甲和乙，市民剩下陈。由于条件(1)前件为假(54题已证)，故甲不可能访谈陈，只剩下乙或丁可以访谈陈。由于甲必然要进行一次访谈(无论访谈谁)，总访谈次数已达6次，故陈只接受了1次访谈。

观察上表，甲可能访谈张也可能访谈李，故A项和E项不必然为真。如果丁进行了2次访谈，总访谈次数将达到5次，而此时甲乙还分别需要访谈1人，总访谈次数将超过6次，故D项不可能为真。

2023年
入学经济类综合能力逻辑真题

36. 当前我国电商风头正劲，消费者只需坐在家中就可浏览各类商品，下单购物极其方便；另外，因为没有中间商赚差价，商品价格相对较低。但是，随着电商的兴起，一些地方实体店铺的经营受到了冲击。据此，有专家指出，中国电商平台如此发达，其实是在毁掉实体经济。

以下哪项如果为真，最能质疑上述专家的观点？

A. 每个实体店铺的存在意味着若干人的就业，它们一旦被电商取代，很多人就会因此失业，可能引发社会风险。

B. 很多人关闭自己的线下门店后将店铺搬到了网上，一些大的商业品牌店也将生意做到了网上，吸引了更多的消费者。

C. 商场不只是买卖商品，更重要的是将人吸引到街上，产生各种“随机消费”。比如，夫妻逛街除了买衣服，还可能吃饭、看电影。

D. 购买服装是一种体验性很强的购物活动，很多人还是愿意在商场先试穿体验再决定购买。只要价格不是贵得离谱，商场购物还是比网上下单更靠谱。

E. 电商销售的产品来自于线下工厂，同时电商创造了快递行业，就连看似被电商消灭的“商场经济”也变成了儿童乐园、餐馆和游戏厅等“体验式经济”。

37. 并不是所有的人都能避免平庸之恶，因为有些人缺乏独立思考和审辨能力，而避免平庸之恶需要独立思考和审辨能力。

以下哪项与上述论证方式最为相似？

A. 并不是所有的沙漠都需改造，因为有些沙漠是生态系统的重要组成部分，对它们进行盲目改造会破坏生态平衡。

B. 并不是所有职场人都自愿加班，因为有些职场人很勤奋、很负责，他们这种特质可能会被企业利用而“被自愿加班”。

C. 并不是所有新闻都只强调即时性，因为好新闻还应当反映时代特征，而只强调新闻的即时性，就很难让新闻在历史中留下深刻的印迹。

D. 并不是所有标有“绿色”字样的家具都是环保产品，因为有些标有“绿色”字样的家具并不符合国家检测标准，而环保产品必须符合国家检测标准。

E. 并不是上好学校就能得到好的教育，因为学校最重要的是培养孩子的品行并激发他们的好奇心，而有些学校只强调激发孩子的好奇心，却忽略了对他们品行的培养。

38. 不喜欢故事的人都不爱读小说，凡喜欢吟咏的人爱读诗歌，不喜欢对白的人都不爱看戏剧，喜欢闲逸的人均爱看散文。小张酷爱文学，他爱读小说和诗歌，但不爱看戏剧。

根据以上陈述，可以得出以下哪项？

A. 小张喜欢故事。　　B. 小张喜欢吟咏。　　C. 小张不喜欢对白。

D. 小张喜欢闲逸。　　E. 小张不喜欢闲逸。

39. 现有4张卡片如下图所示，每张卡片的正反面上下对应。每张卡片的正面印的是季节或者节气，反面印的是诗句或者成语。

	1	2	3	4
正面	春季	芒种	秋季	谷雨
反面	闻鸡起舞	孤舟蓑笠翁 独钓寒江雪	精益求精	克勤克俭

对上述4张卡片情况的概括,以下哪项是正确的?

A. 若正面印的是节气,则反面印的是成语。

B. 若正面印的是节气,则反面印的是诗句。

C. 若正面印的是季节,则反面印的是成语。

D. 若反面印的是诗句,则正面印的是季节。

E. 若反面印的是成语,则正面印的是节气。

40~41题基于以下题干

某人拟在其承包的甲、乙、丙、丁、戊5个地块中选种苹果、枇杷、柑橘、樱桃、山楂和石榴6种果树中的5种。已知,每个地块只种植一种果树,各地块种植的果树互不相同,且满足如下条件:

(1)若丙地块种植的不是樱桃,则戊地块种植的是柑橘;

(2)甲、乙两地块种植的是苹果、枇杷、柑橘3种中的2种;

(3)若丙或丁有一地块种植山楂,则柑橘、石榴均不种植在戊地块。

40. 以下哪项安排不符合上述种植要求?

A. 甲地块种植苹果。　　B. 乙地块不种植枇杷。　　C. 丙地块种植山楂。

D. 丁地块种植石榴。　　E. 戊地块不种植柑橘。

41. 如果丁地块种植的是樱桃,则可以得出以下哪项?

A. 甲地块种植的是苹果。　　B. 甲地块种植的是山楂。　　C. 乙地块种植的是柑橘。

D. 丙地块种植的是枇杷。　　E. 丙地块种植的是石榴。

42. 研究人员发现,人体骨钙蛋白对记忆力保持十分重要。随着年龄增长,如果人体生成的骨钙蛋白减少,人的记忆力就会随之衰退。由此他们认为,如果加强锻炼,就能保持记忆力不衰退。

以下哪项如果为真,最能支持上述研究人员的观点?

A. 通过对实验鼠的测试发现,它们的记忆力缺陷与其骨钙蛋白不足有关。

B. 通过锻炼,人体能够增强RbAp48基因的活跃程度,促进骨钙蛋白的生成。

C. 随着年龄的增长,人体内RbAp48基因的活跃程度日益下降,而它与骨钙蛋白的变化相关。

D. 通过测量与人脑中基因表达相关的信使核糖核酸水平发现,基因利用信使核糖核酸合成蛋白质。

E. 在人的一生中,骨钙蛋白通常会随着骨密度下降而减少,但也有可能通过某种方法而增加。

43. 据统计,截至2019年底,我国60岁以上老龄人口已达2.5亿。其中失能、半失能老人超过4 000万,这些老人疾病与衰老并存,生活基本无法自理。目前,他们的实际护理主要由其配偶、子女或亲戚承担,而包括医院在内的第三方机构服务占比很低。有专家指出,建立长期陪护保障机制可以破解医养两难困境,帮助失能、半失能的老人有尊严地安享晚年,同时缓解他们家庭的负担。

以下哪项如果为真,最能支持上述专家的观点?

A. 家庭一旦出现失能、半失能老人，尚在工作的年轻人无法有效承担起家庭照护的责任，更多的是由 60~70 岁老人照顾 80~90 岁老人。

B. 失能、半失能老人需要长期治疗，而由于医疗条件有限，医院一般不愿意让老人长期占用稀缺的床位资源既治病又养老。

C. 有些家庭成员因难以放弃工作或缺乏护理知识，不得不雇用住家保姆来护理家中的失能、半失能老人。

D. 不少养老院很难治疗失能、半失能老人的疾病，将老人完全托付给养老院，亲属也很难放心。

E. 长期护理保障机制以失能、半失能人员为主要保障对象，老人由此可以获得日常生活照顾，也能得到相应的医疗护理，个人支付费用也不高。

44. 前年，某调查机构对 N 国 2 660 余万名需要心理救助的注册人员进行统计分析，了解到其中 920 多万人有个性化咨询需求。截至今年 11 月份，N 国需要心理救助的注册人员已经增加到 9 000 余万。该调查机构由此推测，其中有个性化咨询需求的应超过 3 000 万人。

以下哪项如果为真，最能支持上述推测？

A. 随着生活节奏的加快，该国人口中有个性化心理咨询需求的人员占比逐年增长。

B. 近年来，该国鼓励高校、科研院所的心理咨询机构积极向社会开放。

C. 各大医疗机构都建立了心理咨询服务专家门诊，今年能够满足个性化咨询需求的单位比前年增加了 3 倍。

D. 近年来，该国需要心理救助的注册人员中有个性化咨询需求的占比基本没有变化。

E. 由于不少人不知如何注册登记或者不愿意登记，该国需要心理救助的注册人员不到实际需要的一半。

45. 某公司拟招聘员工若干名。该公司要求，应聘者必须至少通过甲、乙、丙、丁、戊 5 项考试中的 3 项才会被录用。已知：

(1) 凡是参加乙考试的必须参加甲考试。

(2) 凡是参加戊考试的必须参加乙考试。

(3) 若丙、戊考试中至少参加一项，则也参加丁考试。

若宋某在此次招聘中被该公司录用，则他至少参加哪两项考试？

A. 甲和乙。　　B. 丙和乙。　　C. 丙和戊。　　D. 甲和丁。　　E. 戊和丁。

46. 有一个 5×5 的方阵，其中每个小方格均可填入一个由两个汉字组成的词，已有部分词填入。现要求方阵中的每行、每列均含有“富强”“民主”“文明”“和谐”“美丽”5 个词，不能重复也不能遗漏。

根据上述要求，以下哪项是方阵最后一行 5 个空格中从左至右依次填入的词？

	民主	文明	和谐	
		富强	民主	
				富强
美丽	富强			和谐

A. 民主、和谐、美丽、富强、文明。

B. 文明、和谐、美丽、富强、民主。

C. 富强、文明、和谐、民主、美丽。

D. 和谐、文明、富强、美丽、民主。

E. 民主、文明、和谐、美丽、富强。

47. M、N、G、H、W、K 6 人参加某国际商品展销会。他们来自英国、美国、荷兰、法国、德国 5 个国家之一，且每个国家至少有上述 6 人中的 1 人。已知：

(1) N、G 来自荷兰、法国或者德国；

(2) M、N 来自英国、美国或者荷兰；

(3) H、W、G 来自德国、英国或者美国。

根据以上陈述可以得出以下哪项？

A. N 来自荷兰，K 来自法国。 B. N 来自荷兰，K 来自德国。 C. G 来自荷兰，K 来自法国。

D. G 来自德国，K 来自英国。 E. N 来自法国，G 来自德国。

48. 有一论证，(相关语句用序号表示)如下：

①然臣谓小人无朋，惟君子则有之。其故何哉？

②小人所好者禄利也，所贪者财货也。

③当其同利之时，暂相党引以为朋者，伪也；及其见利而争先，或利尽而交疏，则反相贼害，虽其兄弟亲戚，不能相保。

④故臣谓小人无朋，其暂为朋者，伪也。

⑤君子则不然。所守者道义，所行者忠信，所惜者名节。

⑥以之修身，则同道而相益，以之事国，则同心而共济，终始如一。此君子之朋也。

⑦故为人君者，但当退小人之伪朋，用君子之真朋，则天下治矣。

如果我们用“甲→乙”表示甲支持(或证明)乙，下列哪项对上述论证基本结构的表示最为准确？

A. ②→③→④ ↘ ①→⑦；⑤→⑥ ↗ ①→⑦

B. ②→③→④ ↘ ①→⑦；⑥→⑤ ↗ ①→⑦

C. ④→③→② ↘ ①→⑦；⑤→⑥ ↗ ①→⑦

D. ②→③→④ ↘ ⑦→①；⑤→⑥ ↗ ⑦→①

E. ④→③→② ↘ ⑦→①；⑤→⑥ ↗ ⑦→①

49. 近期，某大学召开了一次国际学术会议，有 60 位专家学者参加会议，其中国外学者 20 余人。会议共收到投稿论文 70 余篇，共计有 46 篇通过了审核，论文通过审核的作者均参加了会议。共有 24 人作大会报告，其他参会人员均作了分组报告。

根据以上信息，可以得出以下哪项？

A. 作大会报告的国外学者比国内学者多。

B. 有部分国内学者作了分组报告。

C. 作大会报告的国内学者比国外学者多。

D. 国外学者的论文都通过了审核。

E. 有些论文未通过审核的作者也参加了会议。

50~51 题基于以下题干

某单位收发室现有 1 号至 7 号七个邮件需要先后派送。根据情况，派送顺序需满足如下条件：

(1) 若 1 号邮件和 3 号邮件至少有一个在 5 号邮件之前派送，则 6 号邮件第二个派送并且 4 号邮件不能安排在最后派送；

(2) 若 2 号邮件和 6 号邮件中至少有一个安排在第四或者之前派送，则 5 号邮件第三个派送并且最后派送 1 号邮件；

(3) 7 号邮件或者最先派送，或者最后派送。

50. 若 5 号邮件安排在第二个派送，则以下哪项是可能的？

A. 最先派送 4 号邮件。 B. 最先派送 2 号邮件。 C. 最先派送 3 号邮件。

D. 最先派送 1 号邮件。 E. 最先派送 6 号邮件。

51. 若 4 号邮件安排在最后派送，则可以得出以下哪项？

A. 1 号邮件第三个派送。 B. 5 号邮件第二个派送。 C. 3 号邮件第四个派送。

D. 2 号邮件第五个派送。 E. 6 号邮件第六个派送。

52. 某热带岛国正在进行旅游开发，星级酒店和度假村比比皆是，值得庆幸的是 136 号巡洋舰还在。就是在这艘巡洋舰上，罗斯特将军领导了独立革命，使得这个热带岛国摆脱了殖民统治。尽管现在普通民众对这位将军的评价毁誉参半，但是几处早期建立的将军雕像并没有被损毁的痕迹。由此可见，罗斯特将军还是受到岛国人民尊重的。

以下哪项最可能是以上论述所隐含的假设？

A. 只有尊重罗斯特将军，岛国人民才会建立他的雕像。

B. 罗斯特将军曾经限制岛国搞旅游开发，引起部分人对他的不满。

C. 部分人不认可罗斯特将军的某些做法，但是并不代表对他不尊重。

D. 只有摆脱殖民统治，岛国人民才能自主地发展旅游经济。

E. 如果岛国人民不尊重罗斯特将军，就会损毁他的雕像。

53. 通常戴不戴头盔是自行车骑行人的自由选择，但是，为了安全，某国交通管理部门拟出台一项强制自行车骑行人戴头盔的规定。该规定草案一经公布就引起社会的强烈反响，某骑行俱乐部负责人公开表示反对。他认为如果这一规定出台，骑行人数将会大幅下降，有些没有头盔的骑行人为躲避高额罚款会放弃骑行。

以下哪项如果为真，最能质疑上述负责人的观点？

A. 只有限制越少，骑行人才会越来越多，骑行运动才会蓬勃发展。

B. 不是每次骑行都需要戴头盔，强制戴头盔只会增加头盔生产商的利润。

C. 戴头盔会让有些骑行人产生一种虚假的安全感，忽视其他可能引发骑行事故的因素。

D. 头盔能最大限度地保护骑行人的脑部安全，绝大多数骑行人会因此自觉戴头盔。

E. 该国去年有 100 多名骑行人在交通事故中丧生，其中有些人在事故发生时没有戴头盔。

54~55 题基于以下题干

甲、乙、丙、丁、戊、己、庚 7 名大学生相约暑期去某地农村支教。根据该地情况，有张村、王村、李村和赵村 4 个村可供他们选择。他们每人选择 2 个村支教，而每个村都至少有其中 3 名学生选择，已知：

(1) 甲和乙一起先去张村，然后再去赵村；

(2) 如果丙去王村，则戊和己都去了张村；

(3) 如果丙不去王村，则丁和庚也不去王村；

(4) 如果戊不去李村，则丙和己也不去李村。

54. 如果丙和己都去李村，则可以得出以下哪项？

A. 丙去张村。 B. 丁去李村。 C. 戊去王村。

D. 己去赵村。 E. 庚去王村。

55. 如果丁不去王村，则可以得出以下哪项？

A. 己不去李村。 B. 丁不去李村。 C. 戊不去张村。

D. 丙不去王村。 E. 庚不去赵村。

2023年入学经济类综合能力逻辑真题解析

答案速查:EDACC EBEDD BAABA BEDEA

36. 答案:E 解析:专家观点是“电商毁掉实体经济”,要想质疑这个观点,最直接的方法是指出“电商没有毁掉实体经济”,E项表明,电商对于实体经济其实有促进作用。A项是对题干观点的引申,讲的是毁掉实体经济的恶果,而非“是否毁掉”,属于无关项;其余各项也都与题干观点无关,考查的是考生是否会被“转移话题”。

37. 答案:D 解析:题干的论证方式是先给出否定性结论,再给出两个前提,第二个前提是必要条件假言命题(含有“需要”这个词)。各个选项中,唯有D项的第二个前提是必要条件假言命题(含有“必须”这个词)。

38. 答案:A 解析:从题干的确定性条件出发,根据小张“不爱看戏剧”,无法与“不喜欢对白的人都不爱看戏剧”结合,所以无法推出小张是否喜欢对白,排除C项。根据小张“爱读诗歌”,结合“凡喜欢吟咏的人爱读诗歌”,全称肯定命题换位推理可得到特称命题“有的爱读诗歌的人喜欢吟咏”,但无法据此推出小张是否喜欢吟咏,排除B项。再根据小张“爱读小说”,结合“不喜欢故事的人都不爱读小说”,逆否之后可以推出小张爱读小说,故选择A项。

39. 答案:C 解析:每个选项都是假言命题,要想判断哪个选项正确,实际上是判断哪个假言命题是正确的。要想判断假言命题是否正确,排除掉必定为假的命题即可。根据假言命题矛盾式,如果其前件为真,同时后件为假,则该命题为假。据此,卡片2说明A项为假,卡片4说明B项为假,卡片2还表明D项为假,卡片1和3都表明E项为假,C项为真。

40. 答案:C 解析:注意问题中的相反陷阱。此题可以采用代入法做,假设A、B两项为真时,都不违反条件(2);假设C项为真时,根据条件(3)可以推出柑橘不种植在戊地块,结合条件(1)的逆否命题,可以推出丙地块种植樱桃,这就与假设相矛盾,故C项不符合种植要求。

41. 答案:E 解析:根据本题补充条件,以及“各地块种植的果树互不相同”,可知题干条件(1)前件“丙地块种植的不是樱桃”为真,推出“戊地块种植的是柑橘”,顺藤摸瓜可以发现条件(3)后件为假,根据其逆否命题可以推出“丙和丁都没有种山楂”。根据条件(2)可知,苹果、枇杷种在了甲、乙两个地块,根据上述推理可知柑橘种在了戊地块,根据本题补充条件可知樱桃种在了丁地块,此时丙地块只剩下了石榴可以种植。

42. 答案:B 解析:题干的论据是骨钙蛋白对记忆力保持十分重要;题干结论是加强锻炼就能保持记忆力。要想支持研究人员的观点,就要在论据的“骨钙蛋白”与结论的“加强锻炼”之间搭桥构建关联,各个选项中唯有B项构建了这种关联。初学者需要特别注意的是,这道题考的本质是三段论推理的补充前提,不宜用语义理解的方法做题。

43. 答案:E 解析:专家的观点包含两个方面:其一,帮助老人;其二,缓解负担。各个选项中,唯有E项对应了这两个观点。

44. 答案:D 解析:题干基于注册人员数量增加了三倍多(2 660万到9 000万),推测其中个性化咨询需求人数也会同比例增长(920万到3 000万),这就必须假设个性化咨询需求人数在注册人员中的占比是保持不变的,D项指出了这一点。

45. 答案:D 解析:题干条件规定,5种考试通过3项才会被录用。如果没有参加丁考试,根据条件(3)的逆否命题,则必然不会参加丙和戊,当然也就无法通过这3项考试,是不可能被录用的,故丁考试是必须参加的;如果不参加甲考试,根据条件(1)的逆否命题,也不会参加乙,再根据条件(2)的逆否命题,也不会参加戊,5种考试至多参加两种,也是不可能被录用的,故甲考试必须参加。

46. 答案:B 解析:根据"每一列的词语都不能重复",最后一行第三格不能是"富强",排除D项;第四格不能是"民主",排除C项;第五格不能是"富强",排除E项。而第一行剩下的两格需要填入"富强""美丽"两个词,其第一格不能填"美丽"否则与第四行的第一格重复,故"美丽"只能填在该行的最后一格,此时最后一列还剩"民主""文明"两个词可以填;为避免同行重复,第二行最后一格只剩下"文明"可以填,此时最后一行的最后一格就只能填"民主",排除A项,选B项。

这道题命题思路是2021年入学管综第45题和2019年入学管综第36题的重复。

47. 答案:A 解析:条件(1)和(3)的交集是G和德国,排除B项;条件(1)与条件(2)的交集是N和荷兰,排除C项和E项。据此,条件(2)还剩下M来自英、美,条件(3)还剩下H、W来自英、美,故6人中还剩K和法国可以匹配。

48. 答案:A 解析:本题并非考查文言文翻译,而是考查阅读论证结构的能力。观察五个选项,论证的终点不是①就是⑦,回看题干⑦,根据"故"字可以断定这就是全文结论,排除D、E两项。为了证明①,题干采用了并列的两个推理,②③④说的是"小人",④中的"故"字表明它是②③的总结,故排除C项。⑤⑥说的是"君子",⑥中的"之"字指代的是⑤中的内容,故二者是依次顺承的关系,排除B项确认A项。

本题类似于2022年入学经济类综合能力第47题,请读者对比学习。

49. 答案:B 解析:这道题题干信息量大而且杂,与其先审读题干,不如采用代入法做题,拿着选项回文定位,在题干信息中寻找对应,找不到对应的就先搁置。验证B项时可以发现,去掉20余位国外学者,参会的国内学者有30余人,即使作大会报告的24人全都是国内学者,也一定还有人作了分组报告,故B项可以推出。其余各项都找不到依据。

50. 答案:A 解析:根据补充条件"5号邮件安排在第二个派送",结合条件(2)的逆否命题,可以得到2号和6号邮件都不在第四个之前派送,排除B、E两项;顺藤摸瓜结合条件(1)的逆否命题,可以推出1号和3号邮件都不在5号之前派送,故排除C、D两项。

51. 答案:B 解析:根据补充条件"4号邮件安排在最后派送",结合条件(3),7号邮件第一个派送,结合条件(2),可以得到2号和6号邮件都不在第四个之前派送,只能占据第五和第六位。顺藤摸瓜结合条件(1)的逆否命题,可以推出1号和3号邮件都不在5号之前派送,故5号只能占第二位。

52. 答案:E 解析:题干的论证根据雕像没有被"损毁",推断将军受"尊重",要寻找隐含假设,就需要将二者搭桥关联起来,只有E项与之匹配。A项提到的是"建立"雕像,并不是"损毁"的反面,与话题无关。

53. 答案:D 解析:要被质疑的观点是"戴头盔的规定会导致有人为了躲避罚款而放弃骑行",要想质疑这个观点,只要表明"遵守规定不放弃骑行"即可,只有D项表达了这个意思。其余各项都是话题无关项,有的考生容易受到E项干扰,需要认识到,这个选项固然有助于支持"戴头盔"的规定,但对于真正要质疑的"放弃骑行"是没有关联的。

54. 答案:E 解析:根据"丙和己都去李村",结合条件(4)的逆否命题,可得戊去李村。设条件(3)前件为真,结合条件(1)可知,王村最多有2名大学生前往,违背题干条件"每个村至少有3名学生选择",假设失败,故丙去王村。结合条件(2)可知,戊和己都去张村。此时已知各村的支教情况如下表所示:

	甲	乙	丙	丁	戊	己	庚
张村	√	√			√	√	
王村			√				
李村			√		√	√	
赵村	√	√					

由表中可以看出，要想确保王村至少有三个大学生，就必须安排丁和庚支教。

55. 答案：A 解析：结合题干信息，以及上一道题的假设推理（排除D项和C项），将已知信息填入下表：

	甲	乙	丙	丁	戊	己	庚
张村	√	√			√	√	
王村			√	×			
李村							
赵村	√	√					

设条件（4）前件为真，则丙和己也不去李村；由于每名学生选择两个村，故甲、乙不可能再去李村和王村，此时能去李村的只剩下两名学生，违反题干条件，故假设失败，戊去李村。

	甲	乙	丙	丁	戊	己	庚
张村	√	√			√	√	
王村			√	×			
李村					√		
赵村	√	√					

由于每名学生选择两个村，故甲、乙、戊都不可能再去王村，王村要想满足至少3名学生的条件，己、庚都要去。

	甲	乙	丙	丁	戊	己	庚
张村	√	√			√	√	
王村			√	×		√	√
李村					√		
赵村	√	√					

此时己已经去了两个村，就不可能再去李村了，确定选A。

2023年

入学管理类综合能力逻辑真题

26. 爱因斯坦思想深刻、思维创新。他不仅是一位伟大的科学家，还是一位思想家和人道主义者，同时也是一位充满个性的有趣人物。他一生的经历表明，只有拥有诙谐幽默、充满个性的独立人格，才能做到思想深刻、思维创新。

根据以上陈述，可以得出以下哪项？

A. 有的思想家不是人道主义者。

B. 有些伟大的科学家拥有诙谐幽默、充满个性的独立人格。

C. 科学家一旦诙谐幽默、充满个性，就能做到思想深刻、思维创新。

D. 有些人道主义者诙谐幽默、充满个性，但做不到思想深刻、思维创新。

E. 有的思想家做不到诙谐幽默、充满个性，但能做到思想深刻、思维创新。

27. 处理餐厨垃圾的传统方式主要是厌氧发酵和填埋，前者利用垃圾产生的沼气发电，投资成本高；后者不仅浪费土地，还污染环境。近日，某公司尝试利用蟑螂来处理垃圾。该公司饲养了3亿只“美洲大蠊”蟑螂，每天可吃掉15吨餐厨垃圾。有专家据此认为，用“蟑螂吃掉垃圾”这一生物处理方式解决餐厨垃圾，既经济又环保。

以下哪项如果为真，最能质疑上述专家的观点？

A. 餐厨垃圾经发酵转化为能源的处理方式已被国际认可，我国这方面的技术也相当成熟。

B. 大量人工养殖后，很难保证蟑螂不逃离控制区域，而一旦蟑螂逃离，则会危害周边生态环境。

C. 政府前期在工厂土地划拨方面对该项目给予了政策扶持，后期仍需进行公共安全检测和环境评估。

D. 我国动物蛋白饲料非常缺乏，1吨蟑螂及其所产生的卵鞘，可产生1吨昆虫蛋白饲料，饲养蟑螂将来盈利十分可观。

E. 该公司正在建设新车间，竣工后将能饲养20亿只蟑螂，它们虽然能吃掉全区的餐厨垃圾，但全市仍有大量餐厨垃圾需要通过传统方式处理。

28. 记者：贵校是如何培养创新型人才的？

受访者：大学生踊跃创新创业是我校的一个品牌。在相关课程学习中，我们注重激发学生创业的积极性，引导学生想创业；通过实训、体验，让学生能创业；通过学校提供专业化的服务，帮助学生创成业。在高校创业者收益榜中，我们学校名列榜首。

以下哪项最可能是上述对话中受访者论述的假设？

A. 不懂创新就不懂创业。

B. 创新能力越强，创业收益越高。

C. 创新型人才培养主要是创业技能的培训和提升。

D. 培养大学生创业能力只是培养创新型人才的任务之一。

E. 创新型人才的主要特征是具有不拘陈规、勇于开拓的创新精神。

29. 某部门抽检了肉制品、白酒、乳制品、干果、蔬菜、水产品、饮料等7类商品共521种样品，发

现其中合格样品 515 种,不合格样品 6 种。已知:

(1)蔬菜、白酒中有 2 种不合格样品;

(2)肉制品、白酒、蔬菜、水产品中有 5 种不合格样品;

(3)蔬菜、乳制品、干果中有 3 种不合格样品。

根据上述信息,可以得出以下哪项?

A. 乳制品中没有不合格样品。

B. 肉制品中没有不合格样品。

C. 蔬菜中没有不合格样品。

D. 白酒中没有不合格样品。

E. 水产品中没有不合格样品。

30. 时时刻刻总在追求幸福的人不一定能获得最大的幸福,刘某说自己获得了最大的幸福,所以,刘某从来不曾追求幸福。

以下哪项与上述论证方式最为相似?

A. 年年岁岁总是帮助他人的人不一定能成为名人,李某说自己成了名人,所以,李某从来不曾帮助他人。

B. 口口声声不断说喜欢你的人不一定最喜欢你,陈某现在说他最喜欢你,所以,陈某过去从未喜欢过你。

C. 冷冷清清空无一人的商场不一定没有利润,某商场今年亏损,所以,该商场总是空无一人。

D. 日日夜夜一直想躲避死亡的士兵反而最容易在战场上丧命,林某在一次战斗中重伤不治,所以,林某从来没有躲避死亡。

E. 分分秒秒每天抢时间工作的人不一定是普通人,宋某看起来很普通,所以,宋某肯定没有每天抢时间工作。

31~32 题基于以下题干

某中学举行田径运动会,高二(3)班甲、乙、丙、丁、戊、己 6 人报名参赛。在跳远、跳高和铅球 3 项比赛中,他们每人都报名 1~2 项,其中 2 人报名跳远,3 人报名跳高,3 人报名铅球。另外,还知道:

(1)如果甲、乙至少有 1 人报名铅球,则丙也报名铅球;

(2)如果己报名跳高,则乙和己均报名跳远;

(3)如果丙、戊至少有 1 人报名铅球,则己报名跳高。

31. 根据以上信息,可以得出以下哪项?

A. 甲报名铅球,乙报名跳远。

B. 乙报名跳远,丙报名铅球。

C. 丙报名跳高,丁报名铅球。

D. 丁报名跳远,戊报名跳高。

E. 戊报名跳远,己报名跳高。

32. 如果甲、乙均报名跳高,则可以得出以下哪项?

A. 丁、戊均报名铅球。 B. 乙、丁均报名铅球。 C. 甲、戊均报名铅球。

D. 乙、戊均报名铅球。 E. 甲、丁均报名铅球。

33. 进入移动互联网时代,扫码点餐、在线挂号、网购车票、电子支付等智能化生活方式日益普及,人们的生活越来越便捷。然而,也有很多老年人因为不会使用智能手机等设备,无法进入菜场、超市和公园,也无法上网娱乐与购物,甚至在新冠疫情期间因无法从手机中调出健康码而被拒绝乘坐公共交通。对此,某专家指出,社会正在飞速发展,不可能“慢”下来等老年人;老年人应该加强学习,跟上时代发展。

以下哪项如果为真,最能质疑该专家的观点?

A. 老年人也享有获得公共服务的权利,为他们保留老办法,提供传统服务,既是一种社会保障,更是一种社会公德。

B. 有些老年人学习能力较强,能够熟练使用多种电子产品,充分感受移动互联网时代的美好。

C. 目前中国有2亿多老年人,超4成的老年人存在智能手机使用障碍,仅会使用手机打电话。

D. 社会管理和服务不应只有一种模式,而应更加人性化和多样化,有些合理的生活方式理应得到尊重。

E. 有些老年人感觉自己被时代抛弃了,内心常常充斥着窘迫与挫败感,这容易导致他们与社会的加速脱离。

34. 某单位采购了一批图书,包括科学和人文两大类。具体情况如下:

(1)哲学类图书都是英文版的;

(2)部分文学类图书不是英文版的;

(3)历史类图书都是中文版的;

(4)没有一本书是中英双语版的;

(5)科学类图书既有中文版的,也有英文版的;

(6)人文类图书既有哲学类的,也有文学类的,还有历史类的。

根据以上信息,关于该单位采购的这批图书,可以得出以下哪项?

A. 有些文学类图书是中文版的。

B. 有些历史类图书不属于哲学类。

C. 英文版图书比中文版图书数量多。

D. 有些图书既属于哲学类也属于科学类。

E. 有些图书既属于文学类也属于历史类。

35. 曾几何时,“免费服务”是互联网的重要特征之一,如今这一情况正在发生改变。有些人在网上开辟知识付费平台,让寻求知识、学习知识的读者为阅读“买单”,这改变了人们通过互联网免费阅读的习惯。近年来,互联网知识付费市场的规模正以连年翻番的速度增长。但是有专家指出,知识付费市场的发展不可能长久,因为人们大多不愿为网络阅读付费。

以下哪项如果为真,最能质疑上述专家的观点?

A. 高强度的生活节奏使人无法长时间、系统性阅读纸质文本,见缝插针、随时呈现式的碎片化、网络化阅读已成为获取知识的常态。

B. 日常工作的劳累和焦虑使得人们更喜欢在业余时间玩网络游戏、看有趣视频或与好友进行微信聊天。

C. 日益增长的竞争压力促使当代人不断学习新知识,只要知识付费平台做得足够好,他们就愿意为此付费。

D. 当前网上知识付费平台竞争激烈,尽管内容丰富、形式多样,但是鱼龙混杂、缺少规范,一些年轻人沉湎其中难以自拔。

E. 当前,许多图书资料在互联网上均能免费获得,只要合理用于自身的学习和研究一般不会产生知识产权问题。

36. 甲:如今,独特性正成为中国人的一种生活追求。试想周末我穿一件心仪的衣服走在大街上,突然发现你迎面走来,和我穿得一模一样,“撞衫”的感觉八成会是尴尬之中带着一丝不快,因为自己不再独一无二。

乙:独一无二真的那么重要吗?想想20世纪70年代满大街的中山装、80年代遍地的喇叭裤,每个人也活得很精彩。再说“撞衫”总是难免的,再大的明星也有可能“撞衫”,所谓的独特只是一厢情愿。走自己的路,不要管自己是否和别人一样。

以下哪项是对甲、乙对话最恰当的评价?

A. 甲认为独一无二是现在每个中国人的追求,而乙认为没有人能做到独一无二。

B. 甲关心自己是否和别人“撞衫”,而乙不关心自己是否和别人一样。

C. 甲认为“撞衫”八成会让自己感到不爽,而乙认为自己想怎么样就怎么样。

D. 甲关心的是个人生活的独特性,而乙关心的是个人生活的自我认同。

E. 甲认为乙遇到“撞衫”无所谓,而乙认为别人根本管不着自己穿什么。

37~38 题基于以下题干

某研究所甲、乙、丙、丁、戊 5 人拟定去我国四大佛教名山普陀山、九华山、五台山、峨眉山考察。他们每人去了上述两座名山,且每座名山均有其中的 2~3 人前往,丙与丁结伴考察。已知:

(1)如果甲去五台山,则乙和丁都去五台山;

(2)如果甲去峨眉山,则丙和戊都去峨眉山;

(3)如果甲去九华山,则戊去九华山和普陀山。

37. 根据以上信息,可以得出以下哪项?

A. 甲去五台山和普陀山。 B. 乙去五台山和峨眉山。 C. 丙去九华山和五台山。

D. 戊去普陀山和峨眉山。 E. 丁去峨眉山和五台山。

38. 如果乙去普陀山和九华山,则 5 人去四大名山(按题干所列顺序)的人次之比是

A. 3 : 3 : 2 : 2。 B. 2 : 3 : 3 : 2。 C. 2 : 2 : 3 : 3。

D. 3 : 2 : 2 : 3。 E. 3 : 2 : 3 : 2。

39. 水在温度高于 374℃、压力大于 22MPa 的条件下,称为超临界水。超临界水能与有机物完全互溶,同时还可以大量溶解空气中的氧,而无机物特别是盐类在超临界水中的溶解度很低。由此,研究人员认为,利用超临界水作为特殊溶剂,水中的有机物和氧气可以在极短时间内完成氧化反应,把有机物彻底“秒杀”。

以下哪项如果为真,最能支持上述研究人员的观点?

A. 有机物在超临界水中通过分离装置可瞬间转化为无毒无害的水、无机盐以及二氧化碳等气体,并最终在生产和生活中得到回收利用。

B. 超临界水氧化技术具有污染物去除率高、二次污染小、反应迅速等特征,被认为是废水处理技术中的“杀手锏”,具有广阔的工业应用前景。

C. 超临界水只有兼具气体与液体的高扩散性、高溶解性、高反应活性及低表面张力等优良特性,才能把有机物彻底“秒杀”。

D. 超临界水氧化技术对难以降解的农化、石油、制药等有机废水尤为适用。

E. 如果超临界水氧化技术成功应用于化工、制药等行业的污水处理,可有效提升流域内重污染行业的控源减排能力。

40. 小陈与几位朋友商定利用假期到某地旅游,他们在桃花坞、第一山、古生物博物馆、新四军军部旧址、琉璃泉、望江阁 6 个景点中选择了 4 个游览。已知:

(1)如果选择桃花坞,则不选择古生物博物馆而选择望江阁;

(2)如果选择望江阁,则不选择第一山而选择新四军军部旧址。

根据以上信息,可以得出以下哪项?

A. 他们选择了桃花坞。

B. 他们没有选择望江阁。

C. 他们选择了新四军军部旧址。

D. 他们没有选择第一山。

E. 他们没有选择古生物博物馆。

41. 张先生欲花5万元购置橱柜、卫浴或供暖设备。已知：

(1)如果买橱柜，就不买卫浴，也不买供暖设备；

(2)如果不买橱柜，就买卫浴；

(3)如果卫浴、橱柜至少有一种不买，则买供暖设备。

根据以上陈述，关于张先生的购买打算，可以得出以下哪项？

A. 买橱柜和卫浴。　　B. 买橱柜和供暖设备。　　C. 买橱柜，但不买卫浴。

D. 买卫浴和供暖设备。　　E. 买卫浴，但不买供暖设备。

42. 某台电脑的登录密码由0~9中的6个数字组成，每个数字最多出现一次。关于该6位密码，已知：

(1)7 4 1 6 0 5中，共有4个数字正确，其中3个位置正确，1个位置不正确；

(2)3 2 0 9 6 8中，恰有3个数字正确且位置正确；

(3)4 1 7 2 8 0中，共有4个数字不正确。

根据上述信息，可以得出该登录密码的前两位是

A. 7 1　　B. 4 2　　C. 7 2

D. 3 1　　E. 3 4

43. 研究表明，鱼油中的不饱和脂肪酸能够有效降低人体内血脂水平并软化血管。因此，鱼油通常被用来预防由高血脂引起的心脏病、动脉粥样硬化和高胆固醇血症等疾病，降低死亡风险。但有研究人员认为，食用鱼油不一定能够有效控制血脂水平并预防由高血脂引起的各种疾病。

以下哪项如果为真，最能支持上述研究人员的观点？

A. 鱼油虽然优于猪油、牛油，但毕竟是脂肪，如果长期食用，就容易引起肥胖。

B. 鱼油的概念很模糊，它既指鱼体内的脂肪，也包括被做成保健品的鱼油制剂。

C. 不饱和脂肪酸很不稳定，只要接触空气、阳光，就会氧化分解。

D. 通过长期服用鱼油制品来控制体内血脂的观点始终存在学术争议。

E. 人们若要身体健康最好注重膳食平衡，而不是仅仅依靠服用浓缩鱼油。

44. 近年来，一些地方修改了本地见义勇为的相关条例，强调对生命的敬畏和尊重，既肯定大义凛然、挺身而出的见义勇为，更鼓励和倡导科学、合法、正当的“见义智为”，有专家由此指出，从鼓励见义勇为到倡导“见义智为”，反映了社会价值观念的进步。

以下各项如果为真，则除了哪项均能支持上述专家的观点？

A. “见义智为”强调以人为本、合理施救，表明了科学理性、互帮互助的社会价值取向。

B. 有时见义勇为需要专业技术知识，普通民众如果没有相应的知识，最好不要贸然行事，应及时报警求助。

C. 所有的生命都是平等的，救人者与被救者都具有同等的生命价值，救人者的生命同样应得到尊重和爱护。

D. 我国中小学正在引导学生树立应对突发危机事件的正确观念，教育学生如何在保证自身安全的情况下“机智”救助他人。

E. 倡导“见义智为”容易给一些自私懦弱的人逃避社会责任制造借口，见死不救的惨痛案例可能会增多，社会道德水平可能因此下滑。

45. 近期一项调查数据显示：中国不缺少外科医生，而是缺少能做手术的外科医生；中国人均拥有的外科医生数量同其他中高收入国家相当，但中国人均拥有的外科医生所做的手术量却比那些国家少40%。

以下哪项如果为真，最能解释上述现象？

A. 年轻外科医生一般总要花费数年时间协助资深外科医生手术，然后才有机会亲自主刀上阵，这已成为国内外医疗行业的惯例。

B. 近年来，我国能做手术的外科医生的人均手术量，已与其他中高收入国家外科医生的人均手术量基本相当。

C. 患者在需要外科手术时都想请经验丰富的外科医生为其主刀，不愿成为年轻医生的练习对象，对此医院一般都会有合理安排。

D. 资深外科医生经常收到手术邀请，他们常年奔波在多所医院为年轻医生主刀示范，培养了不少新人。

E. 从一名医学院学生成长为能做手术的外科医生，需要经历漫长的学习过程，有些人中途不得不放弃梦想而另谋职业。

46~47 题基于以下题干

某单位购买了《尚书》《周易》《诗经》《论语》《老子》《孟子》各 1 本，分发给甲、乙、丙、丁、戊 5 个部门，每个部门至少 1 本。已知：

(1)若《周易》《老子》《孟子》至少有 1 本分发给甲或乙部门，则《尚书》分发给丁部门且《论语》分发给戊部门；

(2)若《诗经》《论语》至少有 1 本分发给甲或乙部门，则《周易》分发给丙部门且《老子》分发给戊部门。

46. 若《尚书》分发给丙部门，则可以得出以下哪项？

A.《诗经》分发给甲部门。　B.《论语》分发给乙部门。　C.《老子》分发给丙部门。

D.《孟子》分发给丁部门。　E.《周易》分发给戊部门。

47. 若《老子》分发给丁部门，则以下哪项是不可能的？

A.《周易》分发给甲部门。　B.《周易》分发给乙部门。　C.《诗经》分发给丙部门。

D.《尚书》分发给丁部门。　E.《诗经》分发给戊部门。

48. “嫦娥”登月、“神舟”巡天，我国不断谱写飞天梦想的新篇章。基于太空失重环境的多重效应，研究人员正在探究植物在微重力环境下生存的可能性。他们设想，如果能够在太空中种植新鲜水果和蔬菜，则不仅有利于航天员的身体健康，而且还可以降低食物的上天成本，同时，可以利用其消耗的二氧化碳产生氧气，为航天员生活与工作提供有氧环境。

以下哪项如果为真，则可能成为研究人员实现上述设想的最大难题？

A. 为了携带种子、土壤等种植必需品上天，飞船需要减少其他载荷以满足发射要求，这可能影响其他科学实验的安排。

B. 有些航天员虽然在地面准备阶段学习掌握了植物栽培技术，但在太空的实际操作中他们可能会遇到意想不到的情况。

C. 太空中的失重、宇宙射线等因素会对植物的生长和发育产生不良影响，食用这些植物可能有损航天员的健康。

D. 有些航天员将植物带入太空，又成功带回地面，短暂的太空经历对这些植物后来的生长发育可能造成影响。

E. 过去很多航天器携带植物上天，因为缺乏生长条件，这些植物都没有存活很长时间。

49. 十多年前曾有传闻：M 国从不生产一次性筷子，完全依赖进口，而且 M 国 96% 的一次性筷子来自中国。2019 年有媒体报道：“去年 M 国出口的木材中，约有 40% 流向了中国市场，而且今年中国订单的比例还在进一步攀升，中国已成为 M 国木材出口中占比最大的国家。”张先生据此认为，中国和 M 国木材进出口角色的转换，表明中国人的环保意识已经超越 M 国。

以下哪项如果为真，最能削弱张先生的观点？

A. 十多年前的传闻不一定反映真实情况，实际情形是中国的一次性筷子比其他国家的更便宜。

B. 从2018年起，中国相关行业快速发展，木材需求急剧增长；而M国多年养护的速生林正处于采伐期，出口量逐年递增。

C. 近年中国修订相关规范，原来只用于商品外包装的M国杉木现也可用于木结构建筑物，导致进口大增。

D. 制作一次性筷子的木材主要取自速生杨树或者桦树，这类速生树种只占中国经济林的极小部分。

E. 中国和M国在木材贸易上的角色转换主要是经济发展导致，环保意识只是因素之一，但不是主要因素。

50. 某公司为了让员工多运动，近日出台一项规定：每月按照18万步的标准对员工进行考核，如果没有完成步行任务，则按照"一步一分钱"标准扣钱。有专家认为，此举鼓励运动，看似对员工施加压力，实质上能够促进员工的身心健康，引导整个企业积极向上。

以下各项如果为真，则除哪项外均能质疑上述专家的观点？

A. 按照我国《劳动法》等相关法律规定，企业规章制度所涉及的员工行为应与工作有关，而步行显然与工作无关。

B. 步行有益身体健康，但规定每月必须步行18万步，不达标就扣钱，显得有些简单粗暴，这会影响员工对企业的认同感。

C. 公司鼓励员工多运动，此举不仅让员工锻炼身体，还可释放工作压力，培养良好品格，改善人际关系。

D. 有员工深受该规定的困扰，为了完成考核，他们甚至很晚不得不外出运动，影响了正常休息。

E. 该公司老张在网上购买了专门刷步行数据的服务，只花1元钱就可轻松购得两万步。

51. 通过第三方招聘进入甲公司从事销售工作的职员均具有会计学专业背景。孔某的高中同学均没有会计学专业背景，甲公司销售部经理孟某是孔某的高中同学，而孔某是通过第三方招聘进入甲公司的。

根据以上信息，可以得出以下哪项？

A. 孔某具有会计学专业背景。

B. 孟某不是通过第三方招聘进入甲公司的。

C. 孟某曾经自学了会计学专业知识。

D. 孔某在甲公司做销售工作。

E. 孔某和孟某在大学阶段不是同学。

52. 入冬以来，天气渐渐寒冷。11月30日，某地气象台对未来5天的天气预报显示：未来5天每天的最高气温从4℃开始逐日下降至-1℃；每天的最低气温不低于-6℃；最低气温-6℃只出现在其中一天，预报还包含如下信息：

(1)未来5天中的最高气温和最低气温不会出现在同一天，每天的最高气温和最低气温均为整数；

(2)若5号的最低气温是未来5天中最低的，则2号的最低气温比4号的高4℃；

(3)2号和4号每天的最高气温与最低气温之差均为5℃。

根据以上预报信息，可以得出以下哪项？

A. 1号的最低气温比2号的高2℃。

B. 3 号的最高气温比 4 号的高 1℃。

C. 4 号的最高气温比 5 号的高 1℃。

D. 3 号的最低气温为 -6℃。

E. 2 号的最低气温为 -3℃。

53. 甲:张某爱出风头,我不喜欢他。

乙:你不喜欢他没关系,他工作一直很努力,成绩很突出。

以下哪项与上述反驳方式最为相似?

A. 甲:李某爱慕虚荣,我很反对。

乙:反对有一定道理,但你也应该体谅一下他,他身边的朋友都是成功人士。

B. 甲:贾某整天学习,寡言少语,神情严肃,我很担心他。

乙:你的担心是多余的。他最近在潜心准备考研,有些紧张是正常的。

C. 甲:韩某爱管闲事,我有点讨厌他。

乙:你的态度有问题。爱管闲事说明他关心别人,乐于助人。

D. 甲:钟某爱看足球赛,但自己从来不踢足球,对此我很不理解。

乙:我对你的想法也不理解,欣赏和参与是两回事啊。

E. 甲:邓某爱读书但不求甚解,对此我很有看法。

乙:你有看法没用。他的文学素养挺高,已经发表了 3 篇小说。

54~55 题基于以下题干

某机关甲、乙、丙、丁 4 人参加本年度综合考评。在德、能、勤、绩、廉 5 个方面的单项考评中,他们之中都恰有 3 人被评为“优秀”,但没有人 5 个单项均被评为“优秀”。已知:

(1)若甲和乙在德方面均被评为“优秀”,则他们在廉方面也均被评为“优秀”;

(2)若乙和丙在德方面均被评为“优秀”,则他们在绩方面也均被评为“优秀”;

(3)若甲在廉方面被评为“优秀”,则甲和丁在绩方面均被评为“优秀”。

54. 根据上述信息,可以得出以下哪项?

A. 甲在廉方面被评为“优秀”。

B. 丙在绩方面被评为“优秀”。

C. 丙在能方面被评为“优秀”。

D. 丁在勤方面被评为“优秀”。

E. 丁在德方面被评为“优秀”。

55. 若甲在绩方面未被评为“优秀”且丁在能方面未被评为“优秀”,则可以得出以下哪项?

A. 甲在勤方面未被评为“优秀”。

B. 甲在能方面未被评为“优秀”。

C. 乙在德方面未被评为“优秀”。

D. 丙在廉方面未被评为“优秀”。

E. 丁在廉方面未被评为“优秀”。

2023 年入学管理类综合能力逻辑真题解析

答案速查:BBCDA BAABC DEAAC DECEB DECBC BDEEC

26. 答案:B 解析:根据题干“爱因斯坦思想深刻、思维创新”,以及“只有拥有诙谐幽默、充满个性的独立人格,才能做到思想深刻、思维创新”,可以推出爱因斯坦“拥有诙谐幽默、充满个性的独立人格”。再结合“他不仅是一位伟大的科学家”，可确定B项为真。

27. 答案：B　解析：专家观点是，用饲养蟑螂的方式解决餐厨垃圾“既经济又环保”，要想质疑这一观点，就要指出该方式其实不经济或者不环保。各选项中只有B项涉及了“危害周边生态环境”，其余都是无关项。

28. 答案：C　解析：记者问的是“创新型人才”相关的问题，而受访者回答的是“创业”相关的话题，要想让受访者的论述匹配记者的问题，就必须假设上述两个词语之间具有内在关联，故C项是必须假设的。

29. 答案：D　解析：根据条件(1)和(2)可知，肉制品和水产品中有3种不合格样品，再结合条件(3)，共有5类商品中存在全部6种不合格样品，故题干列举的7类商品中，仅白酒和饮料没有不合格样品。

30. 答案：A　解析：这道题宜采用排除法解题。B项结论中的“喜欢”，与前提中的“说喜欢”不是同一概念，而题干中没有这样前后偷换概念，故B项排除；题干的结论是否定句，而C项的结论是肯定句，排除；题干的第一句话带有模态词“不一定”，D项没有这个特征，排除；题干根据刘某自己说的来推断他过去的实际情况，而E项是根据宋某“看起来”推断，排除。

31. 答案：B　解析：假设条件(3)后件为假，根据其逆否命题，丙、戊都不报名铅球；再根据条件(1)的逆否命题，可推出甲、乙也不报名铅球，故铅球项目至多只有2人可能报名，不符合题干条件“3人报名铅球”，故假设失败，己报名跳高。根据条件(2)，乙和己均报名跳远，此时跳远的名额已经满足2人，D、E两项涉及其他人报名跳远，故排除。

再设条件(1)后件为假，推出甲、乙不报名铅球，己已经报名两个项目，也不可能报名铅球，故铅球项目还是至多只有2人可能报名，故假设失败，丙报名铅球。

32. 答案：A　解析：上一题已经推知条件(3)后件为真，己报名跳高，根据条件(2)，推知乙、己报名跳远。结合本题补充条件，乙和己都报名了两个项目，不可能报名铅球，故报名铅球的3人在甲、丙、丁、戊4人中产生。由于一共有6人，而参加项目的有8人次，故有且仅有2人报了两个项目，其余的都只能报1个项目。甲已经报了跳高，就不能再报铅球，排除甲之后，可以确定A项为真。

33. 答案：A　解析：专家的观点有两个，其一是社会不可能等老年人，其二是老年人应该加强学习。A项指出保留老办法、提供传统服务，实际就是社会慢下来等老年人，是对第一个观点的质疑。B、C两项可以看作支持观点二，D项与老年人这个话题无关，E项与专家观点无关。

34. 答案：B　解析：这道题考查的是概念与外延之间的关系。根据条件(2)和(4)，不能确定A项为真，因为还可能有中英文之外的其他语言版本。根据条件(1)(3)(4)，可以确定B项为真，这说明“哲学类图书”和“历史类图书”这两个概念没有交集。C项涉及的“数量比较”，题干中找不到依据。根据题干第一句“科学和人文两大类”可以判定，这两个类别没有交集，根据条件(6)，哲学类属于人文类图书，就不可能属于科学类，故D项为假。E项有可能为真，但从条件(2)(3)推不出其必然为真。

35. 答案：C　解析：专家观点是因为人们不愿为网络阅读付费，所以知识付费的市场发展不可能长久。C项直接指出其论据不成立。其余各项与知识付费无关。

36. 答案：D　解析：甲的论证是围绕关键词“独特性”展开的；乙的论证强调“走自己的路”，对此，D项概括为“自我认同”相对最准确。

37. 答案：E　解析：设条件(1)前件为真，则其后件为真，去五台山的已经满3人，但是无法满足“丙与丁结伴考察”，故假设失败，甲不去五台山；同理可证，条件(2)前件必然为假，甲也不去峨眉山。由于每人都去了两座名山，所以甲可以去的只有普陀山和九华山，即条件(3)前件为真，由此可推出戊也去这两座山。由于每座山至多有3人前往，而丙丁结伴，所以这两座山丙丁都不能去，因此只剩峨眉山和五台山可以去。

38. 答案：A 解析：根据上题推知的信息和本题补充条件，甲乙戊三人都去了普陀山和九华山，而丙丁去了五台山和峨眉山，故选A项。

39. 答案：A 解析：题干观点是超临界水可以彻底"秒杀"有机物。各个选项中，只有A项匹配了这个意思。B项的"废水处理"、D项的"有机废水"、E项的"污水处理"，都不是"有机物"这个概念。C项谈的是超临界水秒杀有机物的必要条件，题干未涉及于此。

40. 答案：C 解析：观察题干条件，条件(1)意味着，桃花坞和古生物博物馆是相斥的，即不可能同时选择；条件(2)意味着，望江阁和第一山是相斥的选择。由于上述四个景点只能选择两个，故6个景点中剩下的两个景点必然被选择，否则无法满足"选择4个游览"。

本题与2022年入学管综第28题的命题思想一致。

41. 答案：D 解析：观察条件(1)(2)，橱柜和卫浴的购买是相斥的，故条件(3)前件为真，可推出必买供暖设备。结合条件(1)的逆否命题，可推出不买橱柜；再结合条件(2)，可推出买卫浴。

42. 答案：E 解析：0~9共有10个数字，该6位密码占用了6个数字(每个数字最多出现一次)，故还有4个数字是不正确的。根据条件(3)，既然其中有4个数字不正确，那么就意味着其没有列出的数字都是正确的，即：3、5、6、9。根据条件(2)，可以找到3、9、6并确定它们的位置。对比条件(1)，可知密码第一位的7和第五位的0肯定不正确，6是唯一位置不正确的，那么剩下的都是正确的，由此确定密码第二位是4。

43. 答案：C 解析：鱼油中的不饱和脂肪酸的作用已经被确认，但是为什么食用鱼油不一定有功效呢？C项提到了不饱和脂肪酸的分解，合理解释并支持了研究人员的观点。

44. 答案：E 解析：注意问题中的相反陷阱。专家的观点是支持"见义智为"的，E项表达了反对，是不能支持专家观点的。

45. 答案：B 解析：题干中给出的现象涉及国内外的对比，各选项中只有B项涉及这种对比。进一步看，题干提到的"人均拥有的手术量"，由两个变量决定：总手术量/总人数。总手术量又由"医生数量"和"医生人均手术量"决定，当这两个要素与其他中高收入国家相当时，总人数越多，人均拥有的手术量自然越少。

需要特别指出的是，"中国人均拥有的外科医生所做的手术量"，与"外科医生的人均手术量"，是两个不同概念，前者指的是全体国民的人均手术量，后者指的是医生操作的人均手术量。增加修饰语来模糊两个不同的概念，形成干扰，是命题人经常采用的手法，本质是考查不同概念的识别，以及考生抗干扰的阅读能力。阅读的时候，抓住短语的首尾去读就可以做出有效区分。

46. 答案：D 解析：既然《尚书》分发给丙，就不可能分发给丁，则条件(1)后件为假，根据其逆否命题，可推出：《周易》《老子》《孟子》没有分发给甲和乙，因此留给甲、乙的只剩下《诗经》和《论语》，这说明条件(2)前件是真的，那么其后件也为真。此时丙已经分发了两本书，甲、乙占有了两本书，戊分发了《老子》，只剩下一本书《孟子》和丁部门可以匹配。

47. 答案：E 解析：注意问题中的相反陷阱。根据补充条件，既然《老子》分发给丁，就不可能分发给戊，则条件(2)后件为假，根据其逆否命题，可推出：《诗经》《论语》没有分发给甲、乙，故甲、乙能发到的书只能在《尚书》《周易》《孟子》中挑选两本，因此可以推断《周易》《孟子》至少有一本分发给甲、乙，故条件(1)前件为真，推出其后件为真，《尚书》分发给丁且《论语》分发给戊。结合补充条件，丁分发到的是《老子》《尚书》两本书，故戊不可能再分发到第二本书，否则书又不够发了。

48. 答案：C 解析：题干中，在太空中种植新鲜水果或蔬菜有多个好处，C项指出其可能有损健康，就意味着"有利于航天员的身体健康"这个好处谈不上了。A项谈的不是食物上天的困难性；B项即使遇到意想不到的情况，也不等于这件事本身实现很困难；D项谈的是植物"后来的生长"，与话题无关。E项谈的是过去的事实，并没有涉及当下实现设想是否困难。

49. 答案：B　解析：张先生的观点认为，木材进出口角色的转换，其原因是环保意识。但B项指出是供需关系的变化，这就通过另找他因削弱了张先生的观点。A、D两项局限于谈一次性筷子，而不是整个木材进出口，C项只涉及中国木材进口大增，没有涉及两国进出口角色的转换，都是无关项。E项承认了环保意识是原因之一，有支持意味。

50. 答案：C　解析：注意问题中的相反陷阱。专家观点是支持企业规定，各项中除C项外都对这项规定从各个角度提出了质疑，只有C项支持了专家观点。

51. 答案：B　解析：根据"孟某是孔某的高中同学"，结合"孔某的高中同学均没有会计学专业背景"，可得：孟某没有会计学专业背景。根据"通过第三方招聘进入甲公司从事销售工作的职员均具有会计学专业背景"，可以推知：不具有会计学专业背景的，就不是通过第三方招聘进入甲公司从事销售工作的职员。但已知孟某是甲公司销售部经理，所以他不是通过第三方招聘进入甲公司的。

52. 答案：D　解析：题干预测的是1号到5号五天的温度，最高气温逐日下降了六个整数，所以2号的最高气温只可能是3℃或2℃，根据条件(3)，其对应的最低温度是-2℃或-3℃。同理，4号最高气温只能是1℃或0℃，根据条件(3)，其对应的最低温度是-4℃或-5℃。

根据上述推断，条件(2)的后件不可能为真，故5号的最低气温不是-6℃。

根据条件(1)，未来五天的最高气温只能出现在1号，所以这天的最低气温也不是-6℃。

综上，-6℃只能出现在3号。

53. 答案：E　解析：题干中，乙用"张某成绩很突出"这个客观事实，来反驳甲主观上的不喜欢。类似的，E项中，乙用"邓某发表了3篇小说"这个客观事实，来反驳甲主观上的"有看法"。A项中，乙的反驳虽然是客观事实，但说的是"身边朋友"而非本人；其余各项中乙的反驳都不是列举客观事实。

54. 答案：E　解析：设条件(3)前件为真，则其后件为真，在绩方面已经有两人被评为"优秀"，结合题干条件"每个单项都恰有3人被评为优秀"，则条件(2)后件为假，根据其逆否命题，其前件也为假，即乙、丙至少有一人没在德方面被评为"优秀"。此时，剩下的两人必须在德方面被评为"优秀"，方能满足"3人"的条件，故甲、丁都在德方面被评为"优秀"。

再设条件(3)前件为假，则条件(1)后件为假，根据其逆否命题，甲、乙至少有一人没在德方面评为"优秀"，与上段分析同理，此时丙、丁都必须在德方面被评为"优秀"。

综上，无论条件(3)前件是否为真，丁都必然在德方面被评为"优秀"。

55. 答案：C　解析：根据条件(3)的逆否命题可以推知，甲在廉方面没有评为"优秀"，说明条件(1)后件为假，结合其逆否命题可以推知：甲、乙至少一人在德方面没有评为"优秀"，故丙、丁必然在德方面评为"优秀"。将本题补充条件和上述推出的结论列入表格：

	德	能	勤	绩	廉
甲				×	×
乙					
丙	√				
丁	√	×			

由于每一项都有三个人被评为“优秀”，所以可以继续填表格，并排除B、D、E三项：

	德	能	勤	绩	廉
甲		√		×	×
乙		√		√	√
丙	√	√		√	√
丁	√	×		√	√

根据“没有人5个单项均被评为优秀”，可以推知丙在勤方面没有评为“优秀”，则剩下的甲、乙、丁都被评为“优秀”，排除A项：

	德	能	勤	绩	廉
甲		√	√	×	×
乙		√	√	√	√
丙	√	√	×	√	√
丁	√	×	√	√	√

2022年
入学经济类综合能力逻辑真题

36. 党的十八大以来，以习近平同志为核心的党中央把脱贫攻坚摆在治国理政的突出位置。经过艰苦努力，到2020年我国9 899万农村贫困人口全部脱贫，832个贫困县全部摘帽，12.8万个贫困村全部出列。有专家指出，我国取得这场脱贫攻坚战的胜利为全球减贫事业作出重大贡献。

以下哪项如果为真，最能支持上述专家的论断？

A. 这场脱贫攻坚战的胜利是我国创造的又一个彪炳史册的人间奇迹，举世瞩目。

B. 这场脱贫攻坚战的胜利体现了我国社会主义制度可集中力量办大事的政治优势。

C. 我国脱贫攻坚战所形成的中国特色反贫困理论和经验，赢得国际社会广泛赞誉。

D. 按照世界银行的贫困标准，我国减贫人口占同期全球减贫人口的70%以上。

E. 根据第7次人口普查数据，我国人口总量已超过14亿，约占全球人口总数的1/5。

37. 某城市公园中央有甲、乙、丙、丁4个大花坛，每个花坛分为左、中、右3格，每格种植同一种花卉，具体种植情况如下：

	左	中	右
甲	牡丹	郁金香	茉莉
乙	郁金香	菊花	牡丹
丙	玫瑰	百合	菊花
丁	菊花	牡丹	百合

关于上述4个花坛具体种植情况，以下哪项陈述是正确的？

A. 每个花坛均种有牡丹或者茉莉。

B. 每个花坛菊花或者郁金香至多种植一种。

C. 若中间格种的不是郁金香，则该花坛种有菊花。

D. 若中间格种的不是牡丹，则该花坛其他格种有牡丹。

E. 若左边格种的不是郁金香或玫瑰，则该花坛种有百合。

38～39题基于以下题干

有金、银、铜3种奖牌放在甲、乙、丙三个箱子中，每个箱子放有两枚奖牌。已知：

(1)甲箱中至少有一枚奖牌是铜牌；

(2)至少有一个箱子，其两枚奖牌的类别不同；

(3)乙箱中至少有一枚奖牌是金牌，但没有银牌。

38. 根据以上条件，以下哪项可以是三个箱子中奖牌的正确组合？

A. 甲：银牌、铜牌；乙：金牌、银牌；丙：铜牌、铜牌。

B. 甲：金牌、银牌；乙：金牌、铜牌；丙：银牌、银牌。

C. 甲：铜牌、铜牌；乙：银牌、银牌；丙：金牌、铜牌。

D. 甲：金牌、铜牌；乙：金牌、铜牌；丙：银牌、铜牌。

E. 甲：铜牌、铜牌；乙：金牌、金牌；丙：铜牌、铜牌。

39. 以下哪项作为丙箱中的组合总是可以满足上述条件？

A. 银牌、银牌。 B. 金牌、银牌。 C. 金牌、金牌。

D. 金牌、铜牌。 E. 铜牌、铜牌。

40. 一般认为，近现代社会发展的最初阶段主要靠效率引擎驱动。只有效率够高，才能更快地推动工业化和城市化，才能长期保持 GDP 高速增长。而当社会发展到一定阶段时就需要效率与公平双轮驱动，甚至以公平驱动为主。因为只有公平驱动才能提高消费能力，才能释放生产能力。

根据上述信息，可以得出以下哪项？

A. 如果没有效率驱动，就没有公平驱动。

B. 如果实现社会公平，就能释放生产能力。

C. 只有提高消费能力，才能实现效率与公平双轮驱动。

D. 如果效率不够高，就不能更快地推动工业化和城市化。

E. 只有长期保持 GDP 高速增长，才能更快地推动工业化和城市化。

41. 近期有三家外国制药公司宣称，他们生产的新冠肺炎疫苗的有效率分别为 94%、95%和 70%。但有研究人员指出，这些公司宣称的"有效率"指的是保护人们避免出现新冠肺炎症状的几率，而导致新冠病毒传遍全球的主要途径是无症状患者的传播。该研究人员由此认为，目前还不能确定接种这些疫苗是否可以获得群体免疫，进而阻止新冠病毒在全球范围内的传播。

以下哪项如果为真，最能支持上述研究人员的观点？

A. 一些接种疫苗者获得的免疫力，并不能说明他们可以避免被感染。

B. 其中一家公司的数据显示，接种疫苗的志愿者中存在少数无症状患者。

C. 这三家公司的 3 期实验中，没有进一步检测接种疫苗者中的无症状病例。

D. 一些接种疫苗者没有按照要求继续采取佩戴口罩、保持社交距离等预防措施。

E. 这些公司提供的数据不足以说明他们的疫苗可以阻止接种者成为无症状传播者。

42. 老李在兰花、罗汉松、金桔、牡丹、茶花这 5 个盆栽中选购了 3 个放在家中观赏，老李对选购的盆栽有如下要求：

(1) 如果选购兰花，就选购罗汉松；

(2) 如果选购牡丹，就选购罗汉松和茶花。

根据上述信息，老李一定选购了如下盆栽中的哪个？

A. 兰花。 B. 罗汉松。 C. 金桔。

D. 牡丹。 E. 茶花。

43. 甲、乙、丙、丁 4 位企业家准备对我国西部某山区进行教育捐赠。4 位企业家表示，他们要共同捐赠以发挥最大效益。关于捐赠对象，4 人的意愿如下：

甲：如果捐赠中高村，则捐赠北塔村；

乙：如果捐赠北塔村，则捐赠西井村；

丙：如果捐赠东山村或者南塘村，则捐赠西井村；

丁：如果捐赠南塘村，则捐赠北塔村或者中高村。

事实上，除丙以外其余人的意愿均得到实现。

根据以上信息，4 位企业家共同捐赠的山村是以下哪项？

A. 北塔村。 B. 中高村。 C. 东山村。

D. 西井村。 E. 南塘村。

44. 在 2020 年的 4 个季度中，宋杰、袁浩、黄兵 3 个人都至少有 2 个季度绩效为优秀，另外还知道：

(1) 宋杰和袁浩有 2 个季度同为优秀；

(2)宋杰和黄兵没有在同一个季度均为优秀;

(3)袁浩在二季度不是优秀,宋杰在四季度不是优秀。

根据以上陈述,可以得出以下哪项?

A. 宋杰在二季度优秀。

B. 袁浩在四季度优秀。

C. 黄兵在三季度优秀。

D. 袁浩在四季度不是优秀。

E. 黄兵在三季度不是优秀。

45. 小张:现在网红餐厅一心想赚快钱,重“面子”而轻“里子”,把大量资源投入到营销、包装、用餐环境等方面,而忽视口味、食品安全等餐饮业的核心服务要素。

小李:你不能一概而论,有些网红餐厅没有因网红带来的更多流量和生意而陶醉,而是更有意识去维护这一“网红”状态,不断提高服务质量。

以下哪项最可能是上述两人争论的焦点?

A. 网红餐厅是否都一心想赚钱。

B. 网红餐厅是否都以口味为王。

C. 网红餐厅是否都重“面子”而轻“里子”。

D. 网红餐厅是否都能一直保持其“网红”状态。

E. 网红餐厅是否都忽视餐饮业的核心服务要素。

46.《春秋》原是先秦时代各国史书的通称,后仅指鲁国的《春秋》。《春秋》最突出的特点就是寓褒贬于记事的“春秋笔法”,因此,《春秋》是“微言大义”的经典,是定名分、制法度的范本。史学家从中领悟到修史应该有严格而明确的倾向性,文学家则体会到遣词造句力求简洁而意蕴深刻。

根据以上信息,可以得出以下哪项?

A. 鲁国的《春秋》之所以传世是由于其寓褒贬于记事的“春秋笔法”。

B. 凡具有“微言大义”的经典都是定名分、制法度的范本。

C. 有些定名分、制法度的文本,也是“微言大义”的经典。

D. 如果寓褒贬于记事,则修史就能具有明确的倾向性。

E. 只有遣词造句力求简洁,修史才能做到意蕴深刻。

47. 有一论证,相关语句用序号表示如下:

①天行有常,不为尧存,不为桀亡;

②应之以治则吉,应之以乱则凶;

③强本而节用,则天不能贫;养备而动时,则天不能病;循道而不贰,则天不能祸;

④故水旱不能使之饥,寒暑不能使之疾,袄怪不能使之凶;

⑤本荒而用侈,则天不能使之富;养略而动罕,则天不能使之全;倍道而妄行,则天不能使之吉;

⑥故水旱未至而饥,寒暑未薄而疾,袄怪未至而凶。

如果用甲→乙表示甲支持(或证明)乙,则以下哪项对上述论证基本结构表示最为准确?

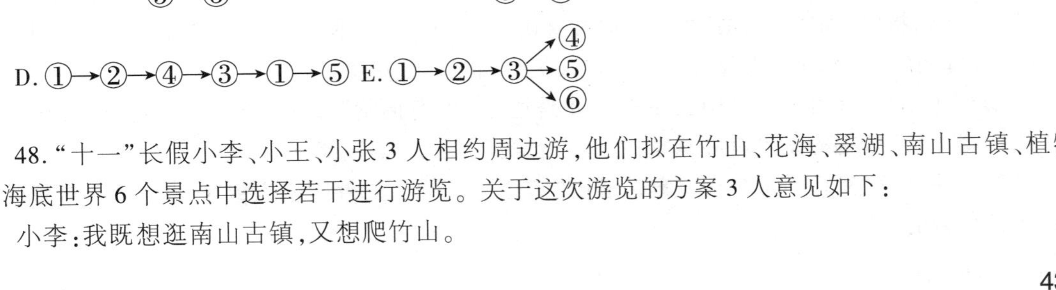

48.“十一”长假小李、小王、小张 3 人相约周边游,他们拟在竹山、花海、翠湖、南山古镇、植物园、海底世界 6 个景点中选择若干进行游览。关于这次游览的方案 3 人意见如下:

小李:我既想逛南山古镇,又想爬竹山。

小王：如果游翠湖，则花海和南山古镇均不游览。

小张：如果不游翠湖，就游览海底世界，但不游览植物园。

根据他们3人的意见，他们3人游览的景点一定有以下哪项？

A. 花海、翠湖、植物园。 B. 花海、竹山、翠湖。

C. 竹山、南山古镇、植物园。 D. 竹山、南山古镇、海底世界。

E. 南山古镇、植物园、海底世界。

49. 近日，M市消委会公布了3款知名薯片含有致癌物的检测报告并提醒消费者谨慎购买。该报告显示，S公司生产的薯片样品中致癌物丙烯酰胺的含量超过2 000μg/kg，高于欧盟设定的基准水平值750μg/kg。S公司知晓后，立即对此事件做出了回应与反驳。

以下哪项如果为真，作为S公司的回应和反驳最有力？

A. 关于食物中丙烯酰胺的限量，我国目前没有出台相关的法规和标准。

B. 薯片类产品普遍含有丙烯酰胺，但吃一包薯片丙烯酰胺的实际摄入量极低。

C. S公司的薯片因销量突出才受到消委会的关注，不排除竞争对手恶意举报。

D. 大多数品牌的薯片丙烯酰胺都超标，消委会不应该只检测S公司等几个品牌的薯片。

E. 多家权威机构的相关检测报告显示，与消委会检测的薯片样品同批次的薯片抽检均无问题。

50. 某单位从各部门抽调人员组成“人事调动组”“后勤保障组”“安全保卫组”“网络应急组”，负责该单位新冠肺炎疫情防控工作。4个组每组3~5人；共有男性16人，女性3人；有研究生学历的13人。除“人事调动组”外，其他小组成员均是男性；除“网络应急组”外，其他小组均有成员未拥有研究生学历；“安全保卫组”所有成员均没有研究生学历。

根据以上信息可以得出以下哪项？

A. 安全保卫组共有4名男性成员。

B. 人事调动组的女性成员都有研究生学历。

C. 人事调动组有女性成员没有研究生学历。

D. 后勤保障组至多有3名成员拥有研究生学历。

E. 后勤保障组至少有2名成员没有研究生学历。

51. 一项研究显示，如果按照现有排放趋势，全球海平面到2100年将上升1米。科研人员由此指出，除非温室气体排放量减少，否则到2100年全球将有多达4.1亿人生活在海拔低于2米的地区，他们都将面临海平面上升带来的生存风险。

以下哪项如果为真，最能支持上述科研人员的观点？

A. 目前全世界有2.7亿人生活在海拔低于2米的地区。

B. 温室气体排放会导致全球气温升高，从而导致海平面上升。

C. 如果温室气体排放量减少，就可以消除海平面上升带来的风险。

D. 海平面上升会带来大量气候移民，给全球社会的稳定造成威胁。

E. 目前生活在海拔低于2米地区的部分居民并未感知到海平面上升带来的风险。

52. 近年来，流失海外百余年的圆明园七尊兽首铜像“鼠首、牛首、虎首、兔首、马首、猴首和猪首”通过“华商捐赠”“国企竞拍”“外国友人返还”这三种方式，陆续回归中国。每种方式均获得2~3尊兽首铜像，且每种方式获得的兽首铜像各不相同。已知：

（1）如果牛首、虎首和猴首中至少有一尊是通过“华商捐赠”或者“外国友人返还”回归的，则通过“国企竞拍”获得的是鼠首和马首；

（2）如果马首、猪首中至少有一尊是通过“国企竞拍”或者“外国友人返还”回归的，则通过“华商捐赠”获得的是鼠首和虎首。

根据上述信息，以下哪项是通过“外国友人返还”获得的兽首铜像？

A. 鼠首、兔首。　　B. 马首、猴首。　　C. 兔首、猪首。

D. 鼠首、马首。　　E. 马首、兔首。

53. 近年来，中国把知识产权保护工作摆在更加突出的位置，将知识产权置于战略高位，在各个经济领域都注重知识产权保护。2020 年，中国国家知识产权局受理的专利申请数量达到 150 万件，继续排名世界第一。这充分体现了中国对创新保护工作的高度重视。

以下哪项如果为真最能支持以上论述？

A. 创新是引领发展的第一动力。

B. 保护知识产权就是保护创新。

C. 中国正在着力引导知识产权向提高质量转变。

D. 中国将进一步激发创新活力，加大鼓励专利申报力度。

E. 一个国家的专利申报数量越多，说明该国科技实力越强。

54～55 题基于以下题干

某大学为进一步加强本科教学工作，从甲、乙、丙、丁、戊、已和庚 7 个学院中挑选了 8 名教师加入教学督导委员会。已知：

(1) 每个学院至多有 3 名教师入选该委员会；

(2) 甲、丙、丁学院，合计只有 1 名教师入选该委员会；

(3) 若甲、乙中至少有一个学院的教师入选，则戊、已、庚中至多有一个学院的教师入选。

54. 根据上述信息，可以得出以下哪项？

A. 丁和庚学院都有教师入选。

B. 戊和已学院都有教师入选。

C. 丙和乙学院都有教师入选。

D. 甲和戊学院都有教师入选。

E. 戊和丁学院都有教师入选。

55. 若乙和戊两学院合计仅有一名教师入选，则可以得出以下哪项？

A. 甲和丙学院共有 1 名教师入选。

B. 戊和丁学院共有 2 名教师入选。

C. 乙和已学院共有 3 名教师入选。

D. 丁和已学院共有 4 名教师入选。

E. 丙和庚学院共有 3 名教师入选。

2022 年入学经济类综合能力逻辑真题解析

答案速查：DCDBD　EBCEE　CADEA　BABBC

36. 答案：D　解析：题干要求支持专家论断，专家的论断在最后一句，强调的是我国为“全球减贫”作出重大贡献。各选项中，只有最后两项涉及“全球”，而只有 D 项涉及“减贫”问题，锁定该选项后可以验证确认答案。

37. 答案：C　解析：本题可以采用代入法验证选项。丙花坛不符合 A 项；乙花坛不符合 B 项；丙花坛不符合 D 项；甲花坛不符合 E 项。只有 C 项的陈述找不到反例。

38. 答案：D　解析：根据条件(3)，可以排除 A、C 两项。根据条件(2)，可以排除 E 项。根据条件(1)，可以排除 B 项。

39. 答案:B　解析：A、C、E 三项如果为真，都有可能违反条件(2)，故排除。考虑到三个箱子中必定有金银铜三种奖牌，根据条件(1)和(3)，甲、乙两个箱子中完全可能不放银牌，此时如果丙箱也不放银牌，就会违反题干条件。因此，丙箱中放置银牌是最为稳妥的选择，排除 D 项，选择 B 项。

40. 答案:D　解析：本题应该采用代入法解题，将选项刻画后在题干中找印证。根据题干中“只有效率够高，才能更快地推动工业化和城市化”，刻画可得：推动工业化和城市化→效率够高。将其进行逆否，可得 D 项。其余各项在题干中都找不到对应。

41. 答案:E　解析：题干中研究人员的观点是：不能确定疫苗是否可以阻止病毒传播。论据是：导致病毒传播的主要途径是无症状患者的传播。要想支持研究人员的观点，需要在论据和观点之间“搭桥”，即：不能确定疫苗是否可以阻止注射者成为无症状传播者。在各项中，只有 E 项符合这个意思。

42. 答案:B　解析：如果不选购罗汉松，则根据题干给出的两个条件的逆否命题，就不选购兰花和牡丹。如果是这样，就有三个盆栽不选购，五个盆栽中最多只能选购两个，违反了题干“选购了 3 个”的条件。故罗汉松必须选购。

43. 答案:C　解析：由于丙的意愿没有得到实现，故丙所言为假，根据假言命题矛盾式，丙的话前件必真、后件必假，排除 D 项。既然 D 项为假，这说明乙说的话后件为假，但该命题为真(因为“甲、乙、丁的意愿均得以实现”)，故采用逆否命题可得不捐赠北塔村，排除 A 项。据此，结合甲的话进行逆否推理，可排除 B 项；结合丁的话进行逆否推理，可排除 E 项。

44. 答案:E　解析：本题可以将题干条件列表如下。

	一	二	三	四
宋				×
袁		×		
黄				

根据条件(1)(3)，可以直观看出宋和袁同为优秀的季度只能是一三季度；再根据条件(2)可以知道，黄兵不可能在这两个季度得优秀。注意，因为题干规定每个人“至少有 2 个季度”为优秀，故袁浩在第四季度的情况无法判定，B、D 两项无法验证。

45. 答案:E　解析：观点辨析题，需要先分辨对话双方的论点，遇到干扰项再来考虑论据。小张的论点是：现在的网红餐厅……忽视餐饮业核心服务要素。小李的论点是：你不能一概而论。因此 E 项对于二者分歧的概括最为准确。再看其他选项，A 项说的是“赚钱”，而小张说的是“赚快钱”，小李也并没有提及“赚钱”；B 项的“口味为王”是双方都没有涉及的；类似的，双方也没有涉及 D 项“是否能一直保持”；C 项在小张的论证中是一个“比喻”，不能作为观点的核心内容看待。

46. 答案:C　解析：根据题干“《春秋》是‘微言大义’的经典，是定名分、制法度的范本”，可以确定 C 项为真。A 项的因果关系题干没有提到；B 项是过度推理，“凡”的意思是“所有都是”，题干中仅仅提到了《春秋》而未涉及其他史书；D、E 两项的话题虽在题干中涉及，但是其构建的条件关系，在题干中也是找不到对应的。

47. 答案:A　解析：本题并非考查文言文翻译，而是考查阅读论证结构的能力。只要抓住第四句和第六句开头的“故”字，可以得知这两句分别是由第三句和第五句推出来的。一方面，“强本而节用”与“本荒而用侈”存在对比关系；另一方面，第四句与第五句之间没有结构关键词，故可以判断第三与第五句之间是并列关系。根据上述分析可以简单排除掉除A项以外的选项。本题的命制，显然参照了管理类综合能力2019年入学考试第33题。考生切不可以为是用全文阅读理解的方式来做题。

48. 答案：D　解析：题干要求“根据他们3人的意见”，这就意味着题干给定的三个人的意见都为真。小李说的是一个联言命题，当其为真时，锁定C、D两项。根据“逛南山古镇”，结合小王说的话的逆否命题，可知不游览翠湖，再根据小张说的话，得出游览海底世界。选择D项。

49. 答案：E　解析：要想回应和反驳，就应该基于样品中并无相关问题的事实，只有E项表达了这一点。B、C、D三项都回避了问题，实质是转移话题。A项不是有力反驳，因为我国没有出台相关的法规和标准，不意味着该公司的产品无害。本题类似于管理类综合能力2021年入学考试第32题。

50. 答案：A　解析：共有四个小组，男性加女性共有19人，故平均每组5人，但有一组是4人。如果有一组是3人，会导致其他有一组人数超过5人，违反题干条件。根据题干，“安全保卫组”至少4人。没有研究生学历的共19−13=6人，“安全保卫组”均没有研究生学历，此外，还有两个组的成员未拥有研究生学历，即这两个组至少各占据一个名额。6−2=4人，故“安全保卫组”只有4人。根据“除人事调动组外，其他小组成员均是男性”可知，A项必真。

51. 答案：B　解析：刻画科研人员的观点：非温室气体排放量减少→海平面上升带来生存风险。只有B项将这个推理前后搭桥，该项实质是这个推理的隐含假设。

52. 答案：A　解析：设条件(2)前件为真，则鼠首和虎首均通过华商捐赠获得，此时条件(1)后件为假，根据其逆否命题可得：牛首和虎首均不是华商捐赠。这与假设“虎首通过华商捐赠获得”自相矛盾。这说明假设失败，条件(2)前件为假，即马首和猪首均属于华商捐赠，可以排除涉及它们的B、C、D、E四项。

53. 答案：B　解析：题干的结论是重视创新保护工作，论据是重视知识产权保护工作，这就假设了知识产权保护工作与创新保护工作息息相关，选项中只有B项将二者搭桥关联在一起。

54. 答案：B　解析：如果条件(3)前件为真，则后件也为真。戊、己、庚三个学院最多只有一个学院的教师入选，根据条件(1)，最多占据3个名额，至少还剩5个名额。条件(2)说明甲最多入选1人，此时给乙剩下4个名额，这就违反了条件(1)，这说明条件(3)前件不可能为真。故甲、乙两个学院没有人入选。此时，丙、丁共一人入选（哪个学院有人入选是无法推知的），还剩下戊、己、庚三个学院有7人入选。根据条件(1)，这三个学院必然都有人入选，故选B项。

此题从条件(3)后件开始进行推理也是可以的。设条件(3)后件为假，则根据其逆否命题，可得甲、乙都没有教师入选，结合条件(2)，丙、丁只有1名教师入选。此时还剩下戊、己、庚三个学院，还有7个名额，根据条件(1)，这三个学院必然都有人入选。观察选项，只能选择B项。

反向假设验证B项。根据条件(2)以及题干数字，还剩乙、戊、己、庚四个学院共7人入选。当戊和己至少有一个学院没有教师入选的时候，乙和庚必须有教师入选而且各不超过3人。此时条件(3)前件为真，故后件也应为真。但是已经推知庚必然有教师入选，如果戊和己都没有教师入选，乙、庚入选的总人数最多6人，再加上甲、丙、丁共1人，总人数将无法达到8人。B项为假会导致满足不了题干条件，故该项必真。

55. 答案：C　解析：由于上一道题并没有附加条件，故其推理过程中的推论是可以在本题使用的。上一题中已经验证过条件(3)后件为假时，戊、己、庚三个学院共有7个名额，而且乙没有教师入选。结合本题附加条件，说明戊有1人入选，剩下的己、庚两个学院必须各有3人入选。故选择C项。其余各项是真假不定的，例如A项必须假设丁没有人入选，而B、D、E三项必须假设丁有1人入选。但是丁是否有人入选是无法确定的。

2022年
入学管理类综合能力逻辑真题

26. 百年党史充分揭示了中国共产党为什么能、马克思主义为什么行、中国特色社会主义为什么好的历史逻辑、理论逻辑、实践逻辑。面对百年未有之大变局，如果信念不坚定，就会陷入停滞彷徨的思想迷雾，就无法应对前进道路上的各种挑战风险。只有坚持中国特色社会主义道路自信、理论自信、制度自信、文化自信，才能把中国的事情办好、把中国特色社会主义事业发展好。

根据以上陈述，可以得出以下哪项？

A. 如果坚持“四个自信”，就能把中国的事情办好。

B. 只要信念坚定，就不会陷入停滞彷徨的思想迷雾。

C. 只有信念坚定，才能应对前进道路上的各种挑战风险。

D. 只有充分理解百年党史揭示的历史逻辑，才能将中国特色社会主义事业发展好。

E. 如果不能理解百年党史揭示的理论逻辑，就无法遵循百年党史揭示的实践逻辑。

27. “君问归期未有期，巴山夜雨涨秋池。何当共剪西窗烛，却话巴山夜雨时。”这首《夜雨寄北》是晚唐诗人李商隐的名作。一般认为这是一封“家书”，当时诗人身处巴蜀，妻子在长安，所以说“寄北”。但有学者提出，这首诗实际上是寄给友人的。

以下哪项如果为真，最能支持以上学者的观点？

A. 李商隐之妻王氏卒于大中五年，而该诗作于大中七年。

B. 明清小说戏曲中经常将家庭塾师或官员幕客称为“西席”“西宾”。

C. 唐代温庭筠的《舞衣曲》中有诗句“回颦笑语西窗客，星斗寥寥波脉脉”。

D. 该诗另一题为《夜雨寄内》，“寄内”即寄怀妻子。此说得到了许多人的认同。

E. “西窗”在古代专指客房、客厅，起自尊客于西的先秦古礼，并被后世习察日用。

28. 退休在家的老王今晚在《焦点访谈》《国家记忆》《自然传奇》《人物故事》《纵横中国》这5个节目中选择了3个节目观看。老王对观看的节目有如下要求：

(1) 如果观看《焦点访谈》，就不观看《人物故事》；

(2) 如果观看《国家记忆》，就不观看《自然传奇》。

根据上述信息，老王一定观看了如下哪个节目？

A.《纵横中国》。　　B.《国家记忆》。　　C.《自然传奇》。

D.《人物故事》。　　E.《焦点访谈》。

29. 2020年全球碳排放量减少大约24亿吨，远远大于之前的创纪录降幅，例如第二次世界大战结束时下降9亿吨，2009年金融危机最严重时下降5亿吨。非政府组织全球碳计划（GCP）在其年度评估报告中说，由于各国在新冠肺炎疫情期间采取了封锁和限制措施，汽车使用量下降了一半左右，2020年的碳排放量同比下降了创纪录的7%。

以下哪项如果为真，最能支持GCP的观点？

A. 2020年碳排放量下降最明显的国家或地区是美国和欧盟。

B. 延缓气候变化的办法不是停止经济活动，而是加速向低碳能源过渡。

C. 根据气候变化《巴黎协定》，2015年之后的10年全球每年需减排约10~20亿吨。

D. 2020年在全球各行业减少的碳排放总量中，交通运输业所占比例最大。

E. 随着世界经济的持续复苏,2021 年全球碳排放量同比下降可能不超过 5%。

30. 某小区 2 号楼 1 单元的住户都打了甲公司的疫苗,小李家不是该小区 2 号楼 1 单元的住户,小赵家都打了甲公司的疫苗,而小陈家都没有打甲公司的疫苗。

根据以上陈述,可以得出以下哪项?

A. 小李家都没有打甲公司的疫苗。

B. 小赵家是该小区 2 号楼 1 单元的住户。

C. 小陈家是该小区的住户,但不是 2 号楼 1 单元的。

D. 小赵家是该小区 2 号楼的住户,但未必是 1 单元的。

E. 小陈家若是该小区 2 号楼的住户,则不是 1 单元的。

31. 某研究团队研究了大约 4 万名中老年人的核磁共振成像数据、自我心理评估等资料,发现经常有孤独感的研究对象和没有孤独感的研究对象在大脑的默认网络区域存在显著差异。默认网络是一组参与内心思考的大脑区域,这些内心思考包括回忆旧事、规划未来、想象等。孤独者大脑的默认网络联结更为紧密,其灰质容积更大。研究人员由此认为,大脑默认网络的结构和功能与孤独感存在正相关。

以下哪项如果为真,最能支持上述研究人员的观点?

A. 人们在回忆过去、假设当下或预想未来时会使用默认网络。

B. 有孤独感的人更多地使用想象、回忆过去和憧憬未来以克服社交隔离。

C. 感觉孤独的老年人出现认知衰退和患上阿尔茨海默病的风险更高,进而导致部分脑区萎缩。

D. 了解孤独感对大脑的影响,拓展我们在这个领域的认知,有助于减少当今社会的孤独现象。

E. 穹窿是把信号从海马体输送到默认网络的神经纤维束,在研究对象的大脑中,这种纤维束得到较好的保护。

32. 关于张、李、宋、孔 4 人参加植树活动的情况如下:

(1)张、李、孔至少有 2 人参加;

(2)李、宋、孔至多有 2 人参加;

(3)如果李参加,那么张、宋两人要么都参加,要么都不参加。

根据以上陈述,以下哪项是不可能的?

A. 宋、孔都参加。　B. 宋、孔都不参加。　C. 李、宋都参加。

D. 李、宋都不参加。　E. 李参加,宋不参加。

33. 2020 年下半年,随着新冠病毒在全球范围内的肆虐及流感季节的到来,很多人担心会出现大范围流感和新冠疫情同时爆发的情况。但是有病毒学家发现,2009 年甲型 H1N1 流感毒株出现时,自 1977 年以来一直传播的另一种甲型流感毒株消失了。由此他推测,人体同时感染新冠病毒和流感病毒的可能性应该低于预期。

以下哪项如果为真,最能支持该病毒学家的推测?

A. 如果人们继续接种流感疫苗,仍能降低同时感染这两种病毒的概率。

B. 一项分析显示,新冠肺炎患者中大约只有 3% 的人同时感染另一种病毒。

C. 人体感染一种病毒后的几周内,其先天免疫系统的防御能力会逐步增强。

D. 为避免感染新冠病毒,人们会减少室内聚集、继续佩戴口罩、保持社交距离和手部卫生。

E. 新冠病毒的感染会增加参与干扰素反应的基因的活性,从而防止流感病毒在细胞内进行复制。

34. 补充胶原蛋白已经成为当下很多女性抗衰老的手段之一。她们认为:吃猪蹄能够补充胶原蛋白,为了美容养颜,最好多吃些猪蹄。近日有些专家对此表示质疑,他们认为多吃猪蹄其实并不能补充胶原蛋白。

以下哪项如果为真,最能质疑上述专家的观点?

A. 猪蹄中的胶原蛋白会被人体的消化系统分解，不会直接以胶原蛋白的形态补充到皮肤中。

B. 人们在日常生活中摄入的优质蛋白和水果、蔬菜中的营养物质，足以提供人体所需的胶原蛋白。

C 猪蹄中胶原蛋白的含量并不多，但胆固醇含量高、脂肪多，食用过多会引起肥胖，还会增加患高血压的风险。

D. 猪蹄中的胶原蛋白经过人体消化后会被分解成氨基酸等物质，氨基酸参与人体生理活动，再合成人体必需的胶原蛋白等多种蛋白质。

E. 胶原蛋白是人体皮肤、骨骼和肌腱中的主要结构蛋白，它填充在真皮之间，撑起皮肤组织，增加皮肤紧密度，使皮肤水润而富有弹性。

35. 某单位有甲、乙、丙、丁、戊、己、庚、辛、壬、癸 10 名新进员工，他们所学专业是哲学、数学、化学、金融和会计 5 个专业之一，每人只学其中一个专业。已知：

(1) 若甲、丙、壬、癸中至多有 3 人是数学专业，则丁、庚、辛 3 人都是化学专业；

(2) 若乙、戊、己中至多有 2 人是哲学专业，则甲、丙、庚、辛 4 人专业各不相同。

根据上述信息，所学专业相同的新员工是：

A. 乙、戊、己。　　B. 甲、壬、癸。　　C. 丙、丁、癸。

D. 丙、戊、己。　　E. 丁、庚、辛。

36. H 市医保局发出如下公告：自即日起，本市将新增医保电子凭证就医结算，社保卡将不再作为就医结算的唯一凭证。本市所有定点医疗机构均已实现医保电子凭证的实时结算；本市参保人员可凭医保电子凭证就医结算，但只有将医保电子凭证激活后才能扫码使用。

以下哪项最符合上述 H 市医保局的公告内容？

A. H 市非定点医疗机构没有实现医保电子凭证的实时结算。

B. 可使用医保电子凭证结算的医院不一定都是 H 市的定点医疗机构。

C. 凡持有社保卡的外地参保人员，均可在 H 市定点医疗机构就医结算。

D. 凡已激活医保电子凭证的外地参保人员，均可在 H 市定点医疗机构使用医保电子凭证扫码就医。

E. 凡未激活医保电子凭证的本地参保人员，均不能在 H 市定点医疗机构使用医保电子凭证扫码结算。

37. 宋、李、王、吴 4 人均订阅了《人民日报》《光明日报》《参考消息》《文汇报》中的两种报纸，每种报纸均有两人订阅，且各人订阅的均不完全相同。另外，还知道：

(1) 如果吴至少订阅了《光明日报》《参考消息》中的一种，则李订阅了《人民日报》而王未订阅《光明日报》；

(2) 如果李、王两人中至多有一人订阅了《文汇报》，则宋、吴均订阅了《人民日报》。

如果李订阅了《人民日报》，则可以得出以下哪项？

A. 宋订阅了《文汇报》。　　B. 宋订阅了《人民日报》。　　C. 王订阅了《参考消息》。

D. 吴订阅了《参考消息》。　　E. 吴订阅了《人民日报》。

38. 在一项噪声污染与鱼类健康关系的实验中，研究人员将已感染寄生虫的孔雀鱼分成短期噪声组、长期噪声组和对照组。短期噪声组在噪声环境中连续暴露 24 小时，长期噪声组在同样的噪声环境中暴露 7 天，对照组则被置于一个安静环境中。在 17 天的监测期内，该研究人员发现，长期噪声组的鱼在第 12 天开始死亡，其他两组鱼则在第 14 天开始死亡。

以下哪项如果为真，最能解释上述实验结果？

A. 噪声污染不仅危害鱼类，也危害两栖动物、鸟类和爬行动物等。

B. 长期噪声污染会加速寄生虫对宿主鱼类的侵害，导致鱼类过早死亡。

C. 相比于天然环境，在充斥各种噪声的养殖场中，鱼更容易感染寄生虫。

D. 噪声污染使鱼类既要应对寄生虫的感染又要排除噪声干扰，增加鱼类健康风险。

E. 短期噪声组所受的噪声可能引起了鱼类的紧张情绪，但不至于损害它们的免疫系统。

39. 节日将至，某单位拟为职工发放福利品，每人可在甲、乙、丙、丁、戊、己、庚7种商品中选择其中的4种进行组合，并且每种组合还需满足如下要求：

(1)若选择甲，则丁、戊和庚3种中至多选择其一；

(2)若丙、己2种中至少选择1种，则必须选择乙但不能选择戊。

以下哪项组合符合上述要求？

A. 甲、丁、戊、己。　B. 乙、丙、丁、戊。　C. 甲、乙、戊、庚。

D. 乙、丁、戊、庚。　E. 甲、丙、丁、己。

40. 幸福是一种主观愉悦的心理体验，更是一种认知和创造美好生活的能力。在日常生活中，每个人如果既能发现当下的不足，也能确立前进的目标，并通过实际行动改进不足和实现目标，就能始终保持对生活的乐观精神。而有了对生活的乐观精神，就会拥有幸福感。生活中大多数人都拥有幸福感；遗憾的是，也有一些人能发现当下的不足，并通过实际行动去改进，但他们却没有幸福感。

根据以上陈述，可以得出以下哪项？

A. 生活中大多数人都有对生活的乐观精神。

B. 个体的心理体验也是个体的一种行为能力。

C. 如果能发现当下的不足并努力改进，就能拥有幸福感。

D. 那些没有幸福感的人即使发现当下的不足，也不愿通过行动去改变。

E. 确立前进的目标并通过实际行动实现目标，生活中有些人没能做到这一点。

41～42题基于以下题干

本科生小刘拟在4个学年中选修甲、乙、丙、丁、戊、己、庚、辛8门课程，每个学年选修其中的1～3门课程，每门课程均在其中的一个学年修完。同时还满足：

(1)后3个学年选修的课程数量均不同；

(2)丙、己和辛课程安排在一个学年，丁课程安排在紧接其后的一个学年；

(3)若第4学年至少选修甲、丙、丁中的1门课程，则第1学年仅选修戊、辛2门课程。

41. 如果乙在丁之前的学年选修，则可以得出以下哪项？

A. 乙在第1学年选修。　B. 乙在第2学年选修。　C. 丁在第2学年选修。

D. 丁在第4学年选修。　E. 戊在第1学年选修。

42. 如果甲、庚均在乙之后的学年选修，则可以得出以下哪项？

A. 戊在第1学年选修。　B. 戊在第3学年选修。　C. 庚在甲之前的学年选修。

D. 甲在戊之前的学年选修。　E. 庚在戊之前的学年选修。

43. 习俗因传承而深入人心，文化因赓续而繁荣兴盛。传统节日带给人们的不只是欢乐和喜庆，还塑造着影响至深的文化自信。不忘历史才能开辟未来，善于继承才能善于创新。传统节日只有不断融入现代生活，其中的文化才能得以赓续而繁荣兴盛，才能为人们提供更多心灵滋养与精神力量。

根据以上信息，可以得出以下哪项？

A. 只有为人们提供更多心灵滋养与精神力量，传统文化才能得以延续而繁荣兴盛。

B. 若传统节日更好地融入现代生活，就能为人们提供更多心灵滋养与精神力量。

C. 有些带给人们欢乐和喜庆的节日塑造着人们的文化自信。

D. 带有厚重历史文化的传统将引领人们开辟未来。

E. 深入人心的习俗将在不断创新中被传承。

44. 当前，不少教育题材影视剧贴近社会现实，直击子女升学、出国留学、代际冲突等教育痛点，引发社会广泛关注。电视剧一阵风，剧外人急红眼，很多家长触“剧”生情，过度代入，焦虑情绪不断增加，引得家庭“鸡飞狗跳”，家庭与学校的关系不断紧张。有专家由此指出，这类教育影视剧只能贩卖焦虑，进一步激化社会冲突，对实现教育公平于事无补。

以下哪项如果为真，最能质疑上述专家的主张？

A. 当代社会教育资源客观上总是有限的且分配不平衡，教育竞争不可避免。

B. 父母过度焦虑，轻则导致孩子间暗自攀比，重则影响亲子关系、家庭和睦。

C. 教育影视剧一旦引发广泛关注，就会对国家教育政策走向产生重要影响。

D. 教育影视剧提醒学校应明确职责，不能对义务教育实行“家长承包制”。

E. 家长不应成为教育焦虑的“剧中人”，而应该用爱包容孩子的不完美。

45~46 题基于以下题干

某电影院制定未来一周的排片计划。他们决定，周二至周日（周一休息），每天放映动作片、悬疑片、科幻片、纪录片、战争片、历史片 6 种类型中的一种，各不重复。已知排片还有以下要求：

（1）如果周二或周五放映悬疑片，则周三放映科幻片；

（2）如果周四或周六放映悬疑片，则周五放映战争片；

（3）战争片必须在周三放映。

45. 根据以上信息，可以得出以下哪项结论？

A. 周六放科幻片。　　B. 周日放悬疑片。　　C. 周五放动作片。

D. 周二放纪录片。　　E. 周四放历史片。

46. 如果历史片放映日期与纪录片相邻，又与科幻片相邻，则可以得出以下哪项？

A. 周二放纪录片。　　B. 周四放纪录片。　　C. 周二放动作片。

D. 周四放科幻片。　　E. 周五放动作片。

47. 有些科学家认为，基因调整技术能大幅度延长人类寿命。他们在实验中调整了一种小型土壤线虫的两组基因序列，成功将这种生物的寿命延长了 5 倍。他们据此声称，如果将延长线虫寿命的科学方法应用于人类，人活到 500 岁就会成为可能。

以下哪项如果为真，最能质疑上述科学家的观点？

A. 基因调整技术可能会导致下一代中一定比例的个体失去繁殖能力。

B. 即使将基因调整技术成功应用于人类，也只会有极少的人活到 500 岁。

C. 将延长线虫寿命的科学方法应用于人类，还需要经历较长一段时间。

D. 人类的生活方式复杂而多样，不良的生活习惯和心理压力会影响身心健康。

E. 人类寿命的提高幅度不会像线虫那样简单倍增，200 岁以后寿命延长基本不可能。

48. 贾某的邻居易某在自家阳台的侧面安装了空调外机。空调一开，外机就向贾家卧室窗户方向吹热风。贾某对此叫苦不迭，于是找到易某协商此事。易某回答说：“现在哪家没装空调？别人安装就行，偏偏我家就不行？”

对于易某的回答，以下哪项评价最为恰当？

A. 易某的行为虽影响到了贾家的生活，但易某是正常行使自己的权利。

B. 易某的行为已构成对贾家权利的侵害，应立即停止这种侵权行为。

C. 易某在转移论题，问题不是能不能安装空调，而是安装空调该不该影响邻居。

D. 易某没有将心比心，因为贾家也可以正对易家卧室窗户处安装空调外机。

E. 易某的空调外机安装不应正对贾家的卧室窗户，不能只顾自己享受而让贾家受罪。

49~50 题基于以下题干

某高校文学社王、李、周、丁 4 人每人分别爱好诗歌、散文、戏剧、小说 4 种文学形式中的一种，且各不相同；他们每人只创作了上述 4 种中的一种作品，且形式各不相同；他们创作的作品形式与各自的文学爱好均不相同。已知：

(1)若王没有创作诗歌，则李爱好小说；

(2)若王没有创作诗歌，则李创作小说；

(3)若王创作诗歌，则李爱好小说且周爱好散文。

49. 根据上述信息可以得出以下哪项？

A. 王爱好散文。　B. 李爱好戏剧。　C. 周爱好小说。

D. 丁爱好诗歌。　E. 周爱好戏剧。

50. 如果丁创作散文，则可以得出以下哪项？

A. 周创作小说。　B. 李创作诗歌。　C. 李创作小说。

D. 周创作戏剧。　E. 王创作小说。

51. 有科学家进行了对比实验：在一些花坛中种植了金盏草，而在另外一些花坛中未种植金盏草。他们发现：种植了金盏草的花坛，玫瑰长得很繁茂；而那些未种植金盏草的花坛，玫瑰却呈现病态，很快就枯萎了。

以下哪项如果为真，最能解释上述现象？

A. 为了利于玫瑰生长，某园艺公司推荐种金盏草而不是直接喷洒农药。

B. 金盏草的根系深度不同于玫瑰，不会与其争夺营养，却可保持土壤湿度。

C. 金盏草的根部可分泌出一种杀死土壤中害虫的物质，使玫瑰免受其侵害。

D. 玫瑰花花坛中的金盏草常被认为是一种杂草，但它对玫瑰的生长具有奇特的作用。

E. 花匠会对种有金盏草和玫瑰花的花坛施肥较多，而对仅种有玫瑰花的花坛施肥偏少。

52. 李佳、贾元、夏辛、丁东、吴悠 5 位大学生暑期结伴去皖南旅游。对于 5 人将要游览的地点，他们却有不同想法：

李佳：若去龙川，则也去呈坎；

贾元：龙川和徽州古城两个地方至少去一个；

夏辛：若去呈坎，则也去新安江山水画廊；

丁东：若去徽州古城，则也去新安江山水画廊；

吴悠：若去新安江山水画廊，则也去江村。

事后得知，5 人的想法都得到了实现。

根据以上信息，上述 5 人游览的地点肯定有：

A. 龙川和呈坎。　B. 江村和新安江山水画廊。　C. 龙川和徽州古城。

D. 呈坎和新安江山水画廊。　E. 呈坎和徽州古城。

53. 胃底腺息肉是所有胃息肉中最为常见的一种良性病变。最常见的是散发型胃底腺息肉，它多发于 50 岁以上人群。研究人员在研究 10 万人的胃镜检查资料后发现，有胃底腺息肉的患者无人患胃癌，而没有胃底腺息肉的患者中有 178 人发现有胃癌。他们由此断定，胃底腺息肉与胃癌呈负相关。

以下哪项如果为真，最能支持上述研究人员的断定？

A. 有胃底腺息肉的患者绝大多数没有家族癌症史。

B. 在研究人员研究的 10 万人中，50 岁以下的占大多数。

C. 在研究人员研究的 10 万人中，有胃底腺息肉的人仅占 14%。

D. 有胃底腺息肉的患者罹患萎缩性胃炎、胃溃疡的概率显著降低。

E. 胃内一旦有胃底腺息肉，往往意味着没有感染致癌物"幽门螺杆菌"。

54~55 题基于以下题干

某特色建筑项目评选活动设有纪念建筑、观演建筑、会堂建筑、商业建筑、工业建筑 5 个门类的奖项。甲、乙、丙、丁、戊、己 6 位建筑师均有 2 个项目入选上述不同门类的奖项，且每个门类均有上述 6 人的 2~3 个项目入选。已知：

(1)若甲或乙至少有一个项目入选观演建筑或工业建筑，则乙、丙入选的项目均是观演建筑和工业建筑；

(2)若乙或丁至少有一个项目入选观演建筑或会堂建筑，则乙、丁、戊入选的项目均是纪念建筑和工业建筑；

(3)若丁至少有一个项目入选纪念建筑或商业建筑，则甲、己入选的项目均在纪念建筑、观演建筑和商业建筑之中。

54. 根据上述信息，可以得出以下哪项结论？

A. 甲有项目入选观演建筑。

B. 丙有项目入选工业建筑。

C. 丁有项目入选商业建筑。

D. 戊有项目入选会堂建筑。

E. 己有项目入选纪念建筑。

55. 若己有项目入选商业建筑，则可以得出以下哪项？

A. 己有项目入选观演建筑。

B. 戊有项目入选工业建筑。

C. 丁有项目入选商业建筑。

D. 丙有项目入选观演建筑。

E. 乙有项目入选工业建筑。

2022 年入学管理类综合能力逻辑真题解析

答案速查：CEADE　BBEDA　ECBDE　AACCB　CECDA　CBEDA

26. 答案：C　解析：本题应该采用代入法解题，将选项刻画后在题干中找印证。根据题干中"如果信念不坚定，……就无法应对前进道路上的各种挑战、风险"，将其进行逆否，可得 C 项。其余各项在题干中都找不到对应。

27. 答案：E　解析：学者的观点是，这首诗实际上是寄给友人的。E 项解释了诗中"西窗"这个词特指待客的房间，支持了这种观点。A 项意图否定该诗歌是写给妻子的，但是，仍然可能是写给续弦的，故对于"寄给友人"的支持力度不如 E 项。

28. 答案：A　解析：两个条件的假言命题，实际上表明，观看"焦点访谈"不可能与观看"人物故事"同时成立，观看"国家记忆"不可能与观看"自然传奇"同时成立。因此，无论观看上述哪个节目，为了满足"选择 3 个节目"的条件，"纵横中国"都必须入选。

29. 答案：D　解析：GCP 的观点是碳排放量创纪录下降，理由是汽车使用量下降。要想支持这个观点，就必须说明汽车使用量对于碳排放量有巨大影响。D 项最接近这个意思。虽然说"交通运输业"不仅包含汽车使用，但是汽车使用的确属于交通运输业，汽车使用量下降一半也的确会对整个交通运输业有很大影响。故该项是相对最合理的选项。

30. 答案：E　解析：根据"小陈家都没有打甲公司的疫苗"，结合"某小区 2 号楼 1 单元的住户都打了甲公司的疫苗”，逆否可得：小陈家不是某小区2号楼1单元的住户。如果把“2号楼”和“1单元”视为并列的两个要素，这就相当于对一个联言命题取矛盾，得到“或者不是2号楼，或者不是1单元”。根据相容选言命题否定肯定式，可以得到E项。

31. 答案：B　解析：研究人员的观点是：大脑默认网络与孤独感存在正相关，理由是孤独者大脑的默认网络联结更紧密。如果要支持这个观点，就必须解释大脑默认网络的功能与孤独感之间的关联。根据“默认网络是一组参与内心思考的大脑区域，包括回忆旧事、规划未来、想象等”，如果确认“回忆旧事、规划未来、想象”与孤独感密切相关，那么该观点会得到支持，否则，该观点无法成立。A项没有涉及“孤独感”，C、D、E三项没有涉及大脑默认网络，都是无关项。

32. 答案：B　解析：注意本题的相反陷阱，寻找“不可能”的选项。可以考虑将选项代入题干，如果导致矛盾，则是正确答案。代入B项时，根据条件(1)，张和李都要参加，再根据条件(3)，李参加，而且B项指出宋不参加，那么张也不参加。这就使得张的情况自相矛盾。故B项是不可能的，其余各项都不导致矛盾。

33. 答案：E　解析：本题要紧扣病毒学家的推测：同时感染新冠病毒和流感病毒的可能性低。E项同时涉及“新冠病毒”和“流感病毒”这两个话题关键词，给出了合理解释。B、C、D三项没有涉及流感病毒；A项指出接种流感疫苗可以降低同时感染这两种病毒的概率，但是题干没有涉及是否接种流感疫苗，仅仅是指出两种病毒共存的可能性低，故A项实质上也是转移话题。

34. 答案：D　解析：专家观点是：吃猪蹄不能补充胶原蛋白。要质疑专家观点，就要尽量说明吃猪蹄可以补充胶原蛋白。A项实质是支持专家的观点，B项否定补充胶原蛋白的必要性，C项谈到了吃猪蹄的弊端，E项谈的是胶原蛋白的作用，这三个选项都没有涉及吃猪蹄是否能补充胶原蛋白的问题，都是无关项。

35. 答案：A　解析：设条件(2)前件为真，则后件必真，甲、丙、庚、辛专业各不相同。此时条件(1)后件为假，庚和辛既然专业各不相同，就不可能都是化学专业。根据条件(1)的逆否命题，可得甲、丙、壬、癸4人都是数学专业——四人中至多有3人是数学专业，可以转化成“至少1人不是该专业”，当这个相容选言命题为假的时候，可得四人都是该专业。此时，甲、丙同专业，与条件(2)后件推出来的相矛盾。由此可知，假设错误，条件(2)前件是假的——3人中至多两人是哲学专业，可以转化成“至少1人不是”，当这个相容选言命题为假时，可得3个人全是哲学专业。由此可知A项必真。

36. 答案：E　解析：根据题干最后一句“只有将医保电子凭证激活后才能扫码使用”，可以得知：没有激活电子凭证的不能扫码使用。结合“本市所有定点医疗机构均已实现医保电子凭证的实时结算”，故没有激活电子凭证的不能在H市定点医疗机构使用医保电子凭证实时结算。

37. 答案：C　解析：根据补充条件，李订阅了《人民日报》，结合“每种报纸均有两人订阅”，可知条件(2)后件为假，根据其逆否命题，可得“李、王都订阅了《文汇报》”。四种报纸中，《文汇报》已经有两人订阅，故吴不可能订阅它，吴又要订阅两种报纸，那么条件(1)前件必然为真，此时其后件也为真，王没有订阅《光明日报》，只剩下《人民日报》和《参考消息》二选其一。由于“各人的订阅均不完全相同”，王不可能再订阅《人民日报》，否则与李完全相同，则只剩下《参考消息》可以订阅。

38. 答案：B　解析：题干给出了求异实验，不难发现噪声污染影响鱼类健康——这是需要考生快速概括的。诸多选项中只有B项可以将长期噪声与影响鱼类健康关联起来。A项涉及其他动物，与题干无关；C项另找他因，无法说明长期噪声对于鱼类健康的损害更加明显；D项与C项类似，区分不出不同噪声的影响；E项涉及免疫系统，解释不了鱼类死亡时间的差异。

39. 答案：D　解析：本题宜采用代入法。若选择甲，A项中的“丁、戊”，C项中的“戊、庚”都违反条件(1)，排除。若选择丙或者己，B项中的“戊”以及E项中缺少“乙”都违反条件(2)。故只剩下 D 项可以选择。

40. 答案:E 解析:根据题干最后一句“没有幸福感”,结合“有了对生活的乐观精神,就会拥有幸福感”,可知这些人没有对生活的乐观精神。再结合“每个人如果既能发现当下的不足,也能确立前进的目标,并通过实际行动改进不足和实现目标,就能始终保持对生活的乐观精神”,可知这些人或者没有发现当下的不足,或者没有确立前进的目标,或者没有通过实际行动实现目标。因为题干最后已经预设了“能发现当下的不足”,根据相容选言命题否定肯定式,必须肯定“或者没有确立前进的目标,或者没有通过实际行动实现目标”,即 E 项。

41. 答案:A 解析:由于后三个学年选修的课程数量不同,但每学年不能超过 3 门,故后 3 个学年只能选修 1+2+3=6 门课,由此推知第一学年选修两门课。根据条件(2)和上述分析,丁课程只能安排在第 3 或第 4 学年。如果条件(3)前件为真,则后件必真,此时违反条件(2)中的“丙、己和辛安排在一个学年”。所以假设失败,第 4 学年不选修甲、丙、丁。此时,丁只能安排在第 3 学年,根据条件(2)可知,丙、己和辛安排在第 2 学年。结合本题补充条件“乙在丁之前选修”,第 2 学年已经有 3 门课程,乙只能安排在第 1 学年。

42. 答案:A 解析:上一道题开头所做的分析,是基于整体题干的,因此也适用于本题:丙、己和辛在第 2 学年,丁在第 3 学年。此时根据本题的补充条件,第 1 学年不能选修甲和庚,因此只剩下乙和戊可以选修。

甲要想在乙之后选修,由于条件(3)前件为假,故必须在第 3 学年。剩下的庚必须独自在第 4 学年,否则第 4 学年选修数量会与第 2 或第 3 学年重复。由此可知其余选项都推不出。

43. 答案:C 解析:本题宜采用代入法。A 项假言命题的前后件,在题干中是作为并列关系出现的。B 项误将题干所述必要条件理解为充分条件。C 项与题干中“传统节日带给人们的不只是欢乐和喜庆,还塑造着影响至深的文化自信”相匹配。题干虽然说“不忘历史才能开辟未来”,但是,历史不等于传统节日,而且“不忘历史”是“开辟未来”的必要条件,故 D 项排除。题干中的“继承”是“创新”的必要条件,而 E 项将它们误当作并列关系。

44. 答案:C 解析:题干材料根据教育影视剧引发的某些社会现象,得出结论:教育影视剧对实现教育公平于事无补。要想质疑这个观点,就要说明这些影视剧有助于教育公平。在各个选项中,能影响到教育公平的,只有 C 项提到的“国家教育政策走向”,验证后可选。

45. 答案:B 解析:根据条件(3),意味着条件(1)和条件(2)后件都是假的,逆否可得:悬疑片不能在周二、周四、周五、周六放映。因此只剩下了周日可以放映(周一休息)。

46. 答案:C 解析:根据本题的附加条件,历史片、纪录片和科幻片放映日期必须相邻。由题干条件(3)和上题结论可知,这三部影片只能安排在周四到周六放映(注意,周四和周六放映哪部影片是不确定的)。一周时间还剩下周二可以放映,六部影片还剩下动作片,由此可以确定 C 项。

47. 答案:E 解析:科学家观点是根据延长线虫寿命的方法类比了延长人类寿命的方法。要想质疑该观点,就要指出二者不可类比,E 项指出了这一点。

48. 答案:C 解析:本题实质是描述论证中的缺陷,考查识别“转移论题”的能力,也可以看作是分辨论证焦点的题型。

49. 答案:D 解析:观察前两个条件,若王没有创作诗歌,则李不但爱好小说而且创作小说。这不符合题干“她们创作的作品形式与各自的文学爱好均不相同”,由此可知,王创作诗歌。结合条件(3),可知李爱好小说,排除 B、C 两项,也可知周爱好散文,排除 A、E 两项。

50. 答案:A 解析:由本题条件“丁创作散文”,结合上题推理“王创作诗歌”(排除 E 项)、“李爱好小说”,又根据题干条件可知李不可能创作小说,四种文学形式中,李只剩下戏剧可以创作,排除 B、C、D 三项。

如果要推出 A 项，可以考虑：此时四个人还剩下周，四种文学形式还剩下小说，匹配得 A 项。

51. 答案：C　解析：题干进行的是求异实验，要想解释实验结果，就要构建金盏草与玫瑰的关联。各个选项中，只有 C 项具体说明了这种关联。E 项实际是另找他因，削弱了金盏草对于玫瑰生长的作用，这虽然能解释种植金盏草的花坛为什么玫瑰繁茂，但是无法解释未种金盏草的花坛玫瑰为什么呈现病态而且“很快”枯萎。

52. 答案：B　解析：在题干条件中，只有第二个条件是相容选言命题，其余都是假言命题，故从第二个条件入手。假设去龙川，根据李佳和夏辛所说，必然去新安江山水画廊。假设去徽州古城，根据丁东所言，也必然去新安江山水画廊。再结合吴悠所言，必然去江村。

53. 答案：E　解析：E 项直接支持“胃底腺息肉与胃癌呈负相关”。A 项用另找他因的方式对断定做了削弱，意味着这种负相关关系真实原因可能是没有家族遗传因素导致的。B 项是无关项，因为它没有涉及胃底腺息肉和癌症这两个关键词。C 项如果为真，有助于说明没有胃底腺息肉的人的胃癌发病率相对较高，可能是由于样本的统计偏差导致的，这就对题干的断定进行了削弱。D 项没有涉及胃癌，是无关项。

54. 答案：D　解析：根据条件(2)，如果前件为真，则乙和丁入选的均是纪念建筑和工业建筑，与前件的判断自相矛盾，故其前件不可能为真，乙和丁都没有入选观演建筑和会堂建筑。

此时条件(1)后件必然为假，根据其逆否式，甲和乙都不入选观演建筑和工业建筑。

同时，丁可以入选的奖项还有三项，而且他会入选不同的两个项目，这就意味着条件(3)前件必然为真，故其后件必然也为真，甲和己入选的项目在纪念建筑、观演建筑和商业建筑中。

做这道题的关键点在于，必须逆向思考。如果正面思考谁入选了什么项目，无论是否列表，此题都解不出来。逆向思考的方法是：

首先，既然甲和己入选的项目在纪念建筑、观演建筑和商业建筑中，那么他俩就不可能入选会堂建筑和工业建筑。

其次，已经推知乙和丁没有入选观演建筑、会堂建筑。

那么，有可能入选会堂建筑的只剩下了丙和戊，确认 D 项，其余选项除 A 项必假之外，均无法推知——这就是为什么此题用列表法也很可能看不出来答案：关键是逆向思考，并且要发现甲和己、乙和丁没有入选的项目的交集——会堂建筑。

55. 答案：A　解析：上一题没有补充条件，故根据题干条件所做的推理适用于这道题：根据条件(2)，乙和丁都没有入选观演建筑和会堂建筑；根据条件(1)逆否式，甲和乙都不入选观演建筑和工业建筑；这就推出乙还剩下纪念建筑和商业建筑可以入选。

根据条件(3)后件为真，甲入选的项目只能在纪念建筑和商业建筑中。

结合本题补充条件“己有项目入选商业建筑”，列表如下：

	纪念建筑	观演建筑	会堂建筑	商业建筑	工业建筑
甲	√	×		√	×
乙	√	×	×	√	×
丙			√		
丁		×	×		
戊			√		
己				√	

此时，根据题干"每个门类有上述6人的2~3个项目入选"，所以商业建筑已经不可能再有入选者，由此确定丁只能入选纪念建筑和工业建筑。填表如下：

	纪念建筑	观演建筑	会堂建筑	商业建筑	工业建筑
甲	√	×	×	√	×
乙	√	×	×	√	×
丙			√	×	
丁	√	×	×	×	√
戊			√	×	
己				√	

同理，丙、戊、己都不可能入选纪念建筑。

	纪念建筑	观演建筑	会堂建筑	商业建筑	工业建筑
甲	√	×	×	√	×
乙	√	×	×	√	×
丙	×		√	×	
丁	√	×	×	×	√
戊	×		√	×	
己	×			√	

根据条件(3)后件为真，己入选的两个项目在纪念建筑、观演建筑和商业建筑中，而纪念建筑已经不可能入选，所以一定入选观演建筑。

本题解题过程必须多次采用"还剩什么"的思考方式，既有推断某个特定的人还剩什么建筑可以入选，又有推断某个特定建筑还剩哪些人可以入选，因此采用列表法会比较直观。

2021年
入学经济类综合能力逻辑真题

36."理念是实践的先导",理念科学,发展才能蹄疾步稳;"思想是行动的指南",思想破冰,行动才能突破重围;"战略是发展的规划",战略得当,未来才能行稳致远。执政环境不会一成不变,治国理政需要与时俱进。

根据以上陈述,可以得出以下哪项?

A. 只有以正确思想为指导,才能进行科学的战略规划。

B. 只要思想破冰,行动就可以突破重围。

C. 治国理政只有与时俱进,才能不断改善执政环境。

D. 若战略不得当,未来就不能行稳致远。

E. 要正确处理好理念、思想、战略和发展的辩证关系。

37. 某会议海报在黑体、宋体、楷体、隶书、篆书和幼圆6种字体中选择3种进行编排设计。已知:

(1)若黑体、楷体至少选择一种,则选择篆书而不选择幼圆;

(2)若宋体、隶书至少选择一种,则选择黑体而不选择篆书。

根据上述信息,该会议海报选择的字体是:

A. 宋体、楷体、黑体。

B. 隶书、篆书、幼圆。

C. 黑体、楷体、篆书。

D. 黑体、宋体、隶书。

E. 楷体、隶书、幼圆。

38. 文物复制件是依照文物体量、形制、质地、纹饰、文字、图案等历史信息,基本采取原技艺方法和工艺流程,制作与文物相同的制品。为了避免珍贵文物在陈列展示中受到损害,一些博物馆会用文物复制件替代文物原件进行展出。

根据上述信息,以下哪项与文物复制件的描述最为吻合?

A. 王师傅不断学习和临摹古人作品,他复制临摹的古人笔迹类作品已达到形神兼备的境界。

B. 为了修补乾隆年间的一幅罗汉拓片画作上的裂纹,修复师李师傅特地找厂家定制了一种纸,以保证与原画作在色泽和质地上一致。

C. 金属器物修复研究所对一件待修复的青铜器文物进行激光三维扫描,建立了与原青铜器文物一模一样的实物模型。

D. 黄师傅采用制作秦兵马俑所用的质料、彩色颜料以及技艺方法和工艺流程制成一批秦兵马俑仿制品,几可乱真。

E. 按照工作流程,修复师林师傅对某件青铜器文物进行了信息采集、取样、清洗、焊接、调色和补配等操作。

39. 一天中午,快递公司张经理将12个快递包裹安排给张平、李安、赵明、王亮4位快递员投递。未到傍晚,张经理就发现自己交代的任务完成了,于是问4人实际投递的快递数量,4人的回答如下:

张平：我和李安共送了5个；
李安：张平和赵明共送了7个；
赵明：我和王亮共送了6个；
王亮：我和张平共送了6个。
事实上，4人的回答中只有1人说错了，而这位说错的快递员送了4个快递。
根据以上信息，可以得出张平、李安、赵明、王亮4人送的快递数依次为：
A. 4、3、2、3。 B. 4、1、5、2。 C. 3、2、4、3。
D. 3、4、2、3。 E. 2、3、4、3。

40. 老式荧光灯因成本低、寿命长而在学校广泛使用。但是，老式荧光灯老化后因放电产生的紫外辐射会导致灯光颜色和亮度的不断闪烁。对此，有研究人员建议，由于使用老式荧光灯易引发头痛和视觉疲劳，学校应该尽快将其淘汰。
以下哪项如果为真，最能支持上述研究人员的建议？
A. 灯光闪烁会激发眼部的神经细胞对刺激作出快速反应，加重视觉负担。
B. 有些学校改换了新式荧光灯后，很多学生的头痛和视觉疲劳开始消失。
C. 新式荧光灯设计新颖、外形美观、节能环保，很受年轻人喜爱。
D. 老式荧光灯蒙上彩色滤光纸后，可以有效减弱荧光造成的颜色变化。
E. 全部淘汰老式荧光灯，学校要支出一大笔经费，但很多家长认为这笔钱值得花。

41. 某市发改委召开该市高速公路收费标准调整价格听证会，旨在征求消费者、经营者和专家的意见。实际参加听证会的共有15人，其中消费者9人、经营者5人、专家3人，此外无其他人员列席。
根据上述信息，可以得出以下哪项？
A. 有专家是消费者。
B. 有专家是经营者。
C. 有专家不是经营者。
D. 有专家是消费者但不是经营者。
E. 有专家是经营者但不是消费者。

42. 政府只有不超发货币并控制物价，才能控制通货膨胀。若控制物价，则政府税收减少；若政府不超发货币并且税收减少，则政府预算将减少。
如果政府预算未减少，则可以得出以下哪项？
A. 政府控制了物价。
B. 政府未能控制通货膨胀。
C. 政府超发了货币。
D. 政府既未超发货币，也未控制物价。
E. 政府既超发了货币，又控制了物价。

43. 目前科学家已经揭示，与抽传统卷烟相比，抽电子烟同样会产生严重危害。为进一步保护未成年人免受电子烟危害，我国政府有关部门发布"禁电子烟令"，要求电子烟生产、销售企业或个人及时关闭电子烟销售网站、店铺及客户端，将电子烟产品及时下架，禁止销售电子烟。可是，"禁电子烟令"发布后的两周内，有些电商依然在国内网站上销售电子烟。
以下各项如果为真，则除哪项外均能解释上述电商的行为？
A. 目前有些电商认为，只卖烟棒而不卖烟弹，不算销售电子烟。
B. 近年来有些投资人对电子烟生产、销售已有大量投入，不甘心先前投入打水漂。
C. 禁令是为了保护未成年人，禁止向他们出售电子烟，对成年人似乎并没有禁止。

D. 政策执行存在一定的滞后性，有些电商并未收到来自上级主管部门的具体通知。

E. 电子烟危害已得到多国政府关注，但他们并未出台类似中国的“禁电子烟令”。

44. 负责人赵某：我单位今年招聘的8名新员工都是博士，但这些新员工有些不适合担任管理工作，因为博士未必都适合担任管理工作。

以下哪项与赵某的论证方式最为类似？

A. 创新产品都受欢迎，但是它们未必都能盈利，因为价格高就难以受欢迎。

B. 院子里的花都是名贵品种，但是这些花都不好养，因为名贵品种都不好养。

C. 正直的人都受人尊敬，但是他们不都富有，因为富有的人未必都受人尊敬。

D. 6的倍数都是偶数，但6的倍数有些不是3的倍数，因为偶数未必都是3的倍数。

E. 最近上市的公司都是医药类的，但是这些公司的股票未必都热销，因为最近热销的股票都不是医药类的。

45. 如今近视的年青人越来越多了。60年前，中国的年青人中近视患者只有10%～20%，现在这一数字则接近90%。近视不只是不方便，它还意味着近视患者的眼球会稍稍伸长而发生病变。以往人们常常将近视的原因归之于遗传、长时间或不正确姿势阅读等，但近来有专家对这些观点表示怀疑，他们认为近视率的剧增主要是因为人们在白天的户外活动时间过短。

以下哪项如果为真，最能支持上述专家的观点？

A. 1969年科学家对住在阿拉斯加的139名因纽特人调查发现，其中只有2人近视，如今他们的儿孙中超过一半的人成了近视。

B. 如今许多国家的少儿每天花10多个小时来读书做作业，或者看电脑、电视、智能手机等。

C. 科学家对某地近5 000名小学生长达3年时间的跟踪研究发现，那些在户外活动更久的孩子虽不一定减少看书、看屏幕的时间，却很少成为近视。

D. 与在一般室内光照环境下生长的鸡相比，处于与户外光照相当的室内高光照水平下的鸡，其近视发生率减少了大约60%。

E. 室外光照刺激视网膜释放出比在其他环境下更多的多巴胺，正是这些多巴胺阻止了眼球的伸长。

46～47题基于以下题干

某单位汤、宋、李、陈、罗、刘、方7人乘坐高铁出差，他们的座位如图所示。已知：

(1)罗与方的座位左右紧挨着；

(2)汤和宋隔着一个座位；

(3)陈与方的座位均为F位或者均为D位。

4F	4D				
5F	5D		5C	5B	5A

46. 如果李与刘的座位左右紧挨着，则可以得出以下哪项？

A. 汤坐在5F。　B. 宋坐在5C。　C. 李坐在5A。

D. 陈坐在5D。　E. 刘坐在5B。

47. 如果李与汤隔着两个座位，则以下哪项是不可能的？

A. 方坐在4D。　B. 刘坐在5B。　C. 罗坐在4F。

D. 宋坐在5C。　E. 李坐在5F。

48. 改革开放以来，省际间人口大规模流动已成为一个突出的社会现象。2018 年，中国流动人口为 2.41 亿，相当于每 6 个中国人中就有 1 个流动人口。庞大的流动人口被视为中国城市化的重要推动力量。但有专家指出，大规模的人口流动也给流入地政府的基本公共服务和社会保障带来巨大压力，同时进一步加剧了省际之间的财政矛盾。

以下哪项如果为真，最能质疑上述专家的观点？

A. 目前公共财政支出的人口统计口径依然是以户籍作为主要单位，流动家庭基本公共服务的提供仍然需要流入地政府额外的财政投入。

B. 受户籍制度制约，流动人口应享有的教育、医疗、住房、养老等诸多公共服务在“流入地”与“流出地”之间衔接不畅。

C. 进入 2010 年后，我国流动人口增速开始逐步变缓；从 2015 年开始，流动人口在增速下降的同时，规模也开始减小。

D. 针对农民工子女的义务教育问题，国家早就发文指出，以流入地为主，以公办学校为主，流入地政府承担流动儿童的主要教育责任。

E. 近年来，国家出台一系列财政转移支付政策，将外来人口纳入测算标准，并将财政资金向人口流入地倾斜，适当弥补人口流入省份的财政缺口。

49. 动物肉一直是餐桌上不可或缺的食物。前不久，某专家宣布，他的研究团队已首次利用动物干细胞在实验室培育出了人造肉，这种人造肉在口感和成分上与动物肉非常接近。该专家认为，这种人造肉在不远的将来会有很好的市场前景。

以下哪项如果为真，最能质疑上述专家的观点？

A. 目前人造肉的生产成本远高于动物肉，且产量极低，近期还很难有技术突破的可能。

B. 以植物蛋白为原料，模拟动物肉外观和口感的人造肉已在素斋中广泛使用。

C. 上述实验中人造肉制造需要加入大量的动物血清，而要获得动物血清仍需要饲养大量动物。

D. 目前宇航员在太空中自主栽培蔬菜已成为可能，但肉类蛋白的获取只能依靠饲养黄粉虫，其口感大大逊于动物肉。

E. 目前关于人造肉研发的风险投资正在不断加大，而相关上市公司的股票价格却持续走低。

50. 甲、乙、丙、丁、戊、己 6 人被同期安排至山溪乡扶贫，其中一人到该乡最僻远、最贫困的石坝村扶贫。一天，乡里召开扶贫工作会，到访记者询问参会的甲、乙、丁、戊，他们同期 6 人中谁去了石坝村扶贫，4 人的回答如下：

甲：不是丁去了，就是戊去了；

乙：我没有去，丙也没有去；

丁：甲如果没有去，己就去了；

戊：甲和丙中肯定有人去了。

事实上，因为山区的交通通讯不便，他们相互了解不够，上述 4 人的回答只有一个人说的符合实际。

根据以上信息，可以得出上述 6 人中去石坝村扶贫的是：

A. 甲。　　B. 乙。　　C. 丙。

D. 丁。　　E. 己。

51. 贾研究员：4 万年前尼安德特人的灭绝不是因为智人的闯入，而是近亲繁殖导致的恶果。

尹研究员：事情并非如此，因为尼安德特人当时已经“濒危”。种群个体数量的减少，不仅会给个体健康带来负面影响，而且一旦种群的出生率、死亡率或性别比发生偶然变动，就会直接导致种群的灭绝。

以下哪项如果为真，最能支持尹研究员的观点？

A. 父母的本能是照顾后代，确保生命的延续，但是尼安德特人没能通过这种方式将他们的种群延续下去。

B. 非洲某部落虽也近亲繁殖，但促使该部落消失的根本原因是大多数幼儿患麻疹而死亡。

C. 800 万年前濒临灭绝的猿类是人类的祖先，他们因为吃成熟发酵的水果进化出一种特定的蛋白质，反而活了下来。

D. 一个仅有 1 000 人左右的种群，若一年中只有不到四分之一的育龄妇女生孩子，就会直接导致这个种群的灭绝。

E. 近亲繁殖的新生儿容易患多种疾病，可能会给种群繁衍带来不利影响。

52. 某医院针灸科专家林医生提供给甲、乙、丙 3 人下周一至五的门诊预约信息如下：

星期 / 门诊时间	星期一	星期二	星期三	星期四	星期五
上 午	约 满	余 1 个	余 1 个	约 满	余 2 个
下 午	休 息	余 2 个	休 息	余 2 个	余 1 个

据此，她们 3 人每人预约了 3 次针灸，且一人一天只安排 1 次。还已知：

(1) 甲和乙没有预约同一天下午的门诊；

(2) 如果乙预约了星期二上午的门诊，则乙还预约了星期五下午的门诊；

(3) 如果丙预约了星期五上午的门诊，则丙还预约了星期三上午的门诊。

根据上述信息，可以得出以下哪项？

A. 甲预约了星期四下午的门诊。

B. 乙预约了星期二上午的门诊。

C. 丙预约了星期五上午的门诊。

D. 甲预约了星期三上午的门诊。

E. 乙预约了星期二下午的门诊。

53. 有专家指出，人们可以通过健身长跑增进健康。因为健身长跑过程中，有节奏的深长呼吸能使人体吸入大量氧气，这可以改善心肌供氧状态，加快心肌代谢，提高心脏的工作能力。

以下哪项最可能是上述专家论断的假设？

A. 人体的健康与呼吸系统机能提高和心脏循环系统机能的改善密切相关。

B. 健身长跑不仅可以改善心肌供氧状态，还可以抑制人体癌细胞的生长和繁殖。

C. 心脏是循环系统的中心，而健身长跑在提高人的呼吸系统机能的同时，可以改善心脏循环系统的机能。

D. 健身长跑可以使心肌纤维变粗，心脏收缩力增强。

E. 体育以身体活动为基本手段，不仅能强身健体，还能培养人的各种心理品质。

54~55 题基于以下题干

美佳、新月、海奇三家商店在美食一条街毗邻而立。已知,三家店中两家销售茶叶,两家销售水果,两家销售糕点,两家销售调味品;每家都销售上述 4 类商品中的 2~3 种。另外,还知道:

(1)如果美佳销售水果,则海奇也销售水果;

(2)如果海奇销售水果,则它也销售糕点;

(3)如果美佳销售糕点,则新月也销售糕点。

54. 根据以上信息,可以得出以下哪项?

A. 美佳销售茶叶。　B. 新月销售水果。　C. 海奇销售调味品。

D. 美佳不销售糕点。　E. 新月不销售糕点。

55. 如果美佳不销售调味品,则可以得出以下哪项?

A. 海奇销售茶叶。　B. 新月销售水果。　C. 美佳不销售水果。

D. 海奇不销售水果。　E. 新月销售茶叶。

2021 年入学经济类综合能力逻辑真题解析

答案速查:DCDCA　CBEDE　DEEAC　DEADE

36. 答案:D　解析:A 项和 E 项在题干中找不到对应的信息。B 项误将必要条件当成了充分条件。C 项不选,因为题干最后一句话可以看作因果关系,而不是必要条件关系,况且题干没有提到"改善"执政环境。D 项是"战略得当,未来才能行稳致远"这句话的逆否命题。

37. 答案:C　解析:采用代入法解题。A 项和 D 项根据条件(1),缺少了篆书;B 项根据条件(2),缺少了黑体;C 项符合题干条件要求;E 项根据条件(1),不应该选择幼圆。

38. 答案:D　解析:A、B、E 三项都不是"制作与文物相同的制品",排除;C 项没有采用"原技艺方法和工艺流程",排除。

39. 答案:C　解析:本题采用代入法。已知是送了 4 个快递的快递员说错了,而答案设置中,只有王亮没有送 4 个快递。所以王亮一定说的是真话。

其次,答案中王亮送 3 个的选项有 4 个,那么我们假设王亮送 3 个去进行推理,这样,如果假设成功,可以推出实际情况,可以正面解题。如果假设失败,排除王亮送 3 个的情况,只有选 B。

假设王亮送 3 个,且说的真话,那么张平送了 3 个,且根据张平所说,李安送了 2 个快递。此时,根据李安所说,那么赵明送了 4 个快递。此时王亮和赵明一共送了 7 个快递,赵明确实说错了,符合提干条件"说错的送了 4 个快递",该假设成立,答案选 C 项。

40. 答案:A　解析:A 项支持了"老式荧光灯易引发视觉疲劳"。B 项说的是"有些学校",这就可能存在样本问题,即:只是某些采用新式荧光灯的学校出现了此种情况,支持力度不足。其余选项与研究人员建议的理由无关。

41. 答案:C　解析:总计 15 人,但是各种身份的人加在一起是 17 人,说明这些身份之间存在重合。可能出现的情况是:(1)有两名专家是消费者;(2)有两名专家是经营者;(3)有一名专家是经营者,另一名专家是消费者;(4)有一名专家既是消费者又是经营者。但无论以上哪种情况,3 名专家中必有至少一名专家不是经营者也不是消费者,否则总人数将少于 15 人。故本题最合理的答案是 C。逆向思考:C 项如果为假,导致总人数只有 14 人,违反条件,所以 C 项必真。

42. 答案:B 解析:刻画题干:(1)控制通货膨胀→不超发货币∧控制物价;(2)控制物价→税收减少;(3)不超发货币∧税收减少→预算减少。根据“预算未减少”和命题(3),可得:超发货币∨税收没有减少。如果超发货币,根据命题(1)可得:没有控制通货膨胀;如果税收没有减少,根据命题(2)可得:没有控制物价,再由命题(1)仍然可得:没有控制通货膨胀。故选B项。

43. 答案:E 解析:注意本题相反陷阱。E项是无关项,其他国家政府是否出台某项法律政策,与中国国内网站的经营行为无关。

44. 答案:D 解析:题干的论证形式是:所有S都是M,但有的S不是P,因为M未必都是(有的可能不是)P。

根据最后一句的“未必都”,排除A、B、E三项。C项的论证形式是:所有S都是M,但有的S不是P,因为P未必都是(有的可能不是)M,与题干不符,排除。

45. 答案:E 解析:A、B都是无关项。C项是强干扰项,该项采用求异法,支持专家的观点,但是话题范围是“小学生”,而题干说的是“年青人”。D项虽然也采用了求异法实验,但是实验主体是鸡,就未必能说明人的问题,同时实验环境都是室内,也不能说明户外活动问题。

根据题干“近视意味着眼球伸长而发生病变”,如果E项为真,则说明户外活动有助于缓解近视,这就间接支持了户外活动时间过短导致近视率增加。注意,该选项比较牵强,因为即使户外活动有助于减少近视,也不能说明它就是近视率剧增的“主要”原因;这就类似于:吃薯片有助于减少饥饿,但不能据此断定没吃薯片就是饥饿的主要原因。但是在各个选项中它是相对最好的一项。

46. 答案:D 解析:根据“李与刘的座位左右紧挨着”,以及条件(3),可推知李与刘的座位只能在A、B、C中选择两个。根据条件(1),可推知罗必然在F或者D。且罗、方、陈占了D、F 4个位置中的3个位置,所以A、B、C与D、F各剩一个位置,那么汤、宋两人要想满足条件(2),隔着一个座位,就必须都在第5排。故为了满足条件(1),方和罗只能在第4排,剩下的陈只能在5排D座,以隔开汤和宋。

47. 答案:E 解析:注意本题相反陷阱。根据“李与汤隔着两个座位”,可知二人都在5排,两人座位可能是F和B,也可能是D和A。如果李坐在5F,则汤只能坐在5B,此时为了满足条件(2),宋必须坐在5D。此时5排的F位和D位都已经被占据,无法满足条件(3),故假设失败,李不可能坐在5F。答案选E项。

48. 答案:E 解析:专家的观点有两个:(1)流动人口给流入地政府的基本公共服务和社会保障带来巨大压力;(2)加剧了省际之间的财政矛盾。A项指出,公共财政支出统计口径以户籍(流出地)为准,而公共服务需要流入地政府额外的财政投入,这就支持了专家的两个观点。B项有助于支持第一个观点。C项指出了人口流动减缓以及规模缩小的趋势,但这不能说明专家的担忧没道理,因为流动人口基数大,趋势减缓不等于没有相关的问题存在。D项说的是农民工子女教育问题,只是人口流动所需要的社会保障的一部分,而且没有涉及财政资金问题,所以削弱力度不强。E项可以解决专家的第二个担忧,是相对最好的削弱项。

49. 答案:A 解析:专家的观点是人造肉会有很好的市场前景。A项指出其成本和产量问题,同时指出“难有技术突破的可能”,说明近期很难降低成本,价格会影响其市场前景,所以A项是削弱项。B项是支持项。C项不能质疑专家观点,因为专家观点中没有涉及是否停止饲养大量动物。D项的话题范围是宇航员,没有涉及整个市场。E项与相关公司的估值有关,而与人造肉的市场前景无关。

需要指出的是,股价一般是反映资本市场对某个公司市场前景的信心的指标,股价持续走低,在一定程度上的确说明资本市场不看好其市场前景。但是不选择E项有两个原因,其一,资本市场的看法与实际的市场前景未必总是吻合的;其二,做逻辑题不需要专业背景知识。

50. 答案:C 解析:本题可以采用代入法。根据题干,去石坝村扶贫的只有一个人。设甲去了石坝村扶贫,则丁和戊说真话,不符合"只有一个人说的符合实际",排除A项。设乙去了,则题干四个回答全是假话,排除B项。设丙去了,则题干四个回答中前三个是假话,最后一句是真话,符合要求。设丁去了,则题干中甲、乙的回答都是真话,排除D项。设己去了,则题干中乙、丁的回答都是真话,排除E项。

51. 答案:D 解析:尹研究员观点是:因为种群个体数量减少导致种群灭绝。D项直接支持了这个观点。其余各项都不涉及种群数量减少。

52. 答案:E 解析:由于3人每人都预约3次,题干表格中共有9个预约名额,故每个预约名额都要被用上。根据"一人一天只安排1次",观察表格,可知周二和周五这两天每个人都会预约一次。

根据条件(1)可知,丙必然要预约周二和周四下午。根据条件(3)可知,丙不能再约周五上午(排除C项),则甲、乙必须同时约周五上午。根据"一人一天只安排1次",既然周五上午是甲和乙预约,那么下午只能是丙预约。乙不可能预约周五下午,条件(2)后件为假,故前件也为假,乙没有预约周二上午(排除B项),故必须预约周二下午。

53. 答案:A 解析:题干中专家给出的因果关系是:因为心脏工作能力提高,所以可以增进健康。让这个因果关系成立,就必须在"心脏工作能力"和"健康"之间搭桥。只有A项符合此要求。

54. 答案:D 解析:根据条件(3),设美佳销售糕点,则新月也销售糕点,根据题干条件"两家销售糕点",故海奇不销售糕点,根据条件(2),海奇也不销售水果,再结合条件(1),美佳也不销售水果,还剩一家店可以销售水果,这就违反了"两家销售水果"的条件,所以假设失败,美佳不销售糕点。

55. 答案:E 解析:根据"美佳不销售调味品""每家都销售上述4类商品中的2~3种",以及上一题的结论"美佳不销售糕点",则美佳必然销售茶叶和水果,排除C项。根据条件(1),海奇销售水果,排除D项。根据条件(2),海奇还销售糕点。

根据"美佳不销售调味品",以及"两家销售调味品",则海奇和新月销售调味品。

根据"每家都销售上述4类商品中的2~3种",海奇已经销售水果、糕点和调味品,故不能销售茶叶,排除A项。

根据"两家销售茶叶",故剩下的美佳和新月必然销售茶叶。

本题也可以列表来做。

<table>
<tr><td></td><td>茶叶</td><td>水果</td><td>糕点</td><td>调味品</td><td rowspan="4">每家都销售上述4类商品中的2~3种,故每行2~3个√</td></tr>
<tr><td>美佳</td><td>(1)√</td><td>(1)√</td><td>(1)×</td><td>(1)×</td></tr>
<tr><td>海奇</td><td>(4)×</td><td>(2)√</td><td>(2)√</td><td>(3)√</td></tr>
<tr><td>新月</td><td>(4)√</td><td>(3)×</td><td>(3)√</td><td>(3)√</td></tr>
<tr><td colspan="6">每种商品都仅有两个店铺出售,故每列两个√</td></tr>
</table>

2021年
入学管理类综合能力逻辑真题

26. 哲学是关于世界观、方法论的学问，哲学的基本问题是思维和存在的关系问题，它是在总结各门具体科学知识基础上形成的，并不是一门具体科学。因此，经验的个案不能反驳它。

以下哪项如果为真，最能支持以上论述？

A. 哲学并不能推演出经验的个案。

B. 任何科学都要接受经验的检验。

C. 具体科学不研究思维和存在的关系问题。

D. 经验的个案只能反驳具体科学。

E. 哲学可以对具体科学提供指导。

27. M大学社会学学院的老师都曾经对甲县某些乡镇进行家庭收支情况调研，N大学历史学院的老师都曾经到甲县的所有乡镇进行历史考察。赵若兮曾经对甲县所有乡镇家庭收支情况进行调研，但未曾到项郢镇进行历史考察；陈北鱼曾经到梅河乡进行历史考察，但从未对甲县家庭收支情况进行调研。

根据以上信息，可以得出以下哪项？

A. 陈北鱼是M大学社会学学院的老师，且梅河乡是甲县的。

B. 赵若兮是M大学的老师。

C. 陈北鱼是N大学的老师。

D. 对甲县的家庭收支情况调研，也会涉及相关的历史考察。

E. 若赵若兮是N大学历史学院的老师，则项郢镇不是甲县的。

28. 研究人员招募了300名体重超标的男性，将其分成餐前锻炼组和餐后锻炼组，进行每周三次相同强度和相同时段的晨练。餐前锻炼组晨练前摄入零卡路里安慰剂饮料，晨练后摄入200卡路里的奶昔；餐后锻炼组晨练前摄入200卡路里的奶昔，晨练后摄入零卡路里安慰剂饮料。三周后发现，餐前锻炼组燃烧的脂肪比餐后锻炼组多。该研究人员由此推断，肥胖者若持续这样的餐前锻炼，就能在不增加运动强度或时间的情况下改善代谢能力，从而达到减肥效果。

以下哪项如果为真，最能支持该研究人员的上述推断？

A. 餐前锻炼组额外的代谢与体内肌肉中的脂肪减少有关。

B. 有些餐前锻炼组的人知道他们摄入的是安慰剂，但这并不影响他们锻炼的积极性。

C. 肌肉参与运动所需要的营养，可能来自最近饮食中进入血液的葡萄糖和脂肪成分，也可能来自体内储存的糖和脂肪。

D. 餐前锻炼可以增强肌肉细胞对胰岛素的反应，促使它更有效地消耗体内的糖分和脂肪。

E. 餐前锻炼组觉得自己在锻炼中消耗的脂肪比餐后锻炼组多。

29. 某企业董事会就建立健全企业管理制度与提高企业经济效益进行研讨。在研讨会中，与会者发言如下：

甲：要提高企业经济效益，就必须建立健全企业管理制度。

乙：既要建立健全企业管理制度，又要提高企业经济效益，二者缺一不可。

丙：经济效益是基础和保障，只有提高企业经济效益，才能建立健全企业管理制度。

丁:如果不建立健全企业管理制度,就不能提高企业经济效益。

戊:不提高企业经济效益,就不能建立健全企业管理制度。

根据上述讨论董事会最终做出了合理的决定,以下哪项是可能的?

A. 甲、乙的意见符合决定,丙的意见不符合。

B. 上述 5 人中只有 1 人的意见符合决定。

C. 上述 5 人中只有 2 人的意见符合决定。

D. 上述 5 人中只有 3 人的意见符合决定。

E. 上述 5 人的意见均不符合决定。

30. 气象台的实测气温与人实际的冷暖感受常常存在一定的差异。在同样的低温条件下,如果是阴雨天,人会感到特别冷,即通常说的“阴冷”;如果同时赶上刮大风,人会感到寒风刺骨。

以下哪项如果为真,最能解释上述现象?

A. 人的体感温度除了受气温的影响外,还受风速与空气湿度的影响。

B. 低温情况下,如果风力不大、阳光充足,人不会感到特别寒冷。

C. 即使天气寒冷,若进行适当锻炼,人也不会感到太冷。

D. 即使室内外温度一致,但是走到有阳光的室外,人会感到温暖。

E. 炎热的夏日,电风扇转动时,尽管不改变环境温度,但人依然感到凉快。

31. 某俱乐部共有甲、乙、丙、丁、戊、己、庚、辛、壬、癸 10 名职业运动员,来自 5 个不同的国家(不存在双重国籍的情况)。已知:

(1)该俱乐部的外援刚好占一半,他们是乙、戊、丁、庚、辛;

(2)乙、丁、辛 3 人来自两个国家。

根据以上信息,可以得出以下哪项?

A. 甲、丙来自不同国家。　　B. 乙、辛来自不同国家。　　C. 乙、庚来自不同国家。

D. 丁、辛来自相同国家。　　E. 戊、庚来自相同国家。

32. 某高校的李教授在网上撰文指责另一高校张教授早年发表的一篇论文存在抄袭现象,张教授知晓后,立即在同一网站对李教授的指责作出反驳。

以下哪项作为张教授的反驳最为有力?

A. 自己投稿在先而发表在后,所谓论文抄袭其实是他人抄自己。

B. 李教授的指责纯属栽赃陷害,混淆视听,破坏了大学教授的整体形象。

C. 李教授的指责是对自己不久前批评李教授学术观点所作的打击报复。

D. 李教授的指责可能背后有人指使,不排除受到两校不正当竞争的影响。

E. 李教授早年的两篇论文其实也存在不同程度的抄袭现象。

33. 某电影节设有“最佳故事片”“最佳男主角”“最佳女主角”“最佳编剧”“最佳导演”等多个奖项,颁奖前,有专业人士预测如下:

(1)若甲或乙获得“最佳导演”,则“最佳女主角”和“最佳编剧”将在丙和丁中产生;

(2)只有影片 P 或影片 Q 获得“最佳故事片”,其片中的主角才能获得“最佳男主角”或“最佳女主角”;

(3)“最佳导演”和“最佳故事片”不会来自同一部影片。

以下哪项颁奖结果与上述预测不一致?

A. 乙没有获得“最佳导演”,“最佳男主角”来自影片 Q。

B. 丙获得“最佳女主角”,“最佳编剧”来自影片 P。

C. 丁获得“最佳编剧”,“最佳女主角”来自影片 P。

D. “最佳女主角”“最佳导演”都来自影片 P。

E. 甲获得“最佳导演”，“最佳编剧”来自影片Q。

34. 黄瑞爱好书画收藏，他收藏的书画作品只有“真品”“精品”“名品”“稀品”“特品”“完品”，它们之间存在如下关系：

(1)若是“完品”或“真品”，则是“稀品”；

(2)若是“稀品”或“名品”，则是“特品”。

现知道黄瑞收藏的一幅画不是“特品”，则可以得出以下哪项？

A. 该画是“稀品”。　B. 该画是“精品”。　C. 该画是“完品”。

D. 该画是“名品”。　E. 该画是“真品”。

35. 王、陆、田3人拟到甲、乙、丙、丁、戊、己6个景点结伴游览，关于游览的顺序，3人意见如下：

(1)王：1甲、2丁、3己、4乙、5戊、6丙；

(2)陆：1丁、2己、3戊、4甲、5乙、6丙；

(3)田：2己、3乙、3丙、4甲、5戊、6丁。

实际游览时，各人意见中都恰有一半的景点序号是正确的。

根据以上信息，他们实际游览的前3个景点分别是：

A. 己、丁、丙。　B. 丁、乙、己。　C. 甲、乙、己。

D. 乙、己、丙。　E. 丙、丁、己。

36. “冈萨雷斯”“埃尔南德斯”“施米特”“墨菲”这4个姓氏是且仅是卢森堡、阿根廷、墨西哥、爱尔兰四国中其中一国常见的姓氏。已知：

(1)“施米特”是阿根廷或卢森堡常见姓氏；

(2)若“施米特”是阿根廷常见姓氏，则“冈萨雷斯”是爱尔兰常见姓氏；

(3)若“埃尔南德斯”或“墨菲”是卢森堡常见姓氏，则“冈萨雷斯”是墨西哥常见姓氏。

根据以上信息，可以得出以下哪项？

A. “施米特”是卢森堡常见姓氏。

B. “埃尔南德斯”是卢森堡常见姓氏。

C. “冈萨雷斯”是爱尔兰常见姓氏。

D. “墨菲”是卢森堡常见姓氏。

E. “墨菲”是阿根廷常见姓氏。

37. 甲、乙、丙、丁、戊5人是某校美学专业2019级研究生，第一学期结束后，他们在张、陆、陈三位教授中选择导师，每人只选择1人作为导师，每位导师都有1至2人选择，并且得知：

(1)选择陆老师的研究生比选择张老师的多；

(2)若丙、丁中至少有1人选择张老师，则乙选择陈老师；

(3)若甲、丙、丁中至少有1人选择陆老师，则只有戊选择陈老师。

根据以上信息，可以得出以下哪项？

A. 甲选择陆老师。　B. 乙选择张老师。　C. 丁、戊选择陆老师。

D. 乙、丙选择陈老师。　E. 丙、丁选择陈老师。

38. 艺术活动是人类标志性的创造性劳动。在艺术家的心灵世界里，审美需求和情感表达是创造性劳动不可或缺的重要引擎；而人工智能没有自我意识，人工智能艺术作品的本质是模仿。因此，人工智能永远不能取代艺术家的创造性劳动。

以下哪项最可能是以上论述的假设？

A. 人工智能可以作为艺术创作的辅助工具。

B. 模仿的作品很少能表达情感。

C. 大多数人工智能作品缺乏创造性。

D. 没有艺术家的创作，就不可能有人工智能艺术品。

E. 只有具备自我意识，才能具有审美需求和情感表达。

39. 最近一项科学观测显示，太阳产生的带电粒子流即太阳风，含有数以千计的“滔天巨浪”，其时速会突然暴增，可能导致太阳磁场自行反转，甚至会对地球产生有害影响。但目前我们对太阳风的变化及其如何影响地球知之甚少。据此有专家指出，为了更好保护地球免受太阳风的影响，必须更新现有的研究模式，另辟蹊径研究太阳风。

以下哪项如果为真，最能支持上述专家的观点？

A. 最新观测结果不仅改变了天文学家对太阳风的看法，而且将改变其预测太阳天气事件的能力。

B. 对太阳风的深入研究，将有助于防止太阳风大爆发时对地球的卫星和通信系统乃至地面电网造成的影响。

C. “高速”太阳风源于太阳南北极的大型日冕洞，而“低速”太阳风则来自太阳赤道上的较小日冕洞。

D. 太阳风里有许多携带能量的粒子和磁场，而这些磁场会发生意想不到的变化。

E. 目前，根据标准太阳模型预测太阳风变化所获得的最新结果与实际观测相比，误差约为10~20倍。

40~41 题基于以下题干

冬奥组委会官网开通全球招募系统，正式招募冬奥会志愿者。张明、刘伟、庄敏、孙兰、李梅5人在一起讨论报名事宜。他们商量的结果如下：

(1)如果张明报名，则刘伟也报名；

(2)如果庄敏报名，则孙兰也报名；

(3)只要刘伟和孙兰两人中至少有1人报名，则李梅也报名。

后来得知，他们5人中恰有3人报名了。

40. 根据以上信息，可以得出以下哪项？

A. 张明报名了。　B. 刘伟报名了。　C. 庄敏报名了。

D. 孙兰报名了。　E. 李梅报名了。

41. 如果增加条件“若刘伟报名，则庄敏也报名”，那么可以得出以下哪项？

A. 张明和刘伟都报名了。　B. 刘伟和庄敏都报名了。　C. 庄敏和孙兰都报名了。

D. 张明和孙兰都报名了。　E. 刘伟和李梅都报名了。

42. 酸奶作为一种健康食品，既营养丰富又美味可口，深受人们的喜爱。很多人饭后不忘来杯酸奶，他们觉得，饭后喝酸奶能够解油腻、助消化。但近日有专家指出：饭后喝酸奶其实并不能帮助消化。

以下哪项如果为真，最能支持上述专家的观点？

A. 足量膳食纤维和维生素 B_1 被摄入人体后可有效促进肠胃蠕动，进而促进食物消化。但酸奶不含膳食纤维，维生素 B_1 的含量也不丰富。

B. 酸奶中的益生菌可以维持肠道消化系统的健康，但是这些菌群大多不耐酸，胃部强酸环境会使大部分失去活性。

C. 酸奶含有一定糖分，吃完饭再喝酸奶会加重肠胃负担，同时也使身体增加额外的营养，容易导致肥胖。

D. 人体消化需要消化酶和有规律的肠胃运动，酸奶中没有消化酶，饮用酸奶也不能使肠胃有规律的运动。

E. 酸奶可以促进胃酸分泌，抑制有害菌在肠道内繁殖，有助于消化系统健康，对于食物消化起到间接帮助作用。

43. 为进一步宣扬传统文化，有专家提议将每年的 2 月 1 日、3 月 1 日、4 月 1 日、9 月 1 日、11 月 1 日、12 月 1 日 6 天中的 3 天确定为“传统文化宣传日”。根据实际需要，确定日期必须考虑以下条件：

(1) 若选择 2 月 1 日，则选择 9 月 1 日但不选择 12 月 1 日；

(2) 若 3 月 1 日、4 月 1 日至少选择其一，则不选 11 月 1 日。

以下哪项选择的日期与上述条件一致？

A. 2 月 1 日、3 月 1 日、4 月 1 日。　B. 2 月 1 日、4 月 1 日、11 月 1 日。

C. 3 月 1 日、9 月 1 日、11 月 1 日。　D. 4 月 1 日、9 月 1 日、11 月 1 日。

E. 9 月 1 日、11 月 1 日、12 月 1 日。

44. 今天的教育质量决定明天的经济实力。PISA 是经济合作与发展组织每隔三年对 15 岁学生的阅读、数学和科学能力进行的一项测试。根据 2019 年最新测试结果，中国学生的总体表现超过其他国家学生。有专家认为，该结果意味着中国有一支优秀的后备力量以保障未来经济的发展。

以下哪项如果为真，最能支持上述专家的论证？

A. 中国学生在 15 岁时各项能力尚处于上升期，他们未来会有更出色的表现。

B. 中国学生在阅读、数学和科学三项排名中均位列第一。

C. 在其他国际智力测试中，亚洲学生整体成绩最好，而中国学生是亚洲最好的。

D. 这次 PISA 测试的评估重点是阅读能力，能很好地反映学生的受教育质量。

E. 未来经济发展的核心驱动力是创新，中国教育非常重视学生创新能力的培养。

45. 下面有一个 5×5 方阵，它所含的每个小方格可填入一个词(已有部分词填入)。现要求该方阵中的每行/每列及每个粗线条围住的五个小方格组成的区域中均含有“道路”“制度”“理论”“文化”“自信”5 个词，不能重复也不能遗漏。

①	②	③	④	
	自信	道路		制度
理论				道路
制度		自信		
				文化

根据上述要求，以下哪项是方阵顶行①②③④空格中从左至右依次应填入的词？

A. 道路、理论、制度、文化。　B. 道路、文化、制度、理论。　C. 文化、理论、制度、自信。

D. 理论、自信、文化、道路。　E. 制度、理论、道路、文化。

46. 水产品的脂肪含量相对较低，而且含有较多不饱和脂肪酸，对预防血脂异常和心血管疾病有一定作用；禽肉的脂肪含量也比较低，脂肪酸组成优于畜肉；畜肉中的瘦肉脂肪含量低于肥肉，瘦肉优于肥肉。因此，在肉类选择上，应该优先选择水产品，其次是禽肉，这样对身体更健康。

以下哪项如果为真，最能支持以上论述？

A. 所有人都有罹患心血管疾病的风险。

B. 肉类脂肪含量越低对人体越健康。

C. 人们认为根据自己的喜好选择肉类更有益于健康。

D. 人必须摄入适量的动物脂肪才能满足身体的需要。

E. 脂肪含量越低，不饱和脂肪酸含量越高。

47~48 题基于以下题干

某剧团拟将历史故事“鸿门宴”搬上舞台，该剧有项王、沛公、项伯、张良、项庄、樊哙、范增 7 个主要角色，甲、乙、丙、丁、戊、己、庚 7 名演员每人只能扮演其中一个，且每个角色只能由其中一人扮演。根据各演员的特点，角色安排如下：

(1) 如果甲不扮演沛公，则乙扮演项王；

(2) 如果丙或己扮演张良，则丁扮演范增；

(3) 如果乙不扮演项王，则丙扮演张良；

(4) 如果丁不扮演樊哙，则庚或戊扮演沛公。

47. 根据上述信息，可以得出以下哪项？

A. 甲扮演沛公。　B. 乙扮演项王。　C. 丙扮演张良。

D. 丁扮演范增。　E. 戊扮演樊哙。

48. 若甲扮演沛公而庚扮演项庄，则可以得出以下哪项？

A. 丙扮演项伯。　B. 丙扮演范增。　C. 丁扮演项伯。

D. 戊扮演张良。　E. 戊扮演樊哙。

49. 某医学专家提出一种简单的手指自我检测法：将双手放在眼前，把两个食指的指甲那一面贴在一起，正常情况下，应该看到两个指甲床之间有一个菱形的空间；如果看不到这个空间，则说明手指出现了杵状改变，这是患有某种心脏或肺部疾病的迹象。该专家认为，人们通过手指自我检测能快速判断自己是否患有心脏或肺部疾病。

以下哪项如果为真，最能质疑上述专家的论断？

A. 杵状改变可能由多种肺部疾病引起，如肺纤维化、支气管扩张等，而且这种病变需要经历较长的一段过程。

B. 杵状改变不是癌症的明确标志，仅有不足 40% 的肺癌患者有杵状改变。

C. 杵状改变检测只能作为一种参考，不能用于替代医生的专业判断。

D. 杵状改变有两个发展阶段，第一个阶段的畸变不是很明显，不足以判断人体是否有病变。

E. 杵状改变是手指末端软组织积液造成，而积液是由于过量血液注入该区域导致，其内在机理仍然不明。

50. 曾几何时，快速阅读进入了我们的培训课堂。培训者告诉学员，要按“之”字形浏览文章。只要精简我们看的地方，就能整体把握文本要义，从而提高阅读速度；真正的快速阅读能将阅读速度提高至少两倍，并不影响理解。但近来有科学家指出，快速阅读实际上是不可能的。

以下哪项如果为真，最能支持上述科学家的观点？

A. 阅读是一项复杂的任务，首先需要看到一个词，然后要检索其涵义、引申义，再将其与上下文相联系。

B. 科学界始终对快速阅读持怀疑态度，那些声称能帮助人们实现快速阅读的人通常是为了谋生或赚钱。

C. 人的视力只能集中于相对较小的区域，不可能同时充分感知和阅读大范围文本，识别单词的能力限制了我们的阅读理解。

D. 个体阅读速度差异很大，那些阅读速度较快的人可能拥有较强的短时记忆或信息处理能力。

E. 大多声称能快速阅读的人实际上是在浏览，他们可能相当快地捕捉到文本的主要内容，但也会错过众多细枝末节。

51. 每篇优秀的论文都必须逻辑清晰且论据翔实，每篇经典的论文都必须主题鲜明且语言准确。实际上，如果论文论据翔实但主题不鲜明，或论文语言准确而逻辑不清晰，则他们都不是优秀的论文。

根据以上信息可以得出哪项？

A. 逻辑不清晰的论文不是经典的论文。　B. 主题不鲜明的论文不是优秀的论文。

C. 论据不翔实的论文主题不鲜明。　D. 语言准确的经典论文逻辑清晰。

E. 语言准确的优秀论文是经典的论文。

52. 除冰剂是冬季北方城市用于去除道路冰雪的常见产品。下表显示了五种除冰剂的各项特征：

除冰剂类型	融冰速度	破坏道路设施的可能风险	污染土壤的可能风险	污染水体的可能风险
Ⅰ	快	高	高	高
Ⅱ	中等	中	低	中
Ⅲ	较慢	低	低	中
Ⅳ	快	中	中	低
Ⅴ	较慢	低	低	低

以下哪项对上述五种除冰剂的特征概括最为准确？

A. 融冰速度较慢的除冰剂，在污染土壤和污染水体方面的风险都低。

B. 没有一种融冰速度快的除冰剂三个方面的风险都高。

C. 若某种除冰剂至少在两个方面风险低，则其融冰速度一定较慢。

D. 若某种除冰剂三方面风险都不高，则其融冰速度一定也不快。

E. 若某种除冰剂在破坏道路设施和污染土壤方面的风险都不高，则其融冰速度一定较慢。

53. 孩子在很小的时候，对接触到的东西都要摸一摸、尝一尝，甚至还会吞下去。孩子天生就对这个世界抱有强烈的好奇心，但随着孩子慢慢长大，特别是进入学校之后，他们的好奇心越来越少，对此有教育专家认为，这是由于孩子受到外在的不当激励所造成的。

以下哪项如果为真，最能支持上述专家观点？

A. 现在孩子所做的很多事情大多迫于老师、家长等的外部压力。

B. 老师、家长只看考试成绩，导致孩子只知道死记硬背书本知识。

C. 野外郊游可以激发孩子好奇心，长时间宅在家里就会产生思维惰性。

D. 现在许多孩子迷恋电脑、手机，对书本知识感到索然无味。

E. 孩子助人为乐能获得褒奖，损人利己往往受到批评。

54～55题基于以下题干

某高铁线路设有“东沟”“西山”“南镇”“北阳”“中丘”5座高铁站。该线现有甲、乙、丙、丁、戊5趟车运行。这5座高铁站中，每站均恰好有3趟车停靠，且甲车和乙车停靠的站均不相同。已知：

(1)若乙车或丙车至少有一车在“北阳”停靠，则它们均在“东沟”停靠；

(2)若丁车在“北阳”停靠，则丙、丁和戊车均在“中丘”停靠；

(3)若甲、乙和丙车中至少有2趟车在“东沟”停靠，则这3趟车均在“西山”停靠。

54. 根据上述信息，可以得出以下哪项？

A. 甲车不在“中丘”停靠。　B. 乙车不在“西山”停靠。　C. 丙车不在“东沟”停靠。

D. 丁车不在“北阳”停靠。　E. 戊车不在“南镇”停靠。

55. 若没有车在每站都停靠，则可以得出以下哪项？

A. 甲车在“南镇”停靠。　B. 乙车在“东沟”停靠。　C. 丙车在“西山”停靠。

D. 丁车在“南镇”停靠。　E. 戊车在“西山”停靠。

2021 年入学管理类综合能力逻辑真题解析

答案速查:DEDCA　CADBB　AEEEE　CDEDA　BBDEC　BCBAC

26. 答案:D　解析:题干的论据是“哲学不是具体科学”,结论是“经验的个案不能反驳它(哲学)”,要让论证成立,就需要在前提和结论之间搭桥,即假设:经验的个案反驳具体科学。这样,题干的三段论推理才能有效成立。

27. 答案:E　解析:根据“N 大学历史学院的老师都曾到甲县的所有乡镇进行历史考察”,如果赵若兮是 N 大学历史学院的老师,那么他一定对甲县的所有乡镇都进行了历史考察,但是既然他“未曾到项郢镇进行历史考察”,说明项郢镇不是甲县的。

A 项不选,因为根据题干“M 大学社会学学院的老师都曾经对甲县某些乡镇进行家庭收支情况调研”,陈北鱼没有对甲县家庭收支情况进行调研,说明他或者不是 M 大学社会学学院的老师,或者梅河乡不属于甲县。

B 项无法推出,因为尽管“M 大学社会学学院的老师都曾经对甲县某些乡镇进行家庭收支情况调研”,但是进行过这种收支情况调研的却未必属于“M 大学社会学院”。相关公式是:根据所有 S 都是 P,推不出“P 都是 S”。

C 项无法推出,因为“N 大学历史学院的老师都曾到甲县的所有乡镇进行历史考察”,此处重点是“所有乡镇”,但根据“陈北鱼曾经到梅河乡进行历史考察”,推不出他是否到过“所有乡镇”;就算他真的到过“所有乡镇”,也不能确定他属于“N 大学历史学院”,原理同 B 项。

D 项在题干中找不到依据。

28. 答案:D　解析:题干通过求异实验得出结论:餐前锻炼可以减肥。理由是:餐前锻炼燃烧的脂肪多;所以其隐含假设是:燃烧(消耗)脂肪多可以减肥。D 项指出餐前锻炼可以有效消耗脂肪,对此给出了合理解释。A 项仅仅说到“相关性”,但是有相关性的两个事物未必有因果关系,所以支持力度是不够的。

29. 答案:C　解析:设“提高企业经济效益”为 S,“建立健全企业管理制度”为 P,则有:

甲:$S\to P$;

乙:$S\wedge P$;

丙:$P\to S$;

丁:$\neg P\to\neg S$ 等价于 $S\to P$;

戊:$\neg S\to\neg P$ 等价于 $P\to S$。

综上,如果该企业的实际决定是既 S 又 P,则乙的意见符合决定,其他人的意见也可以看做符合决定(假言命题前件和后件都为真,则命题为真)。选项中没有“5 人意见都符合决定”,而且 A 项判断“丙的意见不符合”是错误的。

如果该企业的实际决定是 $S\wedge\neg P$,则丙和戊的意见符合决定(假言命题后件为真则该命题为真,前件真假均可),甲、乙、丁三人的意见不符合决定。

如果该企业的实际决定是 $P\wedge\neg S$,则甲和丁的意见符合决定(假言命题后件为真则该命题为真,前件真假均可),乙、丙、戊三人的意见不符合决定。

如果该企业的实际决定是 $\neg S\wedge\neg P$,则甲和丙的意见,前件都为假,命题恒真;那么同理,丁和戊的意见也为真。选项中没有“4 人意见符合决定”。

综上,四种可能性中,“最有可能”符合实际情况的就是“只有 2 人的意见符合决定”。

30. 答案:A　解析:本题要解释的现象是“实测气温与人实际的冷暖感受常常存在一定的差

异”,注意“同样的低温条件下”的独特影响因素“阴雨天”和“刮大风”。A项指出了这两项影响因素对体感温度的影响,而其他各项或者没有全面涉及这两项因素,或者提到的是其他因素,超出了题干话题范围。

31. 答案:C 解析:根据条件(1),由于乙、戊、丁、庚、辛是外援,可知其他5人来自相同国家。由于共5个不同国家,所以,除去其他5人,这5名外援来自4个不同国家。又根据条件(2),外援中乙、丁、辛来自两个国家(由此不可能推知他们3人中谁来自相同国家),那么外援中剩下的两人戊和庚,就来自剩下的两个国家。由此可知,戊和庚不可能与任何人来自同一国家。

32. 答案:A 解析:本题应采用排除法,B、C、D项都是对于动机的指责,无助于澄清自己是否抄袭,和E项一样,都属于转移话题。

33. 答案:D 解析:注意问题中的相反陷阱——寻找与预测“不一致”的选项。采用代入法解题,如果D项为真,则根据条件(2)可知,影片P获得了“最佳故事片”奖,但是根据条件(3),它就不能获得“最佳导演”奖。其余各项都不会推出与现有条件矛盾。

34. 答案:B 解析:根据补充条件“不是特品”,以及条件(2)的逆否命题,可知这幅画不是“稀品”也不是“名品”,排除A、D项。再根据“不是稀品”以及条件(1)的逆否命题,可知这幅画不是“完品”也不是“真品”,排除C、E项。

35. 答案:B 解析:此题可以采用代入法。假设A项正确,则王的前三个景点顺序中有一个正确,这就意味着他说的后面三个景点顺序中有两个正确;此时陆的前三个景点顺序中没有正确的,这就意味着他说的后面三个景点顺序中全部正确;但是二人的后三个景点顺序中并没有两个是一致的,所以A项不可能为真。同理可以排除C、D、E项。

假设B项正确,则每个人意见中的前三个景点顺序,都各只有一个正确,剩下的也都各有两个正确,王说对了戊和丙的顺序,陆说对了甲和丙的顺序,田说对了甲和戊的顺序,符合题干条件“恰有一半的景点序号是正确的”。

36. 答案:A 解析:此题可以采用反向代入验证法。设A项为假,则根据条件(1),“施米特”是阿根廷常见姓氏。根据条件(2),则“冈萨雷斯”是爱尔兰常见姓氏。又根据条件(3)的逆否命题,则“埃尔南德斯”和“墨菲”都不是卢森堡常见姓氏。此时根据题干条件,卢森堡就没有对应的常见姓氏了,因此A项不可能为假。

37. 答案:E 解析:根据题干条件,5个研究生在3位导师中选择一个,既然每位导师都有人选择,那么每位导师所带的研究生数量只能是2、2、1(每位导师都有1至2人选择)。根据条件(1),选择陆老师的比选择张老师的多,那么选择张老师的就只有1人,而选择陆老师和陈老师的各有2人。此时,条件(3)后件为假,根据其逆否命题可知,甲、丙、丁都没有选择陆老师,排除A、C两项,能选择陆老师的只剩下乙和戊,排除B、D两项。

38. 答案:E 解析:题干的前提是:(1)创造性劳动需要审美需求和情感表达(题干中“不可或缺”表示必要条件);(2)人工智能没有自我意识。题干的结论是:人工智能不能替代创造性劳动。

将前提(2)与结论搭桥,可得到假设:创造性劳动需要自我意识。选项中没有与之匹配的,则进一步将这个假设与前提(1)搭桥,可得:审美需求和情感表达需要自我意识,即“自我意识”是“审美需求和情感表达”的必要条件,E项符合。

E项可以刻画成:审美需求和情感表达→自我意识;前提(1)可以刻画成:创造性劳动→审美需求和情感表达。以上两个式子可以推出:创造性劳动→自我意识。再结合前提(2):人工智能→¬自我意识,可得到题干结论:人工智能→¬创造性劳动。

39. 答案:E 解析:题干提出的目的是“保护地球免受太阳风影响”,手段是“更新现有的研究模式”,要想支持这个手段,就要指出现有的研究模式靠不住,E项指出了这一点。A项说明现有研究模式没问题,是对题干手段的削弱;B项讲研究的意义,C项讲太阳风的来源,都与题干无关;D项没有涉及现有研究模式是否能保护地球免受太阳风影响,也是无关项。

40. 答案:E　解析:设李梅没有报名,则根据条件(3)的逆否命题,可知刘伟和孙兰都没报名;再根据前两个条件的逆否命题,可知张明和庄敏也没有报名,这样就无法满足恰有三人报名的条件,故假设失败,李梅必然报名了。

41. 答案:C　解析:设刘伟报名,根据本题补充条件可知庄敏报名,根据条件(2)可知孙兰报名,再根据条件(3)可知李梅报名,不符合"恰有3人报名"的条件,故假设失败,刘伟没有报名。此时根据条件(1)的逆否命题,可知张明没有报名。将带有此二人的选项排除即可得到答案。

42. 答案:D　解析:专家的观点是"酸奶不能帮助消化"。A项不能说明这一点,因为某些成分能帮助消化,只说明这些成分是帮助消化的充分条件,而不能说明它们是必要的,因此,即使酸奶不含有这些成分,也完全有可能具备其他成分帮助消化,所以A项不能支持"不帮助消化"的观点。B项也不是好的支持,因为即便酸奶中的益生菌无法起到帮助消化的作用,也无法否定其他成分可能起到类似的作用。C项没有涉及消化,是无关项。E项是对专家观点的削弱项。D项指出了消化的必要条件,而酸奶不具备这些条件,所以是最强支持项。

本题实质上是考查对必要条件的理解,并不属于论证逻辑题目。

43. 答案:E　解析:本题宜采用代入法。根据A项的2月1日,以及条件(1),可知应该有9月1日,但A项没有这个日期,故排除,同理排除B项。根据条件(2),可排除C、D项。本题类似于2021年经综第37题。

44. 答案:D　解析:专家的论据是"某测试里中国学生的总体表现超过其他国家学生",结论是"中国有优秀的后备力量保障未来经济发展"。A项表明中国学生未来更出色,有支持作用,但是没有提到该项测试,也没有涉及"经济发展",未来有更出色表现不等于能够保障经济发展。B项支持了论据,对于结论支持不足。C项说的是"其他测试",与题干的论证无关。E项没有涉及论据的"测试"。D项说明的是教育质量,根据开头"今天的教育质量将决定明天的经济实力",可以支持结论的"保障未来经济发展"。

45. 答案:A　解析:根据题干条件"不能重复也不能遗漏",故方阵第一列不能填"理论"和"制度"两个词,排除D、E项。方阵第二行只能填"理论"和"文化"两个词,由于第一列不能填"理论",故只剩下"文化",此时方格①不能填"文化",排除C项。第二行第四列只能填"理论",所以方格④不能填"理论",排除B项。

46. 答案:B　解析:题干的结论是水产品对身体更健康,论据是水产品脂肪含量相对较低,B项在脂肪含量低和健康之间搭桥,可以支持论证。

47. 答案:B　解析:本题可采用代入验证法。设A项为真,甲扮演沛公,则根据条件(4)的逆否命题,丁扮演樊哙,再根据条件(2)的逆否命题,既然丁不扮演范增,那么丙和己也都不扮演张良,根据条件(3)的逆否命题,可得乙扮演项王。注意,此时得到的结论是从假设开始的,虽然没有出现矛盾,但也不能说明它就是成立的。要结合条件(1)考虑:既然无论甲是否扮演沛公,乙都扮演项王,那么B项就是必真的。

本题还可以直接假设条件(4)前件为真,可推出其后件为真,这就意味着条件(1)前件为真,则其后件也为真,定位到B项,再对B项做反向假设代入验证,即可确认该选项。

48. 答案:D　解析:根据本题的补充条件,可知条件(4)后件为假,故丁扮演樊哙,再根据条件(2)的逆否命题,既然丁不扮演范增,那么丙和己也都不扮演张良,根据条件(3)的逆否命题,可得乙扮演项王。此时演员只剩下丙、戊、己,剩下的角色中丙和己都不能扮演张良,故选D项。

49. 答案:E　解析:专家的论断是,可以根据手指杵状改变来判断是否患有某些疾病,这个论断叫“溯因推理”，即根据结果追溯原因。要让这样的推理成立，就必须清楚杵状改变的原因，E项指出其内在机理仍然不明，那就不能据此判断疾病了。A 项是支持项，说明可以根据杵状改变检测相关疾病。B 项是无关项，因为专家的论断没有涉及癌症判断。C 项不能有效削弱，因为专家论断没有谈到可以替代专业判断。D 项也不能有效削弱，因为还可以根据第二个发展阶段进行判断。

50. 答案：C　解析：题干认为，真正的快速阅读“并不影响语义理解”，而 C 项指出“不可能同时充分感知和阅读大范围文本”“限制了阅读理解”，这就意味着快速阅读是不可能的，支持了科学家的观点。A 项指出了阅读的任务特征，但无法说明快速阅读不可能做到。B 项缺少事实论据支持，只是一种怀疑。D 项实际指出了快速阅读是可能的。E 项尽管说“会错过众多细枝末节”，但这不意味着影响理解，所以快速阅读仍然有可能做到。

51. 答案：B　解析：A 项排除，逻辑清晰是优秀论文的必要条件，而与经典论文无关。B 项，主题不鲜明的论文，满足题干最后一个假言命题的前件，故必然能得到其后件：不是优秀的论文。其余各项代入相关关键词，都可以简单排除。

52. 答案：C　解析：Ⅲ不符合 A 项判断，Ⅰ不符合 B 项判断，Ⅳ不符合 D 项判断，Ⅱ和Ⅳ都不符合 E 项判断。只有 C 项没有与题干信息矛盾。

53. 答案：B　解析：专家的观点是：孩子缺少好奇心是由于受到外在的不当激励。B 项指出了这种不当激励，最能支持专家观点。C 项不是“外在的不当激励”，其余各项都与孩子好奇心的多少无关。

54. 答案：A　解析：根据“甲车和乙车停靠的站均不相同”，可知条件(3)的后件为假，故前件也为假，即甲、乙、丙最多有一趟车在东站停靠。由此可知条件(1)后件为假，可推知：乙和丙都不在北站停靠。根据“每站恰有 3 趟车停靠”，一共五趟车，北站只剩下甲、丁、戊三趟车停靠，故条件(2)前件为真，后件必真，既然中站已经有 3 趟车停靠，停车数量满额，那么其余两趟车自然不能停靠，故本题选 A 项。

55. 答案：C　解析：本题可以采用列表法。本题的附加条件并不影响上一题的推理过程，故上题的推理结果可以直接填入表内：

	东(站名简称)	西	南	北	中
甲				√	×
乙				×	×
丙				×	√
丁	√			√	√
戊	√			√	√

根据“甲车和乙车停靠的站均不相同”，可知条件(3)的后件为假，故前件也为假，即甲、乙、丙最多有一趟车在东站停靠。故东站要满足停 3 辆车的条件，丁和戊必须停。现在西站和南站共有十个格子，这两个站要各停 3 辆车，共要占掉六个格子，也就是要排除四个格子。由于“甲车和乙车停靠的站均不相同”，所以这两辆车不可能都停西、南两站，对应的四个格子要减去两个；由于本题补充条件“没有车在每站都停靠”，所以丁和戊也不可能都停靠在西、南两站，其对应的四个格子也要减去两个。既然已经可以排除四个格子，那么丙必须在西和南两站都停靠。

2020年
入学管理类综合能力逻辑真题

26. 领导干部对于各种批评意见应采取有则改之、无则加勉的态度，营造言者无罪、闻者足戒的氛围。只有这样，人们才能知无不言、言无不尽。领导干部只有从谏如流并为说真话者撑腰，才能做到“兼听则明”或作出科学决策；只有乐于和善于听取各种不同意见，才能营造风清气正的政治生态。

根据以上信息，可以得出以下哪项？

A. 领导干部必须善待批评、从谏如流，为说真话者撑腰。

B. 大多数领导干部对于批评意见能够采取有则改之、无则加勉的态度。

C. 领导干部如果不能从谏如流，就不能作出科学决策。

D. 只有营造言者无罪、闻者足戒的氛围，才能形成风清气正的政治生态。

E. 领导干部只有乐于和善于听取各种不同意见，人们才能知无不言、言无不尽。

27. 某教授组织了 120 名年轻的参试者，先让他们熟悉电脑上的一个虚拟城市，然后让他们以最快速度寻找由指定地点到达关键地标的最短路线，最后再让他们识别茴香、花椒等 40 种芳香植物的气味。结果发现，寻路任务中得分较高者其嗅觉也比较灵敏。该教授由此推测，一个人空间记忆力好、方向感强，就会使其嗅觉更为灵敏。

以下哪项如果为真，最能质疑该教授的上述推测？

A. 大多数动物主要靠嗅觉寻找食物、躲避天敌，其嗅觉进化有助于“导航”。

B. 有些参试者是美食家，经常被邀请到城市各处的特色餐馆品尝美食。

C. 部分参试者是马拉松运动员，他们经常参加一些城市举办的马拉松比赛。

D. 在同样的测试中，该教授本人在嗅觉灵敏度和空间方向感方面都不如年轻人。

E. 有的年轻人喜欢玩方向感要求较高的电脑游戏，因过分投入而食不知味。

28. 有学校提出，将效仿免费师范生制度，提供减免学费等优惠条件以吸引成绩优秀的调剂生，提高医学人才培养质量。有专家对此提出反对意见：医生是既崇高又辛苦的职业，要有足够的爱心和兴趣才能做好，因此，宁可招不满，也不要招收调剂生。

以下哪项最可能是上述专家论断的假设？

A. 没有奉献精神，就无法学好医学。

B. 如果缺乏爱心，就不能从事医生这一崇高的职业。

C. 调剂生往往对医学缺乏兴趣。

D. 因优惠条件而报考医学的学生往往缺乏奉献精神。

E. 有爱心并对医学有兴趣的学生不会在意是否收费。

29. 某公司为员工免费提供菊花、绿茶、红茶、咖啡和大麦茶 5 种饮品。现有甲、乙、丙、丁、戊 5 位员工，他们每人都只喜欢其中的 2 种饮品，且每种饮品都只有 2 人喜欢。已知：

（1）甲和乙喜欢菊花，且分别喜欢绿茶和红茶中的一种；

（2）丙和戊分别喜欢咖啡和大麦茶中的一种。

根据上述信息，可以得出以下哪项？

A. 甲喜欢菊花和绿茶。　　　　B. 乙喜欢菊花和红茶。

C. 丙喜欢红茶和咖啡。 D. 丁喜欢咖啡和大麦茶。

E. 戊喜欢绿茶和大麦茶。

30. 考生若考试通过并且体检合格,则将被录取。因此,如果李铭考试通过,但未被录取,那么他一定体检不合格。

以下哪项与以上论证方式最为相似?

A. 若明天是节假日并且天气晴朗,则小吴将去爬山。因此,如果小吴未去爬山,那么第二天一定不是节假日或者天气不好。

B. 一个数若能被3整除且能被5整除,则这个数能被15整除。因此,一个数若能被3整除但不能被5整除,则这个数一定不能被15整除。

C. 甲单位员工若去广州出差并且是单人前往,则均乘坐高铁。因此,甲单位小吴如果去广州出差,但未乘坐高铁,那么他一定不是单人前往。

D. 若现在是春天并且雨水充沛,则这里野草丰美。因此,如果这里野草丰美,但雨水不充沛,那么现在一定不是春天。

E. 一壶茶若水质良好且温度适中,则一定茶香四溢。因此,如果这壶茶水质良好且茶香四溢,那么一定温度适中。

31~32题基于以下题干

"立春""春分""立夏""夏至""立秋""秋分""立冬""冬至"是我国二十四节气中的八个节气,"凉风""广莫风""明庶风""条风""清明风""景风""阊阖风""不周风"是八种节风。上述八个节气与八种节风之间一一对应。已知:

(1)"立秋"对应"凉风";

(2)"冬至"对应"不周风""广莫风"之一;

(3)若"立夏"对应"清明风",则"夏至"对应"条风"或者"立冬"对应"不周风";

(4)若"立夏"不对应"清明风"或者"立春"不对应"条风",则"冬至"对应"明庶风"。

31. 根据上述信息,可以得出以下哪项?

A. "秋分"不对应"明庶风"。 B. "立冬"不对应"广莫风"。

C. "夏至"不对应"景风"。 D. "立夏"不对应"清明风"。

E. "春分"不对应"阊阖风"。

32. 若"春分"和"秋分"两节气对应的节风在"明庶风"和"阊阖风"之中,则可以得出以下哪项?

A. "春分"对应"阊阖风"。 B. "秋分"对应"明庶风"。

C. "立春"对应"清明风"。 D. "冬至"对应"不周风"。

E. "夏至"对应"景风"。

33. 小王:在这次年终考评中,女员工的绩效都比男员工高。

小李:这么说,新入职员工中绩效最好的还不如绩效最差的女员工。

以下哪项如果为真,最能支持小李的上述论断?

A. 男员工都是新入职的。

B. 新入职的员工有些是女性。

C. 新入职的员工都是男性。

D. 部分新入职的女员工没有参与绩效考评。

E. 女员工更乐意加班,而加班绩效翻倍计算。

34. 某市2018年的人口发展报告显示,该市常住人口1 170万,其中常住外来人口440万,户籍人口730万。从区级人口分布情况来看,该市G区常住人口240万,居各区之首;H区常住人口200万,位居第二;同时,这两个区也是吸纳外来人口较多的区域,两个区常住外来人口200万,占全市常住外来人口的45%以上。

根据以上陈述,可以得出以下哪项?

A. 该市G区的户籍人口比H区的常住外来人口多。

B. 该市H区的户籍人口比G区的常住外来人口多。

C. 该市H区的户籍人口比H区的常住外来人口多。

D. 该市G区的户籍人口比G区的常住外来人口多。

E. 该市其他各区的常住外来人口都没有G区或H区的多。

35. 移动支付如今正在北京、上海等大中城市迅速普及。但是,并非所有中国人都熟悉这种新的支付方式,很多老年人仍然习惯传统的现金交易。有专家因此断言,移动支付的迅速普及会将老年人阻挡在消费经济之外,从而影响他们晚年的生活质量。

以下哪项如果为真,最能质疑上述专家的论断?

A. 到2030年,中国60岁以上人口将增至3.2亿,老年人的生活质量将进一步引起社会关注。

B. 有许多老年人因年事已高,基本不直接进行购物消费,所需物品一般由儿女或社会提供,他们的晚年生活很幸福。

C. 国家有关部门近年来出台多项政策指出,消费者在使用现金支付被拒时可以投诉,但仍有不少商家我行我素。

D. 许多老年人已在家中或社区活动中心学会移动支付的方法以及防范网络诈骗的技巧。

E. 有些老年人视力不好,看不清手机屏幕;有些老年人记忆力不好,记不住手机支付密码。

36. 下表显示了某城市过去一周的天气情况:

星期一	星期二	星期三	星期四	星期五	星期六	星期日
东南风 1~2级 小雨	南风 4~5级 晴	无风 小雪	北风 1~2级 阵雨	无风 晴	西风 3~4级 阴	东风 2~3级 中雨

以下哪项对该城市这一周天气情况的概括最为准确?

A. 每日或者刮风,或者下雨。

B. 每日或者刮风,或者晴天。

C. 每日或者无风,或者无雨。

D. 若有风且风力超过3级,则该日是晴天。

E. 若有风且风力不超过3级,则该日不是晴天。

37~38题基于以下题干

放假3天,小李夫妇除安排一天休息之外,其他两天准备做6件事:①购物(这件事编号为①,其他依次类推);②看望双方父母;③郊游;④带孩子去游乐场;⑤去市内公园;⑥去影院看电影。他们商定:

(1)每件事均做一次,且在1天内做完,每天至少做两件事;

(2)④和⑤安排在同一天完成;

(3)②在③之前1天完成。

37. 如果③和④安排在假期的第2天,则以下哪项是可能的?

A. ①安排在第2天。　　B. ②安排在第2天。

C. 休息安排在第1天。　　D. ⑥安排在最后1天。

E. ⑤安排在第1天。

38. 如果假期第2天只做⑥等3件事,则可以得出以下哪项?

A. ②安排在①的前1天。 B. ①安排在休息一天之后。

C. ①和⑥安排在同一天。 D. ②和④安排在同一天。

E. ③和④安排在同一天。

39. 因业务需要,某公司欲将甲、乙、丙、丁、戊、己、庚7个部门合并到丑、寅、卯3个子公司。已知:

(1)一个部门只能合并到一个子公司;

(2)若丁和丙中至少有一个未合并到丑公司,则戊和甲均合并到丑公司;

(3)若甲、己、庚中至少有一个未合并到卯公司,则戊合并到寅公司且丙合并到卯公司。

根据上述信息,可以得出以下哪项?

A. 甲、丁均合并到丑公司。 B. 乙、戊均合并到寅公司。

C. 乙、丙均合并到寅公司。 D. 丁、丙均合并到丑公司。

E. 庚、戊均合并到卯公司。

40. 王研究员:吃早餐对身体有害。因为吃早餐会导致皮质醇峰值更高,进而导致体内胰岛素异常,这可能引发Ⅱ型糖尿病。

李教授:事实并非如此。因为上午皮质醇水平高只是人体生理节律的表现,而不吃早餐不仅会增加患Ⅱ型糖尿病的风险,还会增加患其他疾病的风险。

以下哪项如果为真,最能支持李教授的观点?

A. 一日之计在于晨,吃早餐可以补充人体消耗,同时为一天的工作准备能量。

B. 糖尿病患者若在9点至15点之间摄入一天所需的卡路里,血糖水平就能保持基本稳定。

C. 经常不吃早餐,上午工作处于饥饿状态,不利于血糖调节,容易患上胃溃疡、胆结石等疾病。

D. 如今,人们工作繁忙,晚睡晚起现象非常普遍,很难按时吃早餐,身体常常处于亚健康状态。

E. 不吃早餐的人通常缺乏营养和健康方面的知识,容易形成不良生活习惯。

41. 某语言学爱好者欲基于无涵义语词、有涵义语词构造合法的语句。已知:

(1)无涵义语词有a、b、c、d、e、f,有涵义语词有W、Z、X;

(2)如果两个无涵义语词通过一个有涵义语词连接,则它们构成一个有涵义语词;

(3)如果两个有涵义语词直接连接,则它们构成一个有涵义语词;

(4)如果两个有涵义语词通过一个无涵义语词连接,则它们构成一个合法的语句。

根据上述信息,以下哪项是合法的语句?

A. aWbcdXeZ。 B. aWbcdaZe。 C. fXaZbZWb。

D. aZdacdfX。 E. XWbaZdWc。

42. 某单位拟在椿树、枣树、楝树、雪松、银杏、桃树中选择4种栽种在庭院中。已知:

(1)椿树、枣树至少种植一种;

(2)如果种植椿树,则种植楝树但不种植雪松;

(3)如果种植枣树,则种植雪松但不种植银杏。

如果庭院中种植银杏,则以下哪项是不可能的?

A. 种植椿树。 B. 种植楝树。 C. 不种植枣树。

D. 不种植雪松。 E. 不种植桃树。

43. 披毛犀化石多分布在欧亚大陆北部,我国东北平原、华北平原、西藏等地也偶有发现。披毛犀有一个独特的构造——鼻中隔,简单地说就是鼻子中间的骨头。研究发现,西藏披毛犀化石的鼻中隔只是一块不完全的硬骨,早先在亚洲北部、西伯利亚等地发现的披毛犀化石的鼻中隔要比西藏披毛犀的“完全”,这说明西藏披毛犀具有更原始的形态。

以下哪项如果为真,最能支持以上论述?

A. 一个物种不可能有两个起源地。

B. 西藏披毛犀化石是目前已知最早的披毛犀化石。

C. 为了在冰雪环境中生存，披毛犀的鼻中隔经历了由软到硬的进化过程，并最终形成一块完整的骨头。

D. 冬季的青藏高原犹如冰期动物的"训练基地"，披毛犀在这里受到耐寒训练。

E. 随着冰期的到来，有了适应寒冷能力的西藏披毛犀走出西藏，往北迁徙。

44. 黄土高原以前植被丰富，长满大树，而现在千沟万壑，不见树木，这是植被遭破坏后水流冲刷大地造成的惨痛结果。有专家进一步分析认为，现在黄土高原不长植物，是因为这里的黄土其实都是生土。

以下哪项最可能是上述专家推断的假设？

A. 生土不长庄稼，只有通过土壤改造等手段才适宜种植粮食作物。

B. 因缺少应有的投入，生土无人愿意耕种，无人耕种的土地瘠薄。

C. 生土是水土流失造成的恶果，缺乏植物生长所需要的营养成分。

D. 东北的黑土地中含有较厚的腐殖层，这种腐殖层适合植物的生长。

E. 植物的生长依赖熟土，而熟土的存续依赖人类对植被的保护。

45. 日前，科学家发明了一项技术，可以把二氧化碳等物质"电成"有营养价值的蛋白粉，这项技术不像种庄稼那样需要具备合适的气温、湿度和土壤等条件。他们由此认为，这项技术开辟了未来新型食物生产的新路，有助于解决全球饥饿问题。

以下各项如果为真，则除了哪项均能支持上述科学家的观点？

A. 让二氧化碳、水和微生物一起接受电流电击，可以产生出有营养价值的食物。

B. 粮食问题是全球性重大难题，联合国估计到 2050 年将有 20 亿人缺乏基本营养。

C. 把二氧化碳等物质"电成"蛋白粉的技术将彻底改变农业，还能避免对环境造成不利影响。

D. 由二氧化碳等物质"电成"的蛋白粉，约含 50% 的蛋白质、25% 的碳水化合物、核酸及脂肪。

E. 未来这项技术将被引入沙漠或其他面临饥荒的地区，为解决那里的饥饿问题提供重要帮助。

46~47 题基于以下题干

某公司甲、乙、丙、丁、戊 5 人爱好出国旅游。去年，在日本、韩国、英国和法国 4 国中，他们每人都去了其中的两个国家旅游，且每个国家总有他们中的 2~3 人去旅游。已知：

(1) 如果甲去韩国，则丁不去英国；

(2) 丙与戊去年总是结伴出国旅游；

(3) 丁和乙只去欧洲国家旅游。

46. 根据以上信息，可以得出以下哪项？

A. 甲去了韩国和日本。

B. 乙去了英国和日本。

C. 丙去了韩国和英国。

D. 丁去了日本和法国。

E. 戊去了韩国和日本。

47. 如果 5 人去欧洲国家旅游的总人次与去亚洲国家的一样多，则可以得出以下哪项？

A. 甲去了日本。

B. 甲去了英国。

C. 甲去了法国。

D. 戊去了英国。

E. 戊去了法国。

48. 1818 年前后，纽约市规定，所有买卖的鱼油都需要经过检查，同时缴纳每桶 25 美元的检查费。一天，一名鱼油商人买了三桶鲸鱼油，打算把鲸鱼油制成蜡烛出售。鱼油检查员发现这些鲸鱼油根本没经过检查，根据鱼油法案，该商人需要接受检查并缴费。但该商人声称鲸鱼不是鱼，拒绝缴费，遂被告上法庭。陪审团最后支持了原告，判决该商人支付75美元检查费。

以下哪项如果为真，最能支持陪审团所作的判决？

A. 古希腊有先哲早就把鲸鱼归类到胎生四足动物和卵生四足动物之下，比鱼类更高一级。

B. 纽约市相关法律已经明确规定，"鱼油"包括鲸鱼油和其他鱼类的油。

C. "鲸鱼不是鱼"和中国古代公孙龙的"白马非马"类似，两者都是违反常识的诡辩。

D. 19世纪的美国虽有许多人认为鲸鱼是鱼，但也有许多人认为鲸鱼不是鱼。

E. 当时多数从事科学研究的人都肯定鲸鱼不是鱼，而律师和政客持反对意见。

49. 尽管近年来我国引进不少人才，但真正顶尖的领军人才还是凤毛麟角。就全球而言，人才特别是高层次人才紧缺已呈常态化、长期化趋势。某专家由此认为，未来10年，美国、加拿大、德国等主要发达国家对高层次人才的争夺将进一步加剧，而发展中国家的高层次人才紧缺状况更甚于发达国家，因此，我国高层次人才引进工作急需进一步加强。

以下哪项如果为真，最能加强上述专家的论证？

A. 我国近年来引进的领军人才数量不及美国等发达国家。

B. 我国理工科高层次人才紧缺程度更甚于文科。

C. 发展中国家的一般性人才不比发达国家少。

D. 我国仍然是发展中国家。

E. 人才是衡量一个国家综合国力的重要指标。

50. 移动互联网时代，人们随时都可进行数字阅读。浏览网页、读电子书是数字阅读，刷微博、朋友圈也是数字阅读。长期以来，一直有人担忧数字阅读的碎片化、表面化。但近来有专家表示，数字阅读具有重要价值，是阅读的未来发展趋势。

以下哪项如果为真，最能支持上述专家的观点？

A. 数字阅读便于信息筛选，阅读者能在短时间内对相关信息进行初步了解，也可以此为基础作深入了解，相关网络阅读服务平台近几年已越来越多。

B. 长有长的用处，短有短的好处，不求甚解的数字阅读也未尝不可，说不定在未来某一时刻，当初阅读的信息就会浮现出来，对自己的生活产生影响。

C. 当前人们越来越多地通过数字阅读了解热点信息，通过网络进行相互交流，但网络交流者常常伪装或匿名，可能会提供虚假信息。

D. 有些网络读书平台能够提供精致的读书服务，它们不仅帮你选书，而且帮你读书，你只需"听"即可，但用"听"的方式去读书，效率较低。

E. 数字阅读容易挤占纸质阅读的时间，毕竟纸质阅读具有系统、全面、健康、不依赖电子设备等优点，仍将是阅读的主要方式。

51. 某街道的综合部、建设部、平安部和民生部4个部门，需要负责街道的秩序、安全、环境、协调等4项工作，每个部门只负责其中的一项工作，且各部门负责的工作各不相同。已知：

(1) 如果建设部负责环境或秩序，则综合部负责协调或秩序；

(2) 如果平安部负责环境或协调，则民生部负责协调或秩序。

根据以上信息，以下哪项工作安排是可能的？

A. 建设部负责环境，平安部负责协调。

B. 建设部负责秩序，民生部负责协调。

C. 综合部负责安全，民生部负责协调。

D. 民生部负责安全，综合部负责秩序。

E. 平安部负责安全，建设部负责秩序。

52. 人非生而知之者，孰能无惑？惑而不从师，其为惑也，终不解矣。生乎吾前，其闻道也固先乎吾,吾从而师之;生乎吾后,其闻道也亦先乎吾,吾从而师之。吾师道也,夫庸知其年之先后生于吾乎?是故无贵无贱,无长无少,道之所存,师之所存也。

根据以上信息,可以得出以下哪项?

A. 与吾生乎同时,其闻道也必先乎吾。

B. 师之所存,道之所存也。

C. 无贵无贱,无长无少,皆为吾师。

D. 与吾生乎同时,其闻道不必先乎吾。

E. 若解惑,必从师。

53. 学问的本来意义与人的生命、生活有关。但是,如果学问成为口号或教条,就会失去其本来的意义。因此,任何学问都不应该成为口号或教条。

以下哪项与上述论证方式最为相似?

A. 大脑会改编现实经历。但是,如果大脑只是储存现实经历的"文件柜",就不会对其进行改编。因此,大脑不应该只是储存现实经历的"文件柜"。

B. 人工智能应该可以判断黑猫和白猫都是猫。但是,如果人工智能不预先"消化"大量照片,就无从判断黑猫和白猫都是猫。因此,人工智能必须预先"消化"大量照片。

C. 机器人没有人类的弱点和偏见。但是,只有数据得到正确采集和分析,机器人才不会"主观臆断"。因此,机器人应该也有类似的弱点和偏见。

D. 椎间盘是没有血液循环的组织。但是,如果要确保其功能正常运转,就需依靠其周围流过的血液提供养分。因此,培养功能正常运转的人工椎间盘应该很困难。

E. 历史包含必然性。但是,如果坚信历史只包含必然性,就会阻止我们用不断积累的历史数据去证实或证伪它。因此,历史不应该只包含必然性。

54~55 题基于以下题干

某项测试共有 4 道题,每道题给出 A、B、C、D 四个选项,其中只有一项是正确答案。现有张、王、赵、李 4 人参加了测试,他们的答题情况和测试结果如下:

答题者	第一题	第二题	第三题	第四题	测试结果
张	A	B	A	B	均不正确
王	B	D	B	C	只答对 1 题
赵	D	A	A	B	均不正确
李	C	C	B	D	只答对 1 题

54. 根据以上信息,可以得出以下哪项?

A. 第二题的正确答案是 C。 B. 第二题的正确答案是 D。

C. 第三题的正确答案是 D。 D. 第四题的正确答案是 A。

E. 第四题的正确答案是 D。

55. 如果每道题的正确答案各不相同,则可以得出以下哪项?

A. 第一题的正确答案是 B。 B. 第一题的正确答案是 C。

C. 第二题的正确答案是 D。 D. 第二题的正确答案是 A。

E. 第三题的正确答案是 C。

2020年入学管理类综合能力逻辑真题解析

答案速查:CACDC　BECAB　EACDC　AECCB　EABDA　EEADA

26. 答案:C　解析:根据题干,刻画得:(1)知无不言、言无不尽→营造氛围。(2)兼听则明∨科学决策→从谏如流∧为说真话者撑腰。(3)营造生态→听取各种不同意见。

A项:只陈述了条件(2)的必要条件,但没有指出这是什么的必要条件,与题干并不吻合。

B项:"大多数"无法从题干中找到依据。

C项:是条件(2)的逆否式,必然为真。注意,条件(2)后件是个联言命题,当一个联言支为假的时候,整个联言命题是假的,也就意味着整个后件都是假的。后假推前假,也就意味着既不能"兼听则明",也不能"科学决策"。

D项:同时涉及条件(1)和条件(3),无法判断真假。

E项:同时涉及条件(1)和条件(3),无法判断真假。

27. 答案:A　解析:教授的推测是以"空间记忆力、方向感强"作为原因,推断"嗅觉更为灵敏"这个结果。A项指出了因果倒置,即:不是方向感增强了人类的嗅觉,而是嗅觉有助于人们导航,该项削弱力度最强。

B项没有涉及"空间记忆力",C项没有涉及"嗅觉",D项的测试与题干的因果关系无关。本题强干扰项是E,其中的"食不知味"是指"味觉"而不是题干所说的"嗅觉"。

28. 答案:C　解析:专家由医生需要爱心和兴趣为由否决了调剂生,这就假设了调剂生或者缺乏爱心,或者缺乏兴趣,因此C项最有可能成为专家的假设。

A项和D项引入了新的概念"奉献精神",注意不能过度推理,本题有更好的选项存在的前提下,不能将爱心和兴趣概括为奉献精神;此外,题干谈的是"培养医生",而不仅是"学好医学"。B项偷换概念,题干关于缺乏爱心的后果的表述,意思是"不能做好"(要有足够的爱心和兴趣才能做好),而没有提到"不能从事医生职业"。E项无需假设,本题专家讨论的是是否招收调剂生问题,而不是学费问题。

29. 答案:D　解析:根据提干条件,菊花已经被甲、乙两个人喜欢,名额已满(每人只喜欢2种)。丙、戊在其余四种饮品中"分别喜欢咖啡和大麦茶中的一种",也就意味着他们喜欢的第二种饮品只能是剩下的绿茶和红茶。结合条件(1),绿茶和红茶也都被两人喜欢,名额已满,其余人不可能喜欢这两种茶了。5种饮料中只有咖啡和大麦茶需要被人喜欢第二次,5位员工中只剩丁尚未讨论,故可知D项为真。

本题的另一种思路是:根据条件(1),甲、乙可以喜欢的饮品,名额已满;由于题干规定每种饮品都只有两人喜欢,而根据条件(2),咖啡和大麦茶各被喜欢了一次,甲、乙已经不可能再喜欢这两种了,所以只有剩下的丁同时喜欢这两种饮品才能满足题干条件。

30. 答案:C　解析:题干的论证结构为:$A \wedge B \rightarrow C$,因此,$A \wedge \neg C \rightarrow \neg B$。

A项:$A \wedge B \rightarrow C$,因此,$\neg C \rightarrow \neg A \vee \neg B$。

B项:$A \wedge B \rightarrow C$,因此,$A \wedge \neg B \rightarrow \neg C$。

C项:与题干的论证结构一致。

D项:$A \wedge B \rightarrow C$,因此,$C \wedge \neg B \rightarrow \neg A$。

E项:$A \wedge B \rightarrow C$,因此,$A \wedge C \rightarrow B$。

31. 答案:B　解析:根据条件(2)"冬至"对应"不周风""广莫风"之一,可知"冬至"不对应"明庶风",即条件(4)后件为假,将其逆否可得"立夏"对应"清明风"(排除D项),而且"立春"对应“条风”。由“立夏”对应“清明风”定位至条件(3),可得“夏至”对应“条风”或者“立冬”对应“不周风”。由于“条风”对应的是“立春”,即“夏至”对应“条风”为假,那么根据相容选言命题否定肯定式,“立冬”对应“不周风”为真,答案为 B 项。

由以上推断,C 项真假不定。A、E 两项无法推出。

32. 答案:E 解析:根据上一题可知“立冬”对应“不周风”,根据条件(2)“冬至”对应“不周风”“广莫风”之一,可知冬至只能对应“广莫风”。结合条件(1)“立秋”对应“凉风”,以及上一题推出来的“立春”对应“条风”,已知五种节气对应五种风。此时节气还剩“春分”“夏至”“秋分”,节风还剩“明庶风”“阊阖风”“景风”。由本题补充条件可知,“春分”和“秋分”两节气对应的节风在“明庶风”和“阊阖风”之中,那么“夏至”只能对应“景风”,答案为 E 项。

33. 答案:C 解析:题干中二人的对话可以看做一个推理关系,论据是“女员工的绩效都比男员工高”,结论是“新入职员工中绩效最好的还不如绩效最差的女员工”。将论据中的“男员工”与结论中“新入职员工”这两个概念搭桥,即可锁定 A、C 项;为了保证推理有效,一个推理需要由大范围概念推小范围概念,也就是说,前提概念外延范围需要大于结论概念的外延范围,即:所有“小范围概念”(结论概念)都是(属于)“大范围概念”(前提概念)的,故选择 C 项。

用否定代入法验证答案:如果 C 项为假,即新入职的员工有些不是男性,而是女性,那么小李的话就不一定为真,因为新入职员工中绩效最好的可能是女员工,而且她的绩效在所有女员工中未必最差。因此 C 项是对结论必要的支持。

34. 答案:A 解析:根据题干,每个区的人口都由常住外来人口和户籍人口两部分组成。

G 区常住人口 240 万 = G1(外来) + G2(户籍);

H 区常住人口 200 万 = H1(外来) + H2(户籍);

两个区常住外来人口 200 万 = G1 + H1。

用第一个式子减去第三个式子。等号左边得到 40 万,等号右边得到 G2-H1。

由于 G2-H1 得正数,说明 G2 大于 H1,由此验证 A 项为真。

本题命题思路接近于 2009 年入学 MBA 联考第 33 题。

35. 答案:B 解析:题干中专家的断言是:移动支付普及→将老年人阻挡在消费经济之外→影响晚年的生活质量。如果 B 项为真,说明老年人“不直接进行购物消费”,也就是“被阻挡在消费经济之外”,但即便如此,“他们的晚年生活很幸福”,也就是不会影响晚年生活质量,这是对专家的断言进行了“有因无果”的削弱(也可以理解为,构成了“将老年人阻挡在消费经济之外→影响晚年的生活质量”的矛盾命题)。A 项不涉及移动支付和消费经济,其余各项不涉及老年人晚年生活质量,因而都是无关项。

36. 答案:E 解析:本题考形式逻辑,应采用排除法。A 项:周三为反例(既不刮风又无雨);B 项:周三为反例(既不刮风又不是晴天);C 项:周日为反例(既刮风又下雨);D 项:周六是反例(风力超过三级而且不是晴天)。

37. 答案:A 解析:③在假期的第 2 天,根据条件(3)可知②在第 1 天(排除 B 项),那么第 3 天就是休息日(排除 C、D 两项)。根据补充条件④在第 2 天,且根据条件(2)可知④⑤必须 1 天完成,得知⑤也在第 2 天,排除 E 项。

38. 答案:C 解析:根据条件(3),可知②和③肯定有一个在第二天(具体是哪个,未知也不需要知道)。由问题可知,第 2 天只做⑥等三件事,此时还有一个名额。由条件(2),④和⑤显然不能排在第二天,那么第二天可以做的另外一件事就只剩下①了。

39. 答案:D 解析:假设条件(3)后件为真,可得条件(2)后件为假(条件 3 说戊合并到寅,条件 2 说戊合并到丑),此时可得条件(2)前件为假,丁、丙均合并到丑公司,与原假设“丙合并到卯公司矛盾”，此时可知假设不成立。

故条件(3)后件为假，因而条件(3)前件也为假，甲、己、庚均合并到卯公司，此时条件(2)后件为假(甲并未合并到丑公司)，故条件(2)前件也为假，丁和丙均合并到丑公司。

40. 答案：C 解析：本题要求支持李教授观点，其观点是“不吃早餐不仅会增加患Ⅱ型糖尿病的风险，还会增加患其他疾病的风险。”C项在不吃早餐和患病之间建立了联系，列举了其他疾病，因而最能支持李教授的观点。

A项和B项都没有提到“患其他疾病的风险”；D项的“亚健康状态”充其量是对“增加患病风险”的间接支持；E项是无关项，不良的生活习惯不等于患病风险上升。

41. 答案：A 解析：根据题干约束条件验证选项。A项：aWb根据条件(2)构成一个有涵义语词，dXe根据条件(2)构成一个有涵义语词，它又与Z根据条件(3)构成一个有涵义语词，由此，有涵义语词“aWb”和有涵义语词“dXeZ”通过无涵义语词“c”，根据条件(4)构成一个合法的语句。

B项：aWb构成一个有涵义语词，aZe构成一个有涵义语词，但中间有两个无涵义语词，无法构成合法语句。

C项：Wb无法构成有涵义语词，无法构成合法语句。

D项：fX无法构成有涵义语词，无法构成合法语句。

E项：XWb无法构成有涵义语词，无法构成合法语句。

42. 答案：E 解析：注意问题中的相反陷阱。根据“种植银杏”，对条件(3)作逆否，可得不种植枣树，排除C项。又由条件(1)可知，不种枣树则必须种椿树，排除A项。根据种植椿树定位至条件(2)，可得种植楝树但不种植雪松，排除B、D项。

43. 答案：C 解析：题干根据西藏披毛犀鼻中隔不完全，推西藏披毛犀更原始。C项表明，披毛犀的鼻中隔是由不完全向完全进化的，支持了题干的论证。其余选项均为无关项。

44. 答案：C 解析：土地遭到水流破坏后，专家推断不长植物的原因是这里的土是生土，必须假设生土无法长植物，否则专家的论证就不能成立。C项表明，水土流失会导致生土出现，而生土不具备植物生长的必要条件，因此是最佳选项。

A项将范围缩小至庄稼，假设力度不足，因为植物并不仅仅限于庄稼。B项与之类似，也谈的是耕种问题，况且土地瘠薄不意味着不能长植物。D项是无关项。E项是过强假设，题干只需要论证“生土不长植物”，而不需要论证“熟土才能长植物”。

45. 答案：B 解析：注意本题问题中的相反陷阱。科学家对于新技术的观点有两个，一是“开辟新型食物生产的思路”，二是“解决全球饥饿问题”。A、D项支持了“新型食物生产思路”；C项“彻底改变农业”支持了“新型食物生产思路”；E项支持了“解决全球饥饿问题”。只有B项提到“缺乏基本营养”，没有提到这项技术，无法证明这是一种“新型食物”，也与全球饥饿问题无关。

46. 答案：E 解析：每人都去了两个国家，根据条件(3)丁和乙只去欧洲国家，说明此二人都去了英国和法国，而且都没去日本和韩国。定位至条件(1)的后件，逆否可得甲不去韩国(排除A项)。此时已经有三个人不去韩国了，所以五人中剩下的丙和戊必须都去韩国，否则无法满足“每个国家总有他们中的2~3人去旅游”。另外，由于丁和乙都不去日本(排除B、D两项)，如果丙和戊也都不去日本的话，日本最多只有一个人去(甲)，不符合题干。所以丙和戊也必须去日本。

47. 答案：A 解析：整理已知条件：甲不去韩国；乙去英国和法国；丙去韩国和日本；丁去英国和法国；戊去韩国和日本。不算甲的话，去欧洲国家和亚洲国家各两人次。所以甲必须去一个欧洲国家和一个亚洲国家，根据条件(1)逆否命题可以推断，甲在亚洲国家中不能去韩国，所以他必须去日本。

48. 答案：B 解析：考查法律认知。陪审员的判决只能基于相关法律规定。其余选项都是无关选项。

49. 答案:D 解析:专家由“发达国家加剧争夺人才”“发展中国家的高层次人才紧缺状况更甚”得出“我国高层次人才引进急需加强”的结论,需要假设我国仍是发展中国家,这是题干论证的必要条件。

A 项不能支持题干结论,一方面,“领军人才”只是“高层次人才”的一部分,更重要的,引进的数量少不意味着“紧缺”,推不出题干结论“急需进一步加强”;B 项区分文科理科属于无关项;C 项一般人才属于无关项;E 项衡量综合国力属于无关项。

50. 答案:A 解析:要支持专家的观点,就要表明数字阅读好。C、D、E 首先排除,这三个选项无法支持“数字阅读有重要价值”。A 项指出了数字阅读的优点,数字阅读平台增多也在证明一种“趋势”,故该项是最支持专家观点的选项。B 项“未尝不可”“说不定”支持力度较弱。

51. 答案:E 解析:将选项逐个代入验证。

A 项:建设部负责环境,根据条件(1),综合部负责协调或秩序,由于平安部负责协调,综合部只能负责秩序。由条件(2),平安部负责协调则民生部负责协调或秩序,但是协调和秩序都已经有归属了,所以 A 项不可能为真。

B 项:建设部负责秩序,根据条件(1),综合部负责协调,与 B 项中民生部负责协调矛盾,所以 B 项不可能为真。

C 项:综合部负责安全,由条件(1)逆否可得建设部不负责环境和秩序,那就只能负责协调,与该项中“民生部负责协调”矛盾,所以 C 项不可能为真。

D 项:民生部负责安全,由条件(2)逆否可得平安部不负责环境和协调,那就只能负责秩序,与该项中“综合部负责秩序”矛盾,所以 D 项不可能为真。

E 项:平安部负责安全,建设部负责秩序,综合部负责协调,民生部负责环境,符合题干所有推理,可以为真。

52. 答案:E 解析:题干存在的相关论证:(1)不从师→不解惑;(2)生乎吾前→吾从而师之;(3)生乎吾后→吾从而师之;(4)道之所存→师之所存。E 项是条件(1)的逆否,可以推出。

A、D 两项的“与吾生乎同时”,在题干中找不到对应,无法判断;B 项推理方向与(4)不符;C 项与题干意思不符,题干的意思是说贵贱长少既不是从师的充分条件,也不是必要条件。

53. 答案:A 解析:考查结构相似。题干的论证结构是:S 是 P,但是如果 S“只是”(成为)Q,就不是 S(失去其本来的意义),所以 S 不应该是 Q。

先在选项中寻找结论的对应,只有 A 和 E 两项具备“不应该”。考查 A 项,与题干论证相似;而 E 项的结构是:S 包含 P,但是如果 S 只包含 P,就不是 Q……,这就与题干结构不符,故排除。

54. 答案:D 解析:根据张和赵四道题均不正确,可知第一题答案为 B 项或 C 项,第二题答案为 C 项或 D 项,第三题答案为 B 项或 C 项或 D 项,第四题答案为 A 项或 C 项或 D 项。根据王和李各答对一道题,而他们对第一题的答案恰好分别是 B 项和 C 项,故二人中必有一人答对;同理,二人中也必有一人答对第二题。由此可知,王和李在剩下的两道题中全部回答错误。因此,第四题答案排除 C 项和 D 项两种可能,只能是 A 项。

55. 答案:A 解析:整理已知条件:第一题答案为 B 项或 C 项,第二题答案为 C 项或 D 项,第三题不选 A 项和 B 项,也只能选 C 项或者 D 项,第四题选 A。由于第二题和第三题分别占据了 C 项和 D 项(具体对应不必推断),而且四道题选项各不相同,那么剩下的第一题只能选 B 项。

2019年
入学管理类综合能力逻辑真题

26. 新常态下，消费需求发生深刻变化，消费拉开档次，个性化、多样化消费渐成主流。在相当一部分消费者那里，对产品质量的追求压倒了对价格的考虑。供给侧结构性改革，说到底是满足需求。低质量的产能必然会过剩，而顺应市场需求不断更新换代的产能不会过剩。

根据以上陈述，可以得出以下哪项？

A. 低质量的产能不能满足个性化需求。

B. 只有质优价高的产品才能满足需求。

C. 新常态下，必须进行供给侧结构性改革。

D. 顺应市场需求不断更新换代的产能不是低质量的产能。

E. 只有不断更新换代的产品才能满足个性化、多样化消费的需求。

27. 据碳-14检测，卡皮瓦拉山岩画的创作时间最早可追溯到3万年前。在文字尚未出现的时代，岩画是人类沟通交流、传递信息、记录日常生活的主要方式。于是今天的我们可以在这些岩画中看到：一位母亲将孩子举起嬉戏，一家人在仰望并试图碰触头上的星空……动物是岩画的另一个主角，比如巨型犰狳、马鹿、螃蟹等。在许多画面中，人们手持长矛，追逐着前方的猎物。由此可以推断，此时的人类已经居于食物链的顶端。

以下哪项如果为真，最能支持上述推断？

A. 岩画中出现的动物一般是当时人类捕猎的对象。

B. 能够使用工具使得人类可以猎杀其他动物，而不是相反。

C. 对星空的敬畏是人类脱离动物、产生宗教的动因之一。

D. 3万年前，人类需要避免自己被虎豹等大型食肉动物猎杀。

E. 有了岩画，人类可以将生活经验保留下来供后代学习，这极大地提高了人类的生存能力。

28. 李诗、王悦、杜舒、刘默是唐诗宋词的爱好者，在唐朝诗人李白、杜甫、王维、刘禹锡中4人各喜爱其中一位，且每人喜爱的唐诗作者不与自己同姓。关于他们4人，已知：

(1) 如果爱好王维的诗，那么也爱好辛弃疾的词；

(2) 如果爱好刘禹锡的诗，那么也爱好岳飞的词；

(3) 如果爱好杜甫的诗，那么也爱好苏轼的词。

如果李诗不爱好苏轼和辛弃疾的词，则可以得出以下哪项？

A. 杜舒爱好岳飞的词。　　B. 王悦爱好苏轼的词。

C. 李诗爱好岳飞的词。　　D. 杜舒爱好辛弃疾的词。

E. 刘默爱好苏轼的词。

29. 人们一直在争论猫与狗谁更聪明。最近，有些科学家不仅研究了动物脑容量的大小，还研究其大脑皮层神经细胞的数量，发现猫平常似乎总摆出一副智力占优的神态，但猫的大脑皮层神经细胞的数量只有普通金毛犬的一半。由此，他们得出结论：狗比猫更聪明。

以下哪项最可能是上述科学家得出结论的假设？

A. 动物大脑皮层神经细胞的数量与动物的聪明程度呈正相关。

B. 猫的脑神经细胞数量比狗少，是因为猫不像狗那样“爱交际”。

C. 狗可能继承了狼结群捕猎的特点，为了互相配合，它们需要做出一些复杂行为。

D. 棕熊的脑容量是金毛犬的 3 倍，但其脑神经细胞的数量却少于金毛犬，与猫很接近，而棕熊的脑容量却是猫的 10 倍。

E. 狗善于与人类合作，可以充当导盲犬、陪护犬、搜救犬、警犬等，就对人类的贡献而言，狗能做的似乎比猫多。

30~31 题基于以下题干

某单位拟派遣 3 名德才兼备的干部到西部山区进行精准扶贫。报名者踊跃，经过考察，最终确定了陈甲、傅乙、赵丙、邓丁、刘戊、张己 6 名候选人。根据工作需要，派遣还需满足以下条件：

（1）若派遣陈甲，则派遣邓丁但不派遣张己；

（2）若傅乙、赵丙至少派遣 1 人，则不派遣刘戊。

30. 以下哪项的派遣人选和上述条件不矛盾？

A. 陈甲、傅乙、赵丙。

B. 赵丙、邓丁、刘戊。

C. 陈甲、赵丙、刘戊。

D. 傅乙、邓丁、刘戊。

E. 邓丁、刘戊、张己。

31. 如果陈甲、刘戊至少派遣 1 人，则可以得出以下哪项？

A. 派遣陈甲。

B. 派遣傅乙。

C. 派遣赵丙。

D. 派遣邓丁。

E. 派遣刘戊。

32. 近年来，手机、电脑的使用导致工作与生活界限日益模糊，人们的平均睡眠时间一直在减少，熬夜已成为现代人生活的常态。科学研究表明，熬夜有损身体健康，睡眠不足不仅仅是多打几个哈欠那么简单。有科学家据此建议，人们应该遵守作息规律。

以下哪项如果为真，最能支持上述科学家所作的建议？

A. 长期睡眠不足会导致高血压、糖尿病、肥胖症、抑郁症等多种疾病，严重时还会造成意外伤害或死亡。

B. 熬夜会让人的反应变慢、认知退步、思维能力下降，还会引发情绪失控，影响与他人的交流。

C. 所有的生命形式都需要休息与睡眠。在人类进化过程中，睡眠这个让人短暂失去自我意识、变得极其脆弱的过程并未被大自然淘汰。

D. 睡眠是身体的自然美容师，与那些睡眠充足的人相比，睡眠不足的人看上去面容憔悴，缺乏魅力。

E. 缺乏睡眠会降低体内脂肪调节瘦素激素的水平，同时增加饥饿激素，容易导致暴饮暴食、体重增加。

33. 有一论证（相关语句用序号表示）如下：

①今天，我们仍然要提倡勤俭节约。②节约可以增加社会保障资源。③我国尚有不少地区的人民生活贫困，亟需更多社会保障资源，但也有一些人浪费严重。④节约可以减少资源消耗。⑤因为被浪费的任何粮食或者物品都是消耗一定的资源得来的。

如果用“甲→乙”表示甲支持（或证明）乙，则以下哪项对上述论证基本结构的表示最为准确？

A.
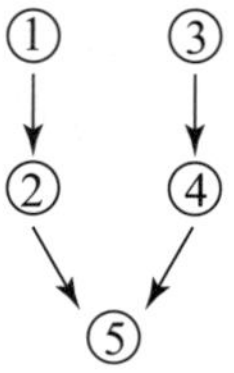

B.
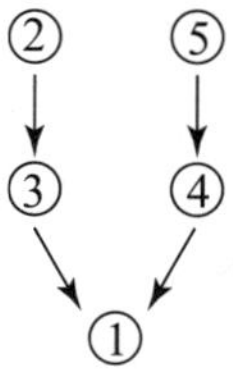

C.
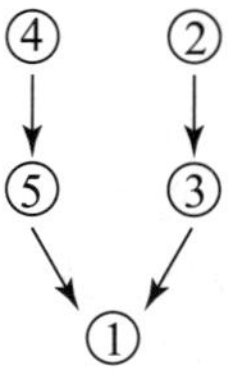

D. 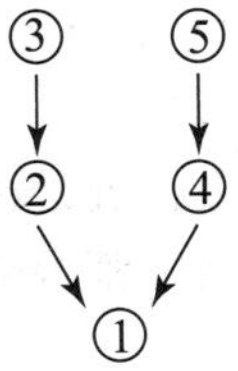

E. 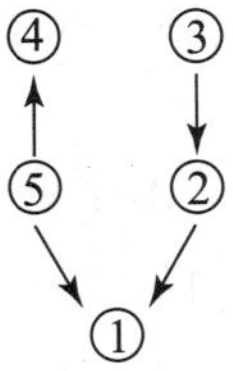

34. 研究人员使用脑电图技术研究了母亲给婴儿唱童谣时两人的大脑活动,发现当母亲与婴儿对视时,双方的脑电波趋于同步,此时婴儿也会发出更多的声音尝试与母亲沟通。他们据此认为,母亲与婴儿对视有助于婴儿的学习与交流。

以下哪项如果为真,最能支持上述研究人员的观点?

A. 当部分学生对某学科感兴趣时,他们的脑电波会渐趋同步,学习效果也随之提升。

B. 在两个成年人交流时,如果他们的脑电波同步,交流就会更顺畅。

C. 当母亲和婴儿对视时,她们都在发出信号,表明自己可以且愿意与对方交流。

D. 当父母与孩子互动时,双方的情绪与心率可能也会同步。

E. 脑电波趋于同步可优化双方对话状态,使交流更加默契,增进彼此了解。

35. 本保险柜所有密码都是 4 个阿拉伯数字和 4 个英文字母的组合。已知:

(1)若 4 个英文字母不连续排列,则密码组合中的数字之和大于 15;

(2)若 4 个英文字母连续排列,则密码组合中的数字之和等于 15;

(3)密码组合中的数字之和或者等于 18,或者小于 15。

根据上述信息,以下哪项是可能的密码组合?

A. 58bcde32。　　B. 18ac42de。　　C. 37ab26dc。

D. 1adbe356。　　E. 2acgf716。

36. 有一 6×6 的方阵,它所含的每个小方格中可填入一个汉字,已有部分汉字填入。现要求该方阵中的每行每列均含有礼、乐、射、御、书、数 6 个汉字,不能重复也不能遗漏。

根据上述要求,以下哪项是方阵底行 5 个空格中从左至右依次应填入的汉字?

	乐		御	书	
			乐		
射	御	书		礼	
	射			数	礼
御		数			射
					书

A. 数、礼、乐、射、御。　　B. 乐、数、御、射、礼。

C. 数、礼、乐、御、射。　　D. 乐、礼、射、数、御。

E. 数、御、乐、射、礼。

37. 某市音乐节设立了流行、民谣、摇滚、民族、电音、说唱、爵士这 7 大类的奖项评选。在入围提名中,已知:

(1)至少有 6 类入围;

(2)流行、民谣、摇滚中至多有 2 类入围;

(3)如果摇滚和民族类都入围,则电音和说唱中至少有一类没有入围。

根据上述信息,可以得出以下哪项?

A. 流行类没有入围。　　B. 民谣类没有入围。

C. 摇滚类没有入围。　　　　D. 爵士类没有入围。

E. 电音类没有入围。

38. 某大学有位女教师默默资助一偏远山区的贫困家庭长达 15 年。记者多方打听,发现做好事者是该大学传媒学院甲、乙、丙、丁、戊 5 位教师中的一位。在接受采访时,5 位老师都很谦虚,他们是这么对记者说的:

甲:这件事是乙做的。

乙:我没有做,是丙做了这件事。

丙:我并没有做这件事。

丁:我也没有做这件事,是甲做的。

戊:如果甲没有做,则丁也不会做。

记者后来得知,上述 5 位老师中只有一人说的话符合真实情况。

根据以上信息,可以得出做这件好事的人是:

A. 甲。　　　　B. 乙。　　　　C. 丙。

D. 丁。　　　　E. 戊。

39. 作为一名环保爱好者,赵博士提倡低碳生活,积极宣传节能减排。但我不赞同他的做法,因为作为一名大学老师,他这样做,占用了大量的科研时间,到现在连副教授都没评上,他的观点怎么能令人信服呢?

以下哪项论证中的错误和上述最为相似?

A. 公司的绩效奖励制度是为了充分调动广大员工的积极性,它对所有员工都是公平的。如果有人对此有不同意见,则说明他反对公平。

B. 最近听说你对单位的管理制度提了不少意见,这真令人难以置信!单位领导对你差吗?你这样做,分明是和单位领导过不去。

C. 有一种观点认为,只有直接看到的事物才能确信其存在。但是没有人可以看到质子、电子,而这些都被科学证明是客观存在的。所以,该观点是错误的。

D. 张某提出要同工同酬,主张在质量相同的情况下,不分年龄、级别一律按件计酬。她这样说不就是因为她年轻、级别低吗?其实她是在为自己谋利益。

E. 单位任命李某担任信息科科长,听说你对此有意见。大家都没有提意见,只有你一个人有意见,看来你的意见是有问题的。

40. 下面 6 张卡片,一面印的是汉字(动物或者花卉),一面印的是数字(奇数或者偶数)。

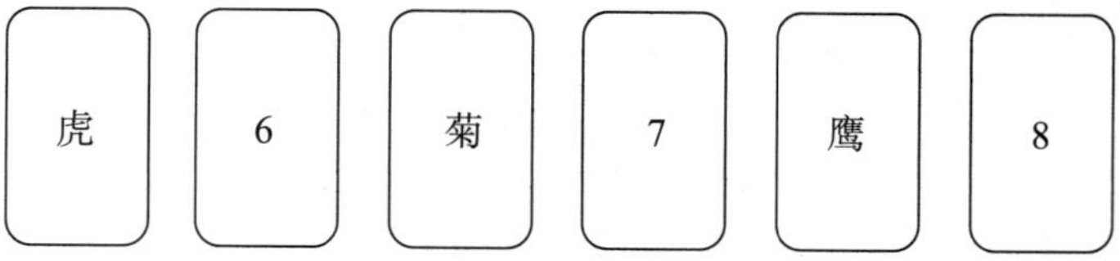

对于上述 6 张卡片,如果要验证"每张至少有一面印的是偶数或者花卉",至少需要翻看几张卡片?

A. 2。　　　　B. 3。　　　　C. 4。

D. 5。　　　　E. 6。

41. 某地人才市场招聘保洁、物业、网管、销售 4 种岗位的从业者,有甲、乙、丙、丁 4 位年轻人前来应聘。事后得知,每人只选择一种岗位应聘,且每种岗位都有其中一人应聘。另外,还知道:

(1) 如果丁应聘网管,那么甲应聘物业;

(2) 如果乙不应聘保洁,那么甲应聘保洁且丙应聘销售;

(3) 如果乙应聘保洁,那么丙应聘销售,丁也应聘保洁。

根据以上陈述，可以得出以下哪项？

A. 甲应聘物业岗位。　　B. 乙应聘网管岗位。

C. 丙应聘保洁岗位。　　D. 丁应聘销售岗位。

E. 甲应聘网管岗位。

42. 旅游是一种独特的文化体验。游客可以跟团游，也可以自由行。自由行游客虽避免了跟团游的集体束缚，但也放弃了人工导游的全程讲解，而近年来他们了解旅游景点的文化需求却有增无减。为适应这一市场需求，基于手机平台的多款智能导游 App 被开发出来。它们可定位用户位置，自动提供景点讲解、游览问答等功能。有专家就此指出，未来智能导游必然会取代人工导游，传统的导游职业行将消亡。

以下哪项如果为真，最能质疑上述专家的论断？

A. 好的人工导游可以根据游客需求进行不同类型的讲解，不仅关注景点，还可表达观点，个性化很强，这是智能导游 App 难以企及的。

B. 至少有 95%的国外景点所配备的导游讲解器没有中文语音，中国出境游客因为语言和文化上的差异，对智能导游 App 的需求比较强烈。

C. 国内景区配备的人工导游需要收费，大部分导游讲解的内容都是事先背好的标准化内容。但是，即便人工导游没有特色，其退出市场也需要一定的时间。

D. 目前发展较好的智能导游 App 用户量在百万级左右，这与当前中国旅游人数总量相比还只是一个很小的比例，市场还没有培养出用户的普遍消费习惯。

E. 旅行中才会使用的智能导游 App，如何保持用户黏性、未来又如何取得商业价值等都是待解问题。

43. 甲：上周去医院，给我看病的医生竟然还在抽烟。

乙：所有抽烟的医生都不关心自己的健康，而不关心自己健康的人也不会关心他人的健康。

甲：是的，不关心他人健康的医生没有医德。我今后再也不会让没有医德的医生给我看病了。

根据上述信息，以下除了哪项，其余各项均可得出？

A. 甲认为上周给他看病的医生不会关心甲的健康。

B. 乙认为上周给甲看病的医生不会关心乙的健康。

C. 乙认为上周给甲看病的医生没有医德。

D. 甲认为上周给他看病的医生不关心医生自己的健康。

E. 甲认为他不会再找抽烟的医生看病。

44. 得道者多助，失道者寡助。寡助之至，亲戚畔之；多助之至，天下顺之。以天下之所顺，攻亲戚之所畔，故君子有不战，战必胜矣。

以下哪项是上述论证所隐含的前提？

A. 失道者亲戚畔之。　　B. 君子是得道者。

C. 得道者必胜失道者。　　D. 得道者多，则天下太平。

E. 失道者必定得不到帮助。

45. 如今，孩子写作业不仅仅是他们自己的事，大多数中小学生的家长都要面临陪孩子写作业的任务，包括给孩子听写、检查作业、签字等。据一项针对 3 000 余名家长进行的调查显示，84%的家长每天都会陪孩子写作业，而 67%的受访家长会因陪孩子写作业而烦恼。有专家对此指出，家长陪孩子写作业，相当于充当学校老师的助理，让家庭成为课堂的延伸，会对孩子的成长产生不利影响。

以下哪项如果为真，最能支持上述专家的论断？

A. 家长是最好的老师，家长辅导孩子获得各种知识本来就是家庭教育的应有之义，对于中低年级的孩子，学习过程中父母的陪伴尤为重要。

B. 大多数家长在孩子教育上并不是行家，他们或者早已遗忘了自己曾经学过的知识，或者根本不知道如何将自己拥有的知识传授给孩子。

C. 家长通常有自己的本职工作，有的晚上要加班，有的即使晚上回家也需要研究工作、操持家务，一般难有精力认真完成学校老师布置的“家长作业”。

D. 家长辅导孩子，不应围绕老师布置的作业，而应着重激发孩子的学习兴趣，培养孩子良好的学习习惯，让孩子在成长中感到新奇、快乐。

E. 家长陪孩子写作业，会使得孩子在学习中缺乏独立性和主动性，整天处于老师和家长的双重压力下，既难生发学习兴趣，更难养成独立人格。

46. 我国天山是垂直地带性的典范。已知天山的植被形态分布具有如下特点：

(1)从低到高有荒漠、森林带、冰雪带等；

(2)只有经过山地草原，荒漠才能演变成森林带；

(3)如果不经过森林带，山地草原就不会过渡到山地草甸；

(4)山地草甸的海拔不比山地草甸草原的低，也不比高寒草甸高。

根据以上信息，关于天山植被形态，按照由低到高排列，以下哪项是不可能的？

A. 荒漠、山地草原、山地草甸草原、森林带、山地草甸、高寒草甸、冰雪带。

B. 荒漠、山地草原、山地草甸草原、高寒草甸、森林带、山地草甸、冰雪带。

C. 荒漠、山地草甸草原、山地草原、森林带、山地草甸、高寒草甸、冰雪带。

D. 荒漠、山地草原、山地草甸草原、森林带、山地草甸、冰雪带、高寒草甸。

E. 荒漠、山地草原、森林带、山地草甸草原、山地草甸、高寒草甸、冰雪带。

47. 某大学读书会开展“一月一书”活动。读书会成员甲、乙、丙、丁、戊 5 人在《论语》《史记》《唐诗三百首》《奥德赛》《资本论》中各选一种阅读，互不重复。已知：

(1)甲爱读历史，会在《史记》和《奥德赛》中挑一本；

(2)乙和丁只爱读中国古代经典，但现在都没有读诗的心情；

(3)如果乙选《论语》，则戊选《史记》。

事实上，各人都选了自己喜爱的书目。

根据上述信息，可以得出以下哪项？

A. 甲选《史记》。　　B. 乙选《奥德赛》。　　C. 丙选《唐诗三百首》。

D. 丁选《论语》。　　E. 戊选《资本论》。

48. 如果一个人只为自己劳动，他也许能够成为著名学者、大哲人、卓越诗人，然而他永远不能成为完美无瑕的伟大人物。如果我们选择了最能为人类福利而劳动的职业，那么，重担就不能把我们压倒，因为这是为大家而献身；那时我们所感到的就不是可怜的、有限的、自私的乐趣，我们的幸福将属于千百万人，我们的事业将默默地，但是永恒发挥作用地存在下去，而面对我们的骨灰，高尚的人们将洒下热泪。

根据以上陈述，可以得出以下哪项？

A. 如果一个人只为自己劳动，不是为大家而献身，那么重担就能将他压倒。

B. 如果我们为大家而献身，我们的幸福将属于千百万人，面对我们的骨灰，高尚的人们将洒下热泪。

C. 如果我们没有选择最能为人类福利而劳动的职业，我们所感到的就是可怜的、有限的、自私的乐趣。

D. 如果选择了最能为人类福利而劳动的职业，我们就不但能够成为著名学者、大哲人、卓越诗人，而且还能够成为完美无瑕的伟大人物。

E. 如果我们只为自己劳动，我们的事业就不会默默地，但是永恒发挥作用地存在下去。

49~50题基于以下题干

某食堂采购4类（各种蔬菜名称的后一个字相同，即为一类）共12种蔬菜：芹菜、菠菜、韭菜、青椒、红椒、黄椒、黄瓜、冬瓜、丝瓜、扁豆、毛豆、豇豆，并根据若干条件将其分成3组，准备在早、中、晚三餐中分别使用。已知条件如下：

（1）同一类别的蔬菜不在一组；

（2）芹菜不能在黄椒那一组，冬瓜不能在扁豆那一组；

（3）毛豆必须与红椒或韭菜同一组；

（4）黄椒必须与豇豆同一组。

49. 根据以上信息，可以得出以下哪项？

A. 芹菜与豇豆不在同一组。

B. 芹菜与毛豆不在同一组。

C. 菠菜与扁豆不在同一组。

D. 冬瓜与青椒不在同一组。

E. 丝瓜与韭菜不在同一组。

50. 如果韭菜、青椒与黄瓜在同一组，则可以得出以下哪项？

A. 芹菜、红椒与扁豆在同一组。

B. 菠菜、黄椒与豇豆在同一组。

C. 韭菜、黄瓜与毛豆在同一组。

D. 菠菜、冬瓜与豇豆在同一组。

E. 芹菜、红椒与丝瓜在同一组。

51.《淮南子·齐俗训》中有曰："今屠牛而烹其肉，或以为酸，或以为甘，煎熬燎炙，齐味万方，其本一牛之体。"其中的"熬"便是熬牛肉制汤的意思。这是考证牛肉汤做法的最早文献资料，某民俗专家由此推测，牛肉汤的起源不会晚于春秋战国时期。

以下哪项如果为真，最能支持上述推测？

A.《淮南子·齐俗训》完成于西汉时期。

B. 早在春秋战国时期，我国已经开始使用耕牛。

C.《淮南子》的作者中有来自齐国故地的人。

D. 春秋战国时期我国已经有熬汤的鼎器。

E.《淮南子·齐俗训》记述的是春秋战国时期齐国的风俗习惯。

52. 某研究机构以约2万名65岁以上的老人为对象，调查了笑的频率与健康状态的关系。结果显示，在不苟言笑的老人中，认为自身现在的健康状态"不怎么好"和"不好"的比例分别是几乎每天都笑的老人的1.5倍和1.8倍。爱笑的老人对自我健康状态的评价往往较高。他们由此认为，爱笑的老人更健康。

以下哪项如果为真，最能质疑上述调查者的观点？

A. 乐观的老年人比悲观的老年人更长寿。

B. 病痛的折磨使得部分老人对自我健康状态的评价不高。

C. 身体健康的老年人中，女性爱笑的比例比男性高10个百分点。

D. 良好的家庭氛围使得老年人生活更乐观，身体更健康。

E. 老年人的自我健康评价往往和他们实际的健康状况之间存在一定的差距。

53. 阔叶树的降尘优势明显，吸附PM2.5的效果最好，一棵阔叶树一年的平均滞尘量达3.16公斤。针叶树叶面积小，吸附PM2.5的功效较弱。全年平均下来，阔叶林的吸尘效果要比针叶林强不少。阔叶树也比灌木和草的吸尘效果好得多。以北京常见的阔叶树国槐为例,成片的国槐林吸尘效果比同等面积的普通草地约高30%。有些人据此认为,为了降尘北京应大力推广阔叶树,并尽量减少针叶林面积。

以下哪项如果为真,最能削弱上述有关人员的观点?

A. 阔叶树与针叶树比例失调,不仅极易暴发病虫害、火灾等,还会影响林木的生长和健康。

B. 植树造林既要治理PM2.5,也要治理其他污染物,需要合理布局。

C. 建造通风走廊,能把城市和郊区的森林连接起来,让清新的空气吹入,降低城区的PM2.5。

D. 阔叶树冬天落叶,在寒冷的冬季,其养护成本远高于针叶树。

E. 针叶树冬天虽然不落叶,但基本处于“休眠”状态,生物活性差。

54~55题基于以下题干

某园艺公司打算在如下形状的花圃中栽种玫瑰、兰花和菊花三个品种的花卉。该花圃的形状如下所示:

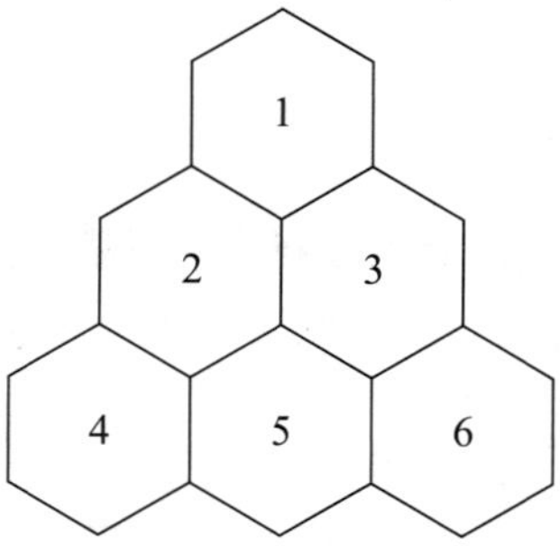

拟栽种的玫瑰有紫、红、白3种颜色,兰花有红、白、黄3种颜色,菊花有白、黄、蓝3种颜色。栽种需满足如下要求:

(1)每个六边形格子中仅栽种一个品种、一种颜色的花;

(2)每个品种只栽种两种颜色的花;

(3)相邻格子中的花,其品种与颜色均不相同。

54. 若格子5中是红色的花,则以下哪项是不可能的?

A. 格子2中是紫色的玫瑰。

B. 格子1中是白色的兰花。

C. 格子1中是白色的菊花。

D. 格子4中是白色的兰花。

E. 格子6中是蓝色的菊花。

55. 若格子5中是红色的玫瑰,且格子3中是黄色的花,则可以得出以下哪项?

A. 格子1中是紫色的玫瑰。

B. 格子4中是白色的菊花。

C. 格子2中是白色的菊花。

D. 格子4中是白色的兰花。

E. 格子6中是蓝色的菊花。

2019 年入学管理类综合能力逻辑真题解析

答案速查:DBCAE　DADEC　ACDDB　BACBE　BDBAB　EEACD

26. 答案:D　解析:刻画题干最后一句话:(1)低质量的产能→过剩;(2)不断更新换代的产能→¬过剩。将(1)(2)连成逻辑链,即:不断更新换代的产能→¬过剩→¬低质量的产能,可知 D 项为真。

除了题干的最后一句话之外,其余部分均为冗余信息。鉴于本题选项相对题干较短,可以采用"选项涉及的关键词回文定位"的策略节约做题时间。

27. 答案:B　解析:本题考查的是提取论证主线的能力。"由此"之后是题干的结论:"此时的人类已经居于食物链的顶端";"由此"之前是题干的论据:"人们手持长矛,追逐着前方的猎物"。要支持题干论断,则应在前提与结论之间构建关联,即说明人们追逐的猎物是人类捕猎的对象,这样才能进一步说明人类居于食物链的顶端,即 B 项。此外,还可用否定代入法验证 B 项:若使用工具是为了防御其他动物的攻击,题干中的推断将不成立,所以 B 项是题干论断成立的必要条件。

A 项对结论有支持作用,但是仅仅针对结论,而没有结合题干的论据,相较于 B 项支持整个论证,力度不够。C 项和 E 项与题干的论证无关。D 项是削弱项。

28. 答案:C　解析:分别刻画 3 个条件得:(1)王→辛;(2)刘→岳;(3)杜→苏。

根据补充条件可知李诗不爱好苏、辛,由此根据条件(3)和条件(1)的逆否推理可以推出李诗也不爱好杜、王。再结合条件"每人喜爱的作者不与自己同姓",所以李诗也不喜爱李,故李诗只能爱好刘。由此根据条件(2)可知,李诗爱好岳飞的词,C 项为真。

29. 答案:A　解析:本题考查提取论证主线的能力。题干的结论是"狗比猫更聪明",论据是"猫的大脑皮层神经细胞的数量只有普通金毛犬的一半"。要想得到结论,必须在前提"动物大脑皮层神经细胞的数量"与结论"聪明与否"之间搭桥,即 A 项。

B 项对研究结果做了归因;C 项说的是狗的行为特点;D 项谈论的是棕熊;E 项对比了猫和狗的贡献大小,这些均与题干的论证无关。

30. 答案:E　解析:问题要求寻找与题干条件不矛盾的选项,即可能为真的选项。可以逐个代入选项看是否会产生矛盾,进而迅速定位正确答案。

刻画题干条件如下:(1)甲→(丁∧¬己);(2)(乙∨丙)→¬戊。A 项如果为真,则根据条件(1)可知还需派遣丁,派遣人数超过三人,不符合题干要求。B 项、C 项和 D 项都与条件(2)矛盾。E 项与条件无矛盾,是可能为真的选项。

31. 答案:D　解析:问题中的补充条件"甲、戊至少派遣一人"意味着三种可能性:甲∧¬戊、¬甲∧戊、甲∧戊。

解法一:反向代入法。先假设第一种可能性为真,即只派甲,根据条件(1)可以得出派丁,这个结论可以在 D 项中看到(必须要具备目标导向,随时注意观察选项)。此时反向代入:假设不派丁。那么根据条件(1)的逆否命题,可得不派甲。由此结合问题中的补充条件,可推出派戊。再根据条件(2)的逆否命题,派戊就不能派乙和丙。此时,六个人中有四个人不能派,只剩下了戊和己可以派,不能满足题干开头的约束性条件"派遣三人",所以这就导致了矛盾。由此可知,丁是必须派的,则选择 D 项。

解法二:分情况讨论。①假设第一种可能性甲∧¬戊为真,则根据条件(1)可知,派丁,不派己。②假设第二种可能性¬甲∧戊为真,则根据条件(2)可知,不派乙也不派丙。又因为在 6 人中必须派遣3人,所以要派丁、戊、己。③假设第三种可能性甲∧戊为真,根据条件(1)和条件(2)可知,不派遣乙、丙、己,所以派遣甲、戊、丁3人。综上,在假设①②③中,丁都必须派遣。

32. 答案:A 解析:本题考查提取论证主线的能力。“据此”之前是题干的论据:“熬夜有损身体健康,睡眠不足不仅仅是多打几个哈欠那么简单”;“据此”之后是题干的结论:“人们应该遵守作息规律”。A项说明,熬夜给人带来消极的影响(疾病、意外伤害或死亡),有损人类身体健康,支持了题干的论据。

B项说的是思维和情绪上的影响,D项说的是相貌,E项说的是体重的变化,不如A项的话题关键词匹配度高。C项是无关项。

33. 答案:D 解析:梳理题干中的5句话,可知③支持②,⑤支持④,再由②④得到论点①。解答此题需要找出结论、前提并提炼出论证过程,这印证了课程讲解及本书解析中,解答论证逻辑的关键性思路——提取论证主线。

34. 答案:E 解析:本题考查提取论证主线的能力。“据此”之前“发现”的内容是论据:“母亲与婴儿对视时,双方的脑电波趋于同步……”。“据此”之后是题干的结论:“母亲与婴儿对视有助于婴儿的学习与交流”。选项E在前提和结论之间建立了联系,有助于论证成立。此题C项干扰力度较强,但该项未涉及前提的话题关键词“脑电波”,此外,“可以且愿意与对方交流”不等于“有助于婴儿的学习与交流”,“可以且愿意”偏向于主观意愿,而“有助于婴儿的学习与交流”则侧重于客观效果。

A项、B项说的是学生和成年人;D项说的是父母与孩子,扩大了母亲和婴儿的话题范围,均无法支持题干。

35. 答案:C 解析:本题可以采用排除法,排除与题干产生矛盾的选项,进而迅速定位正确答案。根据条件(1)可以排除B项;根据条件(2)可以排除A、E项;根据条件(3)可以排除D项,故只有C项可能为真。

36. 答案:A 解析:根据题干要求,方阵中的每行每列均含有礼、乐、射、御、书、数6个汉字。将表格与选项结合,第一列不能再出现“射”“御”,浏览五个选项中的第一个字,无法排除任何选项;第二列不能再出现“乐”“御”“射”,浏览五个选项中的第二个字,可以排除E项;同理,根据第三列,无法排除任何选项;根据第四列,可以排除C项;根据第五列,可以排除B项。只剩下A、D项,直接验证比较困难,观察第三行,需要填入“乐”和“数”两个字,而第四列不可以填“乐”,故只能填“数”,这就意味着底行第四列不能填“数”,排除D项。

37. 答案:C 解析:由条件(1)可知:7类中至多有1类未入围;又由条件(2)可知,流行、民谣、摇滚中至少有1类未入围,结合这两个条件可以得出结论:7类中只有1个未入围且在流行、民谣、摇滚三类中。由此可以判断条件(3)后件为假,则前件也为假,即摇滚未入围或民族未入围。结合上述结论可知民族类入围了,所以摇滚类未入围。

本题的另一解法是:题干说明共有七大类奖项,根据条件(1)可知,最多有一类未入围,可以用代入法验证选项。A项,若流行类没有入围,则根据条件(1),其余项目全部入围,此时条件(3)的前件为真,推出电音和说唱中至少有一类没有入围,这就产生了自相矛盾,故需排除A项。同理可验证其他四项。C项,若摇滚类没有入围,则根据条件(1),其余项目全部入围,此时条件(3)的前件为假,命题恒真,不产生矛盾,可选。

38. 答案:D 解析:本题可以考虑选项代入法。若做好事的是甲,则第三、四句话都为真,违背题干只有一句话为真的条件,故A项需排除;同理可验证其余四人,只有D项符合题干的要求。若做好事的是丁,则只有丙说的话为真,符合题干条件要求,故选D项。

注意:甲和乙的话并不是矛盾关系,乙的话可以刻画为:¬乙∧丙,如果好事是甲做的,那么甲和乙的话同假。同理可得乙和丙的话也不是矛盾关系。

39. 答案:D　解析:题干的结论是:我不赞同赵博士的做法;理由是赵博士没评上副教授。题干论证中的问题在于诉诸人身,赵博士的身份与他的主张是否正确没有关系。D 项的论证错误与此类似,张某是否为自己谋取利益、她身份如何,与她观点的正确性没有关系。其他各项都不是诉诸人身的错误,E 项错误是诉诸公众。

40. 答案:B　解析:要验证的结论是:每张至少有一面印的是偶数或者花卉,即偶∨花,这是一个相容选言命题。6 张卡片中,第 2 张与第 6 张已经有一面是偶数,第 3 张已经有一面是花卉,此时这个相容选言命题为真,故无须验证。余下 3 张否定了其中一个选言支,此时整个命题可能为真也可能为假,需进行验证。

41. 答案:B　解析:根据题干可知,四种岗位和四个人是一一对应的关系。根据条件(3),若乙应聘保洁,则丁也应聘保洁,与题干相矛盾,所以乙不能应聘保洁。再根据条件(2)可知,甲应聘保洁,丙应聘销售。由此排除 A、C、D、E 项。

这道题体现出一项重要的做题策略:每推一步看选项。本题推出"甲应聘保洁,丙应聘销售"后就已经可以选出正确选项了,无需使用条件(1),也无需推断其余两人的情况。固然把四个人的情况全部推断出来也能选出答案,但是在考场上,做得快和做得对同样重要。

42. 答案:A　解析:专家的结论是"未来智能导游必然会取代人工导游,传统的导游职业行将消亡。"若 A 项成立,说明人工导游具有导游 App 无法比拟的优点,进一步说明传统的导游职业可能并不会消亡,是最有力的质疑。

B 项是支持项;C、D、E 项阐述的是市场现状,无法质疑题干对"趋势"的判断。

43. 答案:C　解析:注意问题中的相反陷阱。本题还要区分甲和乙的观点,甲说"是的"表达了对乙观点的认可,但乙是否认同甲的观点题干没有涉及。

通过乙的表述,能推出所有抽烟的医生不会关心他人的健康,因此 B 项成立;而乙并未提到"医德",所以 C 项推不出。在甲的表述中,甲认同乙的观点,所以 A、D、E 项均可得出。

44. 答案:B　解析:此题结论是"君子有不战,战必胜矣",题干前提中没有涉及"君子",所以选项中必须要包含对"君子"的判断,否则结论无法得出,这是本题快速定位到 B 项的技巧。可以用否定代入法验证 B 项,若君子不是得道者,那么未必"多助",从而天下未必"顺之",由此题干结论未必成立。

45. 答案:E　解析:专家的论断是:家长陪孩子写作业会对孩子的成长产生不利影响。E 项说明家长陪孩子写作业,会加重孩子的压力,不但难以激发孩子的学习兴趣,而且不利于独立人格的形成,直接支持了题干结论。A 项是削弱项;B、C、D 项均没有体现出对孩子成长产生的不利影响。

46. 答案:B　解析:注意问题中的相反陷阱。根据条件(4)可以得出以下三种植被形态由低到高的排列是:山地草甸草原≤山地草甸≤高寒草甸,B 项列出的顺序与条件(4)相矛盾,故不可能为真。其余各项所列顺序与题干条件不冲突,有可能成立。

47. 答案:D　解析:这道题不必一一判断每个人的情况。根据题干可得:五本书和五个人是一一对应的关系。又根据条件(2),乙和丁会在《论语》《史记》中各选一种,排除 A、B 项。所以戊不能选《史记》,这就否定了条件(3)的后件,进而推出乙不选《论语》,故丁选了《论语》,答案为 D 项。

48. 答案:B　解析:B 项是对题干第二个"如果"之后内容的提炼概括。此题题干长、信息量大,可以将选项前件与后件分别代入题干验证。

根据"如果我们选择了最能为人类福利而劳动的职业,那么重担就不能把我们压倒"推不出 A 项,因为否定前件进而否定后件是无效推理。同理,C 项不正确。

两个“如果”之间的内容无法建立关联，所以D、E项不选。

49. 答案：A 解析：题目要求将4类共12种蔬菜分成3组，条件(1)说明，每一组都有菜、椒、瓜、豆。根据条件(2)，芹菜与黄椒不在同一组，再根据条件(4)，黄椒与豇豆在同一组。所以，芹菜与豇豆不在同一组，答案为A项。

50. 答案：B 解析：根据题干补充信息，韭菜与青椒一组，又由条件(2)可知，芹菜与黄椒不在同一组，进而推出芹菜与红椒在同一组。因此，余下的菠菜与黄椒在同一组。再根据条件(4)，黄椒与豇豆在同一组。综上，菠菜、黄椒、豇豆在同一组，答案选B项。

另一种思路，由49题结论可知，黄椒和豇豆在一组并且同时不和芹菜在一组，又根据本题补充条件，可知韭菜不与黄椒和豇豆在一组，因而只有菠菜与黄椒和豇豆在一组，故正确答案为B项。

51. 答案：E 解析：民俗专家推测牛肉汤的起源不会晚于春秋战国时期，其论据是文献资料《淮南子·齐俗训》是考证牛肉汤做法的最早文献资料。E项用搭桥的方法在论据与结论之间构建关联，是最有力的支持。A项与专家推测中的时间不匹配，B、C、D项是无关项。

52. 答案：E 解析：调查者的结论是：爱笑的老人更健康；论据是：爱笑的老人对健康状态的自我评价更高。E项在前提和结论中间“断桥”，割裂了论据中“自我评价”与结论中实际健康状况之间的关系，是力度最强的削弱。A项偷换了“自我评价”的概念。B项是指出因果倒置的削弱，但说的只是“部分”老人，所以削弱力度较弱，有可能只是个例。C、D项提出了性别和家庭氛围两个新的变量，无法削弱题干论证。

53. 答案：A 解析：本题是“手段——目的”型题目。有关人员建议：北京应大力推广阔叶树，并尽量减少针叶林面积。目的是增强吸尘效果。A项指出有关人员的方法会产生消极影响，达不到增强吸尘效果的目的，对题干进行了削弱。B、C、E项与题干无关。D项是削弱项，但与题干论证的关联度相比，A项更强。

54. 答案：C 解析：注意问题中的相反陷阱。根据本题补充条件“格子5中是红色的花”以及条件(2)格子5中的花还有一个格子也栽种，结合条件(3)“相邻的不可能是同一种花”，所以只能是格子1与格子5种同一种花。

既然题干条件所列三种花，红色的花只有两种，不可能是菊花，所以1号格子也不可能种菊花。

55. 答案：D 解析：根据上一题的分析可以得知：1号与5号格子种同一种花(根据本题补充条件可知是玫瑰)；2号与6号格子种同一种花；3号与4号格子种同一种花。根据补充条件知3号种黄色的花，兰花与菊花都有黄色，无法确定是哪一种。

设3号种黄菊花，已知5号种了红玫瑰，则2号只能种白色的兰花；由于6号种的也是兰花，颜色只剩黄色和红色，但是3号已有黄花，5号已有红花，此方案必然与相邻格子重复，假设不成立。

因此，3号只能种黄兰花，所以4号也要种兰花，已知5号为红花，3号为黄花，故只剩下白色。

2018年
入学管理类综合能力逻辑真题

26. 人民既是历史的创造者，也是历史的见证者；既是历史的“剧中人”，也是历史的“剧作者”。离开人民，文艺就会变成无根的浮萍、无病的呻吟、无魂的躯壳。观照人民的生活、命运、情感，表达人民的心愿、心情、心声，我们的作品才会在人民中传之久远。

根据以上陈述，可以得出以下哪项？

A. 历史的创造者都是历史的见证者。

B. 历史的创造者都不是历史的“剧中人”。

C. 历史的“剧中人”都是历史的“剧作者”。

D. 只有不离开人民，文艺才不会变成无根的浮萍、无病的呻吟、无魂的躯壳。

E. 我们的作品只要表达人民的心愿、心情、心声，就会在人民中传之久远。

27. 盛夏时节的某一天，某市早报刊载了由该市专业气象台提供的全国部分城市当天的天气预报，择其内容列表如下：

天津	阴	上海	雷阵雨	昆明	小雨
呼和浩特	阵雨	哈尔滨	少云	乌鲁木齐	晴
西安	中雨	南昌	大雨	香港	多云
南京	雷阵雨	拉萨	阵雨	福州	阴

根据上述信息，以下哪项作出的论断最为准确？

A. 由于所列城市分处我国的东南西北中，所以上面所列的9类天气一定就是所有的天气类型。

B. 由于所列城市盛夏天气变化频繁，所以上面所列的9类天气一定就是所有的天气类型。

C. 由于所列城市并非我国的所有城市，所以上面所列的9类天气一定不是所有的天气类型。

D. 由于所列城市在同一天不一定展示所有的天气类型，所以上面所列的9类天气可能不是所有的天气类型。

E. 由于所列城市在同一天可能展示所有的天气类型，所以上面所列的9类天气一定是所有的天气类型。

28. 现在许多人很少在深夜11点以前安然入睡，他们未必都在熬夜用功，大多是在玩手机或看电视，其结果就是晚睡，第二天就会头晕脑涨、哈欠连天。不少人常常对此感到后悔，但一到晚上他们多半还会这么做。有专家就此指出，人们似乎从晚睡中得到了快乐，但这种快乐其实隐藏着某种烦恼。

以下哪项如果为真，最能支持上述专家的结论？

A. 晚睡者内心并不愿意睡得晚，也不觉得手机或电视有趣，甚至都不记得玩过或看过什么，但他们总是要在睡觉前花较长时间磨蹭。

B. 大多数习惯晚睡的人白天无精打采，但一到深夜就感觉自己精力充沛，不做点有意义的事情就觉得十分可惜。

C. 晚睡其实是一种表面难以察觉的、对“正常生活”的抵抗，它提醒人们现在的“正常生活”存在着某种令人不满的问题。

D. 晚睡者具有积极的人生态度。他们认为，当天的事须当天完成，哪怕晚睡也在所不惜。

E. 晨昏交替，生活周而复始，安然入睡是对当天生活的满足和对明天生活的期待，而晚睡者只想活在当下，活出精彩。

29. 分心驾驶是指驾驶人为满足自己的身体舒适、心情愉悦等需求而没有将注意力全部集中于驾驶过程的驾驶行为，常见的分心行为有抽烟、饮水、进食、聊天、刮胡子、使用手机、照顾小孩等。某专家指出，分心驾驶已成为我国道路交通事故的罪魁祸首。

以下哪项如果为真，最能支持上述专家的观点？

A. 近来使用手机已成为我国驾驶人分心驾驶的主要表现形式，59%的人开车过程中看微信，31%的人玩自拍，36%的人刷微博、微信朋友圈。

B. 一项研究显示，在美国超过1/4的车祸是由驾驶人使用手机引起的。

C. 开车使用手机会导致驾驶人注意力下降20%；如果驾驶人边开车边发短信，则发生车祸的概率是其正常驾驶时的23倍。

D. 一项统计研究表明，相对于酒驾、药驾、超速驾驶、疲劳驾驶等情形，我国由分心驾驶导致的交通事故占比最高。

E. 驾驶人正常驾驶时反应时间为0.3~1.0秒，使用手机时反应时间则延迟3倍左右。

30~31题基于以下题干

某工厂有一员工宿舍住了甲、乙、丙、丁、戊、己、庚7人，每人每周需轮流值日一天，且每天仅安排一人值日。他们值日的安排还需满足以下条件：

(1)乙周二或者周六值日；

(2)如果甲周一值日，那么丙周三值日且戊周五值日；

(3)如果甲周一不值日，那么己周四值日且庚周五值日；

(4)如果乙周二值日，那么己周六值日。

30. 根据以上条件，如果丙周日值日，则可以得出以下哪项？

A. 甲周一值日。 B. 乙周六值日。 C. 丁周二值日。

D. 戊周三值日。 E. 己周五值日。

31. 如果庚周四值日，那么以下哪项一定为假？

A. 甲周一值日。 B. 乙周六值日。 C. 丙周三值日。

D. 戊周日值日。 E. 己周二值日。

32. 唐代韩愈在《师说》中指出："孔子曰：三人行，则必有我师。是故弟子不必不如师，师不必贤于弟子，闻道有先后，术业有专攻，如是而已。"

根据上述韩愈的观点，可以得出以下哪项？

A. 有的弟子必然不如师。 B. 有的弟子可能不如师。

C. 有的师不可能贤于弟子。 D. 有的弟子可能不贤于师。

E. 有的师可能不贤于弟子。

33. "二十四节气"是我国农耕社会生产生活的时间指南，反映了从春到冬一年四季的气温、降水、物候的周期性变化规律。已知各节气的名称具有如下特点：

(1)凡含"春""夏""秋""冬"字的节气各属春、夏、秋、冬季；

(2)凡含"雨""露""雪"字的节气各属春、秋、冬季；

(3)如果"清明"不在春季，则"霜降"不在秋季；

(4)如果"雨水"在春季，则"霜降"在秋季。

根据以上信息，如果从春至冬每季仅列两个节气，则以下哪项是不可能的？

A. 立春、清明、立夏、夏至、立秋、寒露、小雪、大寒。

B. 惊蛰、春分、立夏、小满、白露、寒露、立冬、小雪。

C. 雨水、惊蛰、夏至、小暑、白露、霜降、大雪、冬至。

D. 清明、谷雨、芒种、夏至、秋分、寒露、小雪、大寒。

E. 立春、谷雨、清明、夏至、处暑、白露、立冬、小雪。

34. 刀不磨要生锈，人不学要落后。所以，如果你不想落后，就应该多磨刀。

以下哪项与上述论证方式最为相似？

A. 金无足赤，人无完人。所以，如果你想做完人，就应该有真金。

B. 有志不在年高，无志空活百岁。所以，如果你不想空活百岁，就应该立志。

C. 妆未梳成不见客，不到火候不揭锅。所以，如果揭了锅，就应该是到了火候。

D. 马无夜草不肥，人无横财不富。所以，如果你想富，就应该让马多吃夜草。

E. 兵在精而不在多，将在谋而不在勇。所以，如果想获胜，就应该兵精将勇。

35. 某市已开通运营一、二、三、四号地铁线路，各条地铁线每一站运行加停靠所需时间均彼此相同。小张、小王、小李三人是同一单位的职工，单位附近有北口地铁站。某天早晨，3 人同时都在常青站乘一号线上班，但 3 人关于乘车路线的想法不尽相同。已知：

(1) 如果一号线拥挤，小张就坐 2 站后转三号线，再坐 3 站到北口站；如果一号线不拥挤，小张就坐 3 站后转二号线，再坐 4 站到北口站；

(2) 只有一号线拥挤，小王才坐 2 站后转三号线，再坐 3 站到北口站；

(3) 如果一号线不拥挤，小李就坐 4 站后转四号线，坐 3 站之后再转三号线，坐 1 站到达北口站；

(4) 该天早晨地铁一号线不拥挤。

假定三人换乘及步行总时间相同，则以下哪项最可能与上述信息不一致？

A. 小张比小王先到达单位。 B. 小王比小李先到达单位。

C. 小李比小张先到达单位。 D. 小张和小王同时到达单位。

E. 小王和小李同时到达单位。

36. 最近一项调研发现，某国 30 岁至 45 岁人群中，去医院治疗冠心病、骨质疏松等病症的人越来越多，而原来患有这些病症的大多是老年人。调研者由此认为，该国年轻人中“老年病”发病率有不断增加的趋势。

以下哪项如果为真，最能质疑上述调研结论？

A. 尽管冠心病、骨质疏松等病症是常见的“老年病”，老年人患的病未必都是“老年病”。

B. 近年来，由于大量移民涌入，该国 45 岁以下年轻人的数量急剧增加。

C. 由于国家医疗保障水平的提高，相比以往，该国民众更有条件关注自己的身体健康。

D. “老年人”的最低年龄比以前提高了，“老年病”的患者范围也有所变化。

E. 近几十年来，该国人口老龄化严重，但健康老龄人口的比重在不断增大。

37. 张教授：利益并非只是物质利益，应该把信用、声誉、情感甚至某种喜好等都归入利益的范畴。根据这种对“利益”的广义理解，如果每一个体在不损害他人利益的前提下，尽可能满足其自身的利益需求，那么由这些个体组成的社会就是一个良善的社会。

根据张教授的观点，可以得出以下哪项？

A. 只有尽可能满足每一个体的利益需求，社会才可能是良善的。

B. 尽可能满足每一个体的利益需求，就会损害社会的整体利益。

C. 如果某些个体的利益需求没有尽可能得到满足，那么社会就不是良善的。

D. 如果有些个体通过损害他人利益来满足自身的利益需求，那么社会就不是良善的。

E. 如果一个社会不是良善的，那么其中肯定存在个体损害他人利益或自身利益需求没有尽可能得到满足的情况。

38. 某学期学校新开设 4 门课程：“《诗经》鉴赏”“老子研究”“唐诗鉴赏”“宋词选读”。李晓明、陈文静、赵珊珊和庄志达 4 人各选修了其中一门课程。已知：

(1) 他们 4 人选修的课程各不相同；

(2)喜爱诗词的赵珊珊选修的是诗词类课程；

(3)李晓明选修的不是“《诗经》鉴赏”就是“唐诗鉴赏”。

以下哪项如果为真,就能确定赵珊珊选修的是“宋词选读”？

A.庄志达选修的是“老子研究”。

B.庄志达选修的不是“老子研究”。

C.庄志达选修的是“《诗经》鉴赏”。

D.庄志达选修的不是“《诗经》鉴赏”。

E.庄志达选修的不是“宋词选读”。

39.我国中原地区如果降水量比往年偏低,该地区的河流水位会下降,流速会减缓。这有利于河流中的水草生长,河流中的水草总量通常也会随之而增加。不过,去年该地区在经历了一次极端干旱之后,尽管该地区某河流的流速十分缓慢,但其中的水草总量并未随之而增加,只是处于一个很低的水平。

以下哪项如果为真,最能解释上述看似矛盾的现象？

A.经过极端干旱之后,该河流中以水草为食物的水生动物数量大量减少。

B.河水流速越慢,其水温变化就越小,这有利于水草的生长和繁殖。

C.如果河中水草数量达到一定的程度,就会对周边其他物种的生存产生危害。

D.该河流在经历了去年极端干旱之后干涸了一段时间,导致大量水生物死亡。

E.我国中原地区多平原,海拔差异小,其地表河水流速比较缓慢。

40~41题基于以下题干

某海军部队有甲、乙、丙、丁、戊、己、庚7艘舰艇,拟组成两个编队出航,第一编队编列3艘舰艇,第二编队编列4艘舰艇。编列需满足以下条件：

(1)航母己必须编列在第二编队；

(2)戊和丙至多有一艘编列在第一编队；

(3)甲和丙不在同一编队；

(4)如果乙编列在第一编队,则丁也必须编列在第一编队。

40.如果甲在第二编队,则下列哪项中的舰艇一定也在第二编队？

A.乙。

B.丙。

C.丁。

D.戊。

E.庚。

41.如果丁和庚在同一编队,则可以得出以下哪项？

A.甲在第一编队。

B.乙在第一编队。

C.丙在第一编队。

D.戊在第二编队。

E.庚在第二编队。

42.甲:读书最重要的目的是增长知识、开拓视野。

乙:你只见其一,不见其二。读书最重要的是陶冶性情、提升境界。没有陶冶性情、提升境界,就不能达到读书的真正目的。

以下哪项与上述反驳方式最为相似？

A.甲:文学创作最重要的是阅读优秀文学作品。

乙:你只见现象,不见本质。文学创作最重要的是观察生活、体验生活。任何优秀的文学作品都来源于火热的社会生活。

B.甲:做人最重要的是要讲信用。

乙:你说得不全面。做人最重要的是要遵纪守法。如果不遵纪守法,就没法讲信用。

C.甲:作为一部优秀的电视剧,最重要的是能得到广大观众的喜爱。

乙:你只见其表,不见其里。作为一部优秀的电视剧最重要的是具有深刻寓意与艺术魅力。没有深刻寓意与艺术魅力,就不能成为优秀的电视剧。

D.甲:科学研究最重要的是研究内容的创新。

乙:你只见内容,不见方法。科学研究最重要的是研究方法的创新。只有实现研究方法的创新,才能真正实现研究内容的创新。

E. 甲:一年中最重要的季节是收获的秋天。

乙:你只看结果,不问原因。一年中最重要的季节是播种的春天。没有春天的播种,哪来秋天的收获?

43. 若要人不知,除非己莫为;若要人不闻,除非己莫言。为之而欲人不知,言之而欲人不闻,此犹捕雀而掩目,盗钟而掩耳者。

根据以上陈述,可以得出以下哪项?

A. 若己不为,则人不知。

B. 若己不言,则人不闻。

C. 若己为,则人会知;若己言,则人会闻。

D. 若能做到捕雀而掩目,则可为之而人不知。

E. 若能做到盗钟而掩耳,则可言之而人不闻。

44. 中国是全球最大的卷烟生产国和消费国,但近年来政府通过出台禁烟令、提高卷烟消费税等一系列公共政策努力改变这一形象。一项权威调查数据显示,在2014年同比上升2.4%之后,中国卷烟消费量在2015年同比下降了2.4%,这是1995年来首次下降。尽管如此,2015年中国卷烟消费量仍占全球的45%,但这一下降对全球卷烟总消费量产生巨大影响,使其同比下降了2.1%。

根据以上信息,可以得出以下哪项?

A. 2015年中国卷烟消费量恰好等于2013年。

B. 2015年中国卷烟消费量大于2013年。

C. 2015年世界其他国家卷烟消费量同比下降比率高于中国。

D. 2015年世界其他国家卷烟消费量同比下降比率低于中国。

E. 2015年发达国家卷烟消费量同比下降比率高于发展中国家。

45. 某校图书馆新购一批文科图书。为方便读者查阅,管理人员对这批图书在文科新书阅览室中的摆放位置作出如下提示:

(1)前3排书橱均放有哲学类新书;

(2)法学类新书都放在第5排书橱,这排书橱的左侧也放有经济类新书;

(3)管理类新书放在最后一排书橱。

事实上,所有的图书都按照上述提示放置。根据提示,徐莉顺利找到了她想查阅的新书。

根据上述信息,以下哪项是不可能的?

A. 徐莉在第2排书橱中找到哲学类新书。

B. 徐莉在第3排书橱中找到经济类新书。

C. 徐莉在第4排书橱中找到哲学类新书。

D. 徐莉在第6排书橱中找到法学类新书。

E. 徐莉在第7排书橱中找到管理类新书。

46. 某次学术会议的主办方发出会议通知:只有论文通过审核才能收到会议主办方发出的邀请函,本次学术会议只欢迎持有主办方邀请函的科研院所的学者参加。

根据以上通知,可以得出以下哪项?

A. 论文通过审核的学者都可以参加本次学术会议。

B. 论文通过审核的学者有些不能参加本次学术会议。

C. 本次学术会议不欢迎论文没有通过审核的学者参加。

D. 论文通过审核并持有主办方邀请函的学者,本次学术会议都欢迎其参加。

E. 有些论文通过审核但未持有主办方邀请函的学者,本次学术会议欢迎其参加。

47~48题基于以下题干

一江南园林拟建松、竹、梅、兰、菊5个园子。该园林拟设东、南、北3个门,分别位于其中的3

个园子。这5个园子的布局满足如下条件：

(1)如果东门位于松园或菊园,那么南门不位于竹园;

(2)如果南门不位于竹园,那么北门不位于兰园;

(3)如果菊园在园林的中心,那么它与兰园不相邻;

(4)兰园与菊园相邻,中间连着一座美丽的廊桥。

47. 根据以上信息,可以得出以下哪项?

A. 梅园不在园林的中心。 B. 菊园在园林的中心。 C. 菊园不在园林的中心。

D. 兰园在园林的中心。 E. 兰园不在园林的中心。

48. 如果北门位于兰园,则可以得出以下哪项?

A. 东门位于竹园。 B. 南门位于梅园。 C. 东门位于松园。

D. 东门位于梅园。 E. 南门位于菊园。

49. 有研究发现,冬季在公路上撒盐除冰,会让本来要成为雌性的青蛙变成雄性,这是因为这些路盐中的钠元素会影响青蛙的受体细胞并改变原可能成为雌性青蛙的性别。有专家据此认为,这会导致相关区域青蛙数量的下降。

以下哪项如果为真,最能支持上述专家的观点?

A. 雌雄比例会影响一个动物种群的规模,雌性数量的充足对物种的繁衍生息至关重要。

B. 如果一个物种以雄性为主,该物种的个体数量就可能受到影响。

C. 如果每年冬季在公路上撒很多盐,盐水流入池塘,就会影响青蛙的生长发育过程。

D. 在多个盐含量不同的水池中饲养青蛙,随着水池中盐含量的增加,雌性青蛙的数量不断减少。

E. 大量的路盐流入池塘可能会给其他水生物造成危害,破坏青蛙的食物链。

50. 最终审定的项目或者意义重大或者关注度高,凡意义重大的项目均涉及民生问题,但是有些最终审定的项目并不涉及民生问题。

根据以上陈述,可以得出以下哪项?

A. 意义重大的项目比较容易引起关注。

B. 有些项目意义重大但是关注度不高。

C. 涉及民生问题的项目有些没有引起关注。

D. 有些项目尽管关注度高但并非意义重大。

E. 有些不涉及民生问题的项目意义也非常重大。

51. 甲:知难行易,知然后行。

乙:不对。知易行难,行然后知。

以下哪项与上述对话方式最为相似?

A. 甲:知人者智,自知者明。

乙:不对。知人不易,知己更难。

B. 甲:不破不立,先破后立。

乙:不对。不立不破,先立后破。

C. 甲:想想容易做起来难,做比想更重要。

乙:不对。想到就能做到,想比做更重要。

D. 甲:批评他人易,批评自己难;先批评他人后批评自己。

乙:不对。批评自己易,批评他人难;先批评自己后批评他人。

E. 甲:做人难做事易,先做人再做事。

乙:不对。做人易做事难,先做事再做人。

52. 所有值得拥有专利的产品或设计方案都是创新,但并不是每一项创新都值得拥有专利;所有的模仿都不是创新,但并非每一个模仿者都应该受到惩罚。

根据以上陈述,以下哪项是不可能的?

A. 有些值得拥有专利的创新产品并没有申请专利。

B. 有些创新者可能受到惩罚。

C. 有些值得拥有专利的产品是模仿。

D. 没有模仿值得拥有专利。

E. 所有的模仿者都受到了惩罚。

53. 某国拟在甲、乙、丙、丁、戊、己 6 种农作物中进口几种,用于该国庞大的动物饲料产业。考虑到一些农作物可能含有违禁成分,以及它们之间存在的互补或可替代等因素,该国对进口这些农作物有如下要求:

(1)它们当中不含违禁成分的都进口;

(2)如果甲或乙含有违禁成分,就进口戊和己;

(3)如果丙含有违禁成分,那么丁就不进口了;

(4)如果进口戊,就进口乙和丁;

(5)如果不进口丁,就进口丙;如果进口丙,就不进口丁。

根据上述要求,以下哪项所列的农作物是该国可以进口的?

A. 甲、丁、己。　　B. 乙、丙、丁。　　C. 甲、乙、丙。

D. 丙、戊、己。　　E. 甲、戊、己。

54~55 题基于以下题干

某校四位女生施琳、张芳、王玉、杨虹与四位男生范勇、吕伟、赵虎、李龙进行中国象棋比赛。他们被安排到四张桌上,每桌一男一女对弈,四张桌从左到右分别记为 1、2、3、4 号,每对选手需要进行四局比赛。比赛规定:选手每胜一局得 2 分,和一局得 1 分,负一局得 0 分。前三局结束时,按分差大小排列,四对选手的总积分分别是 6:0、5:1、4:2、3:3。已知:

(1)张芳跟吕伟对弈,杨虹在 4 号桌比赛,王玉的比赛桌在李龙比赛桌的右边;

(2)1 号桌的比赛至少有一局是和局,4 号桌双方的总积分不是 4:2;

(3)赵虎前三局总积分并不领先他的对手,他们也没有下成过和局;

(4)李龙已连输三局,范勇在前三局总积分上领先他的对手。

54. 根据上述信息,前三局比赛结束时谁的总积分最高?

A. 施琳。　　B. 张芳。　　C. 范勇。

D. 王玉。　　E. 杨虹。

55. 如果下列有位选手前三局均与对手下成和局,那么他(她)是谁?

A. 施琳。　　B. 张芳。　　C. 范勇。

D. 王玉。　　E. 杨虹。

2018 年入学管理类综合能力逻辑真题解析

答案速查:DDCDB　DEEDC　BECDD　DCCDD　CCDAD　ECCAB

26. 答案:D　解析:题干中存在两个论证:(1)离开人民→文艺三无;(2)传之久远→观照∧表达。D 项是第一个论证的逆否命题,与原命题互为等价,能够由题干推出。根据第二个论证,“表达……”是传之久远的必要条件之一,E 项却将其当成了充分条件,故推不出。

由题干的第一句话只能判断出创造者、见证者、剧中人、剧作者四个概念存在交集,无法判断是否存在包含关系或全异关系,所以 A、B、C 三项无法推出。

27. 答案:D　解析:A、B、C 三项的论据都不能必然支持结论,论证不充分。E 项由可能性前提推了必然性结论，排除。推论题需要收敛思维，避免过度推理，D 项由可能性前提推出的是“可能”的结论，最为恰当。

28. 答案：C　解析：“专家就此指出”中的“就此”表明这之前都是背景描述，问题要求支持“结论”，所以关注的重点在于“指出”之后，尤其是转折连词“但”后面的句子。C 项“令人不满的问题”与专家的结论中“这种快乐其实隐藏着某种烦恼”相契合，是相对最好的支持。

其余各项都没有涉及“烦恼”，排除。

29. 答案：D　解析：专家的观点是：分心驾驶已成为我国道路交通事故的罪魁祸首，D 项从统计数据上直接支持了这一点。“罪魁祸首”是由分心驾驶和其他引起道路交通事故的原因进行比较得出的，A、C、E 三项不存在这种比较，所以无法支持专家的结论。B 项说的是“在美国”，而题干说的是“我国”，故排除。

30. 答案：B　解析：根据补充条件知“丙周日值日”，则条件(2)后件的联言命题，其中一个联言支为假，整个联言命题都为假，由此推出其前件为假，即“甲周一不值日”。再结合条件(3)，得“己周四值日”，则条件(4)后件为假，逆否可得“乙周二不值日”。根据条件(1)，运用相容选言命题否定肯定式可得 B 项。

31. 答案：D　解析：注意问题中的相反陷阱。根据补充条件知“庚周四值日”，则条件(3)后件为假，逆否可得“甲周一值日”。再结合条件(2)可得“丙周三值日且戊周五值日”，故 D 项为假。

32. 答案：E　解析：题干中的“弟子不必不如师，师不必贤于弟子”的模态词为“不必然”，根据模态命题对当关系等价于“可能不”，整理可得“弟子可能不会(不)如师，师可能不贤于弟子”，故 E 项为真——既然“所有”师可能不贤于弟子，那么根据对当关系，“有的师”自然也是如此。

33. 答案：E　解析：注意问题中的相反陷阱。根据条件(2)可知“雨水”在春季，结合条件(4)可知“霜降”在秋季。由此可知条件(3)后件为假，逆否可知清明在春季。题干中规定“从春至冬每季仅列两个节气”，而选项 E 第三个是清明，已经不是春季的范围了，故该选项不可能。

需要注意的是，其他各项如果没有列出“清明”，不能说明这个节气不在春季，因为问题中已经交代了，每个季节仅仅列出两个节气，未必覆盖所有该季节的节气。

34. 答案：D　解析：题干中，“刀不磨要生锈，人不学要落后”是一个类比，而其结论则将类比双方“落后”与“磨刀”构建了推理，D 项与之类似。

A 项的第二句话把“足金”偷换为“真金”，题干没有偷换概念；

B 项的第一句话是正反对比论证，而没有进行类比，与题干不符；

C 项的第二句话没有与类比对象构建推理，排除；

E 项的第二句话则引入了新的要素“获胜”，而题干没有这样的引入。

35. 答案：C　解析：注意问题中的相反陷阱。根据条件(4)“一号线不拥挤”，结合条件(1)可知小张要乘 7 站，而结合条件(3)小李要乘 8 站，所以小张更快一些，故 C 项是最有可能为假的。

36. 答案：B　解析：题干根据“患老年病的年轻人数量增加”，得出了“年轻人患老年病的发病率增加”的结论。发病率是由“发病人数”除以“总人数”得出的，看到比例想基数，如果 B 项为真，则虽然分子增加了，但分母也同时增加了，故发病率未必增加。

A、D、E 项说的是老年人的情况，而题干说的是 30~45 岁人群的发病率，故无法削弱题干论证；C 项是无关项。

37. 答案：E　解析：将“每一个体不损害他人利益”设为 P，“每个个体尽可能满足其自身的利益需求”设为 Q，“良善的社会”设为 R，则题干条件可以刻画为：$P \wedge Q \rightarrow R$。E 项可以刻画为：$\neg R \rightarrow \neg P \vee \neg Q$，是题干的逆否命题。

A、B 两项中“尽可能满足每一个体的利益需求”在题干中没有类似的意思，而且这两个推理也都与题干刻画式不匹配；C、D 两项否定了题干推理的前件，均无法得出确定的结论，故不选。

38. 答案:C　解析:题目要求判断赵珊珊的选修情况,回文定位找赵珊珊,由条件(2)入手。根据“赵珊珊选修的是诗词类课程”,故可选范围是“诗经∨唐诗∨宋词”;要想确定选的是“宋词”,则排除掉诗经和唐诗即可。条件(3)已知李晓明选修“诗经∨唐诗”中的一门,所以需要庄志达在其中也选修一门。

如果C项为真,结合条件(3)可得李晓明选修“唐诗鉴赏”,则赵珊珊还剩“老子研究”和“宋词选读”两种选择。根据条件(2),可以确定其选择的是“宋词选读”,符合题干要求。

39. 答案:D　解析:题干中的矛盾现象在于,流速缓慢本应导致水草增加,但实际没有。D项中的“水生物”包含了“水草”,“大量”增加了其解释力度。A、B两项都加剧了矛盾;C、E两项与题干无关。

40. 答案:D　解析:根据补充条件知甲在第二编队,结合条件(3)可得丙在第一编队,再结合条件(2)可得戊在第二编队,答案为D。

41. 答案:D　解析:假设丁和庚在第二编队,则条件(4)后件为假,逆否可知乙在第二编队。根据条件(1)可知已在第二编队,根据条件(2)可知戊和丙至少有一个在第二编队,则第二编队至少有5艘舰艇,违反了题干条件“第二编队编列4艘舰艇”。故假设失败,丁和庚只能在第一编队。由条件(3)可知甲和丙二者之一在第一编队,则第一编队满员,乙和戊只能在第二编队,答案为D。

42. 答案:C　解析:题干的论证形式为,甲:(1)A最重要的是B;乙:(2)A最重要的是C;(3)没有C就没有A(即C是A的必要条件)”。C项与题干的论证结构相同。

A项的(3)部分没有表达必要条件;B、D、E项的(3)部分可以刻画为:没有C就没有B,也和题干不符。

43. 答案:C　解析:题干的前两句话可以刻画为:(1)人不知→已不为;(2)人不闻→已不言;C项是题干论证的逆否命题,二者互为等价。

A、B项均与题干推理方向不符。题干的第二句话是类比,D、E两项在类比双方之间构建条件关系是没有依据的。

44. 答案:D　解析:根据题干,中国卷烟消费量下降2.4%,而全球卷烟消费量下降2.1%,这说明中国的下降比率高于其他国家的整体下降比率,D项正确。

设2014年“同比2013年上升”的基数为1,那么2015年“同比下降”的基数大于1,所以即便百分比相同,但2015年的卷烟消费量会小于2013年,故A、B两项不选。

题干没有提及发达国家与发展中国家的对比,E项无法判断。

45. 答案:D　解析:注意问题中的相反陷阱。将选项代入题干含有相关类别书籍的条件进行验证,A项直接匹配条件(1);第5排书橱放有经济类新书,但不等于只有这一排有,故B项是可能的;前3排放有哲学类新书,不等于“哲学类新书都放在前三排”,所以C项也有可能;根据条件(2)“法学类新书都放在第五排书橱”,故D项不可能;题干没有提示一共有几排书橱,第7排是最后一排书橱是有可能的,根据条件(3),E项也有可能。

46. 答案:C　解析:刻画题干得:(1)邀请函→通过审核;(2)参加→邀请函(题干相关陈述可以转化为“只有持有主办方邀请函的科研院所的学者才能参加本次学术会议”)。两式连成逻辑链为:参加→邀请函→通过审核,C项的刻画式为:¬通过审核→¬参加,是题干推理的逆否命题。

A、B两项忽略了题干约束条件“科研院所的学者”,而且,在题干中“通过审核”是参会的必要条件之一,即使为真(即肯定题干刻画的后件),不能推断出稳定结论(前件真假不定);D项也是把必要条件当作充分条件;E项没有满足必要条件“持有邀请函”,不符合题干要求的参会标准。

47. 答案:C　解析:由题干确定性条件(4)入手,可知条件(3)后件为假,逆否可得菊园不在园林的中心,即C项。

48. 答案:D　解析:由补充条件入手,可知条件(2)后件为假,逆否可得南门位于竹园,排除A、B、E三项。此时条件(1)后件为假,逆否可得东门不位于松园和菊园,排除C项。

49. 答案:A 解析:题干由青蛙雌变雄现象推断青蛙数量下降。A 项指出雌雄比例“对物种繁衍生息至关重要”,显然支持了专家观点。阅读本题需要关注结论中的代词“这”,它指代的是题干第一句话里面的“雌性变成雄性”,A 项与之匹配。

B 项带有模态词“可能”,故支持力度不强。C 项提到的“生长发育过程”在题干中没有相应匹配,属于无关项。D 项印证了盐对于青蛙性别变化的作用,但没有涉及题干结论“青蛙数量下降”——“雌性青蛙数量减少”不等于青蛙的总数量减少。

50. 答案:D 解析:刻画题干条件可得:(1)审定→重大∨关注;(2)重大→民生;(3)有些审定不涉及民生。结合条件(3)和条件(2)的逆否式,可得:有些审定不重大。条件(1)的后件是个相容选言命题,否定其中“意义重大”这个选言支,可以肯定“关注度高”这个选言支,由此可确定 D 项为真。

51. 答案:E 解析:此类题型宜先观察题干和选项的特征。题干中两人都是先说“难易”,再说“先后”;D、E 两项与此类似。题干中甲先说“难”再说“易”,只有 E 项与此类似。

52. 答案:C 解析:注意问题中的相反陷阱。刻画题干条件得:(1)专利→创新;(2)有的创新→¬专利;(3)模仿→¬创新;(4)有的模仿者→不该惩罚。结合条件(3)和条件(1)的逆否命题可得:模仿→¬创新→¬专利,即“所有的模仿都不值得拥有专利”;C 项换位后可得“有的模仿值得拥有专利”,与题干互为矛盾,必然为假。

A 项说的是“申请专利”,题干中找不到匹配对应,无法判断真假。题干没有提及创新者,B 项不选。D 项由条件(3)和条件(1)的逆否命题可判断为真,不符合问题要求。E 项不能判断真假,因为它是一个事实判断,而题干中相应的信息说“应该”,是一个价值判断,二者不在同一层面。

53. 答案:C 解析:条件(5)给出了一个充要条件:¬丁↔丙。该条件意味着有两种可能:①¬丁∧丙;②丁∧¬丙。假设是第②种情况,进口丁且不进口丙,结合条件(3)的逆否命题,则丙不含违禁成分,再结合条件(1),丙也进口,会产生自相矛盾。故第①种情况成立,即不进口丁而且进口丙。据此,排除 A、B 两项。由不进口丁,根据条件(4)的逆否命题可知,不进口戊,故排除 D、E 两项。

本题无法使用选项代入法,因为题干说的是选择其中的几种,选项中列举的三种农作物未必是所有进口的作物。比如,E 项提到了甲、戊、己,此时乙、丙、丁的情况未知,可能进口也可能不进口,那么就无法验证题干条件。

54. 答案:A 解析:阅读选项要求,选前三局比赛后总积分最高者,即选出 6∶0 的 6 是谁。根据条件(4),这个人的对手是李龙。由于是男女生一组,所以要找的是女生。四位女生中,根据条件(1)可以排除张芳和王玉;再根据条件(1),由于王玉在李龙右边,而 4 号桌在最右边,所以李龙不可能在 4 号桌,故对手还要排除杨虹。只剩下施琳与李龙一组,选 A 项。

55. 答案:B 解析:阅读本题的要求,选前三局均下成和局,即选出 3∶3 一组的成员。

四位男生中,根据条件(4),李龙三局全负,显然不符合条件;范勇领先,也不符合条件。根据条件(3),赵虎没下成和局,所以也不符合。由此,符合条件的男生只有吕伟。

根据条件(1),吕伟的对手是张芳,答案选 B。

2017年
入学管理类综合能力逻辑真题

26. 倪教授认为,我国工程技术领域可以考虑与国外先进技术合作,但任何涉及核心技术的项目决不能受制于人;我国许多网络安全建设项目涉及信息核心技术,如果全盘引进国外先进技术而不努力自主创新,我国的网络安全将会受到严重威胁。

根据倪教授的陈述,可以得出以下哪项?

A. 我国工程技术领域的所有项目都不能受制于人。

B. 如果能做到自主创新,我国的网络安全就不会受到严重威胁。

C. 只要不是全盘引进国外先进技术,我国的网络安全就不会受到严重威胁。

D. 我国有些网络安全建设项目不能受制于人。

E. 我国许多网络安全建设项目不能与国外先进技术合作。

27. 任何结果都不可能凭空出现,它们的背后都是有原因的;任何背后有原因的事物均可以被人认识,而可以被人认识的事物都必然不是毫无规律的。

根据以上陈述,以下哪项一定为假?

A. 人有可能认识所有事物。

B. 任何结果出现的背后都是有原因的。

C. 那些可以被人认识的事物必然有规律。

D. 任何结果都可以被人认识。

E. 有些结果的出现可能毫无规律。

28. 近年来,我国海外代购业务量快速增长。代购者们通常从海外购买产品,通过各种渠道避开关税,再卖给内地顾客从中牟利,却让政府损失了税收收入。某专家由此指出,政府应该严厉打击海外代购行为。

以下哪项如果为真,最能支持上述专家的观点?

A. 去年,我国奢侈品海外代购规模几乎是全球奢侈品国内门店销售额的一半,这些交易大多避开了关税。

B. 国内一些企业生产的同类产品与海外代购产品相比,无论质量还是价格都缺乏竞争优势。

C. 海外代购提升了人们的生活水准,满足了国内部分民众对于高品质生活的向往。

D. 国内民众的消费需求提高是伴随我国经济发展而产生的正常现象,应以此为契机促进国内同类消费品产业的升级。

E. 近期,有位前空乘服务员因在网上开设海外代购店而被我国地方法院判定犯有走私罪。

29. 某剧组招募群众演员。为配合剧情,需要招 4 类角色:外国游客 1 到 2 名,购物者 2 到 3 名,商贩 2 名,路人若干。仅有甲、乙、丙、丁、戊、己 6 人可供选择,且每个人在同一场景中只能出演一个角色。已知:

(1)只有甲、乙才能出演外国游客;

(2)上述 4 类角色在每个场景中至少有 3 类同时出现;

(3)每一场景中,若乙或丁出演商贩,则甲和丙出演购物者;

(4)购物者和路人的数量之和在每个场景中不超过 2。

根据上述信息,可以得出以下哪项?

A.在同一场景中,若戊和己出演路人,则甲只可能出演外国游客。

B.甲、乙、丙、丁不会在同一场景中同时出现。

C.至少有2人需要在不同的场景中出演不同的角色。

D.在同一场景中,若丁和戊出演购物者,则乙只可能出演外国游客。

E.在同一场景中,若乙出演外国游客,则甲只可能出演商贩。

30.离家300米的学校不能上,却被安排到2公里外的学校就读,某市一位适龄儿童在上小学时就遭遇了所在区教育局这样的安排,而这一安排是区教育局根据儿童户籍所在施教区做出的。根据该市教育局规定的"就近入学"原则,儿童家长将区教育局告上法院,要求撤销原来安排,让其孩子就近入学。法院对此作出一审判决,驳回原告请求。

下列哪项最可能是法院判决的合理依据?

A."就近入学"不是"最近入学",不能将入学儿童户籍地和学校的直线距离作为划分施教区的唯一根据。

B."就近入学"仅仅是一个需要遵循的总体原则,儿童具体入学安排还要根据特定的情况加以变通。

C.儿童入学究竟应上哪一所学校,不是让适龄儿童或其家长自主选择,而是要听从政府主管部门的行政安排。

D.该区教育局划分施教区的行政行为符合法律规定,而原告孩子按户籍所在施教区的确需要去离家2公里外的学校就读。

E.按照特定的地理要素划分,施教区中的每所小学不一定就处于该施教区的中心位置。

31.张立是一位单身白领,工作5年积累了一笔存款。由于该笔存款金额尚不足以购房,他考虑将其暂时分散投资到股票、黄金、基金、国债和外汇等5个方面。该笔存款的投资需要满足如下条件:

(1)如果黄金投资比例高于1/2,则剩余部分投入国债和股票;

(2)如果股票投资比例低于1/3,则剩余部分不能投入外汇或国债;

(3)如果外汇投资比例低于1/4,则剩余部分投入基金或黄金;

(4)国债投资比例不能低于1/6。

根据上述信息,可以得出以下哪项?

A.国债投资比例高于1/2。

B.外汇投资比例不低于1/3。

C.股票投资比例不低于1/4。

D.黄金投资比例不低于1/5。

E.基金投资比例低于1/6。

32.通识教育重在帮助学生掌握尽可能全面的基础知识,即帮助学生了解各个学科领域的基本常识;而人文教育则重在培育学生了解生活世界的意义,并对自己及他人行为的价值和意义作出合理的判断,形成"智识"。因此有专家指出,相比较而言,人文教育对个人未来生活的影响会更大一些。

以下哪项如果为真,最能支持上述专家的断言?

A.关于价值和意义的判断事关个人的幸福和尊严,值得探究和思考。

B.没有知识,人依然可以活下去;但如果没有价值和意义的追求,人只能成为没有灵魂的躯壳。

C."知识"是事实判断,"智识"是价值判断,两者不能相互替代。

D.没有知识就会失去应对未来生活挑战的勇气,而错误的价值观可能会误导人的生活。

E.当今我国有些大学开设的通识教育课程要远远多于人文教育课程。

33~34题基于以下题干

丰收公司邢经理需要在下个月赴湖北、湖南、安徽、江西、江苏、浙江、福建7省进行市场需求调研,各省均调研一次。他的行程需满足如下条件:

(1)第一个或最后一个调研江西省;

(2)调研安徽省的时间早于浙江省,在这两省的调研之间调研除了福建省的另外两省;

(3)调研福建省的时间安排在调研浙江省之前或刚好调研完浙江省之后;

(4)第三个调研江苏省。

33. 如果邢经理首先赴安徽省调研,则关于他的行程,可以确定以下哪项?

A. 第二个调研湖北省。

B. 第五个调研湖北省。

C. 第五个调研浙江省。

D. 第五个调研福建省。

E. 第二个调研湖南省。

34. 如果安徽省是邢经理第二个调研省份,则关于他的行程,可以确定以下哪项?

A. 第一个调研江西省。

B. 第四个调研湖北省。

C. 第五个调研浙江省。

D. 第五个调研湖南省。

E. 第六个调研福建省。

35. 王研究员:我国政府提出的"大众创业、万众创新"激励着每一个创业者。对于创业者来说,最重要的是需要一种坚持精神。不管在创业中遇到什么困难,都要坚持下去。

李教授:对于创业者来说,最重要的是要敢于尝试新技术。因为有些新技术一些大公司不敢轻易尝试,这就为创业者带来了成功的契机。

根据以上信息,以下哪项最准确地指出了王研究员与李教授观点的分歧所在?

A. 最重要的是坚持把创业这件事做好,成为创业大众的一员,还是努力发明新技术,成为创新万众的一员。

B. 最重要的是需要一种坚持精神,不畏艰难,还是要敢于尝试新技术,把握事业成功的契机。

C. 最重要的是坚持创业,有毅力、有恒心把事业一直做下去,还是坚持创新,做出更多的科学发现和技术发明。

D. 最重要的是坚持创业,敢于成立小公司,还是尝试新技术,敢于挑战大公司。

E. 最重要的是敢于迎接各种创业难题的挑战,还是敢于尝试那些大公司不敢轻易尝试的新技术。

36. 进入冬季以来,内含大量有毒颗粒物的雾霾频繁袭击我国部分地区。有关调查显示,持续接触高浓度污染物会直接导致10%至15%的人患有眼睛慢性炎症或干眼症。有专家由此认为,如果不采取紧急措施改善空气质量,这些疾病的发病率和相关的并发症将会增加。

以下哪项如果为真,最能支持上述专家的观点?

A. 空气质量的改善不是短期内能做到的,许多人不得不在污染环境中工作。

B. 上述被调查的眼疾患者中有65%是年龄在20~40岁之间的男性。

C. 眼睛慢性炎症或干眼症等病例通常集中出现于花粉季。

D. 在重污染环境中采取戴护目镜、定期洗眼等措施有助于预防干眼症等眼疾。

E. 有毒颗粒物会刺激并损害人的眼睛,长期接触会影响泪腺细胞。

37. 很多成年人对于儿时熟悉的《唐诗三百首》中的许多名诗,常常仅记得几句名句,而不知诗作者或诗名。甲校中文系硕士生只有三个年级,每个年级人数相等。统计发现,一年级学生都能把该书中的名句与诗名及其作者对应起来;二年级2/3的学生能把该书中的名句与作者对应起来;三年级1/3的学生不能把该书中的名句与诗名对应起来。

根据上述信息,关于该校中文系硕士生,可以得出以下哪项?

A. 大部分硕士生能将该书中的名句与诗名及其作者对应起来。

B. 1/3以上的硕士生不能将该书中的名句与诗名或作者对应起来。

C. 1/3以上的一、二年级学生不能把该书中的名句与作者对应起来。

D. 2/3以上的一、三年级学生能把该书中的名句与诗名对应起来。

E. 2/3以上的一、二年级学生不能把该书中的名句与诗名对应起来。

38. 婴儿通过触碰物体、四处玩耍和观察成人的行为等方式来学习，但机器人通常只能按照编定的程序进行学习。于是，有些科学家试图研制学习方式更接近于婴儿的机器人。他们认为，既然婴儿是地球上最有效率的学习者，为什么不设计出能像婴儿那样不费力气就能学习的机器人呢？

以下哪项最可能是上述科学家观点的假设？

A. 成年人和现有的机器人都不能像婴儿那样毫不费力地学习。

B. 即使是最好的机器人，它们的学习能力也无法超过最差的婴儿学习者。

C. 通过触碰、玩耍和观察等方式来学习是地球上最有效率的学习方式。

D. 婴儿的学习能力是天生的，他们的大脑与其他动物幼崽不同。

E. 如果机器人能像婴儿那样学习，它们的智能就有可能超过人类。

39. 针对癌症患者，医生常采用化疗手段将药物直接注入人体杀伤癌细胞，但这也可能将正常细胞和免疫细胞一同杀灭，产生较强的副作用。近来，有科学家发现，黄金纳米粒子很容易被人体癌细胞吸收，如果将其包上一层化疗药物，就可作为"运输工具"，将化疗药物准确地投放到癌细胞中。他们由此断言，微小的黄金纳米粒子能提升癌症化疗的效果，并降低化疗的副作用。

以下哪项如果为真，最能支持上述科学家所作出的论断？

A. 现代医学手段已能实现黄金纳米粒子的精准投送，让其所携带的化疗药物只作用于癌细胞，并不伤及其他细胞。

B. 因为黄金所具有的特殊化学性质，黄金纳米粒子不会与人体细胞发生反应。

C. 利用常规计算机断层扫描，医生容易判定黄金纳米粒子是否已投放到癌细胞中。

D. 在体外用红外线加热已进入癌细胞的黄金纳米粒子，可从内部杀灭癌细胞。

E. 黄金纳米粒子用于癌症化疗的疗效有待大量临床检验。

40. 甲：己所不欲，勿施于人。

乙：我反对。己所欲，则施于人。

以下哪项与上述对话方式最为相似？

A. 甲：不入虎穴，焉得虎子？

乙：我反对。如得虎子，必入虎穴。

B. 甲：不在其位，不谋其政。

乙：我反对。在其位，则行其政。

C. 甲：人无远虑，必有近忧。

乙：我反对。人有远虑，亦有近忧。

D. 甲：人非草木，孰能无情？

乙：我反对。草木无情，但人有情。

E. 甲：人不犯我，我不犯人。

乙：我反对。人若犯我，我就犯人。

41. 颜子、曾寅、孟申、荀辰申请一个中国传统文化建设项目。根据规定，该项目的主持人只能有一名，且在上述4位申请者中产生；包括主持人在内，项目组成员不能超过两位。另外，各位申请者在申请答辩时作出如下陈述：

(1)颜子：如果我成为主持人，将邀请曾寅或荀辰作为项目组成员；

(2)曾寅：如果我成为主持人，将邀请颜子或孟申作为项目组成员；

(3)荀辰：只有颜子成为项目组成员，我才能成为主持人；

(4)孟申：只有荀辰或颜子成为项目组成员，我才能成为主持人。

假定4人陈述都为真，关于项目组成员的组合，以下哪项是不可能的？

A. 颜子、荀辰。　　　　B. 颜子、孟申。　　　　C. 曾寅、荀辰。

D. 荀辰、孟申。　　　　　　E. 孟申、曾寅。

42. 研究者调查了一组大学毕业即从事有规律的工作正好满8年的白领,发现他们的体重比刚毕业时平均增加了8公斤。研究者由此得出结论,有规律的工作会增加人们的体重。

关于上述结论的正确性,需要询问的关键问题是以下哪项?

A. 该组调查对象的体重在8年后是否会继续增加?

B. 该组调查对象中男性和女性的体重增加是否有较大差异?

C. 为什么调查关注的时间段是对象在毕业工作后8年,而不是7年或者9年?

D. 和该组调查对象其他情况相仿但没有从事有规律工作的人,在同样的8年中体重有怎样的变化?

E. 和该组调查对象其他情况相仿且经常进行体育锻炼的人,在同样的8年中体重有怎样的变化?

43. 赵默是一位优秀的企业家。因为如果一个人既拥有在国内外知名学府和研究机构工作的经历,又有担任项目负责人的管理经验,那么他就能成为一位优秀的企业家。

以下哪项与上述论证最为相似?

A. 李然是信息技术领域的杰出人才。因为如果一个人不具有前瞻性目光、国际化视野和创新思维,就不能成为信息技术领域的杰出人才。

B. 风云企业具有凝聚力。因为如果一个企业能引导和帮助员工树立目标、提升能力,就能使企业具有凝聚力。

C. 人力资源是企业的核心资源。因为如果不开展各类文化活动,就不能提升员工岗位技能,也不能增强团队的凝聚力和战斗力。

D. 青年是企业发展的未来。因此,企业只有激发青年的青春力量,才能促其早日成才。

E. 袁清是一位好作家。因为好作家都具有较强的观察能力、想象能力及表达能力。

44. 爱书成痴注定会藏书。大多数藏书家也会读一些自己收藏的书;但有些藏书家却因喜爱书的价值和精致装帧而购书收藏,至于阅读则放到了自己以后闲暇的时间,而一旦他们这样想,这些新购的书就很可能不被阅读了。但是,这些受到"冷遇"的书只要被友人借去一本,藏书家就会失魂落魄,整日心神不安。

根据上述信息,可以得出以下哪项?

A. 有些藏书家从不读自己收藏的书。

B. 有些藏书家会读遍自己收藏的书。

C. 有些藏书家喜欢闲暇时读自己的藏书。

D. 有些藏书家不会立即读自己新购的书。

E. 有些藏书家将自己的藏书当作友人。

45. 人们通常认为,幸福能够增进健康、有利于长寿,而不幸福则是健康状况不佳的直接原因,但最近有研究人员对3 000多人的生活状况调查后发现,幸福或不幸福并不意味着死亡的风险会相应地变得更低或更高。他们由此指出,疾病可能会导致不幸福,但不幸福本身并不会对健康状况造成损害。

以下哪项如果为真,最能质疑上述研究人员的论证?

A. 幸福是个体的一种心理体验,要求被调查对象准确断定其幸福程度有一定的难度。

B. 人的死亡风险低并不意味着健康状况好,死亡风险高也不意味着健康状况差。

C. 少数个体死亡风险的高低难以进行准确评估。

D. 有些高寿老人的人生经历较为坎坷,他们有时过得并不幸福。

E. 有些患有重大疾病的人乐观向上,积极与疾病抗争,他们的幸福感比较高。

46. 甲:只有加强知识产权保护,才能推动科技创新。

乙:我不同意。过分强化知识产权保护,肯定不能推动科技创新。

以下哪项与上述反驳方式最为类似?

A. 顾客:这件商品只有价格再便宜一些,才会有人来买。

商人:不可能。这件商品如果价格再便宜一些,我就要去喝西北风了。

B. 妻子:孩子只有刻苦学习,才能取得好成绩。

丈夫:也不尽然。学习光知道刻苦而不能思考,也不一定会取得好成绩。

C. 母亲:只有从小事做起,将来才有可能做成大事。

孩子:老妈你错了。如果我们每天只是做小事,将来肯定做不成大事。

D. 老师:只有读书,才能改变命运。

学生:我觉得不是这样。不读书,命运会有更大的改变。

E. 老板:只有给公司带来回报,公司才能给他带来回报。

员工:不对呀。我上月帮公司谈成一笔大业务,可是只得到1%的奖励。

47. 某著名风景区有“妙笔生花”“猴子观海”“仙人晒靴”“美人梳妆”“阳关三叠”“禅心向天”等6个景点。为方便游人,景区提示如下:

(1)只有先游“猴子观海”,才能游“妙笔生花”;

(2)只有先游“阳关三叠”,才能游“仙人晒靴”;

(3)如果游“美人梳妆”,就要先游“妙笔生花”;

(4)“禅心向天”应第4个游览,之后才可游览“仙人晒靴”。

张先生按照上述提示,顺利游览了上述6个景点。

根据上述信息,关于张先生的游览顺序,以下哪项不可能为真?

A. 第一个游览“猴子观海”。 B. 第二个游览“阳关三叠”。

C. 第三个游览“美人梳妆”。 D. 第五个游览“妙笔生花”。

E. 第六个游览“仙人晒靴”。

48. “自我陶醉人格”,是以过分重视自己为主要特点的人格障碍。它有多种具体特征:过高估计自己的重要性,夸大自己的成就;对批评反应强烈,希望他人注意自己和羡慕自己;经常沉湎于幻想中,把自己看成是特殊的人;人际关系不稳定,嫉妒他人,损人利己。

以下各项自我陈述中,除了哪项均能体现上述“自我陶醉人格”的特征?

A. 我的家庭条件不好,但不愿意被别人看不起,所以我借钱买了一部智能手机。

B. 我是这个团队的灵魂,一旦我离开了这个团队,他们将一事无成。

C. 他有什么资格批评我?大家看看,他的能力连我的一半都不到。

D. 我刚接手别人很多年没有做成的事情,我跟他们完全不在一个层次,相信很快就会将事情搞定。

E. 这么重要的活动竟然没有邀请我参加,组织者的人品肯定有问题,不值得跟这样的人交往。

49. 通常情况下,长期在寒冷环境中生活的居民可以有更强的抗寒能力。相比于我国的南方地区,我国北方地区冬天的平均气温要低很多。然而有趣的是,现在许多北方地区的居民并不具有我们所以为的抗寒能力,相当多的北方人到南方来过冬,竟然难以忍受南方的寒冷天气,怕冷程度甚至远超过当地人。

以下哪项如果为真,最能解释上述现象?

A. 南方地区冬天虽然平均气温比北方高,但也存在极端低温的天气。

B. 有些北方人是从南方迁过去的,他们还没有完全适应北方的气候。

C. 南方地区湿度较大,冬天感受到的寒冷程度超出气象意义上的温度指标。

D. 北方地区在冬天通常启用供暖设备,其室内温度往往比南方高出很多。

E. 一些北方人认为南方温暖,他们去南方过冬时往往对保暖工作做得不够充分。

50. 译制片配音,作为一种特有的艺术形式,曾在我国广受欢迎。然而时过境迁,现在许多人已不喜欢看配过音的外国影视剧。他们觉得还是听原汁原味的声音才感觉到位。有专家由此断言，配音已失去观众，必将退出历史舞台。

以下各项如果为真，则除哪项外都能支持上述专家的观点？

A. 很多上了年纪的国人仍习惯看配过音的外国影视剧，而在国内放映的外国大片有的仍然是配过音的。

B. 现在有的外国影视剧配音难以模仿剧中演员的出色嗓音，有时也与剧情不符，对此观众并不接受。

C. 许多中国人通晓外文，观赏外国原版影视剧并不存在语言困难；即使不懂外文，边看中文字幕边听原声也不影响理解剧情。

D. 随着对外交流的加强，现在外国影视剧大量涌入国内，有的国人已经等不及慢条斯理、精工细作的配音了。

E. 配音是一种艺术再创作，倾注了配音艺术家的心血，但有的人对此并不领情，反而觉得配音妨碍了他们对原剧的欣赏。

51~52 题基于以下题干

六一节快到了。幼儿园老师为班上的小明、小雷、小刚、小芳、小花 5 位小朋友准备了红、橙、黄、绿、青、蓝、紫 7 份礼物。已知所有礼物都送了出去，每份礼物只能由一人获得，每人最多获得两份礼物。另外，礼物派送还需满足如下要求：

(1) 如果小明收到橙色礼物，则小芳会收到蓝色礼物；

(2) 如果小雷没有收到红色礼物，则小芳不会收到蓝色礼物；

(3) 如果小刚没有收到黄色礼物，则小花不会收到紫色礼物；

(4) 没有人既能收到黄色礼物，又能收到绿色礼物；

(5) 小明只收到橙色礼物，而小花只收到紫色礼物。

51. 根据上述信息，以下哪项可能为真？

A. 小明和小雷都收到两份礼物。

B. 小雷和小刚都收到两份礼物。

C. 小刚和小花都收到两份礼物。

D. 小明和小芳都收到两份礼物。

E. 小芳和小花都收到两份礼物。

52. 根据上述信息，如果小刚收到两份礼物，则可以得出以下哪项？

A. 小雷收到红色和绿色两份礼物。

B. 小刚收到黄色和青色两份礼物。

C. 小芳收到绿色和蓝色两份礼物。

D. 小刚收到黄色和蓝色两份礼物。

E. 小芳收到青色和蓝色两份礼物。

53. 某民乐小组拟购买几种乐器，购买要求如下：

(1) 二胡、箫至多购买一种；

(2) 笛子、二胡和古筝至少购买一种；

(3) 箫、古筝、唢呐至少购买两种；

(4) 如果购买箫，则不购买笛子。

根据上述要求，可以得出以下哪项？

A. 古筝、二胡至少购买一种。

B. 箫、笛子至少购买一种。

C. 至多可以购买三种乐器。

D. 至少要购买三种乐器。

E. 一定要购买唢呐。

54~55 题基于以下题干

某影城将在“十一”黄金周 7 天(周一至周日)放映 14 部电影，其中，有 5 部科幻片、3 部警匪片、3 部武侠片、2 部战争片及 1 部爱情片。限于条件，影城每天放映两部电影。已知：

(1)除两部科幻片安排在周四外,其余 6 天每天放映的两部电影都属于不同类别;
(2)爱情片安排在周日;
(3)科幻片与武侠片没有安排在同一天;
(4)警匪片和战争片没有安排在同一天。

54. 根据上述信息,以下哪项中的两部电影不可能安排在同一天放映?

A. 科幻片和警匪片。 B. 武侠片和警匪片。
C. 警匪片和爱情片。 D. 科幻片和战争片。
E. 武侠片和战争片。

55. 根据上述信息,如果同类影片放映日期连续,则周六可能放映的电影是以下哪项?

A. 科幻片和警匪片。 B. 科幻片和武侠片。
C. 警匪片和战争片。 D. 科幻片和战争片。
E. 武侠片和警匪片。

2017 年入学管理类综合能力逻辑真题解析

答案速查:DEADD CBDCB EDCAE CDBDB CDADA BBACD

26. 答案:D 解析:根据题干“任何涉及核心技术的项目决不能受制于人”“我国许多网络安全建设项目涉及信息核心技术”,即可推出 D 项。

A 项扩大了话题范围。题干指出“不努力自主创新,我国的网络安全将会受到严重威胁”,否定前件无法确定后件真假,故 B 项不选。C 项的错误与 B 项相同。题干否定的是“全盘引进国外先进技术而不努力自主创新”,没有否定与国外先进技术合作,故 E 项无法判断。

27. 答案:E 解析:注意问题中的相反陷阱。刻画题干逻辑链可以得到:结果→有原因→被人认识→有规律,由此可以得到:任何结果的出现都必然不是毫无规律的。根据模态命题的对当关系,E 项是它的矛盾命题,必然为假。A 项题干没有涉及,无法判断。B、C、D 项均符合题干推理,必然为真。

28. 答案:A 解析:题干论点是政府应该打击海外代购,论据是海外代购让政府损失了税收。只有 A 项指出了这种税收损失,通过支持论据支持了专家的说法。

其余选项既没有提及“税收”,也没有指出海外代购带给政府的损失,B、C 两项还有支持海外代购的意味,与题干结论不符,均不选。

29. 答案:D 解析:综合推理题目中有假言命题时,应该优先关注该命题,找到与这个命题的前件或者后件相关的选项,优先验证。若 D 项为真,丁和戊出演购物者,根据条件(4),必然没有路人。根据条件(2),必然有商贩和外国游客。再根据条件(3),其后件为假,则前件必假,即乙和丁都不出演商贩。故乙如果出演,只能演外国游客。

30. 答案:D 解析:此题为常识题,法院做出判决的依据只能是法律,而选项中只有 D 项提到了“符合法律规定”。A、E 两项只能作为教育局制定相关政策的依据,而不能作为法律依据。

本题与 2020 年入学管理类综合能力真题第 48 题命题思路相同。

31. 答案:C 解析:从确定性条件(4)入手,回文定位找“国债”。条件(2)可以刻画为:股票低于 1/3→¬(外汇∨国债),其逆否命题为:(外汇∨国债)→股票不低于 1/3。根据条件(4),可知条件(2)的逆否命题的前件为真,即可推出股票投资比例不低于 1/3,根据 1/3 大于 1/4,可知 C 项为真。

32. 答案:B 解析:题干通过阐述通识教育和人文教育不同的侧重点,得出了“人文教育对个人未来生活的影响更大”的结论。要想支持专家断言，就要通过比较指出这一点。只有B项比较了这两种教育的成果，并且通过转折连词“但”，表达了人文教育更加重要的意思。A项没有比较；C、D两项没有区分二者哪个更重要；E项说“课程数量”，是无关项。

33. 答案：D　解析：本题可采用列表法。根据本题补充条件知首先赴安徽省，由此根据条件(1)可知最后一个调研江西省。再结合条件(4)知第三个调研江苏省，可初步列表如下：

1	2	3	4	5	6	7
安徽		江苏				江西

根据条件(2)，可知安徽和浙江之间有两个省，故浙江省只能安排在第四个调研，而且第二个调研的不是福建省。

根据条件(3)，可知调研福建省的时间只能在刚好调研完浙江省之后，所以第五个调研福建省，D项为真。

34. 答案：C　解析：根据本题问题中的附加条件和条件(4)初步列表如下：

1	2	3	4	5	6	7
	安徽	江苏				

根据条件(2)，浙江省应该排在第五位(且第四位不是福建省)，故答案选C。

根据条件(3)，福建省可以排在第六位，但也可能排在第一位，故不能选E项。其余各项无法确定。

35. 答案：B　解析：李教授主张的是敢于尝试新技术，而不是自己发明新技术，故排除A、C两项。王研究员的主张是坚持精神、不畏艰难，他也没有提出要成立小公司，故排除D项；也没有主张迎接挑战，故排除E项。

36. 答案：E　解析：专家观点是题干的最后一句话，指出空气质量差会导致眼部疾病的发病率和相关并发症增加，E项指出了一种受雾霾影响的眼部并发症，与题干中专家的观点相吻合。

其余选项均没有指出空气质量和眼部疾病之间的联系，无法支持专家的观点。

37. 答案：D　解析：本题考查细节阅读能力。一年级对应的是名句∧诗名∧作者；二年级对应的是名句∧作者；三年级对应的是名句∧诗名。因此，三个年级的总体情况无法由题干条件概括，排除A、B两项。

题干只说“二年级2/3的学生能把该书中的名句与作者对应起来”，没有说有多少学生无法对应；即使剩下1/3的学生均无法对应名句和作者，这些学生也只占一、二年级总人数的1/6，C项显然不能推出。

根据题干，三年级1/3的学生不能把该书中的名句与诗名对应起来，这就意味着一、三年级学生中只有1/6做不到这一点，故D项必真。

E项信息也无法判断，因为二年级学生名句与诗名的对应情况未知。

38. 答案：C　解析：题干论据中指出：婴儿通过触碰物体、四处玩耍和观察成人的行为等方式来学习；结论中表明，婴儿是最有效率的学习者。C项在题干的论据和结论中搭桥，是必须假设的。否则将无法说明婴儿是地球上最有效率的学习者，研制模仿婴儿学习方式的机器人就没有意义了。

A项是过度假设，题干未涉及成年人。题干论证不涉及婴儿与机器人之间的个体比较，B项无需假设。D、E两项分析的是婴儿脑部构造和机器人的发展趋势，属于无关项。

39. 答案：A　解析：科学家的论断为：微小的黄金纳米粒子能提升癌症化疗的效果并降低化疗的副作用。A项匹配了结论中的“降低化疗的副作用”，是题干论证成立必要的支持——如果该项为假，那么仍然会伤及其他细胞，无法降低化疗的副作用。注意题干中“但这也可能将正常细胞和免疫细胞一同杀灭”，这句话解释了“副作用”，A项正是从这个角度进行支持的。

B项即使为真，也不能说明化疗效果以及降低副作用的情况；C项与题干无关；D项指的是黄金纳米粒子的治疗作用，而没有涉及化疗的问题；E项显然不是支持项。

40. 答案：E 解析：甲的话可以看作一个假言命题，乙的反驳方式是否定前件进而否定后件；诸选项中与之最为相似的是E项。A项的反驳方式是否定后件进而否定前件。B项是强干扰项，乙在否定后件的时候，将“谋”偷换成了“行”，故不选。C项和D项的反驳是联言命题，而不是推理，与题干不符。

41. 答案：C 解析：本题宜采用代入法验证选项，需要注意问题中的相反陷阱。

设A选项为真，二者担当主持人时均符合题干要求，故可能为真。

设B选项为真，当孟申做主持人时符合题干要求，故可能为真。

设C选项为真，无论谁做主持人，均会违反题干条件，故不可能为真。

设D选项为真，当孟申做主持人时符合题干要求，故可能为真。

设E选项为真，当曾寅做主持人时符合题干要求，故可能为真。

42. 答案：D 解析：本题是评价题型，考查求异法。如果对选项中的问题做正反两方面回答，对于结论也会有支持或削弱两种作用，这种选项就是评价题的答案。题干要考查的是“有规律的工作”与“体重增长”二者之间的因果关系。如果那些和该组调查对象其他情况相仿但没有从事有规律工作的人，在同样的8年中体重也有增长，即求异失败，说明二者之间因果关系难以成立，很可能是其他因素影响了体重增长；反之，如果D项说的那些人在同样的8年中体重没有增长甚至降低了，意味着求异成功，就支持了题干结论的因果关系。E项所说的“经常进行体育锻炼”题干没有涉及，所以无法构成评价，其他各项都不涉及求异法，无法对题干结论的因果关系造成影响。

43. 答案：B 解析：题干构建了一个因果关系论证，其原因是一个充分条件假言命题，B项与之最为相似。

题干中的假言命题前件和后件都是肯定命题，A、C两项中假言命题的前件和后件都是否定命题（实质是表达必要条件），故排除。D项的原因由必要条件假言命题构成，也与题干形式不符。E项的原因不是假言命题而是全称肯定命题，也与题干形式不符。

44. 答案：D 解析：根据“至于阅读则放到了以后闲暇的时间”，即可找到正确答案。其余选项均无法从题干中找到对应信息。

45. 答案：B 解析：研究人员的论据是“幸福或不幸福并不意味着死亡的风险会相应地变得更低或更高”，结论是“不幸福本身并不会对健康状况造成损害”。B项指出论据与结论偷换了话题，在“死亡风险”和“健康状况”之间断桥，削弱力度最强。

A项不选，因为有难度不等于做不到，就算做不到准确断定，相对准确的断定对于调查结果也是有意义的。C项说的“少数”情况不影响整体情况的判断，故不能削弱题干。D、E两项涉及的都是特定群体，也不影响题干的整体判断。

注意，题干的第一句话是冗余信息，研究人员的论据是转折连词“但”之后的内容。

46. 答案：C 解析：题干中，乙的反驳含有“肯定”，是一个必然命题，只有C项与之类似，其余各项的反驳中要么没有模态词，要么只有“不一定”。

47. 答案：D 解析：注意问题中的相反陷阱。张先生一共游览了六个景点，由确定性条件(4)入手，可知“禅心向天”排第四位，之后还要游览两个景点，其中一个是“仙人晒靴”。如果D项为真，第五个游览“妙笔生花”，根据条件(3)，可知“妙笔生花”后面需要游览“美人梳妆”，此时“禅心向天”后面需要游览三个景点，这与已知矛盾，所以D项不可能为真。

48. 答案:A　解析:注意问题中的相反陷阱。本题只要将选项代入题干匹配,即可有效进行排除。只有A项无法从题干中找到对应特征,不愿意被人看不起并不等于"希望他人注意自己和羡慕自己"。B项符合"过高估计自己的重要性";C项符合"对批评反应强烈";D项符合"经常沉湎于幻想中,把自己看成是特殊的人";E项符合"人际关系不稳定,嫉妒他人"。

49. 答案:D　解析:题干的矛盾在于:理论上北方人比南方人更加抗寒,但是北方人到了南方比南方人更怕冷。

D项表明北方的室内温度要高于南方,所以北方人未必"长期在寒冷环境中生活",能够解释题干中的矛盾现象。注意,虽然本选项没有涉及室外的情况,具有一定的瑕疵,但考生作答时要选择的是相对最好的选项。同时,题干中对南北方人进行了比较,而D项是五项中唯一涉及比较双方的选项。

A项并未指明"极端天气"对于南北方而言是否有所不同,从而无法解释北方人比南方人"更"怕冷。

B项指的是无法适应"北方"的气候,与题干"难以忍受南方的寒冷天气"不符,因此排除。

C项是强干扰项,北方人与南方人感受是相同的,无法解释为何北方人比南方人"更"怕冷。

E项只能解释一部分北方人"更"怕冷,而不能解释北方人这个整体,因此解释力度较低。

50. 答案:A　解析:注意问题中的相反陷阱。A项指出配音并没有失去所有观众,但无法判断未来趋势,所以既不能支持"必将退出历史舞台"的结论,也不能反驳它。其他各项都有助于说明配音已经失去了一部分观众。

51. 答案:B　解析:由确定性条件(5)入手,根据条件(5)可知小明和小花都只收到了一份礼物,即可排除A、C、D、E四项。

52. 答案:B　解析:根据条件(5)后半句,可知条件(3)后件为假,逆否可知小刚一定收到了黄色礼物。根据条件(5)前半句,结合条件(1)可知小芳收到了蓝色礼物,因此排除D项。再结合条件(2)的逆否命题,可知小雷收到了红色礼物。现在,黄色、蓝色、红色礼物已经知道去向。再次结合条件(5),可知橙色和紫色礼物的去向。根据条件(4),小刚收到了黄色礼物,可知小刚不可能收到绿色礼物。此时7种颜色中有6种都有了归属,只剩下青色礼物。因此,小刚除了黄色礼物之外,只能收到青色礼物。解这道题的关键,仍然是寻找相对确定性条件。

53. 答案:A　解析:题干的四个条件中,箫反复出现,所以先假设买了箫,根据条件(4)可知没有买笛子,再根据条件(2)可知古筝或二胡必买,每推一步看选项,定位A项。

反向假设验证A项,如果古筝和二胡都不买,则根据条件(2),必须买笛子;再根据条件(4)得出不买萧,此时,违反条件(3),故A项必真。

本题提示:

(1)题干中没有确定性条件,寻找解题线索时应优先考虑假设反复出现的要素。

(2)条件(4)是假言命题,做假设之后可以从它开始验证。

54. 答案:C　解析:根据题干已知信息列表如下。

周一	周二	周三	周四	周五	周六	周日
			科幻片			
			科幻片			爱情片

根据条件(3),完善表格如下:(为方便起见,假设其余3部科幻片安排在周一到周三,只要不违背题干条件即可。此时武侠片只能安排在周五到周日)

周一	周二	周三	周四	周五	周六	周日
科幻片	科幻片	科幻片	科幻片	武侠片	武侠片	武侠片
			科幻片			爱情片

此时代入选项验证，可知警匪片和爱情片不可能排在同一天。否则，必有一部武侠片无处可排，要么违反条件(3)，要么违背条件(1)，故选C项。

本题还可以分析影片的数字特征。根据题干可知一共有五部科幻片，其中周四排了两部，还剩三部没有排。又知武侠片共有三部，根据条件(3)，剩下的三部科幻片和三部武侠片，需要分别排在六天。而此时周四已经排满，故剩下的六天，要么安排科幻片，要么安排武侠片。因此爱情片只有可能与科幻片或武侠片同天上映，C项必假。

55. 答案：D 解析：题干中已经把两部科幻片排在周四了，剩下的科幻片、武侠片和警匪片都各有3部。由于影片要连续放映，每天放映2部，所以周一到周三可以填充这3种影片中的2种，周五到周日可以填充另一种。这样一来，本题就可以转化成3种影片在3个位置上组合的问题。

根据条件(3)，科幻片和武侠片不能在周一到周三组合，这就意味着周一到周三只剩下两种可行的组合，即：

组合一：科幻片和警匪片组合，此时武侠片只能放到周五到周日，与之匹配的只剩下了战争片，但没有这个选项。

组合二：武侠片和警匪片组合，此时科幻片只能放到周五到周日，与之匹配的也是战争片。故答案选D项。

另一种解法：

由于上一题没有补充性条件，所以可以沿用上一题的结论(B项可以直接排除)。根据本题补充性条件“同类影片放映日期连续”，通过调换科幻片和武侠片的顺序，可以得到以下两种可能：

第一种：

周一	周二	周三	周四	周五	周六	周日
科幻片	科幻片	科幻片	科幻片	武侠片	武侠片	武侠片
			科幻片			爱情片

第二种：

周一	周二	周三	周四	周五	周六	周日
武侠片	武侠片	武侠片	科幻片	科幻片	科幻片	科幻片
			科幻片			爱情片

此时还剩警匪片和战争片没有安排，警匪片有三部，战争片有两部，那么只能是周一到周三安排警匪片(排除A、C、E项)，周五和周六安排战争片，只有D项可能为真。

2016年
入学管理类综合能力逻辑真题

26. 企业要建设科技创新中心，就要推进与高校、科研院所的合作，这样才能激发自主创新的活力。一个企业只有搭建服务科技创新发展战略的平台、科技创新与经济发展对接的平台以及聚集创新人才的平台，才能催生重大科技成果。

根据上述信息，可以得出以下哪项？

A. 如果企业推进与高校、科研院所的合作，就能激发其自主创新的活力。

B. 如果企业搭建了服务科技创新发展战略的平台，就能催生重大科技成果。

C. 能否推进与高校、科研院所的合作决定企业是否具有自主创新的活力。

D. 如果企业搭建科技创新与经济发展对接的平台，就能激发其自主创新的活力。

E. 如果企业没有搭建聚集创新人才的平台，就无法催生重大科技成果。

27. 生态文明建设事关社会发展方式和人民福祉。只有实行最严格的制度、最严密的法治，才能为生态文明建设提供可靠保障；如果要实行最严格的制度、最严密的法治，就要建立责任追究制度，对那些不顾生态环境盲目决策并造成严重后果者，追究其相应责任。

根据上述信息，可以得出以下哪项？

A. 只有筑牢生态环境的制度防护墙，才能造福于民。

B. 如果对那些不顾生态环境盲目决策并造成严重后果者追究相应责任，就能为生态文明建设提供可靠保障。

C. 如果要建立责任追究制度，就要实行最严格的制度、最严密的法治。

D. 如果不建立责任追究制度，就不能为生态文明建设提供可靠保障。

E. 实行最严格的制度和最严密的法治是生态文明建设的重要目标。

28. 注重对孩子的自然教育，让孩子亲身感受大自然的神奇与美妙，可促进孩子释放天性，激发自身潜能；而缺乏这方面教育的孩子容易变得孤独，道德、情感与认知能力的发展都会受到一定的影响。

以下哪项与以上陈述方式最为类似？

A. 脱离环境保护搞经济发展是"竭泽而渔"，离开经济发展抓环境保护是"缘木求鱼"。

B. 老百姓过去"盼温饱"，现在"盼环保"；过去"求生存"，现在"求生态"。

C. 如果孩子完全依赖电子设备来进行学习和生活，将会对环境越来越漠视。

D. 注重调查研究，可以让我们掌握第一手资料；闭门造车，只能让我们脱离实际。

E. 只说一种语言的人，首次被诊断出患阿尔茨海默症的平均年龄约为 71 岁；说双语的人，首次被诊断出患阿尔茨海默症的平均年龄约为 76 岁；说三种语言的人，首次被诊断出患阿尔茨海默症的平均年龄约为 78 岁。

29. 古人以干支纪年。甲乙丙丁戊己庚辛壬癸为十干，也称天干。子丑寅卯辰巳午未申酉戌亥为十二支，也称地支。顺次以天干配地支，如甲子、乙丑、丙寅、……、癸酉、甲戌、乙亥、丙子等，六十年重复一次，俗称六十花甲子。根据干支纪年，公元 2014 年为甲午年，公元 2015 年为乙未年。

根据以上陈述，可以得出以下哪项？

A. 现代人已不用干支纪年。

B. 干支纪年有利于农事。

C. 21 世纪会有甲丑年。

D. 根据干支纪年，公元 2024 年为甲寅年。

E. 根据干支纪年，公元 2087 年为丁未年。

30. 赵明与王洪都是某高校辩论协会成员，在为今年华语辩论赛招募新队员问题上，两人发生了争执。

赵明：我们一定要选拔喜爱辩论的人。因为一个人只有喜爱辩论，才能投入精力和时间研究辩论并参加辩论赛。

王洪：我们招募的不是辩论爱好者，而是能打硬仗的辩手。无论是谁，只要能在辩论赛中发挥应有的作用，他就是我们理想的人选。

以下哪项最可能是两人争论的焦点？

A. 招募的标准是对辩论的爱好还是辩论的能力。

B. 招募的标准是从现实出发还是从理想出发。

C. 招募的目的是为了集体荣誉还是满足个人爱好。

D. 招募的目的是为了培养新人还是赢得比赛。

E. 招募的目的是研究辩论规律还是培养实战能力。

31. 在某届洲际杯足球大赛中，第一阶段某小组单循环赛共有 4 支队伍参加，每支队伍需要在这一阶段比赛三场。甲国足球队在该小组的前两轮比赛中一平一负。在第三轮比赛之前，甲国队主教练在新闻发布会上表示："只有我们在下一场比赛中取得胜利并且本组的另外一场比赛打成平局，我们才有可能从这个小组出线。"

如果甲国队主教练的陈述为真，以下哪项是不可能的？

A. 甲国队第三场比赛取得了胜利，但他们未能从小组出线。

B. 第三轮比赛该小组另外一场比赛打成平局，甲国队从小组出线。

C. 第三轮比赛该小组两场比赛都分出了胜负，甲国队从小组出线。

D. 第三轮比赛甲国队取得了胜利，该小组另一场比赛打成平局，甲国队未能从小组出线。

E. 第三轮比赛该小组两场比赛都打成了平局，甲国队未能从小组出线。

32. 考古学家发现，那件仰韶文化晚期的土坯砖边缘整齐，并且没有切割痕迹，由此他们推测，这件土坯砖应当是使用木质模具压制成型的；而其他 5 件由土坯砖经过烧制而成的烧结砖，经检测其当时的烧制温度为 850~900℃。由此考古学家进一步推测，当时的砖是先使用模具将黏土做成土坯，然后再经过高温烧制而成的。

以下哪项如果为真，最能支持上述考古学家的推测？

A. 仰韶文化晚期，人们已经掌握了高温冶炼技术。

B. 仰韶文化晚期的年代约为公元前 3500 年~公元前 3000 年。

C. 早在西周时期，中原地区的人们就可以烧制铺地砖和空心砖。

D. 没有采用模具而成型的土坯砖，其边缘或者不整齐，或者有切割痕迹。

E. 出土的 5 件烧结砖距今已有 5000 年，确实属于仰韶文化晚期的物品。

33. 研究人员发现，人类存在 3 种核苷酸基因类型：AA 型、AG 型以及 GG 型。一个人有 36%的几率是 AA 型，有 48%的几率是 AG 型，有 16%的几率是 GG 型。在 1 200 名参与实验的老年人中，拥有 AA 型和 AG 型基因类型的人都在上午 11 时之前去世，而拥有 GG 型基因类型的人几乎都在下午 6 时左右去世。研究人员据此认为：GG 型基因类型的人会比其他人平均晚死 7 个小时。

以下哪项如果为真，最能质疑上述研究人员的观点？

A. 拥有 GG 型基因类型的实验对象容易患上心血管疾病。

B. 有些人是因为疾病或者意外事故等其他因素而死亡的。

C. 对人死亡时间的比较，比一天中的哪一时刻更重要的是哪一年、哪一天。

D. 平均寿命的计算依据应是实验对象的生命存续长度，而不是实验对象的死亡时间。

E. 当死亡临近的时候，人体会还原到一种更加自然的生理节律感应阶段。

34. 某市消费者权益保护条例明确规定，消费者对其所购商品可以“7 天内无理由退货”。但这项规定出台后并未得到顺利执行，众多消费者在 7 天内“无理由”退货时，常常遭遇商家的阻挠，他们以商品已作特价处理、商品已经开封或使用等理由拒绝退货。

以下哪项如果为真，最能质疑商家阻挠退货的理由？

A. 那些作特价处理的商品，本来质量就没有保证。

B. 如果不开封验货，就不能知道商品是否存在质量问题。

C. 商品一旦开封或使用了，即使不存在问题，消费者也可以选择退货。

D. 政府总偏向消费者，这对于商家来说是不公平的。

E. 开封验货后，如果商品规格、质量等问题来自消费者本人，他们应为此承担责任。

35. 某县县委关于下周一几位领导的工作安排如下：

(1) 如果李副书记在县城值班，那么他就要参加宣传工作例会；

(2) 如果张副书记在县城值班，那么他就要做信访接待工作；

(3) 如果王书记下乡调研，那么张副书记或李副书记就需在县城值班；

(4) 只有参加宣传工作例会或做信访接待工作，王书记才不下乡调研；

(5) 宣传工作例会只需分管宣传的副书记参加，信访接待工作也只需一名副书记参加。

根据上述工作安排，可以得出以下哪项？

A. 王书记下乡调研。

B. 张副书记做信访接待工作。

C. 李副书记做信访接待工作。

D. 张副书记参加宣传工作例会。

E. 李副书记参加宣传工作例会。

36. 近年来，越来越多的机器人被用于在战场上执行侦察、运输、拆弹等任务，甚至将来冲锋陷阵的都不再是人，而是形形色色的机器人。人类战争正在经历自核武器诞生以来最深刻的革命。有专家据此分析指出，机器人战争技术的出现可以使人类远离危险，更安全、更有效率地实现战争目标。

以下哪项如果为真，最能质疑上述专家的观点？

A. 现代人类掌控机器人，但未来机器人可能会掌控人类。

B. 机器人战争技术有助于摆脱以往大规模杀戮的血腥模式，从而让现代战争变得更为人道。

C. 掌握机器人战争技术的国家为数不多，将来战争的发生更为频繁也更为血腥。

D. 因不同国家之间军事科技实力的差距，机器人战争技术只会让部分国家远离危险。

E. 全球化时代的机器人战争技术要消耗更多资源，破坏生态环境。

37. 郝大爷过马路时不幸摔倒昏迷，所幸有小伙子及时将他送往医院救治。郝大爷病情稳定后，有 4 位陌生小伙陈安、李康、张幸、汪福来医院看望他。郝大爷问他们究竟是谁送他来医院，他们回答如下：

陈安：我们 4 人都没有送您来医院。

李康：我们 4 人中有人送您来医院。

张幸：李康和汪福至少有一人没有送您来医院。

汪福：送您来医院的人不是我。

后来证实上述4人中有两人说真话，有两人说假话。

根据上述信息，可以得出以下哪项？

A. 说真话的是陈安和张幸。　　B. 说真话的是陈安和汪福。

C. 说真话的是李康和张幸。　　D. 说真话的是李康和汪福。

E. 说真话的是张幸和汪福。

38. 开车上路，一个人不仅需要有良好的守法意识，也需要有特别的“理性计算”：在拥堵的车流中，只要有“加塞”的，你开的车就一定要让着它；你开着车在路上正常直行，有车不打方向灯在你近旁突然横过来要撞上你，原来它想要变道，这时你也得让着它。

以下除哪项外，均能质疑上述“理性计算”的观点？

A. 有理的让着没理的，只会助长歪风邪气，有悖于社会的法律与道德。

B. 如果不让，就会碰上；碰上之后，即使自己有理，也会有许多麻烦。

C. “理性计算”其实就是胆小怕事，总觉得凡事能躲则躲，但有的事很难躲过。

D. 一味退让也会给行车带来极大的危险，不但可能伤及自己，而且也可能伤及无辜。

E. 即使碰上也不可怕，碰上之后如果立即报警，警方一般会有公正的裁决。

39. 有专家指出，我国城市规划缺少必要的气象论证，城市的高楼建得高耸而密集，阻碍了城市的通风循环。有关资料显示，近几年国内许多城市的平均风速已下降10%。风速下降，意味着大气扩散能力减弱，导致大气污染物滞留时间延长，易形成雾霾天气和热岛效应。为此，有专家提出建立“城市风道”的设想，即在城市里制造几条畅通的通风走廊，让风在城市中更加自由地进出，促进城市空气的更新循环。

以下哪项如果为真，最能支持上述建立“城市风道”的设想？

A. 有风道但没有风，就会让城市风道成为无用的摆设。

B. 有些城市已拥有建立“城市风道”的天然基础。

C. 风从八方来，“城市风道”的设想过于主观和随意。

D. 城市风道不仅有利于“驱霾”，还有利于散热。

E. 城市风道形成的“穿街风”，对建筑物的安全影响不大。

40. 2014年，为迎接APEC会议的召开，北京、天津、河北等地实施“APEC治理模式”，采取了有史以来最严格的减排措施。果然，令人心醉的“APEC蓝”出现了。然而，随着会议的结束，“APEC蓝”也渐渐消失了。对此，有些人士表示困惑，既然政府能在短期内实施“APEC治理模式”取得良好效果，为什么不将这一模式长期坚持下去呢？

以下除哪项外，均能解释人们的困惑？

A. 如果APEC会议期间北京雾霾频发，就会影响我们国家的形象。

B. 如果近期将“APEC治理模式”常态化，将会严重影响地方经济和社会的发展。

C. 任何环境治理都需要付出代价，关键在于付出的代价是否超出收益。

D. 最严格的减排措施在落实过程中已产生很多难以解决的实际困难。

E. 短期严格的减排措施只能是权宜之计，大气污染治理仍需从长计议。

41. 根据现有物理学定律，任何物质的运动速度都不可能超过光速，但最近一次天文观测结果向这条定律发起了挑战。距离地球遥远的IC310星系拥有一个活跃的黑洞，掉入黑洞的物质产生了伽马射线冲击波。有些天文学家发现，这束伽马射线的速度超过了光速，因为它只用了4.8分钟就穿越了黑洞边界，而光需要25分钟才能走完这段距离。由此，这些天文学家提出，光速不变定律需要修改了。

以下哪项如果为真，最能质疑上述天文学家所作的结论？

A. 光速不变定律已经历过去多次实践检验，没有出现反例。

B. 天文观测数据可能存在偏差,毕竟 IC310 星系离地球很远。

C. 要么天文学家的观测有误,要么有人篡改了天文观测数据。

D. 或者光速不变定律已经过时,或者天文学家的观测有误。

E. 如果天文学家的观测没有问题,光速不变定律就需要修改。

42. 某公司办公室茶水间提供自助式收费饮料。职员拿完饮料后,自己把钱放到特设的收款箱中。研究者为了判断职员在无人监督时,其自律水平会受哪些因素的影响,特地在收款箱上方贴了一张装饰图片,每周一换。装饰图片有时是一些花朵,有时是一双眼睛。一个有趣的现象出现了:贴着“眼睛”的那一周,收款箱里的钱远远超过贴其他图片的情形。

以下哪项如果为真,最能解释上述实验现象?

A. 在无人监督的情况下,大部分人缺乏自律能力。

B. 在该公司工作的职员,其自律能力超过社会中的其他人。

C. 眼睛是心灵的窗口,该公司职员看到“眼睛”图片时会有一种莫名的感动。

D. 该公司职员看着“花朵”图片时,心情容易变得愉快。

E. 该公司职员看到“眼睛”图片时,就能联想到背后可能有人看着他们。

43~44 题基于以下题干

某皇家园林依中轴线布局,从前到后依次排列着七个庭院。这七个庭院分别以汉字“日”“月”“金”“木”“水”“火”“土”来命名。已知:

(1)“日”字庭院不是最前面的那个庭院;

(2)“火”字庭院和“土”字庭院相邻;

(3)“金”“月”两庭院间隔的庭院数与“木”“水”两庭院间隔的庭院数相同。

43. 根据上述信息,下列哪个庭院可能是“日”字庭院?

A. 第六个庭院。　　B. 第五个庭院。

C. 第四个庭院。　　D. 第二个庭院。

E. 第一个庭院。

44. 如果第二个庭院是“土”字庭院,可以得出以下哪项?

A. 第一个庭院是“火”字庭院。　　B. 第三个庭院是“月”字庭院。

C. 第四个庭院是“金”字庭院。　　D. 第五个庭院是“木”字庭院。

E. 第七个庭院是“水”字庭院。

45. 在一项关于“社会关系如何影响人的死亡率”的课题研究中,研究人员惊奇地发现:不论种族、收入、体育锻炼等因素,一个乐于助人、和他人相处融洽的人,其平均寿命长于一般人,在男性中尤其如此;相反,心怀恶意、损人利己、和他人相处不融洽的人 70 岁之前的死亡率比正常人高出 1.5 至 2 倍。

以下哪项如果为真,最能解释上述发现?

A. 心存善念、思想豁达的人大多精神愉悦、身体健康。

B. 男性通常比同年龄段的女性对他人有更强的“敌视情绪”,多数国家男性的平均寿命也因此低于女性。

C. 那些自我优越感比较强的人通常“敌视情绪”也比较强,他们长时间处于紧张状态。

D. 与人为善带来轻松愉悦的情绪,有益身体健康;损人利己则带来紧张的情绪,有损身体健康。

E. 身心健康的人容易和他人相处融洽,而心理有问题的人与他人很难相处。

46. 超市中销售的苹果常常留有一定的油脂痕迹,表面显得油光滑亮。牛师傅认为,这是残留在苹果上的农药所致,水果在收摘之前都喷洒了农药,因此,消费者在超市购买水果后,一定要清洗干净方能食用。

以下哪项最可能是牛师傅看法所依赖的假设？

A. 超市里销售的水果并未得到彻底清洗。

B. 在水果收摘之前喷洒的农药大多数会在水果上留下油脂痕迹。

C. 许多消费者并不在意超市销售的水果是否清洗过。

D. 只有那些在水果上能留下油脂痕迹的农药才可能被清洗掉。

E. 除了苹果，其他许多水果运至超市时也留有一定的油脂痕迹。

47. 许多人不仅不理解别人，而且也不理解自己，尽管他们可能曾经试图理解别人，但这样的努力注定会失败，因为不理解自己的人是不可能理解别人的。可见，那些缺乏自我理解的人是不会理解别人的。

以下哪项最能说明上述论证的缺陷？

A. 没有正确把握理解别人和理解自己之间的关系。

B. 没有考虑“有些人不愿意理解自己”这样的可能性。

C. 间接指责人们不能换位思考，不能相互理解。

D. 使用了“自我理解”概念，但并未给出定义。

E. 结论仅仅是对其论证前提的简单重复。

48. 在编号壹、贰、叁、肆的 4 个盒子中装有绿茶、红茶、花茶和白茶 4 种茶，每只盒子只装一种茶，每种茶只装在一个盒子中。已知：

（1）装绿茶和红茶的盒子在壹、贰、叁号范围之内；

（2）装红茶和花茶的盒子在贰、叁、肆号范围之内；

（3）装白茶的盒子在壹、叁号范围之内。

根据以上陈述，可以得出以下哪项？

A. 绿茶装在壹号盒子中。　　B. 红茶装在贰号盒子中。

C. 白茶装在叁号盒子中。　　D. 花茶装在肆号盒子中。

E. 绿茶装在叁号盒子中。

49. 在某项目招标过程中，赵嘉、钱宜、孙斌、李汀、周武、吴纪 6 人作为各自公司代表参与投标，有且只有一人中标。关于究竟谁是中标者，招标小组中有 3 位成员各自谈了自己的看法：

（1）中标者不是赵嘉就是钱宜；

（2）中标者不是孙斌；

（3）周武和吴纪都没有中标。

经过深入调查，发现上述 3 人中只有一人的看法是正确的。

根据以上信息，以下哪项中的 3 人都可以确定没有中标？

A. 赵嘉、钱宜、李汀。　　B. 赵嘉、孙斌、李汀。

C. 钱宜、孙斌、周武。　　D. 赵嘉、周武、吴纪。

E. 孙斌、周武、吴纪。

50. 如今，电子学习机已全面进入儿童的生活。电子学习机将文字与图像、声音结合起来，既生动形象，又富有趣味性，使儿童独立阅读成为可能。但是，一些儿童教育专家却对此发出警告，电子学习机可能不利于儿童成长。他们认为，父母应该抽时间陪孩子一起阅读纸质图书。陪孩子一起阅读纸质图书，并不是简单地让孩子读书识字，而是在交流中促进其心灵的成长。

以下哪项如果为真，最能支持上述专家的观点？

A. 在使用电子学习机时，孩子往往更多关注其使用功能而非学习内容。

B. 接触电子产品越早，就越容易上瘾，长期使用电子学习机会形成“电子瘾”。

C. 现代生活中年轻父母工作压力较大,很少有时间能与孩子一起共同阅读。

D. 纸质图书有利于保护儿童视力,有利于父母引导儿童形成良好的阅读习惯。

E. 电子学习机最大的问题是让父母从孩子的阅读行为中走开,减少了父母与孩子的日常交流。

51. 田先生认为,绝大部分笔记本电脑运行速度慢的原因不是CPU性能太差,也不是内存容量太小,而是硬盘速度太慢,给老旧的笔记本电脑换装固态硬盘可以大幅提升使用者的游戏体验。

以下哪项如果为真,最能质疑田先生的观点?

A. 少部分老旧笔记本电脑的CPU性能很差,内存也小。

B. 固态硬盘很贵,给老旧笔记本换装硬盘费用不低。

C. 使用者的游戏体验很大程度上取决于笔记本电脑的显卡,而老旧笔记本电脑显卡较差。

D. 一些笔记本电脑使用者的使用习惯不好,使得许多运行程序占据大量内存,导致电脑运行速度缓慢。

E. 销售固态硬盘的利润远高于销售传统的笔记本电脑硬盘。

52~53题基于以下题干

钟医生:"通常,医学研究的重要成果在杂志发表之前需要经过匿名评审,这需要耗费不少时间。如果研究者能放弃这段等待时间而事先公开其成果,我们的公共卫生水平就可以伴随着医学发现更快获得提高。因为新医学信息的及时公布将允许人们利用这些信息提高他们的健康水平。"

52. 以下哪项最可能是钟医生论证所依赖的假设?

A. 因为工作繁忙,许多医学研究者不愿成为论文评审者。

B. 许多医学杂志的论文评审者本身并不是医学研究专家。

C. 即使医学论文还没有在杂志发表,人们还是会使用已公开的相关新信息。

D. 部分医学研究者愿意放弃在杂志上发表,而选择事先公开其成果。

E. 首次发表于匿名评审杂志的新医学信息一般无法引起公众的注意。

53. 以下哪项如果为真,最能削弱钟医生的论证?

A. 匿名评审常常能阻止那些含有错误结论的文章发表。

B. 人们常常根据新发表的医学信息来调整他们的生活方式。

C. 社会公共卫生水平的提高还取决于其他因素,并不完全依赖于医学新发现。

D. 有些媒体常常会提前报道那些匿名评审杂志准备发表的医学研究成果。

E. 大部分医学杂志不愿意放弃匿名评审制度。

54~55题基于以下题干

江海大学的校园美食节开幕了,某女生宿舍有5人积极报名参加此次活动,她们的姓名分别为金粲、木心、水仙、火珊、土润。举办方要求,每位报名者只做一道菜品参加评比,但需自备食材。限于条件,该宿舍所备食材仅有5种:金针菇、木耳、水蜜桃、火腿和土豆,要求每种食材只能有2人选用,每人又只能选用2种食材,并且每人所选食材名称的第一个字与自己的姓氏均不相同。已知:

(1)如果金粲选水蜜桃,则水仙不选金针菇;

(2)如果木心选金针菇或土豆,则她也须选木耳;

(3)如果火珊选水蜜桃,则她也须选木耳和土豆;

(4)如果木心选火腿,则火珊不选金针菇。

54. 根据上述信息,可以得出以下哪项?

A. 金粲选用木耳、土豆。

B. 木心选用水蜜桃、土豆。

C. 水仙选用金针菇、火腿。

D. 火珊选用木耳、水蜜桃。

E. 土润选用金针菇、水蜜桃。

55. 如果水仙选用土豆，则可以得出以下哪项？

A. 金粲选用木耳、火腿。
B. 木心选用金针菇、水蜜桃。
C. 水仙选用木耳、土豆。
D. 火珊选用金针菇、土豆。
E. 土润选用水蜜桃、火腿。

2016 年入学管理类综合能力逻辑真题解析

答案速查：EDDEA CDCCA CCBDA CEBAD AEDAE CCAEA

26. 答案：E 解析：题干的第一句话可以刻画为：建设中心→推进合作（注意，“这样才能激发自主创新的活力”这句话是对“建设科技创新中心”的补充说明，不必单独刻画。而且题干第一句与解题无关，属于冗余信息）；第二句话可以刻画为：催生重大科技成果→平台 1∧平台 2∧平台 3，等价于¬平台 1∨¬平台 2∨¬平台 3→¬催生重大科技成果。E 项是：¬平台 3→¬催生重大科技成果，必然为真。

题干给出的都是必要条件假言命题，A、B、D 三项则都给出了充分条件假言命题，不符合题干意思。C 项是过度推理，把必要条件当成了“决定性条件”。

27. 答案：D 解析：题干逻辑链可以刻画为：提供保障→实行制度和法治→建立责任追究制度；D 项是其逆否命题。A 项和 E 项的内容题干没有提及。B 项和 C 项的推理方向与题干相反。

注意，题干给出的是必要条件假言命题，而选项中 A、D 两项是表达必要条件的，B、C、E 项可以快速排除，验证 A、D 两项即可。

28. 答案：D 解析：题干的陈述方式是矛盾对比。D 项论证方式与之相同，“闭门造车”可以理解为“不注重调查研究”。A 项“脱离环境保护搞经济发展”和“离开经济发展抓环境保护”并不是矛盾关系，而是反对关系，它们没有穷尽所有可能性，犯了“非黑即白”的错误；B 项对比的是过去和现在，也不是矛盾对比关系；C 项是假言命题；E 项运用求异法进行论证，都与题干不符。

29. 答案：E 解析：易于判断 A、B 两项都与题干陈述无关。十天干配十二地支，本应有 120 种组合方式，但题干告诉我们只有 60 种（60 年重复一次），这就意味着有些天干和地支不能匹配。由于 10 和 12 都是偶数，而且天干和地支顺次一一匹配，所以奇数位的天干只能和奇数位的地支相配。“甲”处于天干中的奇数位，而“丑”处于地支中的偶数位，故不存在“甲丑”年，C 项不对。

2024 年是 2014 年之后第 10 年，故天干轮回一次还是“甲”，而地支“午”应往后数 10 个（即往前数 2 个）为“辰”，故 D 项不对。

由于干支纪年 60 年重复一次，所以 2087 年与 2027 年的纪年是一致的。2027 年是 2015 年之后第 12 年，故天干“乙”应往后数 2 个为“丁”，地支轮回一次还是“未”，E 项正确。

30. 答案：A 解析：根据对话双方的结论，赵明强调选爱好辩论的人，而王洪强调选能力强的人，两人都在谈招募标准而非招募目的，排除 C、D、E 项；B 项过度推理，题干没有将二者的争执与理想和现实相联系，故排除。

31. 答案：C 解析：注意问题中的相反陷阱。题干中主教练的发言可以刻画为：甲国队小组出线→下一场取胜∧另一场平局。本题应采用定性思考，指出其前件为真后件为假的选项即为答案。C 项指出这个刻画式前件为真，但是后件一个联言支为假（另外一场比赛没有打成平局），因而整个后件的联言命题为假，与题干互为矛盾，是不可能的。

32. 答案：D 解析：考古学家的推测有两点：(1) 边缘整齐∧¬切割痕迹→土坯砖应当是使用

木质模具压制成型的;(2)当时的烧制温度为850~900℃→使用模具做成土坯再烧制而成。D项是第一个推测的逆否命题,最能支持专家的推测。

A项提到的"冶炼技术"与制作烧结砖无关,故不能支持推测(2);B、C、E项均与考古学家的推测无关。

33. 答案:C　解析:易于判断A、B、E项与研究人员的观点无关。题干结论说的是"晚死"而非"寿命"长短,而D项说的是"平均寿命",话题与题干不匹配。

要比较是否"晚死",仅仅比较死亡时间是没有意义的,必须考虑日期。如果不是基于同一天进行比较,那么死亡时间的差距就未必是七小时,C项指出了衡量标准存在问题。

34. 答案:C　解析:商家的理由可以刻画为:已做特价处理、商品已经开封或使用→不能退货;而C项可以刻画为:商品已经开封或使用∧可以退货,是商家理由的矛盾命题,也符合题干所说"无理由退货"的条例规定,所以最能质疑商家。A项不涉及能否退货,与商家的理由并不矛盾,所以无法用于质疑商家;B项是强干扰项,它使得商家的阻挠成为悖论,但也不涉及是否能够退货,不符合问题要求;D项是无关项;E项不符合"无理由退货"的规定,既不能支持也不能质疑商家的理由。

35. 答案:A　解析:根据条件(5)可知,王书记不需要参加宣传工作例会,也不需要做信访接待工作;再根据条件(4)可推出王书记下乡调研。故A项正确。根据条件(3),王书记下乡调研→张副书记∨李副书记在县城值班,无法断定到底哪位副书记会留下值班,所以B、E项无法确定,而C、D项不符合条件(1)(2)。

36. 答案:C　解析:题干中专家的观点是:人类会因为机器人战争技术的出现而更安全。C项如果为真,则说明机器人战争技术并不普及,人类会因为战争而变得更加危险,所以是最强的质疑项。

A项指出了机器人技术对人类的危险性,但并未涉及这种技术是否可以使人类在战争中远离危险,所以是无关项;B、D项都是支持项;E项也是与专家观点无关的选项。

37. 答案:C　解析:陈安的话其形式是"所有S都不是P",李康的话其形式是"有的S是P",二者互为矛盾命题,必有一真也必有一假。题干已知"4人中有两人说真话,有两人说假话",由此可推知剩下的两句话也必有一真必有一假。假设汪福的话为真,根据相容选言命题的性质,张幸的话也为真,违反题干条件,故假设不成立。则汪福的话必假,而张幸的话必真。将汪福的话取非,可得汪福是送老人到医院的人,由此可知李康的话必真。所以,说真话的是李康和张幸。

38. 答案:B　解析:注意问题中的相反陷阱,要求找出不能质疑"理性计算"的选项。B项是支持项,主张让着别的车。其余各项分别指出这种"让"是不好的、没意义的、有害的以及没必要的,皆为质疑项。

另:其余各项的反驳思路(危害性、无意义、利弊对比)可以作为论说文写作的参考。

39. 答案:D　解析:这是一道"手段——目的"型题目。题干中,专家的设想是基于"易形成雾霾天气和热岛效应"这两个弊端而提出的。为了支持这样的设想,就要说明它能够解决这两个问题,故选择D项。

A、C项都是削弱项;B项仅指出设立城市风道的可行性,E项仅说明这个设想无害,这两项都不能说明建立城市风道的有效性(即是否能解决问题),故不选。

40. 答案:A　解析:注意问题中的相反陷阱。B、C、D、E项都能解释为什么"短期治理模式"不能"长期坚持下去"。只有A项仅仅指出了短期治理的必要性,而没有解释无法长期坚持的原因,甚至,既然影响国家形象,不更应该长期坚持这种治理模式吗?故该项实际加剧了题干中人们的困惑。

注意,C 项提出了一种评价标准,如果长期治理的代价高于收益,则有助于解释题干中的困惑。本题不要求找“最能解释”的选项,因而可以善意理解 C 项,至少它不是完全不能解释题干现象,故不选。

41. 答案:C　解析:天文学家根据观测,提出结论:“光速不变定律需要修改”。要质疑这个结论,就需要说明其论据或论证过程有问题。C 项是一个不相容选言命题,无论哪个选言支为真,都有助于指出论据有问题,最能质疑。A 项无法削弱题干,迄今没有出现反例不等于不可能出现反例;B 项包含模态词“可能”,只是一种猜测,不能构成有力的质疑;D 项是一个选言命题,如果为真,则任一选言支都可能为真,既有可能支持结论,也有可能质疑,故不选;E 项是支持项。

42. 答案:E　解析:要想解释题干存在的差异,就要说明贴着“眼睛”对人的影响作用。E 项如果为真,说明贴着“眼睛”类似于有人监督,可以解释实验现象。C 项说的是“感动”,这仍然无法解释题干中的现象。其余各项都没有涉及“眼睛”,无法解释题干。

43. 答案:B　解析:本题问的是“可能为真”,故可采用极限思维迅速作答。假设“金”“月”两庭院间隔的庭院数与“木”“水”两庭院间隔的庭院数都为 0,此时结合条件(2),可知有(火土)、(金月)、(木水)三组捆绑元素和“日”一个独立元素。那么,无论捆绑元素内部如何排列,三个捆绑元素相互之间如何排列,“日”字庭院只能在三个捆绑元素之间插空。三个捆绑元素共产生四个空,将“日”字庭院逐次插入,分别排在第 1、3、5、7 位。根据条件(1)可排除 E 项,答案为 B 项。

44. 答案:A　解析:如果第二个庭院是“土”字庭院,结合条件(1),“日”字庭院不能排在第一位;其他四个庭院也不能排在它前面,否则会违反条件(3),那么只有与“土”字庭院相邻的“火”字庭院排第一个了,故选 E 项。

本题的另一种简单解法:根据题干条件可知,“金”“月”相互换位不会违反题干条件,同理,“木”“水”相互换位也不会影响题干条件,所以 B、C、D、E 项均不必然为真(至少还存在一种换位的可能),只能选 A 项。

45. 答案:D　解析:D 项分别解释了题干中两种情绪对健康的不同作用,可以解释题干。A 项仅仅解释了“正向作用”;C 项仅仅解释了“反向作用”,都不够全面;B 项说的是性别,属于无关项;E 项不涉及情绪对健康状况的影响。

46. 答案:A　解析:如果 A 项为假,即超市里销售的水果已经得到“彻底”清洗,那么就不必遵循牛师傅的建议再次清洗,所以 A 项是题干论证成立的必要假设。

D 项不是题干的必要假设,即使 D 项为假,即所有类型的农药都有可能被清洗掉,牛师傅的建议仍然成立。而其余选项中“是否留下痕迹”“消费者是否在意”“其他水果的情况”,均与牛师傅的观点无关。

47. 答案:E　解析:题干的论证是:许多人不仅不理解别人,而且也不理解自己→那些缺乏自我理解的人是不会理解别人的,这犯了“循环论证”的逻辑错误,E 项指出了这一点。

题干论证未涉及“是否愿意”理解自己,故 B 项不选;A、C 项所述也都是题干未涉及的信息;题干显然将“自我理解”定义成“理解自己”,所以 D 项不选。

48. 答案:D　解析:根据条件(1)和(3)可知,白茶、绿茶和红茶所匹配的盒子恰好是壹、贰、叁号盒子(其中白茶不能装在贰号盒子),那么还剩下一种茶花茶,还剩下一个盒子肆号,故花茶只能在肆号盒子里。

49. 答案:A　解析:本题可使用假设法。假设看法(2)为假,则中标者是孙斌,故看法(1)必假,看法(3)必真,符合“只有一人的看法是正确的”。这说明孙斌有可能中标,此时可以排除含有孙斌的选项B、C、E项。假设看法(2)为真，则另外两条看法必假，此时没有产生矛盾；由于看法(3)为假，周和吴都有可能中标，所以在剩下的选项中排除D项，答案为A项。

本题另一种解法是：由于中标者只有一个，所以，如果看法(1)为真，则看法(3)必定为真，这就违反了“只有一人看法正确”这个条件，故看法(1)必定为假。将看法(1)取非，得到赵嘉和钱宜都不中标(因为题干规定只有一个人中标，故不可能二人都中标)。选项中只有A项涉及此二人，故再验证李汀是否中标即可。假设李中标，则看法(2)和看法(3)都为真，违反题干条件，故李不可能中标，A项正确。

注意，确认赵嘉和钱宜都不中标之后不可直接选择A项，因为共有五人没有中标，除上述二人外还有三人没中标，足以构建另外一个正确选项。

50. 答案：E　解析：专家的观点是反对使用电子学习机，建议父母陪伴孩子一起阅读纸质图书，目的是在交流中促进孩子心灵的成长。要想支持这个观点，就必须指出电子学习机不利于交流，否则专家的观点就没有意义了，只有E项符合要求。

其余各项都不涉及“交流”。A、B项只指出了电子学习机的危害性，C项没有指出电子学习机和纸质图书的差异，D项只是说明纸质图书的重要性，都无法支持专家的观点“父母要陪孩子一起阅读纸质图书”。

51. 答案：C　解析：田先生认为硬盘速度慢是绝大部分笔记本电脑速度变慢以及游戏体验不佳的原因，C项另找他因对此进行了削弱。A项也指出了其他影响因素，但不能否定田先生所说的硬盘的影响，故不选；D项也是另找他因，但“一些”这个陈述，使其相比较C项而言削弱力度较弱。其余各项都没有涉及“游戏体验”，是无关项。

52. 答案：C　解析：题干的论证结构是：在杂志发表之前提前公开研究成果→有利于提高人们健康水平→公共卫生水平可以更快获得提高。假设C项为假，则人们只会使用经杂志发表的研究成果，那么在杂志发表之前提前公开研究成果就是无意义的。所以C项是钟医生论证成立的必要假设。

A、B、E项都是无关项，即使为假也不影响题干结论成立；D项假设过强，题干论证仅仅提到放弃等待发表的时间，而不需要假设放弃发表。

53. 答案：A　解析：A项如果为真，说明如果在杂志发表之前提前公开研究成果，可能会使得一部分含有错误结论的文章发表，这样不但不能提高公共卫生水平，甚至可能有相反的效果，最能削弱钟医生的论证。

B项讲的是生活方式，与题干话题不符；即使社会公共卫生水平的提高并不完全依赖于医学新发现，但C项并没有否定医学新发现的作用，所以削弱力度不强；D项恰恰支持了钟医生“事先公开成果”的建议；钟医生并没有反对匿名评审制度，故E项无关。

54. 答案：E　解析：用每人名字的第一个字来代表人，用食材的第一个字加括号来代表食材，以示区分。将已知条件填充进表格中，第一行表示五个人，第一列表示五种食材；用√表示选择某种食材，用×表示不选择。

根据“每人所选食材名称的第一个字与自己的姓氏均不相同”，可在对角线上打×；

根据“每人所选食材名称的第一个字与自己的姓氏均不相同”，可知条件(2)后件为假，逆否可得木心不选金针菇和土豆；

根据“每人只能选用2种食材”，可知条件(3)前件为假，火珊不选水蜜桃，填表如下：

食材＼人名	金	木	水	火	土
（金）	×	×			
（木）		×			
（水）			×	×	
（火）				×	
（土）		×			×

由于“每人选用 2 种食材”，所以木心必选水蜜桃和火腿。结合条件(4)，可以得知火珊不选金针菇(新填进表格的符号加阴影表示，下同)：

食材＼人名	金	木	水	火	土
（金）	×	×		×	
（木）		×			
（水）		√	×	×	
（火）		√		×	
（土）		×			×

此时火珊可选的食材只剩下两种，即木耳和土豆。根据“每种食材有 2 人选用”，可知金针菇被水仙和土润选用了，得下表：

食材＼人名	金	木	水	火	土
（金）	×	×	√	×	√
（木）		×		√	
（水）		√	×	×	
（火）		√		×	
（土）		×		√	×

根据条件(1)的逆否命题，从上表已知水仙选择金针菇，那么金粲就不能选水蜜桃。继续填表如下：

食材＼人名	金	木	水	火	土
（金）	×	×	√	×	√
（木）		×		√	
（水）	×	√	×	×	
（火）		√		×	
（土）		×		√	×

根据“每种食材有 2 人选用”，可知水蜜桃被土润选用了，则土润选择了金针菇和水蜜桃，E 项为真。本题最终形成的表格如下所示：

食材＼人名	金	木	水	火	土
(金)	×	×	√	×	√
(木)		×		√	
(水)	×	√	×	×	√
(火)		√		×	
(土)		×		√	×

55. 答案:A 解析:由于54题所得的结论并不是附加了单独条件的结果,所以这个结论可以通用于55题。在上题最后一个表格中将55题附加的条件代入,根据"每人选用2种食材",可知水仙不得选择木耳和火腿;同理,土润不得选择木耳和火腿。填表如下:

食材＼人名	金	木	水	火	土
(金)	×	×	√	×	√
(木)		×	×	√	×
(水)	×	√	×	×	√
(火)		√	×	×	×
(土)		×	√	√	×

根据"每种食材有2人选用",横向将表格补充完整,即可得出A项。最终表格如下:

食材＼人名	金	木	水	火	土
(金)	×	×	√	×	√
(木)	√	×	×	√	×
(水)	×	√	×	×	√
(火)	√	√	×	×	×
(土)	×	×	√	√	×

2015年 入学管理类综合能力逻辑真题

26. 晴朗的夜晚我们可以看到满天星斗，其中有些是自身发光的恒星，有些是自身不发光但可以反射附近恒星光的行星。恒星尽管遥远，但是有些可以被现有的光学望远镜“看到”。和恒星不同，由于行星本身不发光，而且体积远小于恒星，所以，太阳系外的行星大多无法用现有的光学望远镜“看到”。

以下哪项如果为真，最能解释上述现象？

A. 如果行星的体积足够大，现有的光学望远镜就能够“看到”。

B. 太阳系外的行星因距离遥远，很少能将恒星光反射到地球上。

C. 现有的光学望远镜只能“看到”自身发光或者反射光的天体。

D. 有些恒星没有被现有的光学望远镜“看到”。

E. 太阳系内的行星大多可以用现有的光学望远镜“看到”。

27. 长期以来，手机产生的电磁辐射是否威胁人体健康一直是极具争议的话题。一项长达10年的研究显示，每天使用移动电话通话30分钟以上的人患神经胶质瘤的风险比从未使用者要高出40%。由此某专家建议，在获得进一步的证据之前，人们应该采取更加安全的措施，如尽量使用固定电话通话或使用短信进行沟通。

以下哪项如果为真，最能表明该专家的建议不切实际？

A. 大多数手机产生的电磁辐射强度符合国家规定的安全标准。

B. 现在人类生活空间中的电磁辐射强度已经超过手机通话产生的电磁辐射强度。

C. 经过较长一段时间，人的身体能够逐渐适应强电磁辐射的环境。

D. 上述实验期间，有些人每天使用移动电话通话超过40分钟，但他们很健康。

E. 即使以手机短信进行沟通，发送和接收信息的瞬间也会产生较强的电磁辐射。

28. 甲、乙、丙、丁、戊和己等6人围坐在一张正六边形的小桌前，每边各坐一人。已知：

(1)甲与乙正面相对；

(2)丙与丁不相邻，也不正面相对。

如果己与乙不相邻，则以下哪项一定为真？

A. 戊与己相邻。

B. 甲与丁相邻。

C. 己与乙正面相对。

D. 如果甲与戊相邻，则丁与己正面相对。

E. 如果丙与戊不相邻，则丙与己相邻。

29. 人类经历了上百万年的自然进化，产生了直觉、多层次抽象等独特智能。尽管现代计算机已经具备了一定的学习能力，但这种能力还需要人类的指导，完全的自我学习能力还有待进一步发展。因此，计算机要达到甚至超过人类的智能水平是不可能的。

以下哪项最可能是上述论证的预设？

A. 计算机可以形成自然进化能力。

B. 计算机很难真正懂得人类的语言，更不可能理解人类的感情。

C. 理解人类复杂的社会关系需要自我学习能力。

D. 计算机如果具备完全的自我学习能力，就能形成直觉、多层次抽象等智能。

E. 直觉、多层次抽象等这些人类的独特智能无法通过学习获得。

30. 为进一步加强对不遵守交通信号等违法行为的执法管理，规范执法程序，确保执法公正，某市交警支队要求：凡属交通信号指示不一致、有证据证明救助危难等情形，一律不得录入道路交通违法信息系统；对已录入信息系统的交通违法记录，必须完善异议受理、核查、处理等工作规范，最大限度减少执法争议。

根据上述交警支队的要求，可以得出以下哪项？

A. 有些因救助危难而违法的情形，如果仅有当事人说辞但缺乏当时现场的录音录像证明，就应录入道路交通违法信息系统。

B. 因信号灯相位设置和配时不合理等造成交通信号不一致而引发的交通违法情形，可以不录入道路交通违法信息系统。

C. 如果汽车使用了行车记录仪，就可以提供现场实时证据，大大减少被录入道路交通违法信息系统的可能性。

D. 只要对已录入系统的交通违法记录进行异议受理、核查和处理，就能最大限度减少执法争议。

E. 对已录入系统的交通违法记录，只有倾听群众异议，加强群众监督，才能最大限度减少执法争议。

31 ~ 32 题基于以下题干

某次讨论会共有 18 名参会者。已知：

(1) 至少有 5 名青年教师是女性；

(2) 至少有 6 名女教师已过中年；

(3) 至少有 7 名女青年是教师。

31. 根据上述信息，关于参会人员可以得出以下哪项？

A. 有些女青年不是教师。

B. 有些青年教师不是女性。

C. 青年教师至少有 11 名。

D. 女教师至少有 13 名。

E. 女青年至多有 11 名。

32. 如果上述三句话两真一假，那么关于参会人员可以得出以下哪项？

A. 女青年都是教师。

B. 青年教师都是女性。

C. 青年教师至少有 5 名。

D. 男教师至多有 10 名。

E. 女青年至少有 7 名。

33. 当企业处于蓬勃上升时期，往往紧张而忙碌，没有时间和精力去设计和修建“琼楼玉宇”；当企业所有的重要工作都已经完成，其时间和精力就开始集中在修建办公大楼上。所以，如果一个企业的办公大楼设计得越完美，装饰得越豪华，则该企业离解体的时间就越近；当某个企业的大楼设计和建造趋向完美之际，它的存在就逐渐失去意义。这就是所谓的“办公大楼法则”。

以下哪项如果为真，最能质疑上述观点？

A. 一个企业如果将时间和精力都耗费在修建办公大楼上，则对其他重要工作就投入不足了。

B. 某企业的办公大楼修建得美轮美奂，入住后该企业的事业蒸蒸日上。

C. 建造豪华的办公大楼，往往会加大企业的运营成本，损害其实际收益。

D. 企业的办公大楼越破旧，该企业就越有活力和生机。

E. 建造豪华办公大楼并不需要企业投入太多的时间和精力。

34. 张云、李华、王涛都收到了明年二月初赴北京开会的通知。他们可以选择乘坐飞机、高铁与大巴等交通工具进京。他们对这次进京方式有如下考虑：

(1)张云不喜欢坐飞机，如果有李华同行，他就选择乘坐大巴；

(2)李华不计较方式，如果高铁票价比飞机便宜，他就选择乘坐高铁；

(3)王涛不在乎价格，除非预报二月初北京有雨雪天气，否则他就选择乘坐飞机；

(4)李华和王涛家住得较近，如果航班时间合适，他们将一同乘飞机出行。

如果上述3人的考虑都得到满足，则可以得出以下哪项？

A. 如果李华没有选择乘坐高铁或飞机，则他肯定和张云一起乘坐大巴进京。

B. 如果王涛和李华乘坐飞机进京，则二月初北京没有雨雪天气。

C. 如果张云和王涛乘坐高铁进京，则二月初北京有雨雪天气。

D. 如果三人都乘坐飞机进京，则飞机票价比高铁便宜。

E. 如果三人都乘坐大巴进京，则预报二月初北京有雨雪天气。

35. 某市推出一项月度社会公益活动，市民报名踊跃。由于活动规模有限，主办方决定通过摇号抽签的方式选择参与者。第一个月中签率为1∶20；随后连创新低，到下半年的10月份已达1∶70。大多数市民屡摇不中，但从今年7至10月，“李祥”这个名字连续4个月中签。不少市民据此认为，有人在抽签过程中作弊，并对主办方提出质疑。

以下哪项如果为真，最能消解上述市民的质疑？

A. 已经中签的申请者中，叫“张磊”的有7人。

B. 曾有一段时间，家长给孩子取名不回避重名。

C. 在报名的市民中，名叫“李祥”的近300人。

D. 摇号抽签全过程是在有关部门监督下进行的。

E. 在摇号系统中，每一位申请人都被随机赋予一个不重复的编码。

36. 美国扁桃仁于20世纪70年代出口到我国，当时被误译成“美国大杏仁”。这种误译导致大多数消费者根本不知道扁桃仁、杏仁是两种完全不同的产品。对此，尽管我国林果专家一再努力澄清，但学界的声音很难传达到相关企业和普通大众。因此，必须制定林果的统一行业标准，这样才能还相关产品以本来面目。

以下哪项最可能是上述论证的假设？

A. 美国扁桃仁和中国大杏仁的外形很相似。

B. 我国相关企业和普通大众并不认可我国林果专家的意见。

C. 进口商品名称的误译会扰乱我国企业正常的对外贸易活动。

D. 长期以来，我国没有关于林果的统一行业标准。

E. “美国大杏仁”在中国市场上销量超过中国杏仁。

37. 10月6日晚上，张强要么去电影院看了电影，要么拜访了他的朋友秦玲。如果那天晚上张强开车回家，他就没去电影院看电影。只有张强事先与秦玲约定，张强才能去拜访她。事实上，张强不可能事先与秦玲约定。

根据以上陈述，可以得出以下哪项？

A. 那天晚上张强没有开车回家。

B. 那天晚上张强拜访了他的朋友秦玲。

C. 那天晚上张强没有去电影院看电影。

D. 那天晚上张强与秦玲一道去电影院看电影。

E. 那天晚上张强开车去电影院看电影。

38～39 题基于以下题干

天南大学准备选派两名研究生、三名本科生到山村小学支教。经过个人报名和民主评议，最终人选将在研究生赵婷、唐玲、殷倩等 3 人和本科生周艳、李环、文琴、徐昂、朱敏等 5 人中产生。按规定，同一学院或者同一社团至多选派一人。已知：

(1)唐玲和朱敏均来自数学学院；

(2)周艳和徐昂均来自文学院；

(3)李环和朱敏均来自辩论协会。

38. 根据上述条件，以下必定入选的是：

A. 文琴。 B. 唐玲。 C. 殷倩。

D. 周艳。 E. 赵婷。

39. 如果唐玲入选，那么以下必定入选的是：

A. 赵婷。 B. 殷倩。 C. 周艳。

D. 李环。 E. 徐昂。

40. 有些阔叶树是常绿植物，因此，所有阔叶树都不生长在寒带地区。

以下哪项如果为真，最能反驳上述结论？

A. 有些阔叶树不生长在寒带地区。

B. 常绿植物都生长在寒带地区。

C. 寒带的某些地区不生长阔叶树。

D. 常绿植物都不生长在寒带地区。

E. 常绿植物不都是阔叶树。

41～42 题基于以下题干

某大学运动会即将召开，经管学院拟组建一支 12 人的代表队参赛，参赛队员将从该院 4 个年级的学生中选拔。学校规定：每个年级都须在长跑、短跑、跳高、跳远、铅球等 5 个项目中选择 1～2 项参加比赛，其余项目可任意选择；一个年级如果选择长跑，就不能选择短跑或跳高；一个年级如果选择跳远，就不能选择长跑或铅球；每名队员只参加 1 项比赛。已知该院：

(1)每个年级均有队员被选拔进入代表队；

(2)每个年级被选拔进入代表队的人数各不相同；

(3)有两个年级的队员人数相乘等于另一个年级的队员人数。

41. 根据以上信息，一个年级最多可选拔：

A. 8 人。 B. 7 人。 C. 6 人。

D. 5 人。 E. 4 人。

42. 如果某年级队员人数不是最少的，且选择了长跑，那么对于该年级来说，以下哪项是不可能的？

A. 选择铅球或跳远。 B. 选择短跑或铅球。

C. 选择短跑或跳远。 D. 选择长跑或跳高。

E. 选择铅球或跳高。

43. 为防御电脑受到病毒侵袭，研究人员开发了防御病毒、查杀病毒的程序，前者启动后能使程序运行免受病毒侵袭，后者启动后能迅速查杀电脑中可能存在的病毒。某台电脑上现装有甲、乙、丙三种程序，已知：

(1)甲程序能查杀目前已知的所有病毒；

(2)若乙程序不能防御已知的一号病毒，则丙程序也不能查杀该病毒；

(3)只有丙程序能防御已知的一号病毒，电脑才能查杀目前已知的所有病毒；

(4)只有启动甲程序，才能启动丙程序。

根据上述信息,可以得出以下哪项?

A. 只有启动丙程序,才能防御并查杀一号病毒。

B. 只有启动乙程序,才能防御并查杀一号病毒。

C. 如果启动了丙程序,就能防御并查杀一号病毒。

D. 如果启动了乙程序,那么不必启动丙程序也能查杀一号病毒。

E. 如果启动了甲程序,那么不必启动乙程序也能查杀所有病毒。

44. 研究人员将角膜感觉神经断裂的兔子分为两组:实验组和对照组。他们给实验组兔子注射一种从土壤霉菌中提取的化合物。3 周后检查发现,实验组兔子的角膜感觉神经已经复合;而对照组兔子未注射这种化合物,其角膜感觉神经都没有复合。研究人员由此得出结论:该化合物可以使兔子断裂的角膜感觉神经复合。

以下哪项与上述研究人员得出结论的方式最为类似?

A. 一个整数或者是偶数,或者是奇数。0 不是奇数,所以,0 是偶数。

B. 绿色植物在光照充足的环境下能茁壮成长,而在光照不足的环境下只能缓慢生长。所以,光照有助于绿色植物的生长。

C. 年逾花甲的老王戴上老花眼镜可以读书看报,不戴则视力模糊。所以,年龄大的人都要戴老花眼镜。

D. 科学家在北极冰川地区的黄雪中发现了细菌,而该地区的寒冷气候与木卫二的冰冷环境有着惊人的相似。所以,木卫二可能存在生命。

E. 昆虫都有三对足,蜘蛛并非三对足。所以,蜘蛛不是昆虫。

45. 张教授指出,明清时期科举考试分为四级,即院试、乡试、会试、殿试。院试在县府举行,考中者称"生员";乡试每三年在各省省城举行一次,生员才有资格参加,考中者称为"举人",举人第一名称"解元";会试于乡试后第二年在京城礼部举行,举人才有资格参加,考中者称为"贡士",贡士第一名称"会元";殿试在会试当年举行,由皇帝主持,贡士才有资格参加,录取分三甲,一甲三名,二甲、三甲各若干名,统称"进士",一甲第一名称"状元"。

根据张教授的陈述,以下哪项是不可能的?

A. 中举者,不曾中进士。

B. 中状元者曾为生员和举人。

C. 中会元者,不曾中举。

D. 可有连中三元者(解元、会元、状元)。

E. 未中解元者,不曾中会元。

46. 有人认为,任何一个机构都包括不同的职位等级或层级,每个人都隶属于其中的一个层级。如果某人在原来级别岗位上干得出色,就会被提拔,而被提拔者得到重用后却碌碌无为,这会造成机构效率低下、人浮于事。

以下哪项如果为真,最能质疑上述观点?

A. 个人晋升常常在一定程度上影响所在机构的发展。

B. 不同岗位的工作方法是不同的,对新岗位要有一个适应过程。

C. 王副教授教学科研能力都很强,而晋升为正教授后却表现平平。

D. 李明的体育运动成绩并不理想,但他进入管理层后却干得得心应手。

E. 部门经理王先生业绩出众,被提拔为公司总经理后工作依然出色。

47. 如果把一杯酒倒进一桶污水中,你得到的是一桶污水;如果把一杯污水倒进一桶酒中,你得到的仍然是一桶污水。在任何组织中,都可能存在几个难缠人物,他们存在的目的似乎就是把事情搞糟。如果一个组织不加强内部管理,一个正直能干的人进入某低效的部门就会被吞没,而一个无德无才者很快就能将一个高效的部门变成一盘散沙。

根据以上信息,可以得出以下哪项?

A. 如果不将一杯污水倒进一桶酒中,你就不会得到一桶污水。

B. 如果一个正直能干的人进入组织,就会使组织变得更为高效。

C. 如果组织中存在几个难缠人物,很快就会把组织变成一盘散沙。

D. 如果一个正直能干的人在低效部门没有被吞没,则该部门加强了内部管理。

E. 如果一个无德无才的人把组织变成一盘散沙,则该组织没有加强内部管理。

48. 自闭症会影响社会交往、语言交流和兴趣爱好等方面的行为。研究人员发现,实验鼠体内神经连接蛋白的蛋白质如果合成过多,会导致自闭症。由此他们认为,自闭症与神经连接蛋白的蛋白质合成量具有重要关联。

以下哪项如果为真,最能支持上述观点?

A. 生活在群体之中的实验鼠较之独处的实验鼠患自闭症的比例要小。

B. 雄性实验鼠患自闭症的比例是雌性实验鼠的5倍。

C. 抑制神经连接蛋白的蛋白质合成可缓解实验鼠的自闭症状。

D. 如果将实验鼠控制蛋白合成的关键基因去除,其体内的神经连接蛋白就会增加。

E. 神经连接蛋白正常的老年实验鼠患自闭症的比例很低。

49. 张教授指出,生物燃料是指利用生物资源生产的燃料乙醇或生物柴油,它们可以替代由石油制取的汽油和柴油,是可再生能源开发利用的重要方向。受世界石油资源短缺、环保和全球气候变化的影响,20世纪70年代以来,许多国家日益重视生物燃料的发展,并取得显著成效。所以,应该大力开发和利用生物燃料。

以下哪项最可能是张教授论证的预设?

A. 发展生物燃料可有效降低人类对石油等化石燃料的消耗。

B. 发展生物燃料会减少粮食供应,而当今世界有数以百万计的人食不果腹。

C. 生物柴油和燃料乙醇是现代社会能源供给体系的适当补充。

D. 生物燃料在生产与运输过程中需要消耗大量的水、电和石油等。

E. 目前我国生物燃料的开发和利用已经取得很大成绩。

50. 有关数据显示,2011年全球新增870万结核病患者,同时有140万患者死亡。因为结核病对抗生素有耐药性,所以对结核病的治疗一直都进展缓慢。如果不能在近几年消除结核病,那么还会有数百万人死于结核病。如果要控制这种流行病,就要有安全、廉价的疫苗。目前有12种新疫苗正在测试之中。

根据以上信息,可以得出以下哪项?

A. 2011年结核病患者死亡率已达16.1%。

B. 有了安全、廉价的疫苗,我们就能控制结核病。

C. 如果解决了抗生素的耐药性问题,结核病治疗将会获得突破性进展。

D. 只有在近几年消除结核病,才能避免数百万人死于这种疾病。

E. 新疫苗一旦应用于临床,将有效控制结核病的传播。

51. 一个人如果没有崇高的信仰,就不可能守住道德的底线;而一个人只有不断加强理论学习,才能始终保持崇高的信仰。

根据以上信息,可以得出以下哪项?

A. 一个人只有不断加强理论学习,才能守住道德的底线。

B. 一个人如果不能守住道德的底线,就不可能保持崇高的信仰。

C. 一个人只要有崇高的信仰,就能守住道德的底线。

D. 一个人只要不断加强理论学习，就能守住道德的底线。

E. 一个人没能守住道德的底线，是因为他首先丧失了崇高的信仰。

52. 研究人员安排了一次实验，将100名受试者分为两组：喝一小杯红酒的实验组和不喝酒的对照组。随后，让两组受试者计算某段视频中篮球队员相互传球的次数。结果发现，对照组的受试者都计算准确，而实验组中只有18%的人计算准确。经测试，实验组受试者的血液中酒精浓度只有酒驾法定值的一半。由此专家指出，这项研究结果或许应该让立法者重新界定酒驾法定值。

以下哪项如果为真，最能支持上述专家的观点？

A. 酒驾法定值设置过低，可能会把许多未饮酒者界定为酒驾。

B. 即使血液中酒精浓度只有酒驾法定值的一半，也会影响视力和反应速度。

C. 只要血液中酒精浓度不超过酒驾法定值，就可以驾车上路。

D. 即使酒驾法定值设置较高，也不会将少量饮酒的驾车者排除在酒驾范围之外。

E. 饮酒过量不仅损害身体健康，而且影响驾车安全。

53. 某研究人员在2004年对一些12~16岁的学生进行了智商测试，测试得分为77~135分。4年之后再次测试，这些学生的智商得分为87~143分。仪器扫描显示，那些得分提高了的学生，其脑部比此前呈现更多的灰质（灰质是一种神经组织，是中枢神经的重要组成部分）。这一测试表明，个体的智商变化确实存在，那些早期在学校表现并不突出的学生未来仍有可能成为佼佼者。

以下除哪项外，都能支持上述实验结论？

A. 有些天才少年长大后智力并不出众。

B. 言语智商的提高伴随着大脑左半球运动皮层灰质的增多。

C. 学生的非言语智力表现与他们大脑结构的变化明显相关。

D. 部分学生早期在学校表现不突出与其智商有关。

E. 随着年龄的增长，青少年脑部区域的灰质通常也会增加。

54~55题基于以下题干

某高校有数学、物理、化学、管理、文秘、法学等6个专业毕业生需要就业，现有风云、怡和、宏宇三家公司前来学校招聘。已知，每家公司只招聘该校上述2~3个专业的若干毕业生，且需要满足以下条件：

（1）招聘化学专业的公司也招聘数学专业；

（2）怡和公司招聘的专业，风云公司也招聘；

（3）只有一家公司招聘文秘专业，且该公司没有招聘物理专业；

（4）如果怡和公司招聘管理专业，那么也招聘文秘专业；

（5）如果宏宇公司没有招聘文秘专业，那么怡和公司招聘文秘专业。

54. 如果只有一家公司招聘物理专业，那么可以得出以下哪项？

A. 风云公司招聘化学专业。　　B. 怡和公司招聘管理专业。

C. 宏宇公司招聘数学专业。　　D. 风云公司招聘物理专业。

E. 怡和公司招聘物理专业。

55. 如果三家公司都招聘3个专业的若干毕业生，那么可以得出以下哪项？

A. 风云公司招聘化学专业。　　B. 怡和公司招聘法学专业。

C. 宏宇公司招聘化学专业。　　D. 风云公司招聘数学专业。

E. 怡和公司招聘物理专业。

2015 年入学管理类综合能力逻辑真题解析

答案速查:BBEEB　DCBEC　DAADB　CCCBC　EDCAD　ABDDD

26. 答案:B　解析:题干中需要解释的现象是:恒星可以被“看到”,而太阳系外的行星不能。已知恒星是自身发光的,行星是自身不发光但可以反射光的,要想解释太阳系外的行星大多无法被“看到”,就要补充说明这些行星无法将恒星的光反射到地球上,即 B 项。

A 项无法解释题干现象,因为能否被“看到”的关键,首先在于发光或者反射光到地球上。C 项是题干的已知信息,但无法解释为什么“看不到”某些太阳系外的行星。题干要解释的是太阳系外的行星,D 项说恒星,E 项说太阳系内的行星,均为无关项。

27. 答案:B　解析:专家建议人们尽量使用固定电话或短信而非手机,目的是减少辐射危害。B 项指出了该建议无意义,如果人类生活中的辐射强度本来就超出了手机通话产生的辐射强度,那么即使不使用手机也无法减少辐射危害,这就说明专家建议“不切实际”——因为不可能脱离现在的生活空间。

A、C 项并不能说明这种辐射危害不存在,进而无法质疑专家的建议。D 项中说到的“有些人”可能只是特例,削弱力度较弱。E 项没有将短信辐射与手机辐射进行对比,而且没有提到固定电话,故不能削弱专家的建议。

28. 答案:E　解析:根据条件(1)及补充条件,可画出座位图如下:(注意,由于甲和乙两侧座位是对称的,此时己在左侧或右侧没有区别)

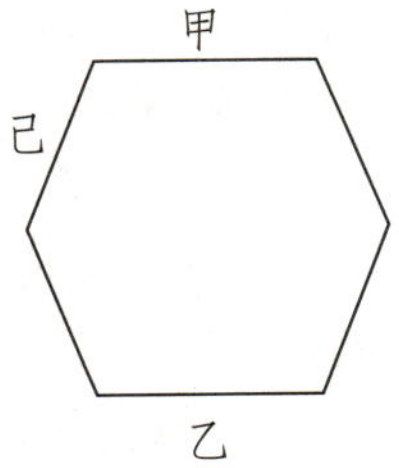

再根据条件(2)可知,此时丙和丁的位置有两种可能性,可画出座位图如下:

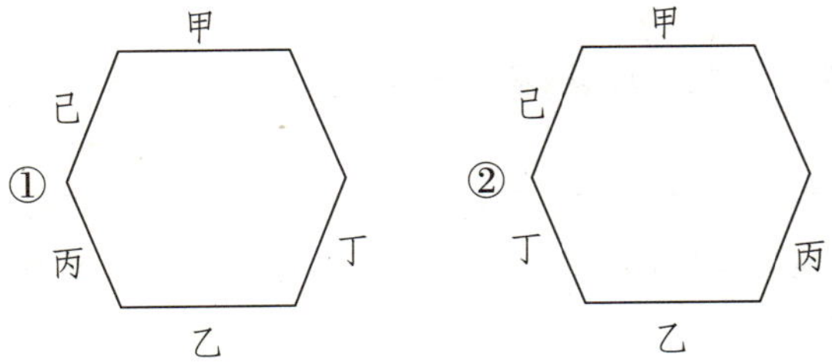

分别填充戊后,可以得到以下两种结果,由此可知 E 必然为真:

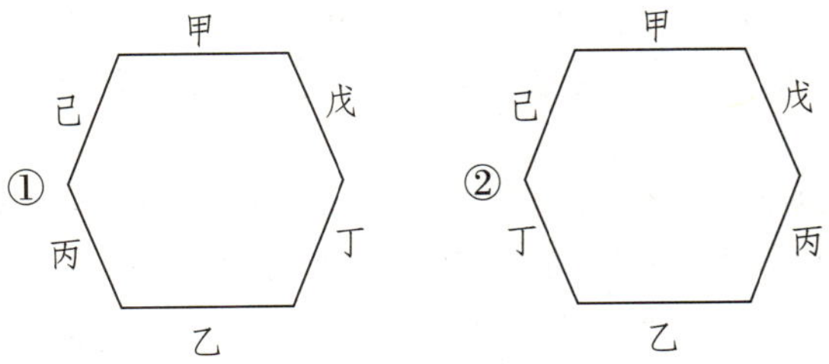

本题还有一种快速解法。根据题干“甲与乙正面相对”可知,除了甲和乙之外还有四个位置,无论丙处于哪个位置,都会与甲或乙其中一位相邻。又知“丙与丁不相邻”,所以丙的另外一侧只能和戊或己相邻,即“如果丙与戊不相邻,则丙与己相邻”,故选 E 项。

29. 答案:E 解析:题干由“计算机不具备完全的自学能力”,得出了“计算机无法达到甚至超过人类的智能水平”的结论。E 项说明“直觉、多层次抽象”是人类特有的,计算机学不会,这就支持了结论,最可能是题干论证的预设。

B 项指的是“理解感情”,C 项指的是社会关系,都与题干无关;A、D 项是对题干的削弱。

30. 答案:B 解析:题干信息可刻画为:(1)交通信号指示不一致→不得录入;(2)有证据证明救助危难→不得录入;(3)已录入的违法记录→完善工作规范∧减少执法争议。

B 项直接对应了题干信息(1)。A 项否定了条件(2)的命题前件,此时后件真假不定,无法由题干推出。C 项属于过度推理,有行车记录仪可以提供视频证据,但未必符合“救助危难”的条件,因而无法根据题干条件(2)做推理。D 项将题干最后一句的“必须”当成了充分条件,所以不选。E 项关键词不匹配,“异议核查、处理”不等于“加强群众监督”。

31. 答案:D 解析:本题考查概念外延之间的关系。条件(2)的“已过中年”与条件(3)的“青年”是互斥的概念,二者没有交集,二者人数相加即可断定 D 项必真。其余各项均无法判断,例如,A 项与条件(3)互为下反对关系,B 项与条件(1)互为下反对关系,都可以为真,但在条件已经为真的前提下这两个选项不必然为真。

32. 答案:C 解析:本题考查定性思考。条件(1)可转化为:至少有 5 名青年女教师;条件(2)可转化为:至少有 6 名中年女教师;条件(3)可转化为:至少有 7 名青年女教师。

如果条件(1)为假,则条件(3)必假,不符合本题条件“上述三句话有两真一假”,故条件(1)必真,即至少有 5 名青年女教师,可推出 C 项为真。

不能根据上一题的结论推断本题的 D 项,因为上一道题的条件是三句话均为真,本题的条件是三句话两真一假,所以结论并不相同。

33. 答案:B 解析:本题要求质疑题干观点,题干观点为:“如果一个企业的办公大楼设计得越完美,装饰越豪华,则该企业离解体时间就越近”,这是一个充分条件假言命题。而 B 项可以刻画为:设计完美装饰豪华∧¬解体(事业蒸蒸日上),这是题干观点的矛盾命题,符合问题要求。其余选项均为过度推理,题干没有涉及。

34. 答案:E 解析:本题考查收敛思维。

A 项不正确,因为当李华没有选择乘坐高铁和飞机的时候,固然他只能选择大巴,但他未必选择与张云同行。(注意不要过度推理)

B、C 项也不正确,因为题干条件(3)说的是“预报”有雨雪,而这两个选项判断的是实际天气。

D 项可以看作否定了条件(2)的后件,但只能得出“高铁票价不比飞机更便宜”,二者有可能持平,所以推不出“飞机票价比高铁更便宜”。

刻画条件(3),得到¬预报→王涛乘坐飞机,等价于¬王涛乘坐飞机→预报,故 E 项正确。

35. 答案:C 解析:整体的属性,在所有叫“李祥”的人这个样本中也应该具备,因此,理论上“李祥”在每个月的中签率应该也接近 1:70。如果 C 项为真,则“李祥”这个名字在所有叫“李祥”的人中,中签率约等于 1:75,低于任意一个名字在所有人中的中签率,这样就有助于消解对主办方作弊的质疑。

E 项是干扰项,因为“李祥”这个名字连续四个月中签,不等于同一个叫“李祥”的市民连续四个月中签;由于不知道四个月被抽中的“李祥”编码是否一致,不能证明主办方有没有作弊。

36. 答案:D 解析:本题考查语境预设,既然“必须制定林果的统一行业标准”,那就说明目前缺少这个标准，即 D 项。可以用否定代入法验证答案，如果目前已经存在同一行业标准，题干的建议就没有意义。

A 项说外形是否相似，C 项说不良影响，E 项说销量，均是无关项。B 项是削弱项。

37. 答案：A　解析：刻画题干如下：(1) 看电影 ∨ 拜访秦玲；(2) 开车回家→¬看电影；(3) 拜访秦玲→事先约定；(4) ¬事先约定。

根据条件(4)，可知条件(3)后件为假，逆否可得张强没有拜访秦玲。由此定位至条件(1)，根据不相容选言命题的否定肯定式，推出张强去看了电影，则条件(2)后件为假。逆否条件(2)可得张强没有开车回家，即 A 项。

38. 答案：A　解析：本科生共有五人，要求选出三人。由于"同一学院或者同一社团至多选派一人"，根据条件(2)和(3)，周艳和徐昂不能同时入选，李环和朱敏不能同时入选。既然这四人中最多选出二人，那么剩下的本科生文琴必定入选。

39. 答案：D　解析：根据条件(1)，唐玲入选则朱敏不能入选；根据条件(3)，朱敏没有入选则李环必定入选，否则本科生将不足三人。

40. 答案：B　解析：本题考查直言命题对当关系和三段论推理。可以直接在前提关键词"常绿植物"和结论关键词"不生长在寒带地区"之间"断桥"，即可得出正确选项。

常规解法是：通过证明题干结论的矛盾命题来进行反驳。先找到结论的矛盾命题：有的阔叶树生长在寒带地区。

将这个命题作拆分：有的阔叶树→(　)→寒带；

刻画已知论据：有的阔叶树→常绿；

此时，逻辑链是：有的阔叶树→常绿→寒带。第一个箭头是题干已知的，所以要补充的前提为第二个箭头：所有常绿植物都生长在寒带地区，即 B 项。

41. 答案：C　解析：根据条件(2)(3)和总数 12 人，以及共有四个年级，符合第三个条件的组合只能是 $2\times3=6$，故可推知四个年级的参赛队员人数分别是 1、2、3、6。故选 C 项。

42. 答案：C　解析：根据题干"一个年级如果选择长跑，就不能选短跑或跳高"，以及"一个年级如果选跳远，就不能选长跑或铅球"的逆否命题，可知选择了长跑的年级不能选择短跑、跳高、跳远，C 项正确。注意，"不可能选择长跑或跳远"的逻辑含义是：既不能选择长跑也不能选择跳远，这个表达方式读者要积累经验。

43. 答案：C　解析：刻画条件(4)得：启动丙→启动甲。结合条件(1)可知，如果启动丙程序，就能查杀已知所有病毒。再根据条件(3)：查杀已知所有病毒→丙能防御一号病毒。可连接逻辑链：启动丙→启动甲→查杀已知所有病毒→丙能防御一号病毒。所以 C 项正确。E 项是干扰项，题干关键词是"查杀已知所有病毒"，而不是"查杀所有病毒"。

44. 答案：B　解析：题干的实验运用了求异法，B 项与之类似。A 项是根据相容选言命题的性质，否定一个选言支从而肯定另外一个；C 项采用求异法，但得到的结论"戴老花眼镜"与"视力清晰度"二者之间的关系，方能与题干结论的因果关系类似；D 项运用了类比的方法而不是求异法；E 项是三段论推理。

45. 答案：C　解析：注意问题中的相反陷阱。本题考查从复杂信息中抽取关键信息的能力，题干可概括为：生员→举人(解元)→贡士(会元)→进士(状元)。由于只有举人才有可能成为会元，即：会元→中举。而 C 项是：会元 ∧ ¬中举。与之矛盾，所以是不可能的。其余各项都可能为真。

46. 答案：E　解析：本题与第 33 题类似。根据题干信息可得：干得出色→被提拔→碌碌无为。而 E 项可以刻画为：干得出色 ∧ ¬碌碌无为。是题干观点的矛盾命题，最能质疑上述观点。

A、B 项均与题干论证无关。C、D 项并未与题干观点构成矛盾,故无法质疑上述观点。

47. 答案:D　解析:题干信息可以刻画为:(1)污水倒入一桶液体→一桶污水;(2)¬加强内部管理→正直能干者被吞没∧无德无才者摧毁部门。D 项否定了条件(2)的后件,进而否定了其前件,符合题干论证,可以由题干推出。

A 项属于否定前件进而否定后件,这样的推理无法成立;B、C 项需要考虑"是否加强了内部管理"这一条件,都不是必然为真;E 项属于肯定后件一个联言支进而肯定前件,此时前件与后件均真假不定,故推不出。

48. 答案:C　解析:题干的前提是:蛋白质如果合成过多会导致自闭症;结论是:自闭症与神经连接蛋白的蛋白质合成量具有重要关联。C 项与题干构建了求异,有助于说明自闭症与神经连接蛋白质合成之间具有因果关系。A、B、E 项分别附加了条件"生活在群体中""性别""老年",这有可能是试验中的差异要素,对于求异实验造成了干扰,反而可能削弱题干观点。D 项未涉及自闭症问题,是无关项。

49. 答案:A　解析:题干推理是:由于世界石油资源短缺、环保问题和全球气候变化,应该大力开发和利用生物燃料,这就必须假设 A 项,否则发展生物燃料没有意义。C 项即使为假,并不影响题干结论的成立,所以不是题干必要的假设。B 项是削弱项,D、E 项与题干结论所述发展生物燃料的必要性无关。

50. 答案:D　解析:本题是自上而下的推论题。题干信息"如果不能在近几年消除结核病,那么还会有数百万人死于结核病"可以刻画成:¬消除结核病→数百万人死于结核病;D 项是这句话的逆否命题。

A 项推不出,因为 870 万只是"新增"患者的数量。

B 项推不出,题干只说疫苗是控制结核病的必要条件,B 项将其当作了充分条件。

C 项存在的问题与 B 项类似。

E 项题干没有涉及。

51. 答案:A　解析:题干条件刻画为:¬信仰→¬底线;信仰→学习,可连成逻辑链:底线→信仰→学习。A 项可以刻画成:底线→学习,与题干匹配。

B 项否定前件进而否定后件,C、D 项肯定后件进而肯定前件,这都是无效的推理形式。

题干的第一句意思是,崇高信仰是守住道德底线的必要条件,这个意思的确可以改写成"因为丧失信仰从而导致没守住道德底线",然而,E 项是溯因推理,其逻辑形式是"¬底线→¬信仰"。

52. 答案:B　解析:专家的观点基于下述两个信息:(1)实验组中只有 18%的人计算准确;(2)实验组受试者的血液中酒精浓度只有酒驾法定值的一半。B 项是对实验结论的概括,如果为真有助于专家的观点成立,所以是支持项。A、C、E 项都是无关项;D 项如果为真,说明专家建议是没必要的,有削弱作用。

53. 答案:D　解析:注意问题中的相反陷阱。

题干给出了两个现象:(1)人的智商随着时间的增长会发生变化;(2)智商增加的学生脑部灰质含量会变多。A 项指出"智商会发生变化"匹配了现象(1);B、C 项指出两个现象具有相关性(C 项所说的"大脑结构变化"与题干中的"脑部灰质含量会变多"关键词并不匹配,此处选项表述不严谨);E 项表明灰质含量会发生变化,可以支持现象(2)。

而 D 项说明的是学生智商和在校表现的相关性,既不能说明个体智商的变化,也不能说明灰质含量的变化。

本题阅卷答案是 D 项,但这个答案存疑。结论一边说"智商变化",一边说"表现不突出成为佼佼者",如果 D 项为假,这二者之间就没有联系了。因此这个选项也可以看作题干结论的隐含假设,也属于必要的支持,故本题实际没有正确答案。

这道题考查考生是否能发现前提和结论中的特征,即便阅卷答案没有问题,也不容易选对,因此,考生不必纠结,掌握考查方向、印证考试命题规律(考查抓特征的能力)即可。

54. 答案:D　解析:根据本题附加条件"只有一家公司招聘物理专业",以及条件(2),可知怡和公司没有招聘物理专业。根据条件(2)和(3),可知怡和公司没有招聘文秘专业(否则风云也招聘)。再结合条件(5)的逆否命题,可以知道宏宇公司招聘了文秘专业。又根据条件(3)得知宏宇公司没有招聘物理专业。已知"只有一家公司招聘物理专业",三家公司排除了两家,则只有风云公司招聘物理专业。

55. 答案:D　解析:本题的关键在于两点:

(1)把前两个条件改写为假言命题(用"如果……那么……"重新造句子)。

(2)根据条件(2)和条件(3),可知怡和公司不招聘文秘专业。结合条件(4)的逆否命题,可知怡和公司也没有招聘管理专业。

思路一:

由于怡和公司需要在剩下的四个专业中选择招聘三个专业,可以结合条件(1)的逆否命题来考虑:如果不招聘数学,则不招聘化学,此时只剩两个专业可以招聘,违背了本题附加条件。故怡和必然招聘数学专业。再根据条件(2),确定D项为真。

思路二:

本题还可以采用逆向思考来解决。问题问的是能得出以下哪项,我们可以假设选项为假,代入题干看是否与题干信息矛盾。

设A项为假,风云不招聘化学,根据条件(2),怡和也不招聘。由于确定怡和不招聘管理和文秘,故在这个假设下,怡和只剩下数学、物理和法学三个专业可以招聘,根据本题附加条件,这三个专业全部入选怡和的招聘清单,与题干条件不矛盾(此时即可排除A项,因为当该项为假时并不导致矛盾,说明该项真假不定)。此时根据条件(2)可知,风云也招聘数学专业。

而如果A项为真,风云招聘化学,根据条件(1),它也必须招聘数学,所以D项必真。

如果要验证D项,可以设它为假,即风云不招聘数学。根据条件(2)的逆否命题,怡和也不招聘数学。再结合条件(1)的逆否命题,怡和不招聘化学。由于确定怡和不招聘管理和文秘,此时怡和只剩下两个专业可以招聘,与本题条件违背,故D项不可能为假,必真。

补充说明:

这道题中,A项可以简单排除:由题意,招了化学就要招数学。如果A项"风云公司招了化学"成立,则D项"风云招数学"也成立,就出现了两个正确答案,所以排除A项。

有同学提出,排除A项后,可以直接逆否条件(2)得到怡和也不招聘化学,结合分析,怡和不招聘管理和文秘,故六个专业中只剩下三个专业能选择,所以B、E项都对。

其问题就是在于不能直接逆否条件(2),这个推理起点有问题:虽然排除A项,最多意味着"风云公司不必然招化学",而不意味着风云公司不可能招聘化学。根据思路二的分析,无论风云是否招聘化学,数学都是必然招聘的。把真假不定的选项作为推理起点,其后续推理自然就会出问题。

故本题实际是找出必然为真的选项,要排除的选项不仅是必假项,还包括真假不定的选项。

2014年
入学管理类综合能力逻辑真题

26. 随着光纤网络带来的网速大幅度提高,高速下载电影、在线看大片等都不再是困扰我们的问题。即使在社会生产力发展水平较低的国家,人们也可以通过网络随时随地获得最快的信息、最贴心的服务和最佳体验。有专家据此认为:光纤网络将大幅提高人们的生活质量。

以下哪项如果为真,最能质疑该专家的观点?

A. 网络上所获得的贴心服务和美妙体验有时是虚幻的。

B. 即使没有光纤网络,同样可以创造高品质的生活。

C. 随着高速网络的普及,相关上网费用也随之增加。

D. 人们生活质量的提高仅决定于社会生产力的发展水平。

E. 快捷的网络服务可能使人们将大量时间消耗在娱乐上。

27. 李栋善于辩论,也喜欢诡辩。有一次他论证道:“郑强知道数字 87654321,陈梅家的电话号码正好是 87654321,所以,郑强知道陈梅家的电话号码。”

以下哪项与李栋论证中所犯的错误最为类似?

A. 中国人是勤劳勇敢的,李岚是中国人,所以,李岚是勤劳勇敢的。

B. 金砖是由原子构成的,原子不是肉眼可见的,所以,金砖不是肉眼可见的。

C. 黄兵相信晨星在早晨出现,而晨星其实就是暮星,所以,黄兵相信暮星在早晨出现。

D. 张冉知道如果 1:0的比分保持到终场,他们的队伍就出线。现在张冉听到了比赛结束的哨声,所以,张冉知道他们的队伍出线了。

E. 所有蚂蚁是动物,所以,所有大蚂蚁是大动物。

28. 陈先生在鼓励他孩子时说道:“不要害怕暂时的困难和挫折。不经历风雨怎么见彩虹?”他孩子不服气地说:“您说得不对。我经历了那么多风雨,怎么就没见到彩虹呢?”

陈先生孩子的回答最适宜用来反驳以下哪项?

A. 如果想见到彩虹,就必须经历风雨。

B. 只要经历了风雨,就可以见到彩虹。

C. 只有经历风雨,才能见到彩虹。

D. 即使经历了风雨,也可能见不到彩虹。

E. 即使见到了彩虹,也不是因为经历了风雨。

29. 在某次考试中,有 3 个关于北京旅游景点的问题,要求考生每题选择某个景点的名称作为唯一答案。其中 6 位考生关于上述 3 个问题的答案依次如下:

第一位考生:天坛、天坛、天安门;

第二位考生:天安门、天安门、天坛;

第三位考生:故宫、故宫、天坛;

第四位考生:天坛、天安门、故宫;

第五位考生:天安门、故宫、天安门;

第六位考生:故宫、天安门、故宫。

考试结果表明,每位考生都至少答对其中 1 道题。

根据以上陈述,可知这3个问题的正确答案依次是:

A. 天坛、故宫、天坛。　　　　B. 故宫、天安门、天安门。

C. 天安门、故宫、天坛。　　　D. 天坛、天坛、故宫。

E. 故宫、故宫、天坛。

30. 人们普遍认为适量的体育运动能够有效降低中风的发生率,但科学家还注意到有些化学物质也有降低中风风险的效用。番茄红素是一种让番茄、辣椒、西瓜和番木瓜等果蔬呈现红色的化学物质。研究人员选取一千余名年龄在46至55岁之间的人,进行了长达12年的跟踪调查,发现其中番茄红素水平最高的四分之一的人中有11人中风,番茄红素水平最低的四分之一的人中有25人中风。他们由此得出结论:番茄红素能降低中风的发生率。

以下哪项如果为真,最能对上述研究结论提出质疑?

A. 番茄红素水平较低的中风者中有三分之一的人病情较轻。

B. 吸烟、高血压和糖尿病等会诱发中风。

C. 如果调查56至65岁之间的人,情况也许不同。

D. 番茄红素水平高的人约有四分之一喜爱进行适量的体育运动。

E. 被跟踪的另一半人中有50人中风。

31. 最新研究发现,恐龙腿骨化石都有一定的弯曲度,这意味着恐龙其实并没有人们想象的那么重。以前根据其腿骨为圆柱形的假定计算动物体重时,会使得计算结果比实际体重高出1.42倍。科学家由此认为,过去那种计算方式高估了恐龙腿部所能承受的最大身体重量。

以下哪项如果为真,最能支持上述科学家的观点?

A. 恐龙腿骨所能承受的重量比之前人们所认为的要大。

B. 恐龙身体越重,其腿部骨骼也越粗壮。

C. 圆柱形腿骨能够承受的重量比弯曲的腿骨大。

D. 恐龙腿部的肌肉对于支撑其体重作用不大。

E. 与陆地上的恐龙相比,翼龙的腿骨更接近圆柱形。

32. 已知某班共有25位同学,女生中身高最高者与最矮者相差10厘米;男生中身高最高者与最矮者则相差15厘米。小明认为,根据已知信息,只要再知道男生、女生最高者的具体身高,或者再知道男生、女生的平均身高,均可确定全班同学中身高最高者与最低者之间的差距。

以下哪项如果为真,最能构成对小明观点的反驳?

A. 根据已知信息,如果不能确定全班同学中身高最高者与最低者之间的差距,则也不能确定男生、女生最高者的具体身高。

B. 根据已知信息,即使确定了全班同学中身高最高者与最低者之间的差距,也不能确定男生、女生的平均身高。

C. 根据已知信息,如果不能确定全班同学中身高最高者与最低者之间的差距,则既不能确定男生、女生最高者的具体身高,也不能确定男生、女生的平均身高。

D. 根据已知信息,尽管再知道男生、女生的平均身高,也不能确定全班同学中身高最高者与最低者之间的差距。

E. 根据已知信息,仅仅再知道男生、女生最高者的具体身高,就能确定全班同学中身高最高者与最低者之间的差距。

33. 近10年来,某电脑公司的个人笔记本电脑的销量持续增长,但其增长率低于该公司所有产品总销量的增长率。

以下哪项关于该公司的陈述与上述信息相冲突?

A. 近10年来,该公司个人笔记本电脑的销量每年略有增长。

B. 近10年来,该公司产品总销量增长率与个人笔记本电脑的销量增长率每年同时增长。

C. 个人笔记本电脑的销量占该公司产品总销量的比例近10年来由68%上升到72%。

D. 近10年来,该公司个人笔记本电脑的销量占该公司产品总销量的比例逐年下降。

E. 个人笔记本电脑的销量占该公司产品总销量的比例近10年来由64%下降到49%。

34. 学者张某说:“问题本身并不神秘,因与果也不仅仅是哲学家的事。每个凡夫俗子一生之中都将面临许多问题,但分析问题的方法与技巧却很少有人掌握,无怪乎华尔街的分析大师们趾高气扬、身价百倍。”

以下哪项如果为真,最能反驳张某的观点?

A. 掌握分析问题的方法与技巧对多数人来说很重要。

B. 凡夫俗子中很少有人掌握分析问题的方法与技巧。

C. 华尔街的分析大师们大都掌握分析问题的方法与技巧。

D. 有些凡夫俗子一生之中将要面临的问题并不多。

E. 有些凡夫俗子可能不需要掌握分析问题的方法与技巧。

35. 实验发现,孕妇适当补充维生素D可降低新生儿感染呼吸道合胞病毒的风险。科研人员检测了156名新生儿脐带血中维生素D的含量,其中54%的新生儿被诊断为维生素D缺乏,这当中有12%的孩子在出生后一年内感染了呼吸道合胞病毒,这一比例远高于维生素D正常的孩子。

以下哪项如果为真,最能对科研人员的上述发现提供支持?

A. 维生素D具有多种防病健体功能,其中包括提高免疫系统功能、促进新生儿呼吸系统发育、预防新生儿呼吸道病毒感染等。

B. 科研人员实验时所选的新生儿在其他方面跟一般新生儿的相似性没有得到明确验证。

C. 孕妇适当补充维生素D可降低新生儿感染流感病毒的风险,特别是在妊娠后期补充维生素D,预防效果会更好。

D. 上述实验中,46%补充维生素D的孕妇所生的新生儿也有一些在出生一年内感染呼吸道合胞病毒。

E. 上述实验中,54%的新生儿维生素D缺乏是由于他们的母亲在妊娠期间没有补充足够的维生素D造成的。

36. 英国有家小酒馆采取客人吃饭付费“随便给”的做法,即让顾客享用葡萄酒、蟹柳及三文鱼等美食后,自己决定付账金额。大多数顾客均以公平或慷慨的态度结账,实际金额比那些酒水菜肴本来的价格高出20%。该酒馆老板另有4家酒馆,而这4家酒馆每周的利润与付账“随便给”的酒馆相比少5%。这位老板因此认为,“随便给”的营销策略很成功。

以下哪项如果为真,最能解释老板营销策略的成功?

A. 部分顾客希望自己看上去有教养,愿意掏足够甚至更多的钱。

B. 如果客人所付低于成本价格,就会受到提醒而补足差价。

C. 另外4家酒馆位置不如这家“随便给”酒馆。

D. 客人常常不知道酒水菜肴的实际价格,不知道该付多少钱。

E. 对于过分吝啬的顾客,酒馆老板常常也无可奈何。

37~38题基于以下题干

某公司年度审计期间,审计人员发现一张发票,上面有赵义、钱仁礼、孙智、李信4个签名,签名者的身份各不相同,是经办人、复核、出纳或审批领导之中的一个,且每个签名都是本人所签。询问4位相关人员,得到以下回答:

赵义:审批领导的签名不是钱仁礼。

钱仁礼:复核的签名不是李信。

孙智:出纳的签名不是赵义。

李信:复核的签名不是钱仁礼。

已知上述每个回答中,如果提到的人是经办人,则该回答为假;如果提到的人不是经办人,则为真。

37. 根据以上信息,可以得出经办人是:

A. 赵义。
B. 钱仁礼。
C. 孙智。
D. 李信。
E. 无法确定。

38. 根据以上信息,该公司的复核与出纳分别是:

A. 李信、赵义。
B. 孙智、赵义。
C. 钱仁礼、李信。
D. 赵义、钱仁礼。
E. 孙智、李信。

39. 长期以来,人们认为地球是已知唯一能支持生命存在的星球,不过这一情况开始出现改观。科学家近期指出,在其他恒星周围,可能还存在着更加宜居的行星。他们尝试用崭新的方法开展地外生命搜索,即搜寻放射性元素钍和铀。行星内部含有这些元素越多,其内部温度就会越高,这在一定程度上有助于行星的板块运动,而板块运动有助于维系行星表面的水体,因此板块运动可被视为行星存在宜居环境的标志之一。

以下哪项最可能是科学家的假设?

A. 行星如能维系水体,就可能存在生命。
B. 行星板块运动都是由放射性元素钍和铀驱动的。
C. 行星内部温度越高,越有助于它的板块运动。
D. 没有水的行星也可能存在生命。
E. 虽然尚未证实,但地外生命一定存在。

40. 为了加强学习型机关建设,某机关党委开展了菜单式学习活动,拟开设课程有"行政学""管理学""科学前沿""逻辑"和"国际政治"等5门课程,要求其下属的4个支部各选择其中两门课程进行学习。已知:第一支部没有选择"管理学""逻辑",第二支部没有选择"行政学""国际政治",只有第三支部选择了"科学前沿"。任意两个支部所选课程均不完全相同。

根据上述信息,关于第四支部的选课情况可以得出以下哪项?

A. 如果没有选择"行政学",那么选择了"管理学"。
B. 如果没有选择"管理学",那么选择了"国际政治"。
C. 如果没有选择"行政学",那么选择了"逻辑"。
D. 如果没有选择"管理学",那么选择了"逻辑"。
E. 如果没有选择"国际政治",那么选择了"逻辑"。

41. 有气象专家指出,全球变暖已经成为人类发展最严重的问题之一,南北极地区的冰川由于全球变暖而加速融化,已导致海平面上升;如果这一趋势不变,今后势必淹没很多地区。但近几年来,北半球许多地区的民众在冬季感到相当寒冷,一些地区甚至出现了超强降雪和超低气温,人们觉得对近期气候的确切描述似乎更应该是"全球变冷"。

以下哪项如果为真,最能解释上述现象?

A. 除了南极洲,南半球近几年冬季的平均温度接近常年。

B. 近几年来,全球夏季的平均气温比常年偏高。

C. 近几年来,由于两极附近海水温度升高导致原来洋流中断或者减弱,而北半球经历严寒冬季的地区正是原来暖流影响的主要区域。

D. 近几年来,由于赤道附近海水温度升高导致了原来洋流增强,而北半球经历严寒冬季的地区不是原来寒流影响的主要区域。

E. 北半球主要是大陆性气候，冬季和夏季的温差通常比较大，近年来冬季极地寒流南侵比较频繁。

42. 这两个《通知》或者属于规章或者属于规范性文件，任何人均无权依据这两个《通知》将本来属于当事人选择公证的事项规定为强制公证的事项。

根据以上信息，可以得出以下哪项？

A. 规章或者规范性文件既不是法律，也不是行政法规。

B. 规章或规范性文件或者不是法律，或者不是行政法规。

C. 这两个《通知》如果一个属于规章，那么另一个属于规范性文件。

D. 这两个《通知》如果都不属于规范性文件，那么就属于规章。

E. 将本来属于当事人选择公证的事项规定为强制公证的事项属于违法行为。

43. 若一个管理者是某领域优秀的专家学者，则他一定会管理好公司的基本事务；一位品行端正的管理者可以得到下属的尊重；但是对所有领域都一知半解的人一定不会得到下属的尊重。浩瀚公司董事会只会解除那些没有管理好公司基本事务者的职务。

根据以上信息，可以得出以下哪项？

A. 浩瀚公司董事会不可能解除品行端正的管理者的职务。

B. 浩瀚公司董事会解除了某些管理者的职务。

C. 浩瀚公司董事会不可能解除受下属尊重的管理者的职务。

D. 作为某领域优秀专家学者的管理者，不可能被浩瀚公司董事会解除职务。

E. 对所有领域都一知半解的管理者，一定会被浩瀚公司董事会解除职务。

44. 某国大选在即，国际政治专家陈研究员预测：选举结果或者是甲党控制政府，或者是乙党控制政府。如果甲党赢得对政府的控制权，该国将出现经济问题；如果乙党赢得对政府的控制权，该国将陷入军事危机。

根据陈研究员上述预测，可以得出以下哪项？

A. 该国可能不会出现经济问题也不会陷入军事危机。

B. 如果该国出现经济问题，那么甲党赢得了对政府的控制权。

C. 该国将出现经济问题，或者将陷入军事危机。

D. 如果该国陷入了军事危机，那么乙党赢得了对政府的控制权。

E. 如果该国出现了经济问题并且陷入了军事危机，那么甲党与乙党均赢得了对政府的控制权。

45. 某大学顾老师在回答有关招生问题时强调："我们学校招收一部分免费师范生，也招收一部分一般师范生。一般师范生不同于免费师范生。没有免费师范生毕业时可以留在大城市工作，而一般师范生毕业时都可以选择留在大城市工作，任何非免费师范生毕业时都需要自谋职业，没有免费师范生毕业时需要自谋职业。"

根据顾老师的陈述，可以得出以下哪项？

A. 该校需要自谋职业的大学生都可以选择留在大城市工作。

B. 不是一般师范生的该校大学生都是免费师范生。

C. 该校需要自谋职业的大学生都是一般师范生。

D. 该校所有一般师范生都需要自谋职业。

E. 该校可以选择留在大城市工作的唯一一类毕业生是一般师范生。

46. 某单位有负责网络、文秘以及后勤的三名办公人员：文珊、孔瑞和姚薇，为了培养年轻干部，领导决定她们三人在这三个岗位之间实行轮岗，并将她们原来的工作间 110 室、111 室和 112 室也进行了轮换。结果，原本负责后勤的文珊接替了孔瑞的文秘工作，由 110 室调到了 111 室。

根据以上信息，可以得出以下哪项？

A. 姚薇接替孔瑞的工作。　B. 孔瑞接替文珊的工作。

C. 孔瑞被调到了 110 室。　D. 孔瑞被调到了 112 室。

E. 姚薇被调到了 112 室。

47. 某小区业主委员会的 4 名成员晨桦、建国、向明和嘉媛围坐在一张方桌前(每边各坐一人)讨论小区大门旁的绿化方案。4 人的职业各不相同,每个人的职业是高校教师、软件工程师、园艺师或邮递员之中的一种。已知:晨桦是软件工程师,他坐在建国的左手边;向明坐在高校教师的右手边;坐在建国对面的嘉媛不是邮递员。

根据以上信息,可以得出以下哪项?

A. 嘉媛是高校教师,向明是园艺师。

B. 向明是邮递员,嘉媛是园艺师。

C. 建国是邮递员,嘉媛是园艺师。

D. 建国是高校教师,向明是园艺师。

E. 嘉媛是园艺师,向明是高校教师。

48. 兰教授认为:不善于思考的人不可能成为一名优秀的管理者,没有一个谦逊的智者学习占星术,占星家均学习占星术,但是有些占星家却是优秀的管理者。

以下哪项如果为真,最能反驳兰教授的上述观点?

A. 有些占星家不是优秀的管理者。

B. 有些善于思考的人不是谦逊的智者。

C. 所有谦逊的智者都是善于思考的人。

D. 谦逊的智者都不是善于思考的人。

E. 善于思考的人都是谦逊的智者。

49. 不仅人上了年纪会难以集中注意力,就连蜘蛛也有类似的情况。年轻蜘蛛结的网整齐均匀,角度完美;年老蜘蛛结的网可能出现缺口,形状怪异。蜘蛛越老,结的网就越没有章法。科学家由此认为,随着时间的流逝,这种动物的大脑也会像人脑一样退化。

以下哪项如果为真,最能质疑科学家的上述论证?

A. 优美的蛛网更容易受到异性蜘蛛的青睐。

B. 年老蜘蛛的大脑较之年轻蜘蛛,其脑容量明显偏小。

C. 运动器官的老化会导致年老蜘蛛结网能力下降。

D. 蜘蛛结网只是一种本能的行为,并不受大脑控制。

E. 形状怪异的蛛网较之整齐均匀的蛛网,其功能没有大的差别。

50. 某研究中心通过实验对健康男性和女性听觉的空间定位能力进行了研究。起初,每次只发出一种声音,要求被试者说出声源的准确位置,男性和女性都非常轻松地完成了任务;后来,多种声音同时发出,要求被试者只关注一种声音并对声源进行定位,与男性相比,女性完成这项任务要困难得多,有时她们甚至认为声音是从声源相反方向传来的。研究人员由此得出:在嘈杂环境中准确找出声音来源的能力,男性要胜过女性。

以下哪项如果为真,最能支持研究者的结论?

A. 在实验使用的嘈杂环境中,有些声音是女性熟悉的声音。

B. 在实验使用的嘈杂环境中,有些声音是男性不熟悉的声音。

C. 在安静的环境中,女性注意力更易集中。

D. 在嘈杂的环境中,男性注意力更易集中。

E. 在安静的环境中,人的注意力容易分散;在嘈杂的环境中,人的注意力容易集中。

51. 孙先生的所有朋友都声称,他们知道某人每天抽烟至少两盒,而且持续了 40 年,但身体一直不错。不过可以确信的是，孙先生并不知道有这样的人，在他的朋友中也有像孙先生这样不知情的。

根据以上信息，可以得出以下哪项？

A. 抽烟的多少和身体健康与否无直接关系。

B. 朋友之间的交流可能会夸张，但没有人想故意说谎。

C. 孙先生的每位朋友知道的烟民一定不是同一个人。

D. 孙先生的朋友中有人没有说真话。

E. 孙先生的大多数朋友没有说真话。

52. 现有甲、乙两所高校，根据上年度的教育经费实际投入统计，若仅仅比较在校本科生的学生人均投入经费，甲校等于乙校的86%；但若比较所有学生（本科生加上研究生）的人均经费投入，甲校是乙校的118%。各校研究生的人均经费投入均高于本科生。

根据以上信息，最可能得出以下哪项？

A. 上年度，甲校学生总数多于乙校。

B. 上年度，甲校研究生人数少于乙校。

C. 上年度，甲校研究生占该校学生的比例高于乙校。

D. 上年度，甲校研究生人均经费投入高于乙校。

E. 上年度，甲校研究生占该校学生的比例高于乙校，或者甲校研究生人均经费投入高于乙校。

53～55题基于以下题干

孔智、孟睿、荀慧、庄聪、墨灵、韩敏等6人组成一个代表队参加某次棋类大赛，其中两人参加围棋比赛，两人参加中国象棋比赛，还有两人参加国际象棋比赛。有关他们具体参加比赛项目的情况还需满足以下条件：

（1）每位选手只能参加一个比赛项目；

（2）孔智参加围棋比赛，当且仅当庄聪和孟睿都参加中国象棋比赛；

（3）如果韩敏不参加国际象棋比赛，那么墨灵参加中国象棋比赛；

（4）如果荀慧参加中国象棋比赛，那么庄聪不参加中国象棋比赛；

（5）荀慧和墨灵至少有一人不参加中国象棋比赛。

53. 如果荀慧参加中国象棋比赛，那么可以得出以下哪项？

A. 庄聪和墨灵都参加围棋比赛。
B. 孟睿参加围棋比赛。
C. 孟睿参加国际象棋比赛。
D. 墨灵参加国际象棋比赛。
E. 韩敏参加国际象棋比赛。

54. 如果庄聪和孔智参加相同的比赛项目，且孟睿参加中国象棋比赛，那么可以得出以下哪项？

A. 墨灵参加国际象棋比赛。
B. 庄聪参加中国象棋比赛。
C. 孔智参加围棋比赛。
D. 荀慧参加围棋比赛。
E. 韩敏参加中国象棋比赛。

55. 根据题干信息，以下哪项可能为真？

A. 庄聪和韩敏参加中国象棋比赛。

B. 韩敏和荀慧参加中国象棋比赛。

C. 孔智和孟睿参加围棋比赛。

D. 墨灵和孟睿参加围棋比赛。

E. 韩敏和孔智参加围棋比赛。

2014年入学管理类综合能力逻辑真题解析

答案速查:DCBBE　CDCDA/E　BCDAD　CDDCD　DBEDD　DEEDD

26. 答案:D　解析:题干的结论是:光纤网络将大幅提高人们的生活质量。这是在断定因果关系。D项指出,生产力发展水平是决定生活质量的唯一因素,这就割裂了“光纤网络”与“生活质量”之间的因果关系,故削弱力度最强。

A项说“有时”、E项说“可能”,而且没有明确提到“生活质量”,削弱力度均不如D项。B项说“没有光纤网络”,不能削弱“有光纤网络”的情况;C项说上网费用,是无关项。

27. 答案:C　解析:本题要求识别论证中的特征进而识别谬误。题干的谬误是把客观事实当成了主观认知,“正好是”不等于“知道”,电话号码客观上是某个数字组合,不等于某人认知到了这一点。C项与之类似。其余各项错误类型均与之不同:

A项是“分解谬误”,将集合概念偷换成非集合概念,但是整体具备的属性,个体未必具备。

B项是“合成谬误”,个体具备的属性,整体未必具备。

D项的问题在于缺少前提,“1:0的比分保持到终场”这个前提是否存在是未知的。

E项偷换了概念,大蚂蚁的“大”与大动物的“大”内涵不同。

28. 答案:B　解析:题干要求寻找陈先生孩子的回答的矛盾命题。孩子的话可以刻画为:“经历风雨∧¬见彩虹”,其矛盾命题是“经历风雨→见彩虹”。因此,陈先生孩子的回答最适宜用来反驳B项。

29. 答案:B　解析:本题可采用代入法。根据“每位考生都至少答对其中1道题”,如果A项为真,则第六位考生全部答错了,说明A项不选。同理,根据第四位考生的答案可以排除C项,根据第二位考生的答案可以排除D项,根据第一位考生的答案可以排除E项。只有B项符合题干的要求,答案选B项。

30. 答案:E　解析:为叙述方便,记“番茄红素水平最高的1/4”为甲组,“番茄红素水平最低的1/4”为乙组,其余的一半人为丙组。其中甲组和乙组人数是一样的,而丙组人数是甲组和乙组的两倍。题干根据甲组相对于乙组,番茄红素水平较高,但中风比例较低,得出结论:番茄红素能降低中风的发生率。这是求异法得出的因果关系。

如果E项断定为真,说明丙组相对于乙组,番茄红素水平较高,但中风比例却是一样的,这说明,存在差异要素的情况下,没有差异结果,求异失败,是对题干结论因果关系的质疑,削弱力度最强。

A项说的是中风的轻重,而题干说的是中风发生的概率,话题关键词不一致。B、C项与题干论证无关,因为题干要求削弱番茄红素水平与中风发生概率之间的共变关系。D项无法削弱题干,因为乙组喜爱运动的人比例是未知的,不能过度推理。

31. 答案:C　解析:根据题干陈述可得:按圆柱形腿骨计算体重,会比弯曲腿骨所支撑的实际重量重。C项是题干的隐含假设,如果圆柱形腿部能承受的重量比弯曲的腿骨大,那就有力地证明了过去按圆柱形腿骨计算确实高估了恐龙腿部所能承受的最大身体重量。C项如果不成立,题干科学家的观点就不能成立。

A项与题干陈述方向相反。题干涉及的是腿骨的形状而不是粗细或肌肉,故B、D项与题干无关。E项也是无关项。

32. 答案:D　解析:小明的观点可以刻画为:知道最高身高∨知道平均身高→高低差距。D

项可以刻画为:知道平均身高∧¬确定高低差距。肯定了小明观点的前件(其前件是个相容选言命题,肯定一个选言支即可肯定整个选言命题),并否定其后件,是小明观点的矛盾命题。因此,如果D项为真,则小明的断定为假。

A项是题干逆否命题的进一步推理,与题干不构成矛盾;B项肯定了小明观点的后件,也无法与题干构成矛盾;C项是题干的逆否命题,与题干等价,不构成反驳;E项直接支持了题干。

33. 答案:C 解析:注意此题的相反陷阱。

题干断定,个人笔记本电脑的增长率低于所有产品总销量的增长率,这就意味着个人笔记本电脑的增长速度相对更慢。在计算个人笔记本电脑销量占产品总销量的比例时,分子增长速度低于分母的增长速度,则意味着比值降低,因此C项的断定是与之相冲突的。

题干涉及两个增长率的比较,A、B项与题干信息不矛盾,D、E项都有助于说明题干信息,排除。

34. 答案:D 解析:D项是题干中“每个凡夫俗子一生之中都将面临许多问题”的矛盾命题,直接削弱了张某的观点。A、B、C项均有助于题干论证的成立,故无法用于反驳张某观点。题干并没有表示凡夫俗子需要掌握分析问题的方法与技巧,故E项无法削弱题干。

35. 答案:A 解析:根据问题要找题干中的“发现”,定位到关键信息是题干第一句。

题干根据“缺乏维生素D的新生儿感染病毒概率较高”,得出“孕妇补充维生素D可降低新生儿感染病毒的风险”的结论。要让题干的论证成立,就需要在前提和结论之间构建关联,A项搭桥了“维生素D”和“呼吸道病毒”,E项搭桥了“新生儿”和“孕妇”。

本题阅卷答案是A,其实如果E项为真,也能够支持题干的因果关系。可以用否定代入法来验证:如果新生儿维生素D的缺乏与妊娠期间母亲没有补充维生素D无关,那么,即使孕妇补充维生素D,也无法影响到新生儿,结论就被削弱了。

考生不必担心考场遇到类似情况如何选,因为这种几千分之一的命题失误要是碰上的话也算是见证历史了。考场上你要是觉得题命错了,基本上都是错觉。

B项质疑了样本有效性,是削弱项;C项讲的是流感病毒,与题干无关;D项也是削弱项,故意引导考生耗费精力推导数量关系。

36. 答案:B 解析:问题要求解释“随便给”营销策略利润更高的原因。B项说明,“随便给”的策略要求人们至少付够食物的成本,说明这项策略不会赔钱只会赚钱,有助于说明“利润更高”。A项中说的是“部分顾客”,范围大小不定,故解释力度不如B项。C、D、E项均无法解释营销策略的成功,是无关项。

本题严格来说命题不算严谨,因为,首先,题干已经阐明可以“自己决定付账金额”,B项陈述与题干预设的这一点是相违背的,这种情况在其他年份真题的解释题型中一般不会出现,读者在继续做题时可以留意一下;其次,题干也说了“大多数顾客”均以公平或慷慨的态度结账,实际上A项的“部分顾客”可以匹配它;最后,题干要求解释的是“利润更高”,而B项最多说明收入会大于成本,但是这与其他没有采用“随便给”策略的餐馆并无区别,所以也不能充分解释“利润”问题。公允地说,A、B项都有解释作用,但都不是充分的解释,硬要比较力度强弱恐怕很难;本书之所以在此题建议选择阅卷答案B项,是基于一个在真题中经常出现的现象:问“最能(支持、削弱、解释)”的题目,选项中带有“有的”以及同义词语的,一般不会作为答案;另外,论证逻辑选项中的假言命题,由于符合条件思维的原则,往往可以优先考虑,这一点,笔者在讲解形式逻辑假言命题的时候做过阐述。换句话说,这道题与第35题一样,命题的选项设计存在不足。

37. 答案:C 解析:本题的选项特征是“要素单举”,可将选项代入题干验证。以A项为例,假设经办人是赵义,那么根据题干条件,孙智说的话“出纳的签名不是赵义”其内容就应该是假的,说明“赵义是出纳”,这与“经办人是赵义”的假设矛盾,所以验证失败,排除。同理,B、D项都会产生自相矛盾，故以上三个选项都不能选。既然四人中可以排除三个人，那么剩下的孙智自然是经办人，答案为C项。

38. 答案：D　解析：由于上一题和本题都未附加条件，所以上一题得出的结论仍然适用于本题，故孙智是经办人，排除B、E项。这里需要解释一个汉语的语言现象：问题中如果问到了两个情况，那么回答时（选项中）一般按照提问的顺序进行匹配，故而可以默认每个选项列举的第一个都是在回答“复核”是谁。这种情况比较常见，考生在接下来的练习中也可以注意。但是要提醒一点，2018年入学考试第54~55题的题干，列举了四对选手的比分，题干中已经阐明是“按分差大小排列”，故不能默认是按照从左到右的顺序排列的，否则，按照语言规范，可以默认列举的顺序就是从左到右的四队选手的比分。

由钱、李、赵都不是经办人，又知“如果提到的人不是经办人，则该回答为真”，可得题干四句话全部为真。由第三句话为真，可排除A、B项；由第四句话为真，可排除C项。因此答案为D项。

39. 答案：A　解析：题干结论是最后一句：“板块运动可被视为行星存在宜居环境的标志之一”；题干论据是“板块运动有助于维系行星表面的水体”，需要在“水体”和“宜居”之间构建关联，即A项。

题干论证的成立无需假设“行星板块运动都是由放射性元素钍和铀驱动的”，因为题干仅仅指出“行星内部含有这些元素越多……在一定程度上有助于板块运动”，这些元素并不是行星板块运动的必要条件，故B项不选。C项是题干信息的篡改，题干原文是“一定程度上有助于”。D项无法在“水”和“生命”之间建立关联，不必假设。E项是主观臆断，缺少依据。

40. 答案：D　解析：问题目标是找到第四支部的选择。根据题干“第一支部没有选择‘管理学’和‘逻辑’”，以及“只有第三支部选择了‘科学前沿’”，说明第一支部选择了五门课程中剩下的两项：“国际政治”和“行政学”；同理可得，第二支部选择了“管理学”和“逻辑”。由此，根据“任意两个支部所选课程均不完全相同”可以推断，第四支部只有在第一支部的选择中挑一个，在第二支部的选择中挑一个，才能满足条件。

那么第四支部在“国际政治”和“行政学”中选择且仅选择一个，在“管理学”和“逻辑”中选择且仅选择一个。D项符合上述第二个命题的否定肯定式。

41. 答案：C　解析：本题要求解释“全球变暖”和“北半球变冷”之间的矛盾。C项“两极附近海水温度升高”可以对应“全球变暖”，“原来洋流中断或者减弱（原来是暖流）”解释了“北半球变冷”，为最佳选项。

A、B项无法解释“北半球变冷”；E项无法解释为何“全球变暖”。D项是干扰项，注意不可过度推理为“北半球经历严寒冬季的地区‘现在是’寒流影响的主要区域”，故无法解释“北半球变冷”。

42. 答案：D　解析：“两个《通知》或者属于规章或者属于规范性文件”是一个相容选言命题，根据相容选言命题的否定肯定式，否定一个选言支，则必须肯定另外一个选言支，所以D项正确。

题干没有提及“法律”和“行政法规”，因此，A、B项均不能得出。

C项不能得出，因为两个《通知》也可能都属于规章。

E项是过度推理，“无权”做某事，不等于这样做了就是“违法行为”，因为还有违规行为。

43. 答案：D　解析：题干条件刻画如下：(1)某领域优秀专家→管理好公司的基本事务；(2)品行端正→得到尊重；(3)对所有领域一知半解→得不到尊重；(4)被解除职务→没有管理好公司基本事务。(4)的逆否形式为：管理好公司基本事务→不会被解除职务。与(1)连接可得：某领域优秀专家→不会被解除职务，匹配D项。

注意，否定“对所有领域一知半解”，不等于就是“某领域优秀专家”，否定既可以针对“所有领域”，也可以只针对“一知半解”，“一知半解”与“优秀专家”是反对关系而非矛盾关系，因此A、C项推不出。

44. 答案:C　解析:题干断定:(1)甲党控制政府∨乙党控制政府;(2)甲党控制政府→出现经济问题;(3)乙党控制政府→陷入军事危机。由此可得:出现经济问题∨陷入军事危机。

A 项与题干信息矛盾;B、D、E 项错误都在于都是肯定了充分条件假言命题的后件,不能确定前件的真假。

45. 答案:D　解析:根据题干可知:(1)一般师范生→非免费师范生;(2)免费师范生→不可留在大城市;(3)一般师范生→可留在大城市;(4)非免费师范生→自谋职业;(5)免费师范生→非自谋职业。由(4)和(5)的逆否命题,可转化出一个充要条件假言命题:非费师范生↔自谋职业。

将(1)(4)连接可得:一般师范生→自谋职业,即 D 项为真。本题应当采用选项关键词代入法来做,用每个选项的主语和宾语分别回文定位,很容易确定答案。例如找到 D 项两个关键词"一般师范生"和"自谋职业",就可以定位到(1)和(4)。

A 项"该校需要自谋职业的大学生",根据(5)的逆否命题,可知都是"非免费师范生";根据(2)的逆否命题"可留在大城市→非免费师范生",将其进行换位推理,最多得到"有的非免费师范生→可留在大城市",而得不出"所有免费师范生"的情况,故无法判断 A 项真假。

由题干(1)"一般师范生→非免费师范生",推不出"非免费师范生→一般师范生"(如果能推出,则其逆否命题就是 B 项),所以 B 项无法确定真假。

"该校需要自谋职业的大学生"根据(5)的逆否命题,可知都是"非免费师范生",根据上文排除 B 项所述,也不能确定是否为一般师范生,故 C 项也无法确定真假。

题干只能推出"有些可以选择留在大城市工作的是一般师范生",推不出"唯一一类",故 E 项不选。

46. 答案:D　解析:由题干信息可推知,姚薇原先是负责网络的,房间是 112。根据三人轮岗,且文珊接替了孔瑞的工作,那么孔瑞必须接替姚薇的工作,所以此题选 D。

本题另一种解法是:根据文珊调往 111 室可推断,另外两人必有一位去 112 室,观察选项特征,D、E 项必有一真;又可推知孔瑞的去向只有 110 或 112 两种,因此 C、D 项必有一真。取以上两个推断的交集,知 D 项为真,最后可代入验证。

47. 答案:B　解析:本题可以画示意图(图略)。根据晨桦坐在建国的左手边,嘉媛坐在建国对面,可知向明坐在建国右手边。再根据"向明坐在高校教师的右手边",可知建国是高校教师。由建国是高校教师,得向明是邮递员,嘉媛是园艺师。

48. 答案:E　解析:本题快速解题的关键在于识别,有四个选项都是判断"谦逊的智者"与"善于思考"之间的关系,因而回文定位这两个词语。

先来找"善于思考"相关的命题。根据条件(1)¬善思→¬优秀管理者,以及条件(4)有些占星家→优秀管理者,可得出:有些占星家→善思。

再来找"谦逊的智者"相关的命题。根据条件(2)谦逊→¬占星术,以及条件(3)占星家→占星术,可得出:占星家→¬谦逊。

考虑这两个推论之间的关联:将第一个推论换位,得到:有的善思→占星家,与第二个推论联合,得到:有的善思→¬谦逊。即:有些善于思考的人不是谦逊的智者。

由于本题要找"最能反驳"的选项,因而不能选 B,要找到其矛盾命题:所有善于思考的人都是谦逊的智者,即 E 选项。

根据题干条件(4),特称肯定命题为真时,相应的特称否定命题真假不定,故不选 A 项。

将正确答案"所有善于思考的人都是谦逊的智者"进行换位,可得到:有些谦逊的智者是善于思考的人。这是个特称肯定命题,与原命题等价,是假的,由此推断其相应的全称肯定命题为真,故 C 项不能反驳兰教授的观点。类似的,D 项是其矛盾命题,也是必真的。

49. 答案:D　解析:题干根据老蜘蛛织网没有章法,得出了老蜘蛛大脑退化的结论。D 项割裂了结网与大脑之间的关联,在前提和结论之间“断桥”,是最强削弱。

A项“异性的青睐”为无关项;B项是间接支持项;E项不涉及大脑退化问题,是无关项;C项另找他因有削弱作用,但无法否认大脑退化的影响,削弱力度较弱。

50. 答案:D 解析:题干的结论是:嘈杂环境中,男性辨别声源能力更强。声音是否熟悉与判断声源来自哪个方向没有关系,所以A、B都是无关项。C项研究的是“安静环境”,而题干结论说的是“嘈杂环境”,故排除。E项没有针对男女的注意力分别阐述,不符合题干。在排除以上选项后,只能善意理解C、D项提到的“注意力”与声源定位相关,其中D项给出了相对合理的解释,符合题干结论。本题是选“相对最好”,而非绝对最佳,虽然是找支持项,但D项也可以看作相对最好的解释项。

51. 答案:D 解析:“所有朋友都声称知道这样的人”,和“有的朋友不知道有这样的人”互为矛盾,说明有人没说真话,即D项。A项是无关项;B项“没人故意说谎”、E项“大多数”都无法从题干中找到依据;C项根据已知条件也无法推断。

52. 答案:E 解析:题干中甲、乙两校数据对比均以比例形式给出,比例是相对的,无法用于比较两校学生人数或经费数目的绝对大小,因此A、B项不能从题干得出。观察选项可以发现,C项如果为真,则E项这个相容选言命题必定为真,试题的正确答案就不具有唯一性,因此C项不可能是答案。同理,D项不可能为真。这样可快速定位E项。本题这样的解题思路是最为合理的,因为专业硕士综合能力,本来就蕴含了考查快速解决问题的能力(化繁为简的能力)这一方向。如果纠结于计算,本题反而很难做,考场应试就会受到影响。所以读者需要关注的是上述思路,而不是下文验证解释。

可从极限思考的角度解释E项两个选言支的正确。(1)假设甲校99%的人都是研究生,乙校99%的人都是本科生,此时甲校人均经费就会非常接近研究生人均经费,乙校人均经费非常接近本科生人均经费。那么考虑到研究生的人均经费投入均高于本科生,此时可满足题干要求。(2)假设甲校研究生人均经费远高于乙校研究生人均经费,当然也符合题干的要求。

本题命题其实存在瑕疵,给出的条件有歧义,此处“各校研究生的人均经费投入均高于本科生”不局限于本校的比较,也适用于跨校比较(如甲校研究生人均经费大于乙校本科生人均经费)。但是,用正确的思路解题,完全不会受到上述因素影响,这也可以看作命题人命题意图里面并不希望考生按部就班做假设、列式子计算。

53. 答案:E 解析:本题给出的补充性条件是“荀慧参加中国象棋比赛”,根据条件(5)可知墨灵不参加中国象棋比赛;再根据条件(3)进行逆否推理,可知韩敏参加国际象棋比赛,故本题选E项。

54. 答案:D 解析:根据补充条件知庄聪和孔智参加相同的比赛项目,如果都参加围棋,违反条件(2);如果他们都参加中国象棋,同样违反条件(2);故此二人只能参加国际象棋比赛,排除B、C项。由于每个项目只有两人参加,国际象棋已经有此二人参加了,所以排除A项。此时知韩敏不参加国际象棋,条件(3)的前件成立,故墨灵参加中国象棋。根据补充性条件,孟睿也参加中国象棋,中国象棋人数已满。因此韩敏和荀慧只能参加围棋,答案选D项。

55. 答案:D 解析:问题要求寻找可能为真的项,可以将选项代入题干验证,出现矛盾则选项为假,排除。

A、B项为真时,结合条件(3),会有三人参加中国象棋,违反题干要求;C项为真导致违反条件(2);E项为真时,条件(2)(3)前件均成立,此时也有三人参加中国象棋,违反题干要求。故只有D项可能为真。

2013年
入学管理类综合能力逻辑真题

26. 某公司自去年年初开始实施一项“办公用品节俭计划”，每位员工每月只能免费领用限量的纸、笔等各类办公用品。年末统计时发现，公司用于各类办公用品的支出较上年度下降了30%。在未实施该计划的过去5年间，公司年均消耗办公用品10万元。公司总经理由此得出：该计划去年已经为公司节约了不少经费。

以下哪项如果为真，最能构成对总经理推论的质疑？

A. 在过去的5年间，该公司大力推广无纸化办公，并且取得很大成效。

B. 去年，该公司在员工困难补助、交通津贴等方面的开支增加了3万元。

C. “办公用品节俭计划”是控制支出的重要手段，但说该计划为公司“一年内节约不少经费”，没有严谨的数据分析。

D. 另一家与该公司规模及其他基本情况均类似的公司，未实施类似的节俭计划，在过去的5年间办公用品消耗额年均也为10万元。

E. 另一家与该公司规模及其他基本情况均类似的公司，未实施类似的节俭计划，但在过去的5年间办公用品人均消耗额越来越低。

27. 公司经理：我们招聘人才时最看重的是综合素质和能力，而不是分数。人才招聘中，高分低能者并不鲜见，我们显然不希望招到这样的“人才”。从你的成绩单可以看出，你的学业分数很高，因此我们有点怀疑你的能力和综合素质。

以下哪项和经理得出结论的方式最为类似？

A. 人的一生中健康开心最重要，名利都是浮云，张立名利双收，所以很有可能张立并不开心。

B. 猫都爱吃鱼，没有猫患近视，所以吃鱼可以预防近视。

C. 有些歌手是演员，所有的演员都很富有，所以有些歌手可能不是很富有。

D. 公司管理者并非都是聪明人，陈然不是公司管理者，所以陈然可能是聪明人。

E. 闪光的物体并非都是金子，考古队挖到了闪闪发光的物体，所以考古队挖到的可能不是金子。

28. 某省大力发展旅游产业，目前已经形成东湖、西岛、南山三个著名景点，每处景点都有二日游、三日游、四日游三种线路。李明、王刚、张波拟赴上述三地进行9日游，每个人都设计了各自的旅游计划。后来发现，每处景点他们三人都选择了不同的线路：李明赴东湖的计划天数与王刚赴西岛的计划天数相同，李明赴南山的计划是三日游，王刚赴南山的计划是四日游。

根据以上陈述，可以得出以下哪项？

A. 李明计划东湖二日游，王刚计划西岛二日游。

B. 王刚计划东湖三日游，张波计划西岛四日游。

C. 张波计划东湖三日游，李明计划西岛四日游。

D. 李明计划东湖二日游，王刚计划西岛三日游。

E. 张波计划东湖四日游，王刚计划西岛三日游。

29. 国际足联一直坚称，世界杯冠军队所获得的“大力神”杯是实心的纯金奖杯。某教授经过精密测量和计算认为，世界杯冠军奖杯——实心的“大力神”杯不可能是纯金制成的，否则球员根本不可能将它举过头顶并随意挥舞。

以下哪项与这位教授的意思最为接近?

A. 若球员能够将“大力神”杯举过头顶并自由挥舞,则它很可能是空心的纯金杯。

B. 若“大力神”杯是实心的纯金杯,则球员不可能把它举过头顶并随意挥舞。

C. 若“大力神”杯是由纯金制成,则它肯定是空心的。

D. 只有“大力神”杯是实心的,它才可能是纯金的。

E. 只有球员能够将“大力神”杯举过头顶并自由挥舞,它才由纯金制成,并且不是实心的。

30. 根据学习在动机形成和发展中所起的作用,人的动机可分为原始动机和习得动机两种。原始动机是与生俱来的动机,它们是以人的本能需要为基础的;习得动机是指后天获得的各种动机,即经过学习产生和发展起来的各种动机。

根据以上陈述,以下哪项最可能属于原始动机?

A. 不入虎穴,焉得虎子?

B. 宁可食无肉,不可居无竹。

C. 窈窕淑女,君子好逑。

D. 尊师重教,崇文尚武。

E. 尊敬老人,孝顺父母。

31~32 题基于以下题干

互联网好比一个复杂多样的虚拟世界,每台联网主机上的信息又构成一个微观虚拟世界。若在某主机上可以访问本主机的信息,则称该主机相通于自身;若主机 x 能通过互联网访问主机 y 的信息,则称 x 相通于 y。已知代号分别为甲、乙、丙、丁的四台联网主机有如下信息:

(1)甲主机相通于任一不相通于丙的主机;

(2)丁主机不相通于丙;

(3)丙主机相通于任一相通于甲的主机。

31. 若丙主机不相通于自身,则以下哪项一定为真?

A. 甲主机相通于乙,乙主机相通于丙。

B. 甲主机相通于丁,也相通于丙。

C. 丙主机不相通于丁,但相通于乙。

D. 若丁主机相通于乙,则乙主机相通于甲。

E. 只有甲主机不相通于丙,丁主机才相通于乙。

32. 若丙主机不相通于任何主机,则以下哪项一定为假?

A. 甲主机相通于乙。

B. 乙主机相通于自身。

C. 丁主机不相通于甲。

D. 若丁主机相通于甲,则乙主机相通于甲。

E. 若丁主机不相通于甲,则乙主机相通于甲。

33. 某科研机构对市民所反映的一种奇异现象进行研究,该现象无法用已有的科学理论进行解释。助理研究员小王由此断言:该现象是错觉。

以下哪项如果为真,最可能使小王的断言不成立?

A. 有些错觉可以用已有的科学理论进行解释。

B. 有些错觉不能用已有的科学理论进行解释。

C. 错觉都可以用已有的科学理论进行解释。

D. 所有错觉都不能用已有的科学理论进行解释。

E. 已有的科学理论尚不能完全解释错觉是如何形成的。

34. 人们知道鸟类能感觉到地球磁场,并利用它们导航。最近某国科学家发现,鸟类其实是利用右眼“查看”地球磁场的。为检验该理论,当鸟类开始迁徙的时候,该国科学家把若干知更鸟放进一个漏斗形状的庞大的笼子里，并给其中部分知更鸟的一只眼睛戴上一种可屏蔽地球磁场的特殊金属眼罩。笼壁上涂着标记性物质，鸟要通过笼子细口才能飞出去。如果鸟碰到笼壁，就会黏上标记性物质，以此判断鸟能否找到方向。

以下哪项如果为真，最能支持研究人员的上述发现？

A. 没戴眼罩的鸟和左眼戴眼罩的鸟朝哪个方向飞的都有，右眼戴眼罩的鸟顺利从笼中飞了出去。

B. 没戴眼罩的鸟顺利从笼中飞了出去；戴眼罩的鸟，不论左眼还是右眼，朝哪个方向飞的都有。

C. 戴眼罩的鸟，不论左眼还是右眼，顺利从笼中飞了出去；没戴眼罩的鸟朝哪个方向飞的都有。

D. 没戴眼罩的鸟和右眼戴眼罩的鸟顺利从笼中飞了出去，左眼戴眼罩的鸟朝哪个方向飞的都有。

E. 没戴眼罩的鸟和左眼戴眼罩的鸟顺利从笼中飞了出去，右眼戴眼罩的鸟朝哪个方向飞的都有。

35~36 题基于以下题干

年初，为激励员工努力工作，某公司决定根据每月的工作绩效评选“月度之星”。王某在当年前 10 个月恰好只在连续的 4 个月中当选“月度之星”，他的另三位同事郑某、吴某、周某也做到了这一点。关于这四人当选“月度之星”的月份，已知：

(1) 王某和郑某仅有三个月同时当选；

(2) 郑某和吴某仅有三个月同时当选；

(3) 王某和周某不曾在同一个月当选；

(4) 仅有 2 人在 7 月同时当选；

(5) 至少有 1 人在 1 月当选。

35. 根据以上信息，有 3 人同时当选“月度之星”的月份是

A. 1~3 月。　B. 2~4 月。　C. 3~5 月。

D. 4~6 月。　E. 5~7 月。

36. 根据以上信息，王某当选“月度之星”的月份是

A. 1~4 月。　B. 3~6 月。　C. 4~7 月。

D. 5~8 月。　E. 7~10 月。

37. 若成为白领的可能性无性别差异，按正常男女出生率 102:100 计算，当这批人中的白领谈婚论嫁时，女性与男性数量应当大致相等。但实际上，某市妇联近几年举办的历次大型白领相亲活动中，报名的男女比例约为 3:7，有时甚至达到 2:8。这说明，文化越高的女性越难嫁，文化低的反而好嫁；男性则正好相反。

以下除哪项外，都有助于解释上述分析与实际情况的不一致？

A. 与男性白领不同，女性白领要求高，往往只找比自己更优秀的男性。

B. 大学毕业后出国的精英分子中，男性多于女性。

C. 一般说来，男性参加大型相亲会的积极性不如女性。

D. 与本地女性竞争的外地优秀女性多于与本地男性竞争的外地优秀男性。

E. 男性因长相身高、家庭条件等被女性淘汰者多于女性因长相身高、家庭条件等被男性淘汰者。

38. 张霞、李丽、陈露、邓强和王硕一起坐火车去旅游，他们正好坐在同一车厢相对两排的五个座位上，每人各坐一个位置。第一排的座位按顺序分别记作 1 号和 2 号，第 2 排的座位按顺序记为

3、4、5号。座位1和座位3直接相对，座位2和座位4直接相对，座位5不和上述任何座位直接相对。李丽坐在4号位置；陈露所坐的位置不与李丽相邻，也不与邓强相邻（相邻是指同一排上紧挨着）；张霞不坐在与陈露直接相对的位置上。

根据以上信息，张霞所坐位置有多少种可能的选择？

A. 5种。　　B. 4种。　　C. 3种。

D. 2种。　　E. 1种。

39. 某大学的哲学学院和管理学院今年招聘新教师，招聘结束后受到了女权主义代表的批评，因为他们在12名女性应聘者中录用了6名，但在12名男性应聘者中却录用了7名。该大学对此解释说，今年招聘新教师的两个学院中，女性应聘者的录用率都高于男性的录用率。具体的情况是：哲学学院在8名女性应聘者中录用了3名，而在3名男性应聘者中录用了1名；管理学院在4名女性应聘者中录用了3名，而在9名男性应聘者中录用了6名。

以下哪项最有助于解释女权主义代表和该大学之间的分歧？

A. 整体并不是局部的简单相加。

B. 有些数学规则不能解释社会现象。

C. 人们往往从整体角度考虑问题，不管局部如何，最终的整体结果才是最重要的。

D. 各个局部都具有的性质在整体上未必具有。

E. 现代社会提倡男女平等，但实际执行中还是有一定难度。

40. 教育专家李教授指出：每个人在自己的一生中，都要不断地努力，否则就会像龟兔赛跑的故事一样，一时跑得快并不能保证一直领先。如果你本来基础好又能不断努力，那你肯定能比别人更早取得成功。

如果李教授的陈述为真，以下哪项一定为假？

A. 人的成功是有衡量标准的。

B. 只要不断努力，任何人都可能取得成功。

C. 一时不成功并不意味着一直不成功。

D. 不论是谁，只有不断努力，才可能取得成功。

E. 小王本来基础好并且能不断努力，但也可能比别人更晚取得成功。

41. 新近一项研究发现，海水颜色能够让飓风改变方向，也就是说，如果海水变色，飓风的移动路径也会变向。这也就意味着科学家可以根据海水的"脸色"判断哪些地区将被飓风袭击，哪些地区会幸免于难。值得关注的是，全球气候变暖可能已经让海水变色。

以下哪项最可能是科学家作出判断所依赖的前提？

A. 海水颜色与飓风移动路径之间存在某种相对确定的联系。

B. 海水温度升高会导致生成的飓风数量增加。

C. 海水温度变化会导致海水改变颜色。

D. 海水温度变化与海水颜色变化之间的联系尚不明朗。

E. 全球气候变暖是最近几年飓风频发的重要原因之一。

42. 某金库发生了失窃案。公安机关侦查确定，这是一起典型的内盗案，可以断定金库管理员甲、乙、丙、丁中至少有一人是作案者。办案人员对四人进行了询问，四人的回答如下：

甲："如果乙不是窃贼，我也不是窃贼。"

乙："我不是窃贼，丙是窃贼。"

丙："甲或者乙是窃贼。"

丁："乙或者丙是窃贼。"

后来事实表明，他们四人中只有一人说了真话。

根据以上陈述,以下哪项一定为假?

A. 甲说的是真话。
B. 丙说的是假话。
C. 丙不是窃贼。
D. 乙不是窃贼。
E. 丁说的是真话。

43. 所有参加此次运动会的选手都是身体强壮的运动员,所有身体强壮的运动员都是极少生病的,但是有一些身体不适的选手参加了此次运动会。

以下哪项不能从上述前提中得出?

A. 有些身体不适的选手是极少生病的。
B. 极少生病的选手都参加了此次运动会。
C. 参加此次运动会的选手都是极少生病的。
D. 有些身体强壮的运动员感到身体不适。
E. 有些极少生病的选手感到身体不适。

44. 足球是一项集体运动,若想不断取得胜利,每个强队都必须有一位核心队员,他总能在关键场次带领全队赢得比赛。友南是某国甲级联赛强队西海队队员。据某记者统计,在上赛季参加的所有比赛中,有友南参赛的场次,西海队胜率高达75.5%,另有16.3%的平局,8.2%的场次输球;而在友南缺阵的情况下,西海队胜率只有58.9%,输球的比率高达23.5%。该记者由此得出结论,友南是上赛季西海队的核心队员。

以下哪项如果为真,最能质疑该记者的结论?

A. 西海队教练表示:“球队是一个整体,不存在有友南的西海队和没有友南的西海队。”
B. 上赛季友南缺席且西海队输球的比赛,都是小组赛中西海队已经确定出线后的比赛。
C. 西海队队长表示:“没有友南我们将失去很多东西,但我们会找到解决办法。”
D. 上赛季友南上场且西海队输球的比赛,都是西海队与传统强队对阵的关键场次。
E. 本赛季开始以来,在友南上阵的情况下,西海队胜率暴跌20%。

45. 只要每个司法环节都能坚守程序正义,切实履行监督制约职能,结案率就会大幅度提高。去年某国结案率比上一年提高了70%,所以,该国去年每个司法环节都能坚守程序正义,切实履行监督制约职能。

以下哪项与上述论证方式最为相似?

A. 只有在校期间品学兼优,才可以获得奖学金。李明获得了奖学金,所以他在校期间一定品学兼优。

B. 在校期间品学兼优,就可以获得奖学金。李明获得了奖学金,所以他在校期间一定品学兼优。

C. 在校期间品学兼优,就可以获得奖学金。李明没有获得奖学金,所以他在校期间一定不是品学兼优。

D. 在校期间品学兼优,就可以获得奖学金。李明在校期间不是品学兼优,所以他不可能获得奖学金。

E. 李明在校期间品学兼优,但是他没有获得奖学金。所以,在校期间品学兼优,不一定可以获得奖学金。

46. 在东海大学研究生会举办的一次中国象棋比赛中,来自经济学院、管理学院、哲学学院、数学学院和化学学院的5名研究生(每学院1名)相遇在一起,有关甲、乙、丙、丁、戊5名研究生之间的比赛信息满足以下条件:

(1)甲仅与2名选手比赛过;

(2)化学学院的选手和3名选手比赛过；

(3)乙不是管理学院的，也没有和管理学院的选手对阵过；

(4)哲学学院的选手和丙比赛过；

(5)管理学院、哲学学院、数学学院的选手相互都交过手；

(6)丁仅与1名选手比赛过。

根据以上条件，请问丙来自哪个学院？

A. 经济学院。 B. 管理学院。 C. 数学学院。

D. 哲学学院。 E. 化学学院。

47. 据统计，去年在某校参加高考的385名文、理科考生中，女生189人，文科男生41人，非应届男生28人，应届理科考生256人。

由此可见，去年在该校参加高考的考生中：

A. 非应届文科男生多于20人。

B. 应届理科女生少于130人。

C. 非应届文科男生少于20人。

D. 应届理科女生多于130人。

E. 应届理科男生多于129人。

48. 某公司人力资源管理部人士指出：由于本公司招聘职位有限，在本次招聘考试中，不可能所有的应聘者都被录用。

基于以下哪项可以得出该人士的上述结论？

A. 在本次招聘考试中，必然有应聘者被录用。

B. 在本次招聘考试中，可能有应聘者被录用。

C. 在本次招聘考试中，可能有应聘者不被录用。

D. 在本次招聘考试中，必然有应聘者不被录用。

E. 在本次招聘考试中，可能有应聘者被录用，也可能有应聘者不被录用。

49. 在某次综合性学术年会上，物理学会作学术报告的人都来自高校；化学学会作学术报告的人有些来自高校，但是大部分来自中学；其他作学术报告者均来自科学院。来自高校的学术报告者都具有副教授以上职称，来自中学的学术报告者都具有中教高级以上职称。李默、张嘉参加了这次综合性学术年会，李默并非来自中学，张嘉并非来自高校。

以上陈述如果为真，可以得出以下哪项结论？

A. 张嘉不是物理学会的。

B. 李默不是化学学会的。

C. 张嘉不具有副教授以上职称。

D. 李默如果作了学术报告，那么他不是化学学会的。

E. 张嘉如果作了学术报告，那么他不是物理学会的。

50. 根据某位国际问题专家的调查统计可知：有的国家希望与某些国家结盟，有三个以上的国家不希望与某些国家结盟；至少有两个国家希望与每个国家建交，有的国家不希望与任一国家结盟。

根据上述统计可以得出以下哪项？

A. 每个国家都有一些国家希望与之结盟。

B. 每个国家都有一些国家希望与之建交。

C. 至少有一个国家，既有国家希望与之建交，也有国家不希望与之建交。

D. 至少有一个国家，既有国家希望与之结盟，也有国家不希望与之结盟。

E. 有些国家之间希望建交但是不希望结盟。

51. 翠竹的大学同学都在某德资企业工作，溪兰是翠竹的大学同学。涧松是该德资企业的部门经理。该德资企业的员工有些来自淮安。该德资企业的员工都曾到德国研修，他们都会说德语。

以下哪项可以从以上陈述中得出？

A. 涧松来自淮安。

B. 翠竹的大学同学有些是部门经理。

C. 溪兰会说德语。

D. 翠竹与涧松是大学同学。

E. 涧松与溪兰是大学同学。

52. 某国研究人员报告说，与心跳速度每分钟低于58次的人相比，心跳速度每分钟超过78次者心脏病发作或者发生其他心血管问题的概率高出39%，死于这类疾病的风险高出77%，其整体死亡率高出65%。研究人员指出，长期心跳过快导致了心血管疾病。

以下哪项如果为真，最能对该研究人员的观点提出质疑？

A. 在老年人中，长期心跳过快的超过39%。

B. 在老年人中，长期心跳过快的不到39%。

C. 相对于老年人，年轻人生命力旺盛，心跳较快。

D. 各种心血管疾病影响身体的血液循环机能，导致心跳过快。

E. 野外奔跑的兔子心跳很快，但是很少发现它们患心血管疾病。

53. 专业人士预测：如果粮食价格保持稳定，那么蔬菜价格也将保持稳定；如果食用油价格不稳，那么蔬菜价格也将出现波动。老李由此断定：粮食价格将保持稳定，但是肉类食品价格将上涨。

根据上述专业人士的预测，以下哪项如果为真，最能对老李的观点提出质疑？

A. 如果食用油价格稳定，那么肉类食品价格不会上涨。

B. 如果食用油价格稳定，那么肉类食品价格将会上涨。

C. 如果肉类食品价格不上涨，那么食用油价格将会上涨。

D. 如果食用油价格出现波动，那么肉类食品价格不会上涨。

E. 只有食用油价格稳定，肉类食品价格才不会上涨。

54～55题基于以下题干

晨曦公园拟在园内东、南、西、北四个区域种植四种不同的特色树木，每个区域只种植一种。选定的特色树种为：水杉、银杏、乌桕、龙柏。布局的基本要求是：

(1)如果在东区或者南区种植银杏，那么在北区不能种植龙柏或者乌桕；

(2)北区或者东区要种植水杉或者银杏。

54. 根据上述种植要求，如果北区种植龙柏，以下哪项一定为真？

A. 南区种植乌桕。　　B. 东区种植乌桕。　　C. 南区种植水杉。

D. 西区种植水杉。　　E. 西区种植乌桕。

55. 根据上述种植要求，如果水杉必须种植于西区或南区，以下哪项一定为真？

A. 北区种植银杏。　　B. 东区种植银杏。　　C. 西区种植水杉。

D. 南区种植水杉。　　E. 南区种植乌桕。

2013年入学管理类综合能力逻辑真题解析

答案速查:EEABC　BECED　DEBDE　AEBDB　CBDEB　CDAAA

26. 答案:E　解析:总经理的结论是:实施该计划节约了经费。E项说,同类型的公司没有实施计划,经费支出也越来越低,构成了无因也有果的削弱(即求异失败),说明不一定是实施计划导致了经费支出下降。

有说法认为,题干说的是公司办公用品总支出下降,E项说的是办公用品人均消耗额下降,二者缺乏可比性。但是E项的人均消耗额更能说明办公用品总支出下降,所以该项有削弱作用。

A项没有削弱作用,注意不能将其作为他因削弱项,因为“推广无纸化办公”可以是“办公用品节俭计划”的一部分;B项是无关项;C项前半句已经支持了题干结论(虽然这种支持并不充分),后半句“没有严谨数据分析”不等于结论是错的,不能削弱总经理的结论;D项是无因无果的支持项,可以与题干构建求异。

27. 答案:E　解析:经理论证的结构是:有的A不是B(“高分低能者并不鲜见”⇔“有的高分的不是高能的”),C是A(“你的分数很高”),所以C可能不是B(“有点怀疑你的能力和综合素质”⇔“你的能力和综合素质可能不高”)。各个选项的结构具体如下:

A项“人的一生中健康开心最重要,名利都是浮云”匹配题干“招聘人才时最看重的是综合素质和能力,而不是分数”;“张立名利双收”匹配题干“你的学业分数很高”;“很有可能张立并不开心”匹配不上题干“我们有点怀疑你的能力和综合素质”。因为题干的最后给出的怀疑范围是两个要素“能力和综合素质”,即第一句的全部宾语,而A项在结论中没有提到“健康”。

B项结构是:A都是B,A都不是C,所以B不是C。

C项结构是:有的A是B,所有B都是C,所以,有的A可能不是C。

D项结构是:有的A不是B,C不是A,所以C可能是B。

E项的论证结构与题干相同,其中,“闪光的物体并非都是金子”⇔“有的闪光的物体不是金子”。E项第一句匹配的并非题干第一句,而是“高分低能者并不鲜见”这句话,这句话整理成特称否定命题后,其谓项(即宾语)只有一个要素“高能”,故E项匹配度比A项更佳。

28. 答案:A　解析:由于“每处景点都选择了不同路线”,根据“李明赴南山三日游,王刚赴南山四日游”,可得:李明还剩下二日游、四日游,王刚还剩下二日游、三日游;根据“李明赴东湖的计划天数与王刚赴西岛的计划天数相同”,由于两人交集只有二日游,可知李明赴东湖二日游、王刚赴西岛二日游,答案为A项。

29. 答案:B　解析:题干推理可以刻画为:纯金→¬(举过头顶∧随意挥舞),可以直接定位B项。注意,题干中无论国际足联还是某教授,都说了大力神杯是实心的,教授没有关注“实心”与否,而是在关注是否“纯金”,所以刻画题干的时候不必把“实心”放进刻画式。

A项先否定了题干命题的后件,由此只能推出¬纯金,故排除。“空心”也是推不出来的。C项和D项的推理在题干中找不到依据,因为题干并没有构建“实心”与“纯金”的推理关系。E项的刻画是:¬实心∧纯金→举过头顶∧随意挥舞,与原题干并不能构成逆否命题,可以由此简单判断出与教授意思不符。

30. 答案:C　解析:本题要求寻找“以人的本能需要为基础的动机”,根据定义直接定位C项。这道题的考查方向,在历年真题尤其近年真题中并不常见,但是它涉及语义理解,这种风格在本套试题中多次出现,例如第26题的D、E项的区别,第27题理解“高分低能者并不鲜见”,第29题刻画式中对“实心”这个词的处理方法——这都意味着考生要有一定的语言文字“理解”能力。

31. 答案:B　解析:根据(1)甲主机相通于任一不相通于丙的主机;(2)丁主机不相通于丙;可知甲主机相通于丁主机。再根据补充条件"丙主机不相通于丙主机",结合条件(1),可判断甲主机相通于丙主机,即B项。

本题有一个判断技巧,根据题干条件和补充性条件均没有提及乙主机,那么所有包含乙的选项均无法判断真假,也可优先定位B选项。

32. 答案:E　解析:注意问题中的相反陷阱。根据条件(3)丙相通于任一相通于甲的主机,结合附加条件"丙事实上不相通于任何主机",可得:没有主机相通于甲。根据这个推论,E项前件为真,后件为假,因此E项一定为假。A、B项提干条件未涉及,真假无法判断,C项必真,D项前件为假故命题为真。

注意,这道题不适用于31题的判断技巧,因为补充性条件提到了"任何主机",包含乙主机在内。

33. 答案:C　解析:题干的推理是:因为某现象无法解释,所以该现象是错觉。要证明论证不成立,可以在论据"无法解释"和结论"错觉"之间"断桥",即:无法解释的"不是"错觉,C项匹配其逆否命题。

34. 答案:E　解析:题干认为,鸟类利用右眼"查看"地球磁场。E项运用求异法做实验,差异要素是"右眼是否戴眼罩",出现了差异结果,支持了研究人员的发现。

35. 答案:D　解析:本题可以采用排除法。若A项为真,则7月不可能有两人同时当选,违反条件(4),故排除。同理可以排除B、C、E项,只有D项是可能的。

36. 答案:D　解析:由条件(1)(2)可知:吴某、王某和郑某当选的月份有重合。根据第35题答案或结合条件(4)可知:以上三人都不可能在1月当选;再根据条件(5)可知:周某必定在1月当选,那么周某当选的月份就是1~4月。根据条件(3)可知:王某和周某不曾在同一个月当选,因此王某最早只能5月当选,本题答案定位在D、E项之间。根据第35题的结论,4~6月有三人同时当选,此时已知周5、6月没有当选,所以王某5、6月必须当选,可排除E项。

注意,本题用到了35题的结论,这是因为两道题的题干都没有补充条件,所推得的结论就是可以通用的;否则,如果补充了条件,其结论不适用于另外的题目。

如果列表分析,步骤较为繁琐,最终结果如下:

1月	2月	3月	4月	5月	6月	7月	8月	9月	10月
周	周	周	周						
		吴	吴	吴	吴				
			郑	郑	郑	郑			
				王	王	王	王		

37. 答案:E　解析:注意问题中的相反陷阱,要求寻找不能解释的项。A、B项支持了女性白领难嫁;C、D项解释了为何参加相亲活动的性别比例失调;都可以解释题干中的现象。只有E项说明男性被淘汰的多,因此男性本应该更多地参加相亲活动,这就无法解释题干中参加相亲活动的女性比例反而更高的现象。

有一种理解是,E项说明女性对男性的要求比男性对女性的要求更高,类似于A项。但是A项强调了"与男性白领不同",暗示了男性白领选择余地较宽,而E项显然说明男性白领选择余地较窄,所以二者是不同的。

还有一种理解是,D项没有说明本地女性和本地男性的数量关系,所以无法解释差异。其实无需说明数量关系,只要能证明女性择偶的竞争比男性更激烈,就可以解释题干的现象;除非问题要求,否则解释无需充分性。

38. 答案:B　解析:由题干得下图:

1	2	
3	4 李丽	5

因为陈露所坐的位置不与李丽相邻,也不与邓强相邻。所以陈露可以选择1、2号座位,邓强可以选择3、5号座位。又因为张霞不坐在与陈露直接相对的位置上,所以,如果陈露选择1号座位,那么张霞可以选择2、5号座位;如果陈露选择2号座位,那么张霞可以选择1、3、5号座位。综上,张霞可能选择的座位是1、2、3、5号,即有4种选择。

39. 答案:D　解析:总的录取比例,女性低于男性。但是,每个学院的录取比例,都是女性高于男性。这说明"整体性质"和"部分性质"存在区别,反映这种区别的选项只能是D项。A项是强干扰项,但与题干话题无关,因为题干讨论的是性质上的差别,而不是局部加总是否能够得到整体的问题。

40. 答案:E　解析:题干最后一句假言命题可以刻画为:基础好∧不断努力→更早取得成功。要求寻找为假的项,就是寻找其矛盾命题:基础好∧不断努力∧¬更早取得成功。因此选择E项。

41. 答案:A　解析:科学家是根据研究的内容做出的判断,研究的内容和判断均与"全球气候变暖"没有关系,B、C、D、E项都涉及海水温度变化或气候变化的问题,与研究无关。如果要支持科学家的结论,必须假设A项:海水颜色与飓风移动路径之间存在某种相对确定的联系,否则这种预测就是不准确的。

42. 答案:E　解析:注意问题中的相反陷阱。刻画题干如下:(1)¬乙→¬甲⇔乙∨¬甲;(2)¬乙∧丙;(3)甲∨乙;(4)乙∨丙。若乙是窃贼,则(1)(3)(4)都为真,不合题意,所以乙不是窃贼,排除D项。若丙是窃贼,则(2)(4)都为真,不合题意,排除C项。综上,(4)必假,即:丁说的是假话。因此E项必定为假。

这道题的A、B项是无法判断的,因为无法判断甲是否是窃贼。如果甲不是窃贼,则(1)真(3)假,如果他是窃贼,则(1)假(3)真,都不违反题干"只有一人说真话"的条件。

43. 答案:B　解析:刻画题干条件:(1)参加运动会→身体强壮;(2)身体强壮→很少生病;(3)有的身体不适→参加运动会。连接可得:有的身体不适→参加运动会→身体强壮→很少生病。根据题干最多得出:有的极少生病的运动员参加了运动会,根据直言命题对当关系可知,特称肯定命题为真,推不出相应的全称肯定命题,故B项是不能必然推出的。其余选项均可由题干推出。

44. 答案:D　解析:记者的结论是:友南是上赛季西海队核心球员。题干给出的"核心球员"的定义是:能在关键场次带领全队赢得比赛。D选项说明,在多次关键比赛中,友南上场且没能带领全队赢得胜利,最能质疑记者的结论。其他选项没有根据"核心球员"的定义来进行削弱,属于无关项。

45. 答案:B　解析:题干的推理形式是肯定充分条件假言命题的后件进而肯定其前件,只有B项与之形式类似。

A项的前提是必要条件假言命题,与题干不符,从形式上来说,它的推理形式是肯定前件进而肯定其后件;C项的推理形式是否定后件进而否定其前件;D项的推理形式是否定前件进而否定后件;E项的前提不是假言命题,显然与题干不符。

46. 答案:C　解析:由(5)(6)可知:丁不是管理学院、哲学学院、数学学院的;由(2)(6)可知,丁也不是化学学院的,因此,丁是经济学院的;因此丙不可能来自经济学院,排除A项。

由(3)(5)可知:乙不是管理学院、哲学学院、数学学院的,因此,乙只能是化学学院的;因此丙不可能来自化学学院,排除E项。

由(4)可知:丙不是哲学学院的,排除D项。因此,丙是数学学院或管理学院的,答案在B、C项中选。

由(2)(3)可知:乙(化学学院)和哲学学院、数学学院、经济学院的交过手。又因为(5),所以哲学学院、数学学院都至少与3名选手比赛过;由(1)可知:甲仅与2名选手比赛过,因此甲不可能来自数学学院,他只能是管理学院的,即:丙不可能来自管理学院,排除B项。

47. 答案:B　解析:由题干可知,男生总数是385-189=196人;理科男生总数是196-41=155人。“非应届”男生28人中包含文科和理科两种,因此“非应届”理科男生最多28人,则“应届”理科男生最少有155-28=127人,所以,应届理科女生最多有256-127=129人。答案是B项。

48. 答案:D　解析:命题“不可能所有应聘者都被录用”等价于“必然有些应聘者不被录用”,D项就是该等价命题。

49. 答案:E　解析:已知“物理学会做学术报告的都来自高校”“张嘉不是来自高校”,两者结合推知“张嘉不是物理学会的或者没做学术报告”,无法推断哪个选言支必然为真,A项不正确。如果张嘉做了学术报告,根据相容选言命题的否定肯定式,他不是物理学会的,E项正确。B、D项推不出,“化学学会做学术报告的大部分来自中学”是特称命题,无法得到李默和化学学会的确定关系。C项推不出,已知“来自高校的学术报告者都具有副教授以上职称”,张嘉不是来自高校,否定了命题前件,所以张嘉和副教授之间的关系不确定。

50. 答案:B　解析:根据题干“至少有两个国家希望与每个国家建交”,根据关系命题的对称性,可以推知B项:每个国家都有一些国家希望与之建交。根据“有的国家不希望与任一国家结盟”可以推知:每个国家都至少有一个国家不希望与之结盟,所以D项后半句为真,但前半句无法判断。题干其他两个条件的量项全都是特称,无法确定是否有交集,因此其余各项都无法判断真假。

51. 答案:C　解析:根据翠竹的大学同学都在某德资企业工作,且溪兰是翠竹的大学同学,可推出溪兰在此德资企业工作。又知该德资企业的员工都会说德语,可推出溪兰会说德语,即C项。其余各项推不出。

52. 答案:D　解析:题干得出的结论为:长期心跳过快导致了心血管疾病。D项指出,是心血管疾病导致了心跳过快,指出题干的因果倒置,削弱力度最强。

A、B项既不能为题干提供支持,也无法削弱题干,因为题干的百分比全是以“高出”的形式给出的,是相对值,而选项给出的则是绝对值,所以无法将选项数据和题干数据作对比。

C、E项说的是年轻人和兔子,是无关项。

53. 答案:A　解析:老李的观点是:粮食稳定∧肉类上涨。要对其进行质疑,就要寻找其矛盾命题,由于选项给出的都是假言命题,所以可以将老李的观点视为假言命题中的矛盾式,寻找其刻画式就能质疑它:粮食稳定→¬肉类上涨。

题干条件可以刻画为:(1)粮食稳定→蔬菜稳定;(2)¬食用油稳定→¬蔬菜稳定⇒蔬菜稳定→食用油稳定;连接以上两式,得:粮食稳定→蔬菜稳定→食用油稳定。如果A项“食用油稳定→¬肉类上涨”为真,则可与上述刻画相连接,得到:粮食稳定→¬肉类上涨。符合原题干的矛盾命题,所以最能质疑题干观点。

54. 答案:A　解析:根据“北区种植龙柏”,否定了条件(1)的后件,可知前件为假,即银杏不种植在东区和南区,只能种在西区或北区;由于已知“北区种植龙柏”,则西区种植银杏,排除D、E项。根据条件(2)北区或东区要种植水杉或者银杏,上文已经推知银杏种在西区,所以水杉种在北区或东区;又条件已知“北区种植龙柏”,所以东区必须种植水杉,排除B、C项。

55. 答案:A　解析:根据条件(2)北区或东区要种植水杉或者银杏,结合本题补充条件“水杉必须种植于西区或南区”,则银杏种植于北区或东区,故答案锁定A、B项。根据条件(1),假设B项为真,东区种植银杏,则北区不能种植龙柏或乌柏,那么北区只能种植水杉,但本题题干限定,水杉只能种植于西区或南区,导致矛盾,所以排除B项。

2012年
入学管理类综合能力逻辑真题

26. 1991 年 6 月 15 日，菲律宾吕宋岛上的皮纳图博火山突然大喷发，2 000 万吨二氧化硫气体冲入平流层，形成的霾像毯子一样盖在地球上空，把部分要照射到地球的阳光反射回太空。几年之后，气象学家发现这层霾使得当时地球表面的温度累计下降了 0.5℃。而皮纳图博火山喷发前的一个世纪，因人类活动而造成的温室效应已经使地球表面温度升高了 1℃。某位持“人工气候改造论”的科学家据此认为，可以用火箭弹等方式将二氧化硫充入大气层，阻挡部分阳光，达到给地球表面降温的目的。

以下哪项如果为真，最能对该科学家提议的有效性构成质疑？

A. 如果利用火箭弹将二氧化硫充入大气层，会导致航空乘客呼吸不适。

B. 如果在大气层上空放置反光物，就可以避免地球表面受到强烈阳光的照射。

C. 可以把大气中的碳提取出来存储到地下，减少大气层中的碳含量。

D. 不论何种方式，“人工气候改造”都将破坏地球的大气层结构。

E. 火山喷发形成的降温效应只是暂时的，经过一段时间温度将再次回升。

27. 只有具有一定文学造诣且具有生物学专业背景的人，才能读懂这篇文章。

如果上述命题为真，以下哪项不可能为真？

A. 小张没有读懂这篇文章，但他的文学造诣是大家所公认的。

B. 计算机专业的小王没有读懂这篇文章。

C. 从未接触过生物学知识的小李读懂了这篇文章。

D. 小周具有生物学专业背景，但他没有读懂这篇文章。

E. 生物学博士小赵读懂了这篇文章。

28. 经过反复核查，质检员小李向厂长汇报说：“726 车间生产的产品都是合格的，所以不合格的产品都不是 726 车间生产的。”

以下哪项和小李的推理结构最为相似？

A. 所有入场的考生都经过了体温测试，所以没有入场的考生都没有经过体温测试。

B. 所有出厂设备都是检测合格的，所以检测合格的设备都已经出厂。

C. 所有已发表的文章都是认真校对过的，所以认真校对过的文章都已发表。

D. 所有真理都是不怕批评的，所以怕批评的都不是真理。

E. 所有不及格的学生都没有好好复习，所以没好好复习的学生都不及格。

29. 王涛和周波是理科(1)班同学，他们是无话不说的好朋友，他们发现班里每一个人或者喜欢物理，或者喜欢化学。王涛喜欢物理，周波不喜欢化学。

根据以上陈述，以下哪项必定为真？

Ⅰ. 周波喜欢物理；

Ⅱ. 王涛不喜欢化学；

Ⅲ. 理科(1)班不喜欢物理的人喜欢化学；

Ⅳ. 理科(1)班一半人喜欢物理，一半人喜欢化学。

A. 仅Ⅰ。　　B. 仅Ⅲ。　　C. 仅Ⅰ、Ⅱ。

D. 仅Ⅰ、Ⅲ。 E. 仅Ⅱ、Ⅲ、Ⅳ。

30. 李明、王兵、马云三位股民对股票 A 和股票 B 分别作了如下预测：

李明：只有股票 A 不上涨，股票 B 才不上涨。

王兵：股票 A 和股票 B 至少有一个不上涨。

马云：股票 A 上涨当且仅当股票 B 上涨。

若三个人的预测都为真，则以下哪项符合他们的预测？

A. 股票 A 上涨，股票 B 不上涨。

B. 股票 A 不上涨，股票 B 上涨。

C. 股票 A 和股票 B 均上涨。

D. 股票 A 和股票 B 均不上涨。

E. 只有股票 A 上涨，股票 B 才不上涨。

31. 临江市地处东部沿海，下辖临东、临西、江南、江北四个区。近年来，文化旅游产业成为该市新的经济增长点。2010 年，该市一共吸引了全国数十万人次游客前来参观旅游。12 月底，关于该市四个区当年吸引游客人次多少的排名，各位旅游局局长作了如下预测：

临东旅游局局长：如果临西区第三，那么江北区第四；

临西旅游局局长：只有临西区不是第一，江南区才第二；

江南区旅游局局长：江南区不是第二；

江北区旅游局局长：江北区第四。

最终的统计表明，只有一位局长的预测符合事实，则临东区当年吸引游客人次的排名是：

A. 第一。 B. 第二。 C. 第三。

D. 第四。 E. 在江北区之前。

32. 小张是某公司营销部的员工。公司经理对他说：“如果你争取到这个项目，我就奖励你一台笔记本电脑或者给你项目提成。”

以下哪项为真，说明该经理没有兑现承诺？

A. 小张没争取到这个项目，该经理没给他项目提成，但送了他一台笔记本电脑。

B. 小张没争取到这个项目，该经理没奖励他笔记本电脑，也没给他项目提成。

C. 小张争取到了这个项目，该经理给他项目提成，但未奖励他笔记本电脑。

D. 小张争取到了这个项目，该经理奖励他一台笔记本电脑并且给他三天假期。

E. 小张争取到了这个项目，该经理未给他项目提成，但奖励了他一台台式电脑。

33.《文化新报》记者小白周四去某市采访陈教授与王研究员。次日，其同事小李问小白：“昨天你采访到那两位学者了吗？”小白说：“不，没那么顺利。”小李又问：“那么，你一个都没采访到？”小白说：“也不是。”

以下哪项最可能是小白周四采访所发生的实际情况？

A. 小白采访到了两位学者。

B. 小白采访了李教授，但没有采访到王研究员。

C. 小白根本没有去采访两位学者。

D. 两位采访对象都没有接受采访。

E. 小白采访到了其中一位，但没有采访到另一位。

34. 只有通过身份认证的人才允许上公司内网，如果没有良好的业绩就不可能通过身份认证，张辉有良好的业绩而王纬没有良好的业绩。

如果上述断定为真，则以下哪项一定为真？

A. 允许张辉上公司内网。

B. 不允许王纬上公司内网。

C. 张辉通过身份认证。

D. 有良好的业绩，就允许上公司内网。

E. 没有通过身份认证，就说明没有良好的业绩。

35. 比较文字学者张教授认为，在不同的民族语言中，字形与字义的关系有不同的表现。他提出，汉字是象形文字，其中大部分是形声字，这些字的字形与字义相互关联；而英语是拼音文字，其字形与字义往往关联度不大，需要某种抽象的理解。

以下哪项如果为真，最不符合张教授的观点？

A. 汉语中的“日”“月”是象形字，从字形可以看出其所指的对象；而英语中的 sun 与 moon 则感觉不到这种形意结合。

B. 汉语中“日”与“木”结合，可以组成“東”“杲”“杳”等不同的字，并可以猜测其语义。而英语中则不存在与此类似的 sun 与 wood 的结合。

C. 英语中，也有与汉语类似的象形文字，如，eye 是人的眼睛的象形，两个 e 代表眼睛，y 代表中间的鼻子；bed 是床的象形，b 和 d 代表床的两端。

D. 英语中的 sunlight 与汉语中的“阳光”相对应，而英语的 sun 与 light 和汉语中的“阳”与“光”相对应。

E. 汉语的“星期三”与英语中的 Wednesday 和德语中的 Mittwoch 意思相同。

36. 乘客使用手机及便携式电脑等电子设备会通过电磁波谱频繁传输信号，机场的无线电话和导航网络等也会使用电磁波谱，但电信委员会已根据不同用途把电磁波谱分成了几大块。因此，用手机打电话不会对专供飞机通信系统或全球定位系统使用的波段造成干扰。尽管如此，各大航空公司仍然规定，禁止机上乘客使用手机等电子设备。

以下哪项如果为真，能解释上述现象？

Ⅰ. 乘客在空中使用手机等电子设备可能对地面导航网络造成干扰；

Ⅱ. 乘客在起飞和降落时使用手机等电子设备，可能影响机组人员工作；

Ⅲ. 便携式电脑或者游戏设备可能导致自动驾驶仪出现断路或仪器显示发生故障。

A. 仅Ⅰ。　　B. 仅Ⅱ。　　C. 仅Ⅰ、Ⅱ。

D. 仅Ⅱ、Ⅲ。　　E. Ⅰ、Ⅱ和Ⅲ。

37. 2010 年上海世博会盛况空前，200 多个国家场馆和企业主题馆让人目不暇接。大学生王刚决定在学校放暑假的第二天前往世博会参观。前一天晚上，他特别上网查看了各位网友对相关热门场馆选择的建议，其中最吸引王刚的有三条：

(1) 如果参观沙特馆，就不参观石油馆；

(2) 石油馆和中国国家馆择一参观；

(3) 中国国家馆和石油馆不都参观。

第二天王刚的世博会行程非常紧凑，他没有接受上述三条建议中的任何一条。

关于王刚所参观的热门场馆，以下哪项描述正确？

A. 参观沙特馆、石油馆，没有参观中国国家馆。

B. 沙特馆、石油馆、中国国家馆都参观了。

C. 沙特馆、石油馆、中国国家馆都没有参观。

D. 没有参观沙特馆，参观石油馆和中国国家馆。

E. 没有参观石油馆，参观沙特馆、中国国家馆。

38. 经理说：“有了自信不一定赢。”董事长回应说：“但是没有自信一定会输。”

以下哪项与董事长的意思最为接近？

A. 不输即赢,不赢即输。

B. 如果自信,则一定会赢。

C. 只有自信,才可能不输。

D. 除非自信,否则不可能输。

E. 只有赢了,才可能更自信。

39. 在家电产品“三下乡”活动中,某销售公司的产品受到了农村居民的广泛欢迎。该公司总经理在介绍经验时表示:只有用最流行畅销的明星产品面对农村居民,才能获得他们的青睐。

以下哪项如果为真,最能质疑总经理的论述?

A. 某品牌电视由于其较强的防潮能力,尽管不是明星产品,仍然获得了农村居民的青睐。

B. 流行畅销的明星产品由于价格偏高,没有赢得农村居民的青睐。

C. 流行畅销的明星产品只有质量过硬,才能获得农村居民的青睐。

D. 有少数娱乐明星为某些流行畅销的产品作虚假广告。

E. 流行畅销的明星产品最适合城市中的白领使用。

40. 居民苏女士在菜市场看到某摊位出售的鹌鹑蛋色泽新鲜、形态圆润,且价格便宜,于是买了一箱。回家后发现有些鹌鹑蛋打不破,甚至丢到地上也摔不坏,再细闻已经打破的鹌鹑蛋,有一股刺鼻的消毒液味道。她投诉至菜市场管理部门。结果一位工作人员声称鹌鹑蛋目前还没有国家质量标准,无法判定它有质量问题,所以他坚持这箱鹌鹑蛋没有问题。

以下哪项与该工作人员得出结论的方式最为相似?

A. 不能证明宇宙是没有边际的,所以宇宙是有边际的。

B. “旅游论坛”还没有论坛规范,所以管理员还没有权限删除帖子。

C. 小偷在逃跑中跳入2米深的洞中,事主认为没有危险,因此不予施救。

D. 并非外星人不存在,所以外星人存在。

E. 慈善晚会上的假唱行为不属于商业管理范围,因此相关部门无法对其惩罚。

41. 概念A与概念B有交叉关系,当且仅当,(1)存在对象X,X既属于A又属于B;(2)存在对象Y,Y属于A但不属于B;(3)存在对象Z,Z属于B但不属于A。

根据上述定义,以下哪项画线的词语之间有交叉关系?

A. 国画按题材分为<u>人物画</u>、花鸟画、山水画;按技法分为<u>工笔画</u>、写意画等。

B. <u>《盗梦空间》</u>除了是<u>最佳影片</u>的有力争夺者外,他在技术类奖项中也将有所收获。

C. <u>阳光小学30岁的食堂总经理</u>为了改善伙食,在食堂放了几个意见本,征求<u>学生们</u>的意见。

D. 在<u>微波炉清洁剂</u>中加入漂白剂,就会释放<u>氯气</u>。

E. <u>高校教师</u>包括<u>教授</u>、副教授、讲师和助教等。

42. 小李将自家护栏边的绿地毁坏,种上了黄瓜。小区物业管理人员发现后,提醒小李:护栏边的绿地是公共绿地,属于小区所有人。物业为此下发了整改通知书,要求小李限期恢复绿地。小李对此辩称:“我难道不是小区的人吗?护栏边的绿地既然属于小区的所有人,当然也属于我。因此,我有权在自己的土地上种黄瓜。”

以下哪项论证,和小李的错误最为相似?

A. 所有人都要对他的错误行为负责,小梁没有对他的这次行为负责,所以小梁的这次行为没有错误。

B. 所有参展的兰花在这次博览会上被订购一空,李阳花大价钱买了一盆花,由此可见,李阳买的必定是兰花。

C. 没有人能够一天读完大仲马的所有作品,没有人能够一天读完《三个火枪手》,因此,《三个火枪手》是大仲马的作品之一。

D. 所有莫尔碧骑士组成的军队在当时的欧洲是不可战胜的，翼雅王是莫尔碧骑士之一，所以翼雅王在当时的欧洲是不可战胜的。

E. 任何一个人都不可能掌握当今世界的所有知识，地心说不是当今世界的知识。因此，有些人可以掌握地心说。

43. 我国著名的地质学家李四光，在对东北的地质结构进行了长期、深入的调查研究后发现，松辽平原的地质结构与中亚细亚极其相似。他推断，既然中亚细亚蕴藏大量的石油，那么松辽平原很可能也蕴藏着大量的石油。后来，大庆油田的开发证明了李四光的推断是正确的。

以下哪项与李四光的推理方式最为相似？

A. 他山之石，可以攻玉。

B. 邻居买彩票中了奖，小张受此启发，也去买了体育彩票，结果没有中奖。

C. 某乡镇领导在考察了荷兰等国的花卉市场后认为要大力发展规模经济，回来后组织全乡镇种大葱，结果导致大葱严重滞销。

D. 每到炎热的夏季，许多商店腾出一大块地方卖羊毛衫、长袖衬衣、冬靴等冬令商品，进行反季节销售，结果都很有市场。小王受此启发，决定在冬天种西瓜。

E. 乌兹别克地区生产长绒棉，新疆塔里木河流域与乌兹别克地区在日照情况、霜期长短、气温高低、降雨量等方面均相似，科研人员受此启发，将长绒棉移植到塔里木盆地，果然获得了成功。

44. 如果他勇于承担责任，那么他就一定会直面媒体，而不是选择逃避；如果他没有责任，那么他就一定会聘请律师，捍卫自己的尊严。可是事实上，他不仅没有聘请律师，现在逃得连人影都不见了。

根据以上陈述，可以得出以下哪项结论？

A. 即使他没有责任，也不应该选择逃避。

B. 虽然选择了逃避。但是他可能没有责任。

C. 如果他有责任，那么他应该勇于承担责任。

D. 如果他不敢承担责任，那么说明他的责任很大。

E. 他不仅有责任，而且他没有勇气承担责任。

45. 有些通信网络维护涉及个人信息安全，因而，不是所有的通信网络的维护都可以外包。

以下哪项可以使上述论证成立？

A. 所有涉及个人信息安全的都不可以外包。

B. 有些涉及个人信息安全的不可以外包。

C. 有些涉及个人信息安全的可以外包。

D. 所有涉及国家信息安全的都不可以外包。

E. 有些通信网络维护涉及国家信息安全。

46. 葡萄酒中含有白藜芦醇和类黄酮等对心脏有益的抗氧化剂。一项新研究表明，白藜芦醇能防止骨质疏松和肌肉萎缩。由此，有关研究人员推断，那些长时间在国际空间站或宇宙飞船上的宇航员或许可以补充一下白藜芦醇。

以下哪项如果为真，最能支持上述研究人员的推断？

A. 研究人员发现由于残疾或者其他因素而很少活动的人会比经常活动的人更容易出现骨质疏松和肌肉萎缩等症状，如果能喝点葡萄酒，则可以获益。

B. 研究人员模拟失重状态，对老鼠进行试验，一个对照组未接受任何特殊处理，另一组则每天服用白藜芦醇，结果对照组的老鼠骨头和肌肉的密度都降低了，而服用白藜芦醇的一组则没有出现这些症状。

C. 研究人员发现由于残疾或者其他因素而很少活动的人，如果每天服用一定量的白藜芦醇，则可以改善骨质疏松和肌肉萎缩等症状。

D. 研究人员发现,葡萄酒能对抗失重所造成的负面影响。

E. 某医学博士认为,白藜芦醇或许不能代替锻炼,但它能减缓人体某些机能的退化。

47. 一般商品只有在多次流通过程中才能不断增值,但艺术品作为一种特殊商品却体现出了与一般商品不同的特性。在拍卖市场上,有些古玩、字画的成交价有很大的随机性,往往会直接受到拍卖现场气氛、竞价激烈程度、买家心理变化等偶然因素的影响,成交价有时会高于底价几十倍乃至数百倍,使得艺术品在一次“流通”中实现大幅度增值。

以下哪项最无助于解释上述现象?

A. 艺术品不可再造性决定了其交换价格有可能超过其自身价值。

B. 不少买家喜好收藏,抬高了艺术品的交易价格。

C. 有些买家就是为了炒作艺术品,以期获得高额利润。

D. 虽然大量赝品充斥市场,但是对艺术品的交易价格没有什么影响。

E. 国外资金进入艺术品拍卖市场,对价格攀升起到了拉动作用。

48. 近期国际金融危机对毕业生的就业影响非常大,某高校就业中心的陈老师希望广大同学能够调整自己的心态和预期。他在一次就业指导会上提到,有些同学对自己的职业定位还不够准确。

如果陈老师的陈述为真,则以下哪一项不一定为真?

Ⅰ. 不是所有的人对自己的职业定位都准确;

Ⅱ. 不是所有人对自己的职业定位都不够准确;

Ⅲ. 有些人对自己的职业定位准确;

Ⅳ. 所有人对自己的职业定位都不够准确。

A. 仅Ⅱ和Ⅳ。　　B. 仅Ⅲ和Ⅳ。　　C. 仅Ⅱ和Ⅲ。

D. 仅Ⅰ、Ⅱ和Ⅲ。　　E. 仅Ⅱ、Ⅲ和Ⅳ。

49. 一位房地产信息员通过对某地的调查发现:护城河两岸房屋的租金都比较低廉;廉租房都坐落在凤凰山北麓;东向的房屋都是别墅;非廉租房不可能具有廉价的租金;有些单室套的两限房建在凤凰山南麓;别墅也都建筑在凤凰山南麓。

根据该房地产信息员的调查,以下哪项不可能存在?

A. 东向的护城河两岸的房屋。

B. 凤凰山北麓的两限房。

C. 单室套的廉租房。

D. 护城河两岸的单室套。

E. 南向的廉租房。

50. 探望病人通常会送上一束鲜花。但某国曾有报道说,医院花瓶养花的水可能含有很多细菌,鲜花会在夜间与病人争夺氧气,还可能影响病房里电子设备的工作。这引起了人们对鲜花的恐惧,该国一些医院甚至禁止在病房内摆放鲜花。尽管后来证实鲜花并未导致更多的病人受感染,并且权威部门也澄清,未见任何感染病例与病房里的植物有关,但这并未减轻医院对鲜花的反感。

以下除哪项外,都能减轻医院对鲜花的担心?

A. 鲜花并不比病人身边的餐具、饮料和食物带有更多可能危害病人健康的细菌。

B. 在病房里放置鲜花让病人感到身心愉悦、精神舒畅,有助于病人康复。

C. 给鲜花换水、修剪需要一定的人工,如果花瓶倒了还会导致危险产生。

D. 已有研究证明,鲜花对病房空气的影响微乎其微,可以忽略不计。

E. 探望病人所送的鲜花大都花束小、需水量少、花粉少,不会影响电子设备工作。

51. 某公司规定,在一个月内,除非每个工作日都出勤,否则任何员工都不可能既获得单月的绩效工资,又获得奖励工资。

以下哪项与上述规定的意思最为接近?

A. 在一个月内,任何员工如果所有工作日不缺勤,必然既获得当月的绩效工资又获得奖励工资。

B. 在一个月内,任何员工如果所有工作日不缺勤,都有可能既获得当月的绩效工资,又获得奖励工资。

C. 在一个月内,任何员工如果有某个工作日缺勤,仍有可能既获得当月的绩效工资,又获得奖励工资。

D. 在一个月内,任何员工如果有某个工作日缺勤,必然或者得不了当月绩效工资,或者得不了奖励工资。

E. 在一个月内,任何员工如果所有工作日缺勤,必然既得不了当月绩效工资,又得不了奖励工资。

52. 近期流感肆虐,一般流感患者可采用抗病毒药物治疗。虽然并不是所有流感患者均需接受达菲等抗病毒药物的治疗,但不少医生仍强烈建议老人、儿童等出现严重症状的患者用药。

如果以上陈述为真,则以下哪项一定为假?

Ⅰ. 有些流感患者需接受达菲等抗病毒药物的治疗。

Ⅱ. 并非有的流感患者不需接受抗病毒药物的治疗。

Ⅲ. 老人、儿童等易出现严重症状的患者不需要用药。

A. 仅Ⅰ。　　B. 仅Ⅱ。　　C. 仅Ⅲ。

D. 仅Ⅰ、Ⅱ。　　E. 仅Ⅱ、Ⅲ。

53~55题基于以下题干

东宇大学公开招聘三个教师职位,哲学学院、管理学院和经济学院各一个,每个职位都有分别来自南山大学、西京大学、北清大学的候选人。有位"聪明"人士李先生对招聘结果作出了如下预测:

(1) 如果哲学学院录用北清大学的候选人,那么管理学院也录用西京大学的候选人;

(2) 如果管理学院录用南山大学的候选人,那么哲学学院也录用南山大学的候选人;

(3) 如果经济学院录用北清大学或者西京大学的候选人,那么管理学院录用北清大学的候选人。

53. 如果哲学学院、管理学院和经济学院最终录用的候选人的大学归属信息依次如下,则哪项符合李先生的预测?

A. 南山大学、南山大学、西京大学。

B. 北清大学、南山大学、南山大学。

C. 北清大学、北清大学、南山大学。

D. 西京大学、北清大学、南山大学。

E. 西京大学、西京大学、西京大学。

54. 若哲学学院最终录用西京大学的候选人,则以下哪项表明李先生的预测错误?

A. 管理学院录用北清大学候选人。

B. 管理学院录用南山大学候选人。

C. 经济学院录用南山大学候选人。

D. 经济学院录用北清大学候选人。

E. 经济学院录用西京大学候选人。

55. 如果三个学院最终录用的候选人分别来自不同的大学,则以下哪项符合李先生的预测?

A. 哲学学院录用西京大学候选人,经济学院录用北清大学候选人。
B. 哲学学院录用南山大学候选人,管理学院录用北清大学候选人。
C. 哲学学院录用北清大学候选人,经济学院录用西京大学候选人。
D. 哲学学院录用西京大学候选人,管理学院录用南山大学候选人。
E. 哲学学院录用南山大学候选人,管理学院录用西京大学候选人。

2012年入学管理类综合能力逻辑真题解析

答案速查:ECDDD DEEBC EBCAA ADEEA BDEAC DBDBB

26. 答案:E 解析:科学家火山喷发的降温原理,提议将二氧化硫充入大气层,以达到给地球降温的目的。E项说明了措施无意义,科学家提议的类比对象是火山喷发,其形成的降温效应只是暂时的,因此人工将二氧化硫充入大气层产生的降温效果也是暂时的,无法达到给地球降温的目的,质疑了手段的有效性。D项质疑的是措施有弊端,不可取,但不符合题干问题要求“质疑有效性”,故不选。

27. 答案:C 解析:刻画题干:读懂这篇文章→(文学造诣∧生物学专业背景);其矛盾命题“读懂这篇文章∧(¬文学造诣∨¬生物学专业背景)”必定为假,因此选择C项。E项否定了上述括号中一个选言支,但是另一个选言支真假不定,故E项未必符合题干矛盾命题,其余各项都否定了题干推理的前件,不符合题干的矛盾命题。

28. 答案:D 解析:题干推理结构是:a都是b,所以¬b都是¬a,D项与之符合。

A项的推理结构是:a都是b,所以¬a都是¬b。

B、C、E项的推理结构是:a都是b,所以b都是a。

29. 答案:D 解析:本题考查相容选言命题的否定肯定式。题干条件可以刻画为:物理∨化学。根据周波不喜欢化学,否定了其中一个选言支,另外一个选言支必然为真,Ⅰ可以推出。

相容选言命题的肯定否定式是无效式,所以根据王涛喜欢物理,肯定了其中一个选言支,另一个选言支真假不定,Ⅱ推不出。

同理,“理科(1)班不喜欢物理的人”否定了其中一个选言支,另一个选言支必然为真,Ⅲ能够推出。

题干不涉及人数的判断,因此Ⅳ是过度推理,真假不定。

30. 答案:D 解析:题干条件可以刻画为:(1)¬B→¬A;(2)¬A∨¬B;(3)A↔B(“A当且仅当B”表示A、B互为充要条件)。

(3)如果为真,说明(A∧B)∨(¬A∧¬B)为真。若(A∧B)为真,那么(2)就为假,与题干条件“三人预测都为真”不符。所以(A∧B)为假,由此可得(¬A∧¬B)为真,即A、B均不上涨。

31. 答案:D 解析:题干条件可以刻画为:(1)临西第三→江北第四;(2)江南第二→¬临西第一;(3)¬江南第二;(4)江北第四。

如果(3)真,那么(2)前件为假,命题必真,违反只有一个预测为真的条件,所以(3)为假,即江南区第二;同理,如果(4)为真,那么(1)后件为真,命题必真,所以(4)为假,推出江北区不是第四。

确定条件(3)(4)为假后,再假设(1)为真,(2)为假,可知江南区第二且临西区第一[此时条件(1)的前件为假命题恒真,不违反假设]。由(4)为假可知江北区不是第四,所以江北区只剩下第三这个位置,那么临东区只能第四。

假设(2)为真,(1)为假,可知临西区第三,且江北区不是第四。由(3)假知江南区第二,所以江北区只剩下第一这个位置，此时临东区还是第四。

综上，无论(1)为真还是(2)为真，都能推出临东区第四。

此题选项不是要素单举，不宜采用选项代入法验证。

32. 答案：E 解析：公司经理对小张说的话可以刻画为：争取到→笔记本电脑∨提成，这是一个充分条件假言命题，只有在前件真且后件假的情况下才为假，其余情况都为真。A、B项否定了命题前件，不符合矛盾式要求，故排除。题干的后件为相容选言命题，C、D项均肯定了其中一个选言支，不符合矛盾式要求。只有在两个选言支都为假的情况下，后件整个相容选言命题才为假，即当经理既没有奖励笔记本电脑也没有给小张项目提成时，该经理没有兑现承诺，E项符合条件（注意，E项说的是"台式电脑"，不是"笔记本电脑"）。

33. 答案：E 解析：由小白的第一次回答可知，有的学者未采访到。由小白的第二次回答可知，有的学者采访到了。因此小白只采访到了其中一位学者，答案选E项。

34. 答案：B 解析：题干条件可以刻画为：上内网→通过身份认证→有良好业绩。由"王纬没有良好的业绩"逆否推理可知，王维不可能通过身份认证，进而可推知王纬不被允许上公司内网，故B项一定为真。对于假言命题来说，否定前件或是肯定后件则什么也推不出，因此知道张辉有良好业绩，无法判断A、C项的真假；D、E项混淆了充分条件和必要条件，也可以理解为它们搞反了题干刻画式的推理方向。

35. 答案：C 解析：注意问题中的相反陷阱。张教授的观点是英语的字形与字义关联不大，而C项直接举出了相反的例子，是对张教授观点的反驳，故本题正确答案为C项。A项符合张教授的观点，而B、D、E项与张教授的观点无关。

36. 答案：E 解析：题干中的矛盾在于：手机打电话不会对专供飞机通讯系统或全球定位系统使用的波段造成干扰，但仍禁止机上乘客使用手机等电子设备。三个复选项都表明：即使用手机打电话不会对专供飞机通讯系统或全球定位系统使用的波段造成干扰，但还是会影响与飞行安全相关的正常工作，故都能解释题干的现象。请注意，本题要求找"能解释"的选项，而不是"最能解释"的，故无需比较解释力度强弱。

37. 答案：B 解析：王刚没有接受任何一条建议，即三条建议均为假。根据(1)假可知，王刚参观了沙特馆且参观了石油馆。再根据(3)为假可推出，王刚参观了中国国家馆和石油馆。因此王刚参观了沙特馆、石油馆以及中国国家馆，即B项。

38. 答案：C 解析：董事长的意思是：¬自信→输，等价于¬输→自信，可以匹配C项。A项的刻画式为：¬输→赢；B项的刻画式是：自信→赢；D项的刻画式是：输→自信；E项的刻画式是：更自信→赢，均与董事长的意思不符。

39. 答案：A 解析：总经理的话可以刻画为：农村居民青睐→最流行畅销的明星产品。A项可以刻画为：农村居民青睐∧¬最流行畅销的明星产品，是题干的矛盾命题，质疑的力度最强。B项否定了题干命题的前件，不与题干构成矛盾，无法削弱题干论证。题干未提到"质量问题"，所以C项是无关项。D、E项与总经理的论述无关。

40. 答案：A 解析：题干根据"无法判定它有质量问题"，推出"它没有质量问题"，这种逻辑谬误叫"诉诸无知"——因为不知道某事，所以某事不存在。A项也是诉诸无知，因为不知道宇宙没有边际，所以宇宙没有边际是假的。

41. 答案：A 解析：本题考查概念之间的关系。A项"人物画"和"工笔画"是交叉关系。B项"盗梦空间"与"最佳影片"是包含关系。C项"阳光小学30岁的食堂总经理"与"学生们"是全异关系。D项"微波炉清洁剂"与"氯气"是全异关系（清洁剂中可能有"氯分子"但是没有"氯气"）。E项"高校教师"和"教授"是包含关系。

42. 答案:D　解析:题干论证存在分解的谬误,整体具备的性质,个体未必也具备,但是小李将集合概念偷换成了非集合概念。D 项也犯了相似的错误,将莫尔碧骑士军队这一集合概念偷换成了翼雅王。莫尔碧骑士组成的军队在当时的欧洲是不可战胜,不代表翼雅王在当时的欧洲是不可战胜的。注意,D 项中虽然出现了"所有",但它修饰的是"XX 组成的军队",而不是"莫尔碧骑士",所以不能把"莫尔碧骑士"当成类概念。其余各项均不涉及分解谬误,C、E 项是违反三段论推理规则:两个否定前提推不出确定性的结论。

43. 答案:E　解析:题干推理为类比推理:根据 A 和 B 在某些方面相同或相似,推出 A 和 B 在其他方面也相同或相似。E 项也是类比推理。

A 项不是推理,B 项不是类比,C 项说明进行类比的两个事物本质属性或发展条件要相同,D 项没有给出类比的结果。

44. 答案:E　解析:题干条件可以刻画为:(1)勇于承担责任→¬逃避⇒逃避→¬勇于承担责任;(2)¬责任→聘请律师⇒¬聘请律师→责任。因此,根据其没有聘请律师,可以得出他有责任;根据其逃避,可以推出其没有勇气承担责任,即 E 项。

45. 答案:A　解析:题干结论可以转化为特称否定命题:有的通信网络的维护不可以外包。对结论进行拆分:有的通信网络→( )→不可以外包,根据前提可知括号中应填入(涉及信息安全),所以需要补充的前提是:涉及信息安全→不可以外包,由此可以确认 A 项。

本题还可以利用三段论推理的规则对选项定性排除。题干已经给出一个特称命题的前提,所以需要补充全称命题,由此可以排除 B、C、E 项。D 项中的"国家信息安全"题干并未涉及,所以不能选,答案为 A 项。

46. 答案:B　解析:B 项运用了求异法,能够支持题干的结论。C 项是强干扰项,但是题干说的是"防止",C 项说的是"改善",关键词不匹配。关键是,C 项并未强调特定的实验环境:太空失重状态,故不选。A 项和 D 项没有提到"白藜芦醇",因而可能是葡萄酒中其他因素起作用,不能说明白藜芦醇有作用;E 项没有提到"骨质疏松和肌肉萎缩",无法支持题干所提到的白藜芦醇的作用。

47. 答案:D　解析:注意问题中的相反陷阱。D 项说大量赝品充斥市场,但是对艺术品的交易价格没有影响。既然对价格没有影响,那就无助于解释为什么艺术品在一次"流通"中可以实现大幅度增值。其余选项都可以解释艺术品升值现象。

48. 答案:E　解析:陈老师的陈述是一个特称否定命题。Ⅰ项与题干命题等价,必定为真,排除;Ⅱ、Ⅲ项可以转化成"有的同学对自己的职业定位准确";Ⅳ项可以转化成"所有人对自己的职业定位都不够准确"。根据直言命题对当关系,特称否定命题为真时,相应的特称肯定命题和全称否定命题的真假无法判断,所以答案选 E 项。

49. 答案:A　解析:注意问题中的相反陷阱。题干条件可刻画如下:

(1)护城河两岸→房租低廉⇒¬房租低廉→¬护城河两岸;

(2)廉租房→凤凰山北麓;

(3)东向房屋→别墅;

(4)¬廉租房→¬房租低廉;

(5)有的两限房→凤凰山南麓;

(6)别墅→凤凰山南麓。

由(1)(3)(4)可得:东向房屋→别墅(即¬廉租房)→¬房租低廉→¬护城河两岸,因此东向的房屋都不在护城河两岸,A 项情况不可能存在。

50. 答案:C　解析:注意问题中的相反陷阱。C 项说明鲜花还会带来麻烦和危险,因此不能减轻医院对鲜花的担心。其余各项:A、D、E项都说明不必在意鲜花带来的危害,B项说明鲜花有益。

51. 答案:D　解析:题干可以刻画为:¬全勤→不可能(绩效工资∧奖励工资),等价于:¬全勤→¬绩效工资∨¬奖励工资,可以匹配D项。题干中的“不可能”经过否定等值变换,转化成了“必然不”。

52. 答案:B　解析:注意问题要求找必假的选项。题干断定“并非所有流感患者都需要接受达菲等抗病毒药物的治疗”,这句话等价于“有的流感患者不需要接受达菲等抗病毒药物的治疗”。根据下反对关系,特称否定命题为真,无法判断相应的特称肯定命题的真假,所以Ⅰ项真假不定;Ⅱ项等价于“所有的流感患者都需接受抗病毒药物的治疗”。根据矛盾关系,特称否定命题为真,相应的全称肯定命题必定为假;Ⅲ项无法判断真假,因为题干仅涉及医生的建议,而不涉及事实上是否需要用药。

53. 答案:D　解析:本题采用排除法,将各个选项代入验证。A、E项可以根据条件(3)排除,B、C项可以根据条件(1)排除,只有D项不与题干构成矛盾。

54. 答案:B　解析:题干条件(2)可以刻画为:管理南山→哲学南山,其矛盾命题为:管理南山∧¬哲学南山。因此根据本题补充性条件,B项可以表明李先生预测错误。

55. 答案:B　解析:整理题干条件如下:(1)哲学北清→管理西京;(2)管理南山→哲学南山;(3)经济北清或经济西京→管理北清;(4)三名候选人来自不同大学。

由(2)知:若管理南山为真,则哲学南山也为真,违反本题补充的条件(4),所以管理南山为假,排除A、C、D项。同理,由(3)知:若经济北清为真,则管理北清也为真,违反条件(4),所以经济北清为假,排除E项。

2011年
入学管理类综合能力逻辑真题

26. 巴斯德认为，空气中的微生物浓度与环境状况、气流运动和海拔高度有关。他在山上的不同高度分别打开装着煮过的培养液的瓶子，发现海拔越高，培养液被微生物污染的可能性越小。在山顶上，20个装了培养液的瓶子，只有1个长出了微生物。普歇另用干草浸液做材料重复了巴斯德的实验，却得出不同的结果：即使在海拔很高的地方，所有装了培养液的瓶子都很快长出了微生物。

以下哪项如果为真，最能解释普歇和巴斯德实验所得到的不同结果？

A. 只要有氧气的刺激，微生物就会从培养液中自发地生长出来。

B. 培养液在加热消毒、密封、冷却的过程中会被外界细菌污染。

C. 普歇和巴斯德的实验设计都不够严密。

D. 干草浸液中含有一种耐高温的枯草杆菌，培养液一旦冷却，枯草杆菌的孢子就会复活，迅速繁殖。

E. 普歇和巴斯德都认为，虽然他们用的实验材料不同，但是经过煮沸，细菌都能被有效地杀灭。

27. 张教授的所有初中同学都不是博士；通过张教授而认识其哲学研究所同事的都是博士；张教授的一个初中同学通过张教授认识了王研究员。

以下哪项能作为结论从上述断定中推出？

A. 王研究员是张教授的哲学研究所同事。

B. 王研究员不是张教授的哲学研究所同事。

C. 王研究员是博士。

D. 王研究员不是博士。

E. 王研究员不是张教授的初中同学。

28. 一般将缅甸所产的经过风化或经河水搬运至河谷、河床中的翡翠大砾石，称为"老坑玉"。老坑玉的特点是"水头好"、质坚、透明度高，其上品透明如玻璃，故称"玻璃种"或"冰种"。同为老坑玉，其质量相对也有高低之分，有的透明度高一些，有的透明度稍差些，所以价值也有差别。在其他条件都相同的情况下，透明度高的老坑玉比透明度较其低的单位价值高，但是开采的实践告诉人们，没有单位价值最高的老坑玉。

以上陈述如果为真，可以得出以下哪项结论？

A. 没有透明度最高的老坑玉。

B. 透明度高的老坑玉未必"水头好"。

C. "新坑玉"中也有质量很好的翡翠。

D. 老坑玉的单位价值还决定于其加工的质量。

E. 随着年代的增加，老坑玉的单位价值会越来越高。

29. 某教育专家认为："男孩危机"是指男孩调皮捣蛋、胆小怕事、学习成绩不如女孩好等现象。近些年，这种现象已经成为儿童教育专家关注的一个重要问题。这位专家在列出一系列统计数据后，提出了"今日男孩为什么从小学、中学到大学全面落后于同年龄段的女孩"的疑问，这无疑加剧了无数男生家长的焦虑。该专家通过分析指出，恰恰是家庭和学校不适当的教育方法导致了"男孩危机"现象。

以下哪项如果为真，最能对该专家的观点提出质疑？

A. 家庭对独生子女的过度呵护,在很大程度上限制了男孩发散思维的拓展和冒险性格的养成。

B. 现在的男孩比以前的男孩在女孩面前更喜欢表现出“绅士”的一面。

C. 男孩在发展潜能方面要优于女孩,大学毕业后他们更容易在事业上有所成就。

D. 在家庭、学校教育中,女性充当了主要角色。

E. 现代社会游戏泛滥,男孩天性比女孩更喜欢游戏,这耗去了他们大量的精力。

30. 抚仙湖虫是泥盆纪澄江动物群中特有的一种,属于真节肢动物中比较原始的类型,成虫体长10厘米,有31个体节,外骨骼分为头、胸、腹三部分,它的背、腹分节数目不一致。泥盆纪直虾是现代昆虫的祖先,抚仙湖虫化石与直虾类化石类似,这间接表明了抚仙湖虫是昆虫的远祖。研究者还发现,抚仙湖虫的消化道充满泥沙,这表明它是食泥的动物。

以下除哪项外,均能支持上述论证?

A. 昆虫的远祖也有不食泥的生物。

B. 泥盆纪直虾的外骨骼分为头、胸、腹三部分。

C. 凡是与泥盆纪直虾类似的生物都是昆虫的远祖。

D. 昆虫是由真节肢动物中比较原始的生物进化而来的。

E. 抚仙湖虫消化道中的泥沙不是在化石形成过程中由外界渗透进去的。

31. 2010年某省物价总水平仅上涨2.4%,涨势比较温和,涨幅甚至比2009年回落了0.6个百分点。可是,普通民众觉得物价涨幅较高,一些统计数据也表明,民众的感觉有据可依。2010年某月的统计报告显示,该月禽蛋类商品价格涨幅达12.3%,某些反季节蔬菜涨幅甚至超过20%。

以下哪项如果为真,最能解释上述看似矛盾的现象?

A. 人们对数据的认识存在偏差,不同来源的统计数据会产生不同的结果。

B. 影响居民消费品价格总水平变动的各种因素互相交织。

C. 虽然部分日常消费品涨幅很小,但居民感觉很明显。

D. 在物价指数体系中占相当权重的工业消费品价格持续走低。

E. 不同的家庭,其收入水平、消费偏好、消费结构都有很大的差异。

32. 随着互联网的发展,人们的购物方式有了新的选择。很多年轻人喜欢在网络上选择自己满意的商品,通过快递送上门,购物足不出户,非常便捷。刘教授据此认为,那些实体商场的竞争力会受到互联网的冲击,在不远的将来,会有更多的网络商店取代实体商店。

以下哪项如果为真,最能削弱刘教授的观点?

A. 网络购物虽然有某些便利,但容易导致个人信息被不法分子利用。

B. 有些高档品牌的专卖店,只愿意采取街面实体商店的销售方式。

C. 网络商店与快递公司在货物丢失或损坏的赔偿方面经常互相推诿。

D. 购买黄金珠宝等贵重物品,往往需要现场挑选,且不适宜网络支付。

E. 通常情况下,网络商店只有在其实体商店的支撑下才能生存。

33. 受多元文化和价值观的冲击,甲国居民的离婚率明显上升。最近一项调查表明,甲国的平均婚姻存续时间为8年。张先生为此感慨,现在像钻石婚、金婚、白头偕老这样的美丽故事已经很难得,人们淳朴的爱情婚姻观一去不复返了。

以下哪项如果为真,最可能表明张先生的理解不确切?

A. 现在有不少闪婚一族,他们经常在很短的时间里结婚又离婚。

B. 婚姻存续时间长并不意味着婚姻的质量高。

C. 过去的婚姻主要由父母包办,现在主要是自由恋爱。

D. 尽管婚姻存续时间短,但年轻人谈恋爱的时间比以前增加很多。

E. 婚姻是爱情的坟墓,美丽感人的故事更多体现在恋爱中。

34. 某集团公司有四个部门,分别生产冰箱、彩电、电脑和手机。根据前三个季度的数据统计,四个部门经理对2010年全年的赢利情况作了如下预测:

冰箱部门经理:今年手机部门会赢利。

彩电部门经理:如果冰箱部门今年赢利,那么彩电部门就不会赢利。

电脑部门经理:如果手机部门今年没赢利,那么电脑部门也没赢利。

手机部门经理:今年冰箱和彩电部门都会赢利。

全年数据统计完成后,发现上述四个预测只有一个符合事实。

关于该公司各部门的全年赢利情况,以下除哪项外,均可能为真?

A. 彩电部门赢利,冰箱部门没赢利。

B. 冰箱部门赢利,电脑部门没赢利。

C. 电脑部门赢利,彩电部门没赢利。

D. 冰箱部门和彩电部门都没赢利。

E. 冰箱部门和电脑部门都赢利。

35. 随着数字技术的发展,音频、视频的播放形式出现了革命性转变。人们很快接受了一些新形式,比如MP3、CD、DVD等。但是对于电子图书的接受并没有达到专家所预期的程度,现在仍有很大一部分读者喜欢捧着纸质出版物。纸质书籍在出版业中依然占据重要地位。因此有人说,书籍可能是数字技术需要攻破的最后一个堡垒。

以下哪项最不能对上述现象提供解释?

A. 人们固执地迷恋着阅读纸质书籍时的舒适体验,喜欢纸张的质感。

B. 在显示器上阅读,无论是笨重的阴极射线管显示器还是轻薄的液晶显示器,都会让人无端地心浮气躁。

C. 现在仍有一些怀旧爱好者喜欢收藏经典图书。

D. 电子书显示设备技术不够完善,图像显示速度较慢。

E. 电子书和纸质书籍的柔软沉静相比,显得面目可憎。

36. 在一次围棋比赛中,参赛选手陈华不时地挤捏指关节,发出的声响干扰了对手的思考。在比赛封盘间歇时,裁判警告陈华:如果再次在比赛中挤捏指关节并发出声响,将判其违规。对此,陈华反驳说,他挤捏指关节是习惯性动作,并不是故意的,因此,不应被判违规。

以下哪项如果成立,最能支持陈华对裁判的反驳?

A. 在此次比赛中,对手不时打开、合拢折扇,发出的声响干扰了陈华的思考。

B. 在围棋比赛中,只有选手的故意行为,才能成为判罚的根据。

C. 在此次比赛中,对手本人并没有对陈华的干扰提出抗议。

D. 陈华一向恃才傲物,该裁判对其早有不满。

E. 如果陈华为人诚实、从不说谎,那么他就不应该被判违规。

37. 3D立体技术代表了当前电影技术的尖端水准,由于使电影实现了高度可信的空间感,它可能成为未来电影的主流。3D立体电影中的银幕角色虽然由计算机生成,但是那些包括动作和表情的电脑角色的"表演",都以真实演员的"表演"为基础,就像数码时代的化妆技术一样。这也引起了某些演员的担心:随着计算机技术的发展,未来计算机生成的图像和动画会替代真人表演。

以下哪项如果为真,最能减弱上述演员的担心?

A. 所有电影的导演只能和真人交流,而不是和电脑交流。

B. 任何电影的拍摄都取决于制片人的选择,演员可以跟上时代的发展。

C. 3D立体电影目前的高票房只是人们一时图新鲜的结果,未来尚不可知。

D. 掌握3D立体技术的动画专业人员不喜欢去电影院看3D电影。

E. 电影故事只能用演员的心灵、情感来表现，其表现形式与导演的喜好无关。

38. 公达律师事务所以为刑事案件的被告进行有效辩护而著称，成功率达90%以上。老余是一位以专门为离婚案件的当事人成功辩护而著称的律师。因此，老余不可能是公达律师事务所的成员。

以下哪项最为确切地指出了上述论证的漏洞？

A. 公达律师事务所具有的特征，其成员不一定具有。

B. 没有确切指出老余为离婚案件的当事人辩护的成功率。

C. 没有确切指出老余为刑事案件的当事人辩护的成功率。

D. 没有提供公达律师事务所统计数据的来源。

E. 老余具有的特征，其所在工作单位不一定具有。

39. 科学研究中使用的形式语言和日常生活中使用的自然语言有很大的不同。形式语言看起来像天书，远离大众，只有一些专业人士才能理解和运用。但其实这是一种误解，自然语言和形式语言的关系就像肉眼与显微镜的关系。肉眼的视域广阔，可以从整体上把握事物的信息；显微镜可以帮助人们看到事物的细节和精微之处，尽管用它看到的范围小。所以，形式语言和自然语言都是人们交流和理解信息的重要工具，把它们结合起来使用，具有强大的力量。

以下哪项如果为真，最能支持上述结论？

A. 通过显微镜看到的内容可能成为新的"风景"，说明形式语言可以丰富自然语言的表达，我们应重视形式语言。

B. 正如显微镜下显示的信息最终还是要通过肉眼观察一样，形式语言表述的内容最终也要通过自然语言来实现，说明自然语言更基础。

C. 科学理论如果仅用形式语言表达，很难被普通民众理解；同样，如果仅用自然语言表达，有可能变得冗长且很难表达准确。

D. 科学的发展很大程度上改善了普通民众的日常生活，但人们并没有意识到科学表达的基础——形式语言的重要性。

E. 采用哪种语言其实不重要，关键在于是否表达了真正想表达的思想内容。

40. 一艘远洋帆船载着5位中国人和几位外国人由中国开往欧洲。途中，除5位中国人外，全患上了败血症。同乘一艘船，同样是风餐露宿，漂洋过海，为什么中国人和外国人如此不同呢？原来这5位中国人都有喝茶的习惯，而外国人却没有。于是得出结论：喝茶是这5位中国人未得败血症的原因。

以下哪项和题干中得出结论的方法最为相似？

A. 警察锁定了犯罪嫌疑人，但是从目前掌握的事实看，都不足以证明他犯罪。专案组由此得出结论，必有一种未知的因素潜藏在犯罪嫌疑人身后。

B. 在两块土壤情况基本相同的麦地上，对其中一块施氮肥和钾肥，另一块只施钾肥。结果施氮肥和钾肥的那块麦地的产量远高于另一块。可见，施氮肥是麦地产量较高的原因。

C. 孙悟空："如果打白骨精，师父会念紧箍咒；如果不打，师父就会被妖精吃掉。"孙悟空无奈得出结论："我还是回花果山算了。"

D. 天文学家观测到天王星的运行轨道有特征a、b、c，已知特征a、b分别是由两颗行星甲、乙的吸引造成的，于是猜想还有一颗未知行星造成天王星的轨道特征c。

E. 一定压力下的一定量气体，温度升高，体积增大；温度降低，体积缩小。气体体积与温度之间存在一定的相关性，说明气体温度的改变是其体积改变的原因。

41. 所有重点大学的学生都是聪明的学生，有些聪明的学生喜欢逃学，小杨不喜欢逃学；所以，小杨不是重点大学的学生。

以下除哪项外，均与上述推理的形式类似？

A. 所有经济学家都懂经济学，有些懂经济学的爱投资企业，你不爱投资企业；所以，你不是经济学家。

B. 所有的鹅都吃青菜,有些吃青菜的也吃鱼,兔子不吃鱼;所以,兔子不是鹅。

C. 所有的人都是爱美的,有些爱美的还研究科学,亚里士多德不是普通人;所以,亚里士多德不研究科学。

D. 所有被高校录取的学生都是超过录取分数线的,有些超过录取分数线的是大龄考生,小张不是大龄考生;所以小张没有被高校录取。

E. 所有想当外交官的都需要学外语,有些学外语的重视人际交往,小王不重视人际交往;所以小王不想当外交官。

42. 按照联合国开发计划署 2007 年的统计,挪威是世界上居民生活质量最高的国家,欧美和日本等发达国家也名列前茅。如果统计 1990 年以来生活质量改善最快的国家,发达国家则落后了。至少在联合国开发计划署统计的 116 个国家中,17 年来,非洲东南部国家莫桑比克的生活质量提高最快,2007 年其生活质量指数比 1990 年提高了 50%。很多非洲国家取得了和莫桑比克类似的成就。作为世界上最受瞩目的发展中国家,中国的生活质量指数在过去 17 年中也提高了 27%。

以下哪项可以从联合国开发计划署的统计中得出?

A. 2007 年,发展中国家的生活质量指数都低于西方国家。

B. 2007 年,莫桑比克的生活质量指数不高于中国。

C. 2006 年,日本的生活质量指数不高于中国。

D. 2006 年,莫桑比克的生活质量的改善快于非洲其他各国。

E. 2007 年,挪威的生活质量指数高于非洲各国。

43. 某次认知能力测试,刘强得了 118 分,蒋明的得分比王丽高,张华和刘强的得分之和大于蒋明和王丽的得分之和,刘强的得分比周梅高;此次测试 120 分以上为优秀,五人之中有两人没有达到优秀。

根据以上信息,以下哪项是上述五人在此次测试中得分由高到低的排列?

A. 张华、王丽、周梅、蒋明、刘强。

B. 张华、蒋明、王丽、刘强、周梅。

C. 张华、蒋明、刘强、王丽、周梅。

D. 蒋明、张华、王丽、刘强、周梅。

E. 蒋明、王丽、张华、刘强、周梅。

44. 近日,某集团高层领导研究了发展方向问题。王总经理认为:既要发展纳米技术,也要发展生物医药技术;赵副总经理认为:只有发展智能技术,才能发展生物医药技术;李副总经理认为:如果发展纳米技术和生物医药技术,那么也要发展智能技术。最后经过董事会研究,只有其中一位的意见被采纳。

根据以上陈述,以下哪项符合董事会的研究决定?

A. 发展纳米技术和智能技术,但是不发展生物医药技术。

B. 发展生物医药技术和纳米技术,但是不发展智能技术。

C. 发展智能技术和生物医药技术,但是不发展纳米技术。

D. 发展智能技术,但是不发展纳米技术和生物医药技术。

E. 发展生物医药技术、智能技术和纳米技术。

45. 国外某教授最近指出,长着一张娃娃脸的人意味着他将享有更长的寿命,因为人们的生活状况很容易反映在脸上。从 1990 年春季开始,该教授领导的研究小组对 1 826 对 70 岁以上的双胞胎进行了体能和认知测试,并拍了他们的面部照片。在不知道他们确切年龄的情况下,三名研究助手先对不同年龄组的双胞胎进行年龄评估,结果发现,即使是双胞胎,被猜出的年龄也相差很大。然后，研究小组用若干年时间对这些双胞胎的晚年生活进行了跟踪调查，直至他们去世。调查表明：双胞胎中，外表年龄差异越大，看起来老的那个就越可能先去世。

以下哪项如果为真，最能形成对该教授调查结论的反驳？

A. 如果把调查对象扩大到40岁以上的双胞胎，结果可能有所不同。

B. 三名研究助手比较年轻，从事该项研究的时间不长。

C. 外表年龄是每个人生活环境、生活状况和心态的集中体现，与生命老化关系不大。

D. 生命老化的原因在于细胞分裂导致染色体末端不断损耗。

E. 看起来越老的人，在心理上一般较为成熟，对于生命有更深刻的理解。

46. 由于含糖饮料的卡路里含量高，容易导致肥胖，因此无糖饮料开始流行。经过一段时期的调查，李教授认为：无糖饮料尽管卡路里含量低，但并不意味它不会导致体重增加。因为无糖饮料可能导致人们对于甜食的高度偏爱，这意味着可能食用更多的含糖类食物。而且无糖饮料几乎没什么营养，喝得过多就限制了其他健康饮品的摄入，比如茶和果汁等。

以下哪项如果为真，最能支持李教授的观点？

A. 茶是中国的传统饮料，长期饮用有益健康。

B. 有些瘦子也爱喝无糖饮料。

C. 有些胖子爱吃甜食。

D. 不少胖子向医生报告他们常喝无糖饮料。

E. 喝无糖饮料的人很少进行健身运动。

47. 只有公司相应部门的所有员工都考评合格了，该部门的员工才能得到年终奖金；财务部有些员工考评合格了；综合部所有员工都得到了年终奖金；行政部的赵强考评合格了。

如果以上陈述为真，则以下哪项可能为真？

Ⅰ. 财务部员工都考评合格了；

Ⅱ. 赵强得到了年终奖金；

Ⅲ. 综合部有些员工没有考评合格；

Ⅳ. 财务部员工没有得到年终奖金。

A. 仅Ⅰ、Ⅲ。　　B. 仅Ⅱ、Ⅲ。　　C. 仅Ⅰ、Ⅱ、Ⅳ。

D. 仅Ⅰ、Ⅱ、Ⅲ。　　E. 仅Ⅱ、Ⅲ、Ⅳ。

48. 随着文化知识越来越重要，人们花在读书上的时间越来越多，文人学子中近视患者的比例也越来越高。即便在城里工人、乡镇农民中，也能看到不少人戴近视眼镜。然而，在中国古代很少发现患有近视的文人学子，更别说普通老百姓了。

以下除哪项外，均可以解释上述现象？

A. 古时候，只有家庭条件好或者有地位的人才读得起书；即便读书，用在读书上的时间也很少，那种头悬梁、锥刺股的读书人更是凤毛麟角。

B. 古时交通工具不发达，出行主要靠步行、骑马，足量的运动对于预防近视有一定的作用。

C. 古人生活节奏慢，不用担心交通安全，所以即使患了近视，其危害也非常小。

D. 古代自然科学不发达，那时学生读的书很少，主要是四书五经，一本《论语》要读好几年。

E. 古人书写用的是毛笔，眼睛和字的距离比较远，写的字也相对大些。

49~50题基于以下题干

某家长认为，有想象力才能进行创造性劳动，但想象力和知识是天敌。人在获得知识的过程中，想象力会消失。因为知识符合逻辑，而想象力无章可循。换句话说，知识的本质是科学，想象力的特征是荒诞。人的大脑一山不容二虎：学龄前，想象力独占鳌头，脑子被想象力占据；上学后，大多数人的想象力被知识驱逐出境，他们成为知识渊博但丧失了想象力、终身只能重复前人发现的人。

49. 以下哪项是该家长论证所依赖的假设?

Ⅰ. 科学是不可能荒诞的,荒诞的就不是科学;

Ⅱ. 想象力和逻辑水火不容;

Ⅲ. 大脑被知识占据后很难重新恢复想象力。

A. 仅Ⅰ。 B. 仅Ⅱ。 C. 仅Ⅰ、Ⅱ。

D. 仅Ⅱ、Ⅲ。 E. Ⅰ、Ⅱ和Ⅲ。

50. 以下哪项与该家长的上述观点矛盾?

A. 如果希望孩子能够进行创造性劳动,就不要送他们上学。

B. 如果获得了足够知识,就不能进行创造性劳动。

C. 发现知识的人是有一定想象力的。

D. 有些人没有想象力,但能进行创造性劳动。

E. 想象力被知识驱逐出境是一个逐渐的过程。

51. 某公司总裁曾经说过:"当前任总裁批评我时,我不喜欢那感觉,因此,我不会批评我的继任者。"

以下哪项最可能是该总裁上述言论的假设?

A. 当遇到该总裁的批评时,他的继任者和他的感觉不完全一致。

B. 只有该总裁的继任者喜欢被批评的感觉,他才会批评继任者。

C. 如果该总裁喜欢被批评,那么前任总裁的批评也不例外。

D. 该总裁不喜欢批评他的继任者,但喜欢批评其他人。

E. 该总裁不喜欢被前任总裁批评,但喜欢被其他人批评。

52. 在恐龙灭绝6 500万年后的今天,地球正面临着又一次物种大规模灭绝的危机。截至20世纪末,全球大约有20%的物种灭绝。现在,大熊猫、西伯利亚虎、北美玳瑁、巴西红木等许多珍稀物种面临着灭绝的危险。有三位学者对此作了预测。

学者一:如果大熊猫灭绝,则西伯利亚虎也将灭绝;

学者二:如果北美玳瑁灭绝,则巴西红木不会灭绝;

学者三:或者北美玳瑁灭绝,或者西伯利亚虎不会灭绝。

如果三位学者的预测都为真,则以下哪项一定为假?

A. 大熊猫和北美玳瑁都将灭绝。

B. 巴西红木将灭绝,西伯利亚虎不会灭绝。

C. 大熊猫和巴西红木都将灭绝。

D. 大熊猫将灭绝,巴西红木不会灭绝。

E. 巴西红木将灭绝,大熊猫不会灭绝。

53. 一些城市,由于作息时间比较统一,加上机动车太多,很容易形成交通早高峰和晚高峰。市民们在高峰时间上下班很不容易。为了缓解人们上下班的交通压力,某政府顾问提议采取不同时间段上下班制度,即不同单位可以在不同的时间段上下班。

以下哪项如果为真,最可能使该顾问的提议无法取得预期效果?

A. 有些上班时间段与员工的用餐时间冲突,会影响他们的生活乐趣,从而影响他们的工作积极性。

B. 许多上班时间段与员工的正常作息时间不协调,他们需要较长一段时间来调整适应,这段时间的工作效率难以保证。

C. 许多单位的大部分工作通常需要员工们在一起讨论,集体合作才能完成。

D. 该市的机动车数量持续增加,即使不在早晚高峰期,交通拥堵也时有发生。

E. 有些单位员工的住处与单位很近,步行即可上下班。

54. 统计数字表明，近年来，民用航空飞行的安全性有很大提高。例如，某国 2008 年每飞行 100 万次发生恶性事故的次数为 0.2 次，而 1989 年为 1.4 次。从这些年的统计数字看，民用航空恶性事故发生率总体呈下降趋势。由此看出，乘飞机出行越来越安全。

以下哪项不能加强上述结论？

A. 近年来，飞机事故中“死里逃生”的几率比以前提高了。

B. 各大航空公司越来越注意对机组人员的安全培训。

C. 民用航空的空中交通控制系统更加完善。

D. 避免“机鸟互撞”的技术与措施日臻完善。

E. 虽然飞机坠毁很可怕，但从统计数字上讲，驾车仍然要危险得多。

55. 有医学研究显示，行为痴呆症患者大脑组织中往往含有过量的铝。同时有化学研究表明，一种硅化合物可以吸收铝。陈医生据此认为，可以用这种硅化合物治疗行为痴呆症。

以下哪项是陈医生最可能依赖的假设？

A. 行为痴呆症患者大脑组织的含铝量通常过高，但具体数量不会变化。

B. 该硅化合物在吸收铝的过程中不会产生副作用。

C. 用来吸收铝的硅化合物的具体数量与行为痴呆症患者的年龄有关。

D. 过量的铝是导致行为痴呆症的原因，患者脑组织中的铝不是痴呆症引起的结果。

E. 行为痴呆症患者脑组织中的铝含量与病情的严重程度有关。

2011 年入学管理类综合能力逻辑真题解析

答案速查：DBAEA　DEABC　BEACB　CEBBC　DCCED　BCDED

26. 答案：D　解析：巴斯德与普歇的实验不同点在于：二者的实验材料分别为煮过的培养液和干草浸液。D 项指出了两者的差异性，如果为真，说明普歇的实验中很快长出的微生物实际是枯草杆菌，可以合理解释两个实验结果的不同。其余选项中的“氧气刺激”“细菌污染”“实验设计”“煮沸杀菌”都不是二者实验中的差异要素，无法解释不同的实验结果。

27. 答案：B　解析：刻画题干条件：(1) 初中同学→¬博士；(2) 通过张教授认识 ∧ 认识的人是哲学研究所同事→博士；(3) 张教授的初中同学通过张教授认识王研究员。由条件(1)，结合条件(3)，可知这位初中同学不是博士；再结合条件(2)的逆否命题，可得此人：并非通过张教授认识 ∨ 所认识的王研究员不是张的哲学研究所同事。根据条件(3)可知“通过张教授认识”为真，即“并非通过张教授认识”为假，根据相容选言命题的否定肯定式得，“所认识的王研究员不是张的哲学研究所同事”必真，故选 B 项。

28. 答案：A　解析：题干给出了两个断定：(1) 透明度高的老坑玉（比透明度低的）单位价值更高；(2) 没有单位价值最高的老坑玉。结合(1)(2)可知，没有透明度最高的老坑玉，即 A 项。除了题干的最后一句话之外，其余均为冗余信息，B、C、D、E 项都是过度推理。

29. 答案：E　解析：专家的观点是，家庭和学校不适当的教育方法导致了“男孩危机”。E 项如果为真，说明可能是游戏导致了“男孩危机”，可以对专家的观点构成他因削弱。A 项在一定程度上加强了专家的观点。B、C、D 项与专家观点的因果关系无关。

30. 答案：A　解析：注意问题中的相反陷阱。A 项是无关项，题干的论证是根据“抚仙湖虫化石与直虾类化石类似”，推断其是昆虫的远祖，至于“食泥”，与“远祖”的判断没有逻辑关系。因此，A 项对于题干的论证没有作用。

B 项能够支持题干的论证。因为如果 B 项为真，再加上题干中的“抚仙湖虫外骨骼分为头、胸、腹三部分”,则支持了论据“抚仙湖虫化石与直虾类化石类似”,有助于证明抚仙湖虫是昆虫的“远祖”。

C项能够支持题干的结论。因为如果凡是与泥盆纪直虾类似的生物都是昆虫的远祖,则由于“抚仙湖虫化石与泥盆纪直虾化石类似”,所以它也是昆虫的远祖。

D项能够支持题干的结论。因为如果昆虫是由真节肢动物中比较原始的生物进化而来的,则由于抚仙湖虫“属于真节肢动物中比较原始的类型”,能够支持抚仙湖虫是昆虫的远祖。

E项是排除他因的支持。因为如果抚仙湖虫消化道中的泥沙不是在化石形成过程中由外界渗透进去的,则有利于证明抚仙湖虫是食泥的动物。

31. 答案:D 解析:题干中看似矛盾的现象是:一方面物价总水平涨幅低,另一方面居民消费品价格涨幅高。D项指出,这是由于工业消费品在物价指数体系中占的权重较大,而工业消费品价格又持续走低,所以尽管居民消费品涨幅较高,整体涨势也可能会下降,这就很好地解释了题干中看似矛盾的现象。A、B项陈述固然正确,但解释不了题干中统计数据与民众感受的矛盾;C项只涉及矛盾现象一方;E项为无关项。

32. 答案:E 解析:刘教授的观点是网络商店取代实体商店,要削弱刘教授的观点,就要说明网络商店取代不了实体商店。假如E项为真,说明实体商店是网络商店存在的必要条件,这就削弱了刘教授的观点。

A、C项说的是网络购物在某些方面有缺陷,无法说明实体商店不会被取代;B、D项特指部分商品,而E项说的是“通常情况下”,因此E项削弱力度最强。

33. 答案:A 解析:本题考查对平均数的理解。张先生由“平均婚姻存续时间短”,得出了“婚姻存续时间普遍变短”的结论。但是,当样本分布呈两极分化态势的时候,算术平均数未必能反映样本的真实情况。如果A项为真,说明离婚率的上升和平均婚姻存续时间较短的原因很可能是由于大量闪婚族的存在,从而拉低了平均值,因而由平均婚姻存续时间8年无法推出“婚姻存续时间短”是普遍现象。

B项是干扰项,题干谈论的是“婚姻存续时间短说明……”,B项说的是“婚姻存续时间长……”,这是两个不同的话题,所以B项其实是无关项。如果将题干中张先生的感慨理解为“当代婚姻质量不高”,也有可能误选B项。

C、D、E项说的是恋爱,是无关项。

34. 答案:B 解析:注意问题中的相反陷阱。四个部门经理的预测可刻画为:(1)手机;(2)冰箱→¬彩电;(3)¬手机→¬电脑;(4)冰箱∧彩电。

已知(2)和(4)是矛盾的,必有一真,所以(1)(3)均为假,可得手机部门没有赢利且电脑部门赢利。B项与事实不符合,不可能为真,其余选项都可能为真。

35. 答案:C 解析:注意问题中的相反陷阱。现在仍有很大一部分读者喜欢捧着纸质出版物,是因为纸质书与电子书比起来有不可替代的优势,A、B、D、E项都能说明纸质书的优势。C项不能解释题干中的现象,因为部分怀旧爱好者的行为并不能解释为何很大一部分读者还是喜欢读纸质书。

36. 答案:B 解析:将陈华反驳的前提和结论“搭桥”,可得其逻辑假设是:不是故意的行为不应判违规,即只有故意行为才能判违规。A、C、D、E项均为无关项。

37. 答案:E 解析:演员的担心是,真人表演将被未来计算机生成的图像和动画所替代。要想减弱演员的担心,就要说明未来计算机生产的图像和动画不会替代真人表演。如果E项为真,电影故事只能用演员的心灵、情感来表现,则由于计算机生产的图像和动画并没有心灵、情感等,将无法替代真人演员,力度最强。

A项说的“交流”与表演无关,即使使用电脑表演,导演也无需直接与电脑进行交流;B项,演员可以跟上时代的发展,不代表就不能被替代;C项,未来不可知不能说明计算机生产的图像和动画不会替代真人表演;D 项与题干话题无关。

38. 答案:A 解析:整体具备的特征,个体未必具备。要想让题干的论证成立,必须假设公达律师事务所的特征其每个成员都具备(而老余不具备,故他不属于公达事务所),但是这个假设是难以必然成立的,因此,擅长办离婚案件的老余也就有可能是公达律师事务所的成员。E 项的说法本身也是正确的,但本题是由事务所的特征推断老余的归属,故 A 项更确切。

39. 答案:C 解析:题干结论是最后一句话,可概括为,形式语言和自然语言都很重要,两者应相辅相成使用,只有 C 项体现了这种关系。A、B、D 项只强调了其中一种语言的重要性,E 项否认了两种语言的重要性。

40. 答案:B 解析:题干中运用了求异法,指出喝茶是不患败血症的原因,只有 B 项也运用了这种方法。A、D 项运用的是剩余法;C 项是二难推理;E 项运用的是共变法。

41. 答案:C 解析:注意问题中的相反陷阱。题干论证结构为,所有 A 都是 B,有些 B 是 C,D 不是 C,所以 D 不是 A,只有 C 项与题干论证不完全符合。此外,题干出现了四个概念,而 C 项出现了五个概念。

42. 答案:E 解析:题干断定。2007 年挪威是世界上居民生活质量最高的国家,则其生活质量指数必然高于非洲各国,E 项正确。A 项中的“西方国家”原陈述中未提及,而且陈述过于绝对,无法从题干中找到对应信息。其他选项无法对比。注意,D 项说的是 2006 年,而题干相关信息说的是 2007 年,二者并不匹配。

43. 答案:B 解析:由题干可知刘强得了 118 分,刘强的得分比周梅高;又知此次测试 120 分以上为优秀,五人之中有两人没有达到优秀;因此,刘强、周梅分别是倒数第二与倒数第一,排除 A、C 项。又因为:张华+刘强>蒋明+王丽,排除 D、E 项。

44. 答案:B 解析:三位经理的意见可刻画如下:(1)纳米 ∧ 生物医药;(2)生物医药→智能;(3)纳米 ∧ 生物医药→智能。假设发展生物医药为假,则(2)(3)两个假言命题的前件都为假,命题恒真,与题干“只有一位的意见被采纳”不符,故假设失败,生物医药必真,排除 A、D 项。假设发展智能为真,则(2)(3)两个假言命题的后件都为真,命题恒真,与题干“只有一位的意见被采纳”不符,故假设失败,智能必假,排除 C、E 项,答案为 B 项。

45. 答案:C 解析:题干中的结论为,外表看起来年龄较大的人寿命短,反之则否。C 项如果为真,即切断了年龄和外表之间的联系:说明不是因为外表显年轻寿命就长,而是因为生活条件和生活心态好,才显得年轻、寿命长,即寿命长和外表显年轻都是生活条件和生活心态的结果。注意,本题除了第一句话“因为”之前的内容,其余均为冗余信息。

A 项的“可能”使得更换样本的削弱程度较弱;B 项不能说明问题,三名研究助手比较年轻,从事该研究的时间不长,也不能说明调查结论不科学;D、E 项为无关项。

46. 答案:D 解析:李教授的观点是“无糖饮料也会导致体重增加”,其论据是“无糖饮料可能导致人们对于甜食的高度偏爱,从而可能食用更多的含糖类食物”。D 项如果为真,则将“体重”与“喝无糖饮料”构建了统计上的关联,对于其观点有支持作用。A 项为无关项;B 项实际上削弱了李教授的观点;C、E 项没有提到“无糖饮料”,所以可视为与题干无关。这道题题干结论说的是“体重增加”,而 D 项说的是“胖子”,看上去关键词不是同一概念,但支持无需充分性,选择 D 项是因为它相对更好、其他选项均需排除。

47. 答案:C 解析:本题要求找的是可能为真的项,即排除必然为假的项。Ⅰ可能为真,因为根据特称肯定命题“财务部有些员工考评合格了”,无法推断全称肯定命题“财务部员工都考评合格了”的真假;Ⅱ可能为真,因为赵强考评合格了,是他获得年终奖金的必要条件,仅仅满足必要条件无法判断是否得到年终奖;Ⅲ必假,因为根据综合部所有员工都得到了年终奖金,结合题干第一句话,可知“综合部所有员工考评都合格”为真,这是Ⅲ的矛盾命题;Ⅳ可能为真,因为根据特称肯定命题“财务部有些员工考评合格”为真,无法推断全称肯定命题“财务部员工都考评合格”也为真。即使财务部人员全部考评合格,这也只是获得年终奖的必要条件,仅仅满足必要条件无法判断是否得到年终奖——总之,其他复选项都不能与题干描述构成矛盾,所以都无法排除,都是可能为真的。

48. 答案:C 解析:注意问题中的相反陷阱。题目中的现象为,古时候患近视的人少,现代患近视的人较多。A、B、D、E 项都可以作为“古代近视患者较少”的原因,只有 C 项谈论近视的危害性,与题干中的现象无关。

49. 答案:E 解析:Ⅰ是家长论证所依赖的假设。因为题干中说“知识的本质是科学,想象力的特征是荒诞”“人的大脑一山不容二虎”。如果科学也可能荒诞,则想象力和科学就可以在人的大脑中并存。

根据“知识符合逻辑,而想象力无章可循”可以推断,Ⅱ也是家长论证所依赖的假设。因为如果想象力和逻辑相容,则想象力与知识(题干指出知识“符合逻辑”)就可以并存。

Ⅲ也是必须假设的,因为题干说“上学后,大多数人的想象力被知识驱逐出境,他们成为知识渊博但丧失了想象力、终身只能重复前人发现的人。”如果想象力被知识驱逐后还能重新返回,就谈不上“终身只能重复前人发现”。

50. 答案:D 解析:题干认为有想象力才能进行创造性劳动,即想象力是进行创造性劳动的必要条件。如果 D 选项为真,说明没有想象力也能进行创造性劳动,与题干信息矛盾。

51. 答案:B 解析:该总裁因为不喜欢被批评,所以不愿批评其继任者。B 项“只有该总裁的继任者喜欢被批评的感觉,他才会批评继任者”与题干中该总裁的言论互为等价命题,最可能是其假设。

52. 答案:C 解析:注意,本题要求寻找必定为假的选项。三位学者的预测可刻画如下:(1)大熊猫→西伯利亚虎;(2)北美玳瑁→¬巴西红木;(3)北美玳瑁∨¬西伯利亚虎⇒西伯利亚虎→北美玳瑁。依次连接(1)(3)(2)可得:大熊猫→西伯利亚虎→北美玳瑁→¬巴西红木。而 C 项可刻画为:大熊猫∧巴西红木,与题干矛盾,故必假。

53. 答案:D 解析:该顾问建议采取不同时间段上下班制度,其目的是缓解上下班的交通压力。如果 D 项为真,说明这一制度达不到效果。

A、B、E 项削弱力度不大,A 项中的“有些”不具代表性,也无法说明顾问的建议“无法取得预期效果”;同理,E 项也无法说明建议无效;B 项只是说这样会导致某些不良后果,但仍可达到缓解交通压力的目的。C 项无削弱作用,因为专家建议的是“不同单位在不同的时间段上下班”,一个单位的员工完全可以同一时间段上下班。

54. 答案:E 解析:注意问题中的相反陷阱。题干通过事故发生率降低来论证乘飞机出行越来越安全,B、C、D 项均从不同方面解释了事故发生率降低的原因,可以支持题干结论;A 项说的是事故中的逃生概率,虽然与题干前提中的“恶性事故发生率”不同,但逃生率提高也有助于说明“乘飞机出行越来越安全”,也可以支持题干。题干的结论是“乘飞机出行越来越安全”,是与之前的乘飞机出行相比,但 E 项是与驾车的事故发生率相比,故不能加强结论。

55. 答案:D 解析:陈医生认为,吸收掉过量的铝可以治疗行为痴呆症,其隐含假设是:是过量的铝导致了行为痴呆症。D 项排除了因果倒置的可能,是陈先生的话成立的必要假设。否则,如果患者脑组织中的铝是痴呆症引起的结果,那么即使吸收了过量的铝也无法治疗行为痴呆症。

A 项的前半句陈述了题干的第一个条件,后半句实际上指出陈先生的建议是无效的,故不选;B 项能够支持陈先生的结论,但不是其必须假设的,因为即使产生了副作用,也不能推出陈医生的建议无效;C、E 项均与硅化合物的治疗作用无关。

2010年
入学管理类综合能力逻辑真题

26. 针对威胁人类健康的甲型 H1N1 流感，研究人员研制出了相应的疫苗。尽管这些疫苗是有效的，但某大型研究机构人员发现，阿司匹林、羟苯基乙酰胺等抑制某些酶的药物会影响疫苗的效果，这位研究人员指出："如果你使用了阿司匹林或者对乙酰氨基酚，那么你注射疫苗后就必然不会产生良好的抗体反应。"

如果小张注射疫苗后产生了良好的抗体反应，那么根据上述研究结果可以得出以下哪项结论？

A. 小张服用了阿司匹林，但没有服用对乙酰氨基酚。

B. 小张没有服用阿司匹林，但感染了 H1N1 流感病毒。

C. 小张服用了阿司匹林，但没有感染 H1N1 流感病毒。

D. 小张没有服用阿司匹林，也没有服用对乙酰氨基酚。

E. 小张服用了对乙酰氨基酚，但没有服用羟苯基乙酰胺。

27. 为了调查当前人们的识字水平，某实验者列举了 20 个词语，请 30 位文化人士识读，这些人的文化程度都在大专以上。识读结果显示，多数人只读对 3 到 5 个词语，极少数人读对 15 个以上，甚至有人全部读错。其中，"蹒跚"的辨识率最高，30 人中有 19 人读对；"呱呱坠地"所有人都读错。20 个词语的整体误读率接近 80%。该实验者由此得出结论：当前人们的识字水平并没有提高，甚至有所下降。

以下哪项如果为真，最能对该实验者的结论构成质疑？

A. 实验者选取的 20 个词语不具有代表性。

B. 实验者选取的 30 位识读者均没有博士学位。

C. 实验者选取的 20 个词语在网络流行语言中不常用。

D. "呱呱坠地"这个词的读音有些大学老师也经常读错。

E. 实验者选取的 30 位识读者中约有 50% 大学成绩不佳。

28. 域控制器存储了域内的账户，密码和属于这个域的计算机三项信息。当计算机接入网络时，域控制器首先要鉴别这台计算机是否属于这个域，用户使用的登录账户是否存在，密码是否正确。如果三项信息均正确，则允许登录；如果以上信息有一项不正确，那么域控制器就会拒绝这个用户从这台计算机登录。小张的登录账号是正确的，但是域控制器拒绝小张的计算机登录。

基于以上陈述能得出以下哪项结论？

A. 小张输入的密码是错误的。

B. 小张的计算机不属于这个域。

C. 如果小张的计算机属于这个域，那么他输入的密码是错误的。

D. 只有小张输入的密码是正确的，他的计算机才属于这个域。

E. 如果小张输入的密码是正确的，那么他的计算机属于这个域。

29. 现在越来越多的人拥有了自己的轿车，但他们明显地缺乏汽车保养的基本知识，这些人会按照维修保养手册或 4S 店售后服务人员的提示做定期保养。可是，某位有经验的司机会告诉你，每行驶 5 000 公里做一次定期检查，只能检查出汽车可能存在问题的一小部分，这样的检查是没有意义的，是浪费时间和金钱。

以下哪项不能削弱该司机的结论?

A. 每行驶5 000公里做一次定期检查是保障车主安全所需要的。

B. 每行驶5 000公里做一次定期检查能发现引擎的某些主要故障。

C. 在定期检查中所做的常规维护是保证汽车正常运行所必须的。

D. 赵先生的新车未做定期检查行驶到5 100公里时出了问题。

E. 某公司新购的一批汽车未作定期检查,均安全行驶了7 000公里以上。

30. 化学课上,张老师演示了两个同时进行的教学实验:一个实验是 $KClO_3$ 加热后,有 O_2 缓慢产生;另一个实验是 $KClO_3$ 加热后迅速撒入少量 MnO_2,这时立即有大量的 O_2 产生。张老师由此指出:MnO_2 是 O_2 快速产生的原因。

以下哪项与张老师得出结论的方法类似?

A. 同一品牌的化妆品价格越高卖得越火。由此可见,消费者喜欢价格高的化妆品。

B. 居里夫人在沥青矿物中提取放射性元素时发现,从一定量的沥青矿物中提取的全部纯铀的放射性强度比同等数量的沥青矿物中放射性强度低数倍。她据此推断,沥青矿物中还存在其他放射性更强的元素。

C. 统计分析发现,30岁至60岁之间,年纪越大胆子越小,有理由相信:岁月是勇敢的腐蚀剂。

D. 将闹钟放在玻璃罩里,使它打铃,可以听到铃声;然后把玻璃罩里的空气抽空,再使闹钟打铃,就听不到铃声了。由此可见,空气是声音传播的介质。

E. 人们通过对绿藻、蓝藻、红藻的大量观察,发现结构简单,无根叶是藻类植物的主要特征。

31. 湖队是不可能进入决赛的。如果湖队进入决赛,那么太阳就从西边出来了。

以下哪项与上述论证方式最相似?

A. 今天天气冷。如果不冷,湖面怎么结冰了?

B. 语言是不能创造财富的。若语言能够创造财富,则夸夸其谈的人就是世界上最富有的人了。

C. 草木之生也柔脆,其死也枯槁。故坚强者也死之徒,柔弱者生之徒。

D. 天上是不会掉馅饼的。如果你不相信这一点,那上当受骗是迟早的事。

E. 古典音乐不流行。如果流行,那就说明大众的音乐欣赏水平大大提高了。

32. 在某次课程教学改革的研讨会上,负责工程类教学的齐老师说,在工程设计中,用于解决数学问题的计算机程序越来越多了,这样就不必要求工程技术类大学生对基础数学有深刻的理解。因此,在未来的教学体系中,基础数学课程可以用其他重要的工程类课程替代。

以下哪项如果为真,能削弱齐老师的上述论证?

Ⅰ. 工程类基础课程中已经包含了相关的基础数学内容;

Ⅱ. 在工程设计中,设计计算机程序需要对基础数学有全面的理解;

Ⅲ. 基础数学课程的一个重要目标是培养学生的思维能力,这种能力对工程设计来说很关键。

A. 只有Ⅱ。　　B. 只有Ⅰ和Ⅱ。　　C. 只有Ⅰ和Ⅲ。

D. 只有Ⅱ和Ⅲ。　　E. Ⅰ、Ⅱ和Ⅲ。

33. 蟋蟀是一种非常有趣的小动物,宁夏的夏夜,草丛中传来阵阵清脆悦耳的鸣叫声,那是蟋蟀在唱歌。蟋蟀优美动听的歌声并不是出自它的好嗓子,而是来自它的翅膀。左右两翅一张一合,相互摩擦,就可以发出悦耳的响声了。蟋蟀还是建筑专家,与它那柔软的挖掘工具相比,蟋蟀的住宅真可以算得上是伟大的工程了。在其住宅门口,有一个收拾得非常舒适的平台。夏夜,除非下雨或者刮风,否则蟋蟀肯定会在这个平台上歌唱。

根据以上陈述,以下哪项是蟋蟀在无雨的夏夜所做的?

A. 修建住宅。

B. 收拾平台。

C. 在平台上歌唱。

D. 如果没有刮风,它就在抢修工程。

E. 如果没有刮风,它就在平台上唱歌。

34. 一般认为,出生地间隔较远的夫妻所生子女的智商较高。有资料显示,夫妻均是本地人,其所生子女的平均智商为102.45;夫妻是省内异地的,其所生子女的平均智商为106.17;而隔省婚配的,其所生子女的智商则高达109.35。因此异地通婚可提高下一代智商水平。

以下哪项如果为真,最能削弱上述结论?

A. 统计孩子平均智商的样本数量不够多。

B. 不难发现,一些天才儿童的父母均是本地人。

C. 不难发现,一些低智商儿童的父母的出生地间隔较远。

D. 能够异地通婚者是智商比较高的,他们自身的高智商促成了异地通婚。

E. 一些情况下,夫妻双方出生地间隔很远,但他们的基因可能接近。

35. 成品油生产商的利润很大程度上受国际市场原油价格的影响,因为大部分原油是按国际市场价购进的。今年来,随着国际原油市场价格的不断提高,成品油生产商的运营成本大幅度增加,但某国成品油生产商的利润并没有减少,反而增加了。

以下哪项如果为真,最有助于解释上述看似矛盾的现象?

A. 原油成本只占成品油生产商运营成本的一半。

B. 该国成品油价格根据市场供需确定,随着国际原油市场价格的上涨,该国政府为成品油生产商提供相应的补助。

C. 在国际原油市场价格不断上涨期间,该国成品油生产商降低了个别高薪雇员的工资。

D. 在国际原油市场价格上涨之后,除进口成本增加外,成品油生产的其他成本也有所提高。

E. 该国成品油生产商的原油有一部分来自国内,这部分受国际市场价格波动影响较小。

36. 太阳风中的一部分带电粒子可以到达M星表面,将足够的能量传递给M星表面粒子,使后者脱离M星表面,逃逸到M星大气中。为了判定这些逃逸的粒子,科学家们通过三个实验获得了如下信息:

试验一:或者是X粒子,或者是Y粒子;

试验二:或者不是Y粒子,或者不是Z粒子;

试验三:如果不是Z粒子,就不是Y粒子。

根据上述三个实验,以下哪项一定为真?

A. 这种粒子是X粒子。

B. 这种粒子是Y粒子。

C. 这种粒子是Z粒子。

D. 这种粒子不是X粒子。

E. 这种粒子不是Z粒子。

37. 美国某大学医学院的研究人员在《儿科杂志》上发表论文指出,在对2 702个家庭的孩子进行跟踪调查后发现,如果孩子在5岁前每天看电视超过2小时,他们长大后出现行为问题的风险将会增加1倍多。所谓行为问题是指性格孤僻、言行粗鲁、侵犯他人、难与他人合作等。

以下哪项最好地解释了以上论述?

A. 电视节目会使孩子产生好奇心,容易导致孩子出现暴力倾向。

B. 电视节目中有不少内容容易使孩子长时间处于紧张、恐惧的状态。

C. 看电视时间过长,会影响孩子与其他人的交往,久而久之,孩子便会缺乏与他人打交道的经验。

D. 儿童模仿能力强,如果只对电视节目感兴趣,长此以往,会阻碍他们分析能力的发展。

E. 每天长时间地看电视，容易使孩子神经系统产生疲劳，影响身心发展。

38. 一种常见的现象是，从国外引进的一些畅销科普读物在国内并不畅销，有人对此解释说，这与我们多年来沿袭的文理分科有关。文理分科人为地造成了自然科学与人文社会科学的割裂，导致科普类图书的读者市场还没有真正形成。

以下哪项如果为真最能加强上述观点？

A. 有些自然科学工作者对科普读物也不感兴趣。

B. 科普读物不是没有需求，而是有效供给不足。

C. 由于缺乏理科背景，非自然科学工作者对科学敬而远之。

D. 许多科普电视节目都拥有固定的收视群，相应的科普读物也大受欢迎。

E. 国内大部分科普读物只是介绍科学常识，很少真正关注科学精神的传播。

39. 大小行星悬浮在太阳系边缘，极易受附近星体引力作用的影响。据研究人员计算，有时这些力量会将彗星从奥尔特星云拖出。这样，它们更有可能靠近太阳。两位研究人员据此分别作出了以下两种有所不同的断定：

(1) 木星的引力作用要么将它们推至更小的轨道，要么将它们逐出太阳系；

(2) 木星的引力作用或者将它们推至更小的轨道，或者将它们逐出太阳系。

如果上述两种断定只有一种为真，可以推出以下哪项结论？

A. 木星的引力作用将它们推至最小的轨道，并且将它们逐出太阳系。

B. 木星的引力作用没有将它们推至最小的轨道，但是将它们逐出太阳系。

C. 木星的引力作用将它们推至最小的轨道，但是没有将它们逐出太阳系。

D. 木星的引力作用既没有将它们推至最小的轨道，也没有将它们逐出太阳系。

E. 木星的引力作用如果将它们推至最小的轨道，就不会将它们逐出太阳系。

40. 鸽子走路时，头部并不是有规律地前后移动，而是一直在往前伸。行走时，鸽子脖子往前一探，然后头部保持静止，等待着身体和爪子跟进。有学者曾就鸽子走路时伸脖子的现象作出假设：在等待身体跟进的时候，暂时静止的头部有利于鸽子获得稳定的视野，看清周围的食物。

以下哪项如果为真，最能支持上述假设？

A. 鸽子行走时如果不伸脖子，很难发现远处的食物。

B. 步伐太大的鸟类，伸脖子的幅度远比步伐小的要大。

C. 鸽子行走速度的变化，刺激内耳控制平衡的器官，导致伸脖子。

D. 鸽子行走时一举翅一投足，都可能出现脖子和头部肌肉的自然反射，所以头部不断运动。

E. 如果雏鸽步态受到限制，功能发育不够完善，那么成年后鸽子的步伐变小，脖子伸缩幅度则会随之降低。

41. S 市环保检测中心的统计分析表明，2009 年空气质量为优的天数为 150 天，比 2008 年多出 22 天；二氧化碳、一氧化碳、二氧化氮、可吸入颗粒物四项污染物浓度平均值与 2008 年相比分别下降了约 21.3%、25.6%、26.2%、15.4%。S 市环保负责人指出，这得益于近年来本市政府持续采取的控制大气污染的相关措施。

以下除哪项外，均能支持上述 S 市环保负责人的看法？

A. S 市广泛展开环保宣传，加强了市民的生态理念和环保意识。

B. S 市启动了内部控制污染方案：凡是不达标的燃煤锅炉停止运行。

C. S 市执行了机动车排放国Ⅳ标准，单车排放比执行国Ⅲ标准时降低了 49%。

D. S 市市长办公室最近研究了焚烧秸秆的问题，并着手制定相关条例。

E. S 市制定了“绿色企业”标准，继续加快污染重、能耗高的企业的退出。

42. 在某次思维训练课上，张老师提出“尚左数”这一概念的定义：在连续排列的一组数字中，如果一个数字左边的数字都比其大(或无数字),且其右边的数字都比其小(或无数字),则称这个数字为尚左数。

根据张老师的定义,在8、9、7、6、4、5、3、2这列数字中,以下哪项包含了该列数字中所有的尚左数?

A. 4、5、7和9。　　B. 2、3、6和7。

C. 3、6、7和8。　　D. 5、6、7和8。

E. 2、3、6和8。

43. 一般认为,剑乳齿象是从北美洲迁入南美洲的。剑乳齿象的显著特征是具有较大的长剑型门齿,颚骨较短,齿的齿冠隆起,齿板数目为7至8个,并呈乳状突起,剑乳齿象因此得名。剑乳齿象的牙齿比较复杂,这表明它能吃草,在南美洲的许多地方都有证据显示史前人类捕捉过剑乳齿象。由此可以推测,剑乳齿象的灭绝可能与人类的过度捕杀有密切关系。

以下哪项如果为真,最能反驳上述结论?

A. 史前动物之间经常发生大规模相互捕杀的现象。

B. 剑乳齿象在遇到人类攻击时缺乏自我保护能力。

C. 剑乳齿象也存在由南美洲进入北美洲的回迁现象。

D. 由于人类活动范围的扩大,大型食草动物难以生存。

E. 幼年剑乳齿象的牙齿结构比较简单,自我生存能力弱。

44. 小东在玩"勇士大战"游戏,进入第二关时,界面出现四个选项。第一个是"选择任意选项都需要支付游戏币",第二个选项是"选择本项后可以得到额外游戏奖励",第三个选项是"选择本项后游戏不会进行下去",第四个选项是"选择某个选项不需要支付游戏币"。

如果四个选项中的陈述只有一句为真,则以下哪项一定为真?

A. 选择任意选项都需要支付游戏币。

B. 选择任意选项都不需要支付游戏币。

C. 选择任意选项都不能得到额外游戏奖励。

D. 选择第二个选项后可以得到额外游戏奖励。

E. 选择第三个选项后游戏能继续进行下去。

45. 有位美国学者做了一个实验,给被试儿童看了三幅图画:鸡、牛、青草,然后让儿童将其分为两类。结果大部分中国儿童把牛和青草归为一类,把鸡归为另一类,大部分美国儿童则把牛和鸡归为一类,把青草归为另一类。这位美国学者由此得出:中国儿童习惯于按照事物之间的关系来分类,美国儿童则习惯于把事物按照各自所属的"实体"范畴进行分类。

以下哪项是这位学者得出结论所必须假设的?

A. 马和青草是按照事物之间的关系被列为一类。

B. 鸭和鸡是按照各自所属的"实体"范畴被归为一类。

C. 美国儿童只要把牛和鸡归为一类,就是习惯于按照各自所属"实体"范畴进行分类。

D. 美国儿童只要把牛和鸡归为一类,就不是习惯于按照事物之间的关系来分类。

E. 中国儿童只要把牛和青草归为一类,就不是习惯于按照各自所属"实体"范畴进行分类。

46. 相互尊重是相互理解的基础,相互理解是相互信任的前提;在人与人的相互交往中,自重、自信也是非常重要的,没有一个人尊重不自重的人,没有一个人信任他所不尊重的人。

以上陈述可以推出以下哪项结论?

A. 不自重的人也不被任何人信任。

B. 相互信任才能相互尊重。

C. 不自信的人也不自重。

D. 不自信的人也不被任何人信任。

E. 不自信的人也不受任何人尊重。

47. 学生：IQ 和 EQ 哪个更重要？您能否给我指点一下？

学长：你去书店问问工作人员关于 IQ 和 EQ 的书，哪类销得快，哪类就更重要。

以下哪项与题干中的问答方式最为相似？

A. 员工：我们正制定一个度假方案，你说是在本市好，还是去外地好？

经理：现在年终了，各公司都在安排出去旅游，你去问问其他公司的同行，他们计划去哪里，我们就不去哪里，不凑热闹。

B. 平平：母亲节那天我准备给妈妈送一份礼物，你说是送花好还是巧克力好？

佳佳：你在母亲节前一天去花店看一下，看看买花的人多不多就行了嘛。

C. 顾客：我准备买一件毛衣，你看颜色是鲜艳一点，还是素一点好？

店员：这个需要结合自己的性格与穿衣习惯，个人可以有自己的选择与喜好。

D. 游客：我们前面有两条山路，走哪一条更好？

导游：你仔细看看，哪一条山路上车马的痕迹深我们就走哪一条。

E. 学生：我正在准备期末复习，是做教材上的练习重要，还是理解教材内容更重要？

老师：你去问问高年级得分高的同学，他们是否经常背书做练习。

48. 李赫、张岚、林宏、何柏、邱辉五位是同事，近日他们各自买了一台不同品牌小轿车，分别为雪铁龙、奥迪、宝马、奔驰、桑塔纳。这五辆车的颜色分别与 5 人名字最后一个字谐音的颜色不同。已知，李赫买的是蓝色的雪铁龙。

以下哪项排列可能依次对应张岚、林宏、何柏、邱辉所买的车？

A. 灰色奥迪、白色宝马、黑色奔驰、红色桑塔纳。

B. 黑色奥迪、红色宝马、灰色奔驰、白色桑塔纳。

C. 红色奥迪、灰色宝马、白色奔驰、黑色桑塔纳。

D. 白色奥迪、黑色宝马、红色奔驰、灰色桑塔纳。

E. 黑色奥迪、灰色宝马、白色奔驰、红色桑塔纳。

49. 克鲁特是德国家喻户晓的"明星"北极熊，北极熊是北极名副其实的霸主；因此，克鲁特是名副其实的北极霸主。

以下哪项除外，均与上述论证中出现的谬误相似？

A. 儿童是祖国的花朵，小雅是儿童，因此，小雅是祖国的花朵。

B. 鲁迅的作品不是一天能读完的，《祝福》是鲁迅的作品。因此《祝福》不是一天能读完的。

C. 中国人是不怕困难的，我是中国人。因此，我是不怕困难的。

D. 康怡花园坐落在清水街，清水街的建筑属于违章建筑。因此，康怡花园的建筑属于违章建筑。

E. 西班牙语是外语，外语是普通高等学校招生的必考科目。因此西班牙语是普通高等学校招生的必考科目。

50. 在本年度篮球联赛中，长江队主教练发现，黄河队五名主力队员之间的上场配置有如下规律：

(1) 若甲上场，则乙也要上场；

(2) 只有甲不上场，丙才不上场；

(3) 要么丙不上场，要么乙和戊中有人不上场；

(4) 除非丙不上场，否则丁上场。

若乙不上场，则以下哪项配置合乎上述规律？

A. 甲、丙、丁同时上场。

B. 丙不上场，丁、戊同时上场。

C. 甲不上场，丙、丁都上场。

D. 甲、丁都上场，戊不上场。

E. 甲、丁、戊都不上场。

51. 陈先生：未经许可侵入别人的电脑，就好像开偷来的汽车撞伤了人，这些都是犯罪行为。但后者性质更严重，因为它既侵占了有形财产，又造成了人身伤害。而前者只是在虚拟世界中捣乱。

林女士：我不同意。例如，非法侵入医院的电脑，有可能扰乱医疗数据，甚至危及病人的生命。因此，非法侵入电脑同样会造成人身伤害。

以下哪项最为准确地概括了两人争论的焦点？

A. 非法侵入别人电脑和开偷来的汽车是否同样会危及人的生命？

B. 非法侵入别人电脑和开偷来的汽车伤人是否同样构成犯罪？

C. 非法侵入别人电脑和开偷来的汽车伤人是否是同样性质的犯罪？

D. 非法侵入别人电脑犯罪性质是否和开偷来的汽车伤人一样的严重？

E. 是否只有侵占有形财产才构成犯罪？

52. 小明、小红、小丽、小强、小梅五人去听音乐会，他们五人在同一排且座位相连，其中只有一个座位最靠近走廊。小强想坐在最靠近走廊的座位上，小丽想跟小明紧挨着，小红不想跟小丽紧挨着，小梅想跟小丽紧挨着，但不想跟小强或小明紧挨着。

以下哪项排序符合上述五人的意愿？

A. 小明、小梅、小丽、小红、小强。

B. 小强、小红、小明、小丽、小梅。

C. 小强、小梅、小红、小丽、小明。

D. 小明、小红、小梅、小丽、小强。

E. 小强、小丽、小梅、小明、小红。

53. 参加某国际学术研讨会的 60 名学者中，亚裔学者 31 人，博士 33 人，非亚裔学者中无博士学位的 4 人。

根据上述陈述，参加此次国际研讨会的亚裔博士有几人？

A. 1 人。　　B. 2 人。　　C. 4 人。

D. 7 人。　　E. 8 人。

54. 对某高校本科生的某项调查统计发现：在因成绩优异被推荐免试攻读硕士研究生的文科专业学生中，女生占有 70%，由此可见，该校本科生文科专业的女生比男生优秀。

以下哪项如果为真，能最有力地削弱上述结论？

A. 在该校本科生文科专业学生中，女生占 30% 以上。

B. 在该校本科生文科专业学生中，女生占 30% 以下。

C. 在该校本科生文科专业学生中，男生占 30% 以下。

D. 在该校本科生文科专业学生中，女生占 70% 以下。

E. 在该校本科生文科专业学生中，男生占 70% 以上。

55. 某中药配方有如下要求：

(1) 如果有甲药材，那么也要有乙药材；

(2) 如果没有丙药材，那么必须有丁药材；

(3) 人参和天麻不能都有；

(4) 如果没有甲药材而有丙药材，则需要有人参。

如果含有天麻,则关于该配方的断定哪项为真?

A. 含有甲药材。 B. 含有丙药材。 C. 没有丙药材。

D. 没有乙药材和丁药材。 E. 有乙药材或丁药材。

2010年入学管理类综合能力逻辑真题解析

答案速查:DACED BDEDB ACCAA DBAEC ADADC DBECE

26. 答案:D 解析:刻画题干:阿司匹林∨对乙酰氨基酚→¬良好的抗体反应,其逆否命题为:良好的抗体反应→¬阿司匹林∧¬对乙酰氨基酚。因此由“小张产生了良好的抗体反映”可以推出D项。

27. 答案:A 解析:题干中,实验者根据30位文化人士识读20个词语的结果,得出“人们识字水平没有提高甚至有所下降”的结论。假设A项为真,说明选取的词语样本不当,导致误读率偏高,所以结论是无效的,削弱力度最强。B、C项是无关项,实验者和词语样本具有代表性即可,无需要求博士学位或网络流行语。D项说的是某个词语被读错,无法说明人们整体的识字水平。E项没有削弱作用,因为大学成绩不佳与识字水平没有必然关联。

28. 答案:C 解析:题干断定,允许登录的充要条件是:(1)计算机属于这个域;(2)登录账户存在;(3)密码正确。域控制器拒绝小张的计算机登录,说明:不属于这个域∨账户不存在∨密码错误。已知小张的登录账号正确,根据相容选言命题的否定肯定式,说明:不属于这个域∨密码错误。同理,如果小张的计算机属于这个域,则他输入的密码一定是错误的,C正确。

29. 答案:E 解析:注意问题中的相反陷阱。这名司机认为,定期检查只能检查出一小部分问题,这样的检查没有意义。A、B、C项均能证明定期检查的重要性,可以削弱司机的结论。D项举出反例,也可对司机结论进行削弱。只有E项支持了该结论。

30. 答案:D 解析:题干论证中运用的方法是求异法,只有D项与题干论证相似。A、C项运用了共变法,B项运用了剩余法,E项运用了归纳法。

31. 答案:B 解析:题干运用了归谬法:如果A项命题为真将得出荒谬的结论,这就证明A项命题为假;只有B项也运用了这种方法。A项是举例论证,C、D项是类比论证,E项也不能构成归谬。

32. 答案:D 解析:齐老师认为,工程技术类大学生不用再学习基础数学课程,因为用于解决数学问题的计算机程序越来越多。如果Ⅱ、Ⅲ为真,说明工程技术类大学生若不学习基础数学,就无法完全掌握其专业方面的知识,可以削弱其结论。Ⅰ加强了齐老师的论证。

33. 答案:E 解析:由问题中的“夏夜”定位至题干最后一句,这句话可刻画为:¬下雨∧¬刮风→歌唱。问题中已经包含“无雨”,则再增加“没有刮风”的条件,即可推出“蟋蟀在歌唱”的结论。其余信息都属于无关信息。

34. 答案:D 解析:题干结论为,异地通婚可提高下一代智商水平。如果D项为真,说明是(夫妻)高智商促成了异地通婚,而不是异地通婚提高了(子女)智商,用因果倒置的方法削弱了题干结论。但是D项成立依赖一个假设:父母和子女的智商正向相关。题干并未涉及这个假设,因此D项只是相对最好的选项。

A项无法削弱题干,因为数量少不能说明样本没有代表性。B、C项说的是“一些”反例,但题干是基于平均智商得出的结论,因此无法削弱。E项谈到“基因”,与题干结论中的“智商”关系不明确,排除。

35. 答案:B 解析:题干的矛盾在于:成品油生产商的运营成本大幅度增加,但某国成品油生产商的利润增加了。要想解释这一现象,必须考虑"收入"大幅度增加。若B项为真,则政府提供的补贴可以抵消成本增加,可以解释这一现象。A、C、E项没有解释作用,因为题干已经确定"运营成本大幅度增加";D项加剧了题目中的矛盾。

本题命题思路以及干扰项设计,借鉴了2005年MBA入学考试第27题,读者可自行对照。

36. 答案:A 解析:解法一:题干条件刻画如下:(1)X∨Y;(2)¬Y∨¬Z;(3)¬Z→¬Y。将条件(2)转化为假言命题为:Y→¬Z;而(3)的逆否式为:Y→Z。则联立条件(2)(3)可知:如果Y为真,会造成题干条件自相矛盾,所以这种粒子不是Y粒子。再根据条件(1),可知这种粒子是X粒子,A项必真。

解法二:问题要求"根据三个实验"来推断,隐含了假设:三个实验都为真。本题可以用代入法解题。设A项为真,则三个实验都为真。再反向假设验证A项:设这种粒子不是X粒子,那么,当它是Y粒子的时候实验三的前件为真后件为假,故实验三是假的;当它是Z粒子的时候实验一的两个选言支都为假。故A项不可能为假。

37. 答案:C 解析:题干论证为,孩子在5岁之前每天看电视超过2小时,则长大后出现行为问题的风险将增大,C项最好地解释了这点。A、B、D项说的是电视节目对孩子产生的影响,而非长时间观看电视带来的问题。E项说的是身体方面的影响,不如C项与"行为问题"关联大。

38. 答案:C 解析:题干的观点是:文理分科造成了自然科学与人文社科的割裂。C项指出了缺乏理科知识,造成非自然科学工作者对科学的敬而远之,与题干论证相符。A项支持了结论(科普类图书的读者市场还没有真正形成),但是与题干所谈的因果关系无关,故不选。B项是另找他因削弱,D项直接削弱结论。E项脱离了题干的因果关系,是无关项。

39. 答案:A 解析:设"将它们推至小轨道"为P,"将它们逐出太阳系"为Q,则题干条件可整理为:(1)要么P要么Q;(2)或者P或者Q。设(1)为真,说明P和Q必有一个为真,根据相容选言命题的性质,此时(2)必真,那就违反了题干"只有一个判定为真"的条件,因此(1)假、(2)真。由(1)假可知,以下两个情况必有一个成立:①P∧Q;②¬P∧¬Q。由(2)真可知,P和Q至少有一个为真,则②¬P∧¬Q不成立。因此情况①成立,答案是A项。

40. 答案:A 解析:学者认为,鸽子走路时候伸脖子是为了看清周围的食物,A项如果为真,相当于运用求异法,构成无因无果的支持。题干结论的话题关键词是"伸脖子"和"看清食物",据此可直接排除其余选项。

41. 答案:D 解析:注意问题中的相反陷阱。题干结论为:2009年空气质量提高得益于近年来本市政府持续采取的相关措施。D项不能支持题干,因为D项所涉及的环保措施尚未实施。其他各项都是具体的控制大气污染的措施。

42. 答案:B 解析:本题考查语义理解,在读懂题干"尚左数"定义的前提下,运用排除法解题:根据8右边的9比它大可以判定8不是尚左数,排除C、D、E项;根据9左边的8比它小可以判定9不是尚左数,排除A项。

43. 答案:A 解析:题干的结论是:剑乳齿象的灭绝可能与人类的过度捕杀有密切关系。如果A项为真,说明剑乳齿象的灭绝可能是史前动物之间的大规模捕杀造成的,而未必是由人类的过度捕杀造成的,这是另找他因进行削弱。B项能加强题干的推测;C项"回迁现象"与题干论证无关;D项涉及"大型食草动物",剑乳齿象能吃草但不能由此判断它是食草动物,故该项为无关项;E项削弱的力度不大,因为一般来说任何动物幼年时自我生存能力都弱。

44. 答案:E 解析:第一个选项和第四个选项互为矛盾关系,必有一真一假。根据只有一句为真,可知第二个和第三个选项必为假。由第三个选项为假可知:选择第三个选项后游戏能继续进行下去，即 E 项。

45. 答案：C　解析：A 项中“马”和 B 项中“鸭”在原陈述中未提及；C 项如果为假，则学者的结论无法成立；D、E 项不必假设，因为具备习惯 x，并不排斥同时具备习惯 y。

46. 答案：A　解析：由题干“没有一个人尊重不自重的人”，可得：所有不自重的人都不被人尊重，即：¬自重→¬被尊重；再由“没有一个人信任他所不尊重的人”，可得：所有不被尊重的人都不被信任，即：¬被尊重→¬被信任。连接以上两式，得：¬自重→¬被尊重→¬被信任，由此可推出 A 项。其余选项均推不出。

47. 答案：D　解析：本题考查论证方法识别。题干中使用的方法是：根据公众偏好来比较两个对象并且做法选择，D 项的方法与题干最为类似。A 项与公众偏好的选择相反，C 项显然不是根据公众偏好做选择，B、E 项都没有做出明确选择。

48. 答案：A　解析：本题选项是“要素的合举”，可以根据题干条件“车辆颜色与五人名字最后一个字谐音的颜色不同”，将每个人名代入选项相应的每一列，通过排除得到答案。B 项中红色的宝马与林宏不匹配，C、E 项中的白色奔驰和何柏不匹配，D 项中灰色的桑塔纳与邱辉不匹配，只有 A 项不与题干信息冲突。

49. 答案：D　解析：注意问题中的相反陷阱。题干中的谬误在于集合概念与非集合概念的偷换，第一个“北极熊”是非集合概念，第二个是集合概念，集合概念具有的属性，非集合概念未必具备。A、B、C、E 项的谬误与题干类似。只有 D 项不存在该错误，“清水街的建筑”是一个类概念，“违章建筑”是这个类的一个属性，其每个分子都具有，故推理正确。

50. 答案：C　解析：题干条件可以刻画为：(1) 甲→乙；(2) ¬丙→¬甲⇒甲→丙；(3) ¬丙∨(¬乙∨¬戊)；(4) 丙→丁。由问题中的补充条件可知¬乙，结合(1)得：¬甲，排除 A、D 项；根据条件(3)，已知¬乙，则(¬乙∨¬戊)为真，可推¬丙为假，即丙上场，排除 B 项；由丙上场结合条件(4)可知丁上场，排除 E 项。

51. 答案：D　解析：陈先生的观点是：开偷来的汽车伤人比非法侵入别人电脑性质严重；林女士认为二者一样严重。对于 D 项，两人有明确的不同观点，因此这是两人争论的焦点。对 A 项的问题两人有不同的观点，但这不是针对论点的概括。对 B 项的问题两人持相同的观点。对 C、E 项的问题无法确定两人的观点。

52. 答案：B　解析：本题选项是要素的合举，可运用排除法将题干约束条件代入选项一一检验。A、D、E 三项不符合“小丽想跟小明紧挨着”；C 项不符合“小红不想跟小丽紧挨着”。仅有 B 项没有被排除。

53. 答案：E　解析：本题考查概念的交叉关系。60 名学者中，非亚裔学者有 60−31＝29 人，非亚裔学者中有博士学位的 29−4＝25 人。故亚裔博士有 33−25＝8 人。

54. 答案：C　解析：本题需要看到局部想整体。C 项如果为真，说明在全体文科生中女生占 70%以上，那么免试攻读硕士的学生中女生所占的比例并不高于全体文科生中女生所占的比例，即女生被推荐免试的比例高，可能是由于女生基数大导致的，能够有力地削弱题干的结论。B、E 项是支持项，说明免试攻读硕士的学生中女生所占的比例高于全体文科生中女生所占的比例。A、D 项的作用无法判断。

55. 答案：E　解析：题目中给出如下信息：(1) 甲→乙；(2) ¬丙→丁；(3) ¬人参∨¬天麻；(4) ¬甲∧丙→人参；(5) 天麻。由条件(3)和(5)，根据相容选言命题的否定肯定式可得：¬人参；再由此根据条件(4)的逆否推理可得：甲∨¬丙。根据条件(1)，如果有甲，就要有乙；根据条件(2)，如果没有丙，就要有丁，所以 E 项成立。

2009年
入学管理类综合能力逻辑真题

26. 某中学发现有学生课余用扑克玩带有赌博性质的游戏，因此规定学生不得带扑克进入学校。不过即使是硬币，也可以用作赌具，但禁止学生带硬币进入学校是不可思议的。因此，禁止学生带扑克进学校是荒谬的。

以下哪项如果为真，最能削弱上述论证？

A. 禁止带扑克进学校不能阻止学生在校外赌博。

B. 硬币作为赌具远不如扑克方便。

C. 很难查明学生是否带扑克进学校。

D. 赌博不但败坏校风，而且影响学生学习成绩。

E. 有的学生玩扑克不涉及赌博。

27. 甲、乙、丙和丁进入某围棋邀请赛半决赛，最后要决出一名冠军。张、王和李三人对结果作了如下预测：

张：冠军不是丙；

王：冠军是乙；

李：冠军是甲。

已知张、王、李三个中恰有一人的预测正确，以下哪项为真？

A. 冠军是甲。　　B. 冠军是乙。　　C. 冠军是丙。

D. 冠军是丁。　　E. 无法确定冠军是谁。

28. 除非年龄在50岁以下，并且能持续游泳三千米以上，否则不能参加下个月举行的横渡长江活动。同时，高血压和心脏病患者不能参加。老黄能持续游泳三千米以上，但没被批准参加这项活动。

以上断定能推出以下哪项结论？

Ⅰ. 老黄的年龄至少50岁；

Ⅱ. 老黄患有高血压；

Ⅲ. 老黄患有心脏病。

A. 只有Ⅰ。　　B. 只有Ⅱ。　　C. 只有Ⅲ。

D. Ⅰ、Ⅱ和Ⅲ至少一个。　　E. Ⅰ、Ⅱ、Ⅲ都不能必然推出。

29. 一项对西部山区小塘村的调查发现，小塘村约五分之三的儿童入中学后出现中度以上的近视，而他们的父母及祖辈，没有机会到正规学校接受教育，很少出现近视。

以下哪项作为上述断定的结论最为恰当？

A. 接受文化教育是造成近视的原因。

B. 只有在儿童期接受正式教育才易于成为近视。

C. 阅读和课堂作业带来的视觉压力必然造成儿童的近视。

D. 文化教育的发展和近视现象的出现有密切关系。

E. 小塘村约五分之二的儿童是文盲。

30. 小李考上了清华，或者小孙没考上北大。

增加以下哪项条件，能推出小李考上了清华？

A. 小张和小孙至少有一人未考上北大。

B. 小张和小李至少有一人未考上清华。

C. 小张和小孙都考上了北大。

D. 小张和小李都未考上清华。

E. 小张和小孙都未考上北大。

31. 大李和小王是某报新闻部的编辑。该报总编计划从新闻部抽调人员到经济部。总编决定：未经大李和小王本人同意，将不调动两人。大李告诉总编："我不同意调动，除非我知道小王是否调动。"小王说："除非我知道大李是否调动，否则我不同意调动。"

如果上述三人坚持各自的决定，则可推出以下哪项结论？

A. 两人都不可能调动。

B. 两人都可能调动。

C. 两人至少有一人可能调动，但不可能两人都调动。

D. 要么两人都调动，要么两人都不调动。

E. 题干的条件推不出关于两人调动的确定结论。

32. 去年经纬汽车专卖店调高了营销人员的营销业绩奖励比例，专卖店李经理打算新的一年继续执行该奖励比例，因为去年该店的汽车销售数量较前年增加了16%。陈副经理对此持怀疑态度。她指出，他们的竞争对手并没有调整营销人员的奖励比例，但在过去的一年也出现了类似的增长。

以下哪项最为恰当地概括了陈副经理的质疑方法？

A. 运用一个反例，否定李经理的一般性结论。

B. 运用一个反例，说明李经理的论据不符合事实。

C. 运用一个反例，说明李经理的论据虽然成立，但不足以推出结论。

D. 指出李经理的论证对一个关键概念的理解和运用有误。

E. 指出李经理的论证中包含自相矛盾的假设。

33. 某综合性大学只有理科与文科，理科学生多于文科学生，女生多于男生。

如果上述断定为真，则以下哪项关于该大学学生的断定也一定为真？

Ⅰ. 文科的女生多于文科的男生；

Ⅱ. 理科的男生多于文科的男生；

Ⅲ. 理科的女生多于文科的男生。

A. 只有Ⅰ和Ⅱ。　　B. 只有Ⅲ。　　C. 只有Ⅱ和Ⅲ。

D. Ⅰ、Ⅱ和Ⅲ。　　E. Ⅰ、Ⅱ和Ⅲ都不一定是真的。

34. 对本届奥运会所有奖牌获得者进行了尿样化验，没有发现兴奋剂使用者。

如果以上陈述为假，则以下哪项一定为真？

Ⅰ. 或者有的奖牌获得者没有化验尿样，或者在奖牌获得者中发现了兴奋剂使用者；

Ⅱ. 虽然有的奖牌获得者没有化验尿样，但还是发现了兴奋剂使用者；

Ⅲ. 如果对所有的奖牌获得者进行了尿样化验，则一定发现了兴奋剂使用者。

A. 只有Ⅰ。　　B. 只有Ⅱ。　　C. 只有Ⅲ。

D. 只有Ⅰ和Ⅲ。　　E. 只有Ⅱ和Ⅲ。

35. 某地区过去三年日常生活必需品平均价格增长了30%，在同一时期，购买日常生活必需品的开支占家庭平均月收入的比例并未发生变化。因此，过去三年中家庭平均收入一定也增长了30%。

以下哪项最可能是上述论证所假设的？

A. 在过去三年中，平均每个家庭购买的日常生活必需品数量和质量没有变化。

B. 在过去三年中，除生活必需品外，其他商品平均价格的增长低于30%。

C. 在过去三年中，该地区家庭的数量增加了30%。

D. 在过去三年中，家庭用于购买高档消费品的平均开支明显减少。

E. 在过去三年中，家庭平均生活水平下降了。

36~37题基于以下题干

张教授：在南美洲发现的史前木质工具存在于13 000年以前。有的考古学家认为，这些工具是其祖先从西伯利亚迁徙到阿拉斯加的人群使用的。这一观点难以成立。因为要到达南美，这些人群必须在13 000年前经历长途跋涉，而在从阿拉斯加到南美洲之间，从未发现13 000年前的木质工具。

李研究员：您恐怕忽视了这些木质工具是在泥煤沼泽中发现的，北美很少有泥煤沼泽。木质工具在普通的泥土中几年内就会腐烂化解。

36. 以下哪项最为准确地概括了张教授与李研究员所讨论的问题？

A. 上述史前木质工具是否是其祖先从西伯利亚迁徙到阿拉斯加的人群使用的？

B. 张教授的论据是否能推翻上述考古学家的结论？

C. 上述人群是否可能在13 000年前完成从阿拉斯加到南美洲的长途跋涉？

D. 上述木质工具是否只有在泥煤沼泽中才不会腐烂化解？

E. 上述史前木质工具存在于13 000年以前的断定是否有足够的根据？

37. 以下哪项最为准确地概括了李研究员的应对方法？

A. 指出张教授的论据违背事实。

B. 引用与张教授的结论相左的权威性研究成果。

C. 指出张教授曲解了考古学家的观点。

D. 质疑张教授的隐含假设。

E. 指出张教授的论据实际上否定其结论。

38. 一些人类学家认为，如果不具备应付各种自然环境的能力，人类在史前年代不可能幸存下来。然而相当多的证据表明，阿法种南猿，一种与早期人类有关的史前物种，在各种自然环境中顽强生存的能力并不亚于史前人类，但最终灭绝了。因此，人类学家的上述观点是错误的。

上述推理的漏洞也类似地出现在以下哪项中？

A. 大张认识到赌博是有害的，但就是改不掉。因此"不认识错误就不能改正错误"这一断定是不成立的。

B. 已经找到了证明造成艾克矿难是操作失误的证据。因此，关于艾克矿难起因于设备老化，年久失修的猜测是不成立的。

C. 大李图便宜，买了双旅游鞋，穿不了几天就坏了。因此，怀疑"便宜无好货"是没道理的。

D. 既然不怀疑小赵可能考上大学，那就没有理由担心小赵可能考不上大学。

E. 既然怀疑小赵一定能考上大学，那就没有理由怀疑小赵一定考不上大学。

39. 关于甲班体育达标测试，三位老师有如下预测：

张老师说："不会所有人都不及格"。

李老师说："有人会不及格"。

王老师说："班长和学习委员都能及格"。

如果三位老师中只有一人的预测正确，则以下哪项一定为真？

A. 班长和学习委员都没及格。

B. 班长和学习委员都及格了。

C. 班长及格，但学习委员没及格。

D. 班长没及格，但学习委员及格了。

E. 以上各项都不一定为真。

40~41题基于以下题干

因为照片的影像是通过光线与胶片的接触形成的,所以每张照片都具有一定的真实性。但是,从不同角度拍摄的照片总是反映了物体某个侧面的真实而不是全部的真实,在这个意义上,照片又是不真实的。因此,在目前的技术条件下,以照片作为证据是不恰当的,特别是在法庭上。

40. 以下哪项是上述论证所假设的?

A. 不完全反映全部真实的东西不能成为恰当的证据。

B. 全部的真实性是不可把握的。

C. 目前的法庭审理都把照片作为重要物证。

D. 如果从不同角度拍摄一个物体,就可以把握它的全部真实性。

E. 法庭具有判定任一证据真伪的能力。

41. 以下哪项如果为真,最能削弱上述论证?

A. 摄影技术是不断发展的,理论上说,全景照片可以从外观上反映物体的全部真实。

B. 任何证据只需要反映事实的某个侧面。

C. 在法庭审理中,有些照片虽然不能成为证据,但有重要的参考价值。

D. 有些照片是通过技术手段合成或伪造的。

E. 就反映真实性而言,照片的质量有很大的差别。

42. 如果一个学校的大多数学生都具备足够的文学欣赏水平和道德自律意识,那么,像《红粉梦》和《演艺十八钗》这样的出版物就不可能成为在该校学生中销售最多的书。去年在H学院的学生中,《演艺十八钗》的销售量仅次于《红粉梦》。

如果上述断定为真,则以下哪项一定为真?

Ⅰ. 去年H学院的大多数学生都购买了《红粉梦》或《演艺十八钗》;

Ⅱ. H学院的大多数学生既不具备足够的文学欣赏水平,也不具备足够的道德自律意识;

Ⅲ. H学院至少有些学生不具备足够的文学欣赏水平,或者不具备足够的道德自律意识。

A. 只有Ⅰ。　　B. 只有Ⅱ。　　C. 只有Ⅲ。

D. Ⅱ和Ⅲ。　　E. Ⅰ、Ⅱ和Ⅲ。

43. 这次新机种试飞只是一次例行试验,既不能算成功,也不能算不成功。

以下哪项对于题干的评价最为恰当?

A. 题干的陈述没有漏洞。

B. 题干的陈述有漏洞,这一漏洞也出现在后面的陈述中:这次关于物价问题的社会调查结果,既不能说完全反映了民意,也不能说一点也没有反映民意。

C. 题干的陈述有漏洞,这一漏洞也出现在后面的陈述中:这次考前辅导,既不能说完全成功,也不能说彻底失败。

D. 题干的陈述有漏洞,这一漏洞也出现在后面的陈述中:人有特异功能,既不是被事实证明的科学结论,也不是纯属欺诈的伪科学结论。

E. 题干的陈述有漏洞,这一漏洞也出现在后面的陈述中:在即将举行的大学生辩论赛中,我不认为我校代表队一定能进入前四名,我也不认为我校代表队可能进不了前四名。

44. S市持有驾驶证的人员数量较五年前增加了数十万,但交通死亡事故却较五年前有明显地减少。由此可以得出结论:目前S市驾驶员的驾驶技术熟练程度较五年前有明显的提高。

以下各项如果为真,都能削弱上述论证,除了:

A. 交通事故的主要原因是驾驶员违反交通规则。

B. 目前S市的交通管理力度较五年前有明显加强。

C. S市加强对驾校的管理,提高了对新驾驶员的培训标准。

D. 由于油价上涨,许多车主改乘公交车或地铁上下班。

E. S 市目前的道路状况及安全设施较五年前有明显改善。

45. 肖群一周工作五天,除非这周内有法定休假日。除了周五在志愿者协会,其余四天肖群都在大平保险公司上班。上周没有法定休假日。因此,上周的周一、周二、周三和周四肖群一定在大平保险公司上班。

以下哪项是上述论证所假设的?

A. 一周内不可能出现两天以上的法定休假日。

B. 大平保险公司实行每周四天工作日制度。

C. 上周的周六和周日肖群没有上班。

D. 肖群在志愿者协会的工作与保险业有关。

E. 肖群是个称职的雇员。

46. 在接受治疗的腰肌劳损患者中,有人只接受理疗,也有人接受理疗与药物双重治疗。前者可以得到与后者相同的预期治疗效果。对于上述接受药物治疗的腰肌劳损患者来说,此种药物对于获得预期的治疗效果是不可缺少的。

如果上述断定为真,则以下哪项一定为真?

Ⅰ. 对于一部分腰肌劳损患者来说,要配合理疗取得治疗效果,药物治疗是不可缺少的;

Ⅱ. 对于一部分腰肌劳损患者来说,要取得治疗效果,药物治疗不是不可缺少的;

Ⅲ. 对于所有腰肌劳损患者来说,要取得治疗效果,理疗是不可缺少的。

A. 只有Ⅰ。　　B. 只有Ⅱ。　　C. 只有Ⅲ。

D. 只有Ⅰ和Ⅱ。　　E. Ⅰ、Ⅱ和Ⅲ。

47. 在潮湿的气候中仙人掌很难成活,在寒冷的气候中柑橘很难生长。在某省的大部分地区,仙人掌和柑橘至少有一种不难成活生长。

如果上述断定为真,则以下哪项一定为假?

A. 该省的一半地区,既潮湿又寒冷。

B. 该省的大部分地区炎热。

C. 该省的大部分地区潮湿。

D. 该省的某些地区既不寒冷也不潮湿。

E. 柑橘在该省的所有地区都无法生长。

48. 主持人:有网友称你为国学巫师,也有网友称你为国学大师。你认为哪个名称更适合你?上述提问中的不当也存在于以各项中,除了:

A. 你要社会主义的低速度,还是资本主义的高速度?

B. 你主张为了发展可以牺牲环境,还是主张宁可不发展也不能破坏环境?

C. 你认为人都自私,还是认为人都不自私?

D. 你认为"9·11"恐怖袭击必然发生,还是认为有可能避免?

E. 你认为中国队必然夺冠,还是认为不可能夺冠?

49. 张珊:不同于"刀""枪""箭""戟","之""乎""者""也"这些字无确定所指。

李思:我同意。因为"之""乎""者""也"这些字无意义,因此,应当在现代汉语中废止。

以下哪项最可能是李思认为张珊的断定所蕴涵的意思?

A. 除非一个字无意义,否则一定有确定所指。

B. 如果一个字有确定所指,则它一定有意义。

C. 如果一个字无确定所指,则应当在现代汉语中废止。

D. 只有无确定所指的字,才应当在现代汉语中废止。

E. 大多数的字都有确定所指。

50. 中国要拥有一流的国家实力，必须有一流的教育。只有拥有一流的国家实力，中国才能做出应有的国际贡献。

以下各项都符合题干的意思，除了：

A. 中国难以做出应有的国际贡献，除非拥有一流的教育。

B. 只要中国拥有一流的教育，就能做出应有的国际贡献。

C. 如果中国拥有一流的国家实力，就不会没有一流的教育。

D. 不能设想中国做出了应有的国际贡献，但缺乏一流的教育。

E. 中国面临选择：或者放弃应尽的国际义务，或者创造一流的教育。

51. 科学离不开测量，测量离不开长度单位。公里、米、分米、厘米等基本长度单位的确立完全是一种人为约定，因此，科学的结论完全是一种人的主观约定，谈不上客观的标准。

以下哪项与题干的论证最为类似？

A. 建立良好的社会保障体系离不开强大的综合国力，强大的综合国力离不开一流的国民教育。因此，要建立良好的社会保障体系，必须有一流的国民教育。

B. 做规模生意离不开做广告。做广告就要有大额资金投入。不是所有人都能有大额资金投入。因此，不是所有人都能做规模生意。

C. 游人允许坐公园的长椅。要坐公园长椅就要靠近它们。靠近长椅的一条路径要踩踏草地。因此，允许游人踩踏草地。

D. 具备扎实的舞蹈基本功必须经过长年不懈的艰苦训练。在春节晚会上演出的舞蹈演员必须具备扎实的基本功。长年不懈的艰苦训练是乏味的。因此，在春节晚会上演出是乏味的。

E. 家庭离不开爱情，爱情离不开信任。信任是建立在真诚基础上的。因此，对真诚的背离是家庭危机的开始。

52. 所有的灰狼都是狼。这一断定显然是真的。因此，所有的疑似 SARS 病例都是 SARS 病例，这一断定也是真的。

以下哪项最为恰当地指出了题干论证的漏洞？

A. 题干的论证忽略了：一个命题是真的，不等于具有该命题形式的任一命题都是真的。

B. 题干的论证忽略了：灰狼与狼的关系，不同于疑似 SARS 病例和 SARS 病例的关系。

C. 题干的论证忽略了：在疑似 SARS 病例中，大部分不是 SARS 病例。

D. 题干的论证忽略了：许多狼不是灰色的。

E. 题干的论证忽略了：此种论证方式会得出其他许多明显违反事实的结论。

53. 违法必究，但几乎看不到违反道德的行为受到惩罚，如果这成为一种常规，那么，民众就会失去道德约束。道德失控对社会稳定的威胁并不亚于法律失控。因此，为了维护社会的稳定，任何违反道德的行为都不能不受惩治。

以下哪项是对上述论证的评价最为恰当？

A. 上述论证是成立的。

B. 上述论证有漏洞，它忽略了有些违法行为并未受到追究。

C. 上述论证有漏洞，它忽略了由违法必究，推不出缺德必究。

D. 上述论证有漏洞，它夸大了违反道德行为的社会危害性。

E. 上述论证有漏洞，它忽略了由否定“违反道德的行为都不受惩治”推不出“违反道德的行为都要受惩治”。

54. 张珊喜欢喝绿茶，也喜欢喝咖啡。他的朋友中没有人既喜欢喝绿茶，又喜欢喝咖啡，但他的所有朋友都喜欢喝红茶。

如果上述断定为真，则以下哪项不可能为真？

A. 张珊喜欢喝红茶。

B. 张珊的所有朋友都喜欢喝咖啡。

C. 张珊的所有朋友喜欢喝的茶在种类上完全一样。

D. 张珊有一个朋友既不喜欢喝绿茶，也不喜欢喝咖啡。

E. 张珊喜欢喝的饮料，他有一个朋友都喜欢喝。

55. 一个善的行为，必须既有好的动机，又有好的效果。如果是有意伤害他人，或是无意伤害他人，但这种伤害的可能性是可以预见的，在这两种情况下，对他人造成伤害的行为都是恶的行为。

以下哪项叙述符合题干的断定？

A. P 先生写了一封试图挑拨 E 先生与其女友之间关系的信。P 的行为是恶的，尽管这封信起到了与他的动机截然相反的效果。

B. 为了在新任领导面前表现自己，争夺一个晋升名额，J 先生利用业余时间解决积压的医疗索赔案件，J 的行为是善的，因为 S 小姐的医疗索赔请求因此得到了及时的补偿。

C. 在上班途中，M 女士把自己的早餐汉堡包给了街上的一个乞丐。乞丐由于急于吞咽而被意外地噎死了。所以，M 女士无意中实施了一个恶的行为。

D. 大雪过后，T 先生帮邻居铲除了门前的积雪，但不小心在台阶上留下了冰。他的邻居因此摔了一跤。因此，一个善的行为导致了一个坏的结果。

E. S 女士义务帮邻居照看 3 岁的小孩。小孩在 S 女士不注意时跑到马路上结果被车撞了。尽管 S 女士无意伤害这个小孩，但她的行为还是恶的。

2009 年入学管理类综合能力逻辑真题解析

答案速查：BDEDC　CCBDA　BDAAA　BCECC　DADAB　DBEEE

26. 答案：B　解析：题目论证中将扑克与硬币进行类比，认为它们都是赌具，既然不禁止学生带硬币进入学校，也不应该禁止学生带扑克进入学校。B 项提出了硬币与扑克作为赌具的差异性，所以题干中的类比不恰当。其余项均未指出硬币与扑克的差异性。

27. 答案：D　解析：如果王或李预测正确，那么张的预测也必然正确，与题目中所述的"恰有一人预测正确"不符。所以王和李预测错误，张预测正确，由此确定冠军不是甲、乙、丙，只能是丁。

28. 答案：E　解析：刻画题干为：参加→50 岁以下 ∧ 能持续游泳三千米以上 ∧ 不患有高血压和心脏病。老黄不能参与该活动，这否定了上述推理的前件，无法确定后件的真假，故选 E 项。从语义理解上来说，参加活动有三个必要条件，不能参加活动不代表这些必要条件没有得到满足。这就如同购买奢侈品需要有钱，但是没有购买奢侈品不代表没钱。

29. 答案：D　解析：小塘村约五分之三的儿童入中学后出现中度以上的近视，而他们未经过正式教育的父母及祖辈却很少出现近视，这只能说明近视现象与接受正式教育有统计上的相关性，二者之间可能存在因果关系，但无法得出必然性的结论，所以选择 D 项。A、B、C 项的论断过于绝对，E 项题干则没有提及。

30. 答案：C　解析：刻画题干得：李 ∨ ¬孙；问题要求推出：李。根据相容选言命题的否定肯定式，要想肯定一个选言支，必须先否定另一个选言支。在此题干中，就要否定"¬孙"，即肯定"小孙考上了北大"，只有 C 项符合这个要求。

31. 答案：C　解析：由题干可知，两人的话都可刻画为：不知道另一人是否调动→不同意调动。那么,无论先问及谁,先被问到的人由于不知道另一人的情况,将不同意调动;而后被问到的人已知另一人不会被调动,无法推断他是否同意调动,因为前件为假时后件真假不定。同理,总编的决定是:未经同意→不调动,即便两人中任何一人同意了,否定了这个命题的前件,后件真假不定,那么他是否调动也不一定。所以这道题的推论为:先被问到的人不同意调动,根据总编意见也必然不会被调动,即"不可能两人都调动⇔必然至少有一人不被调动";而后被问到的人同意与否皆有可能,即"至少有一人'可能'调动";C 项描述与此相符。此题另有说法选 A 项,但这必须假设同时询问大李和小王的意见,但题干没有这个信息,故此答案不采纳。

32. 答案:C　解析:李经理的论据为:去年奖励比例调高,同时去年该店的汽车销售数量较前年增加;结论为:应当继续执行该奖励比例;其隐含假设是:是这一奖励比例提升了汽车销量。陈副经理并未否认李经理论据的真实性,但她指出的现象,与李经理的论据构成了"求异失败",即有差异要素(是否调整奖励比例是差异要素),但没有差异结果,故李经理假设的因果关系不成立,这就意味着论据不足以推出结论,只有 C 项指出了这一点。

33. 答案:B　解析:理科学生多于文科学生,即:理科男生+理科女生 > 文科男生+文科女生;

女生多于男生,即:理科女生+文科女生 > 理科男生+文科男生;

两式相加,可得到:理科女生 > 文科男生,所以Ⅲ必定为真。

容易验证Ⅰ和Ⅱ都不一定为真。设想,如果全校学生 400 名,理科学生共 300 名且都是女生,文科学生共 100 名且都是男生,则题干条件成立而Ⅰ和Ⅱ都不成立。

34. 答案:D　解析:令"对本届奥运会所有奖牌获得者进行了尿样化验"为 P,"发现兴奋剂使用者"为 Q,则题干"对本届奥运会所有奖牌获得者进行了尿样化验,没有发现兴奋剂使用者"可以表示为 $P\wedge\neg Q$。题目断定上述陈述为假,从而有 $\neg(P\wedge\neg Q)$,整理得 $\neg P\vee Q$,等价于 $P\rightarrow Q$。

由上述逻辑表达式可知,Ⅰ和Ⅲ一定为真。复选项Ⅱ可以表示为 $\neg P\wedge Q$,由题干不能确定它的真假。

35. 答案:A　解析:影响生活必需品总开支的,除了价格以外,主要是数量和质量,因此 A 项是必须假设的。如果 A 项为假,即必需品购买的数量减少或者质量变差,则即便平均价格上涨,相关开支未必相应增长;这笔开支占家庭平均月收入的比例不变,则过去三年中家庭平均收入自然也未必增长,题干的结论就推不出来了;由此可见,"数量和质量不变"是题干结论成立的必要条件。B、D 项说的是其他商品及高档消费品,与题干无关,无需假设;家庭数量变化不会对题干中的统计数据造成影响,C 项是无关项;E 项是削弱项,说明未必是收入增加了,而是采购的数量或者质量有所降低。

36. 答案:B　解析:张教授的结论是:"这一观点难以成立"。论据是:从阿拉斯加到南美洲之间,从未发现 13 000 年前的木质工具。他认为这一论据能推翻考古学家的观点。李研究员则认为这一论据不能推翻,因为未发现不等于没存在过。因此,两人争论的问题是张教授的论据是否能推翻上述科学家的结论。

A 项不对,因为李研究员的反驳中并未涉及哪类人群使用的问题。

题干并没有提及李研究员是否认为祖先在 13 000 年前完成了从阿拉斯加到南美洲的迁徙,所以 C 项不选。

D、E 项与题干所讨论的问题无关。

37. 答案:D　解析:张教授要想以"阿拉斯加到南美洲之间未发现 13 000 年前的木质工具"推翻考古学家的观点,必须假设:未发现工具,就说明没有存在过工具。李研究员指出这一假设实际上不成立,未发现不等于没存在过,它可能腐烂化解了,所以选择 D 项。

张教授的论据是"未发现工具",李并没有指责他违背事实,所以 A 项不选。

李研究员的反驳中并没有涉及权威性研究成果,所以 B 项不选。

张教授并没有阐述自己对考古学家观点的理解,也没有出现自相矛盾,所以 C、E 项不选。

38. 答案:A 解析:题干中的错误在于错把充分当必要。具备应付各种自然环境的能力是生存的必要条件,而论证中将其当成了充分条件,举出反例进行质疑。A项中"认识错误"是"改正错误"的必要条件,论证中也把它当作充分条件,并举反例质疑,与题干的错误相同。

B项错误在于,找到了一个充分条件,但由此作出的推断否定了其他充分条件;C项错误在于以偏概全;D项错误在于"可能考上"与"可能考不上"是下反对关系,可以同时为真,确定一个为真时,另外一个真假不定;E项错误在于"一定考上"和"一定考不上"是反对关系,可以同时为假,确定一个为假时,另外一个真假不定。

39. 答案:A 解析:张老师说的话等价于:有人会及格。若王老师说的是正确的,则张老师说的必然正确,与题干"只有一人的预测正确"不符,所以王老师说的必然是错误的,即班长和学委至少有一人不及格。由此确定李老师说的是正确的,又因为只有一人说的是正确的,所以确定张老师说的是错误的,其矛盾命题必然为真。所以真实情况是所有人都不及格,A项正确。

本题命题思路与2006年入学MBA联考第38题类似,不过在解析思路的第一步有区别,相当于一题多解,供读者参考。

40. 答案:A 解析:题干前提是,照片不能反映全部的真实;题干结论是,照片不能成为恰当的证据。要使这一论证成立,必须在前提和结论间"搭桥",即假设不完全反映全部真实的东西不能成为恰当的证据。

41. 答案:B 解析:若B项成立,则削弱了上一题中的隐含假设,即不完全反映全部真实的东西也能成为恰当的证据,削弱力度最强。A项无法削弱题干,因为题干的论证本就限定了"在目前的技术条件下",而且A项说的是"理论上",而题干说的是法庭上。C项说的是参考价值,无法削弱题干论证。D、E项谈到照片的来源以及质量,话题与题干的论证无关。

42. 答案:C 解析:去年H学院《演艺十八钗》的销量仅次于《红粉梦》,说明二者成为了在该学院中销售最多的书。逆否题干条件可得:H学院至少有一些学生或者不具备足够的文字欣赏水平,或者不具备足够的道德自律意识,Ⅲ正确,Ⅱ只是Ⅲ的一种可能性。Ⅰ不一定正确,因为大的销量也可能来自于少数的买家。

43. 答案:E 解析:题干陈述的问题在于,成功和不成功互为矛盾,必有一真,而题干否认了这两种可能,违反了排中律,犯了"两不可"的错误。同样的漏洞出现在E项,"一定能进入"与"可能进不了"也是矛盾关系。其余项中的两个判断都不是矛盾关系,如B项,"完全反映民意"⇔所有民意都被反映了;而"一点也没有反映民意"⇔所有民意都没有被反映。二者是上反对关系,可以同时为假,故同时否定二者并不构成逻辑错误。C项与此类似。D项的"科学"和"伪科学"也是反对关系而不是矛盾关系,与"科学"构成矛盾关系的概念应该是"不科学"或者"非科学"。

44. 答案:C 解析:注意问题中的相反陷阱。其余项均为交通死亡事故的减少提出了新的解释,属于他因削弱。而C项如果为真,实际上支持了题干的论证。

45. 答案:C 解析:刻画题干第一句假言命题:一周内没有法定休假日→一周工作五天。上周没有法定节假日,说明肖群一周工作了五天。除了周五在志愿者协会上班,还剩下周一到周四,以及周六和周日这六天。要想得到"周一到周四上班",必须假设他周六周日没有上班,即C项。

B项可以保证题干论证的成立,但不是结论成立的必要条件,即不是必须假设的。

46. 答案:D 解析:Ⅰ一定为真,因为题干最后一句已经指出:对于接受药物治疗的腰肌劳损患者来说,药物对于获得预期的治疗效果是不可缺少的。Ⅱ一定为真,因为对于仅接受理疗的腰肌劳损患者来说,药物治疗是可以缺少的。Ⅲ不一定为真,因为题干仅指出两类人的治疗方案中都包括理疗,但未提及理疗的必要性;换个角度理解:题干仅指出接受治疗的患者中的两类人,这两类人是否穷尽了所有接受治疗的患者,是未知的,即可能存在不接受理疗的治疗者,故Ⅲ未必为真。

47. 答案:A　解析:注意问题中的相反陷阱。若A项为真,该省一半地区既潮湿又寒冷,则根据题干,至少一半地区既不长仙人掌也不长柑橘,这就违反了题干条件:该省的“大部分地区”仙人掌和柑橘至少有一种不难成活。

要想找一定为假的选项,需要证明该省大部分地区既潮湿又寒冷,但是B、C、D项都不能说明这一点。E项不与题干相矛盾,即使柑橘该省所有地区都无法生长,但可能该省并不潮湿,仙人掌完全有可能大部分地区成活生长,也符合题干的条件。

48. 答案:D　解析:注意问题中的相反陷阱。题干中的不当在于非黑即白,提问者没有穷尽所有选择的可能性,“国学巫师”与“国学大师”并不是二者必居其一的选择,可以同时为假。A项中“社会主义的低速度”和“资本主义的高速度”(没有穷尽所有组合),B项中“发展且牺牲环境”和“不发展也不破坏环境”(没有穷尽所有组合),C项中“人都自私”和“人都不自私”(二者可以看作上反对关系,可以同时为假),E项中“必然夺冠”和“不可能夺冠”(后者可以转化为“必然不夺冠”,与“必然夺冠”是上反对关系)均属于这种错误。而D项中“必然发生”和“有可能避免”(即“可能不发生”)是一对矛盾,两者必有一真,故没有犯非黑即白的错误。

49. 答案:A　解析:张珊认为“之”“乎”“者”“也”这些字无确定所指;李思的论据中则顺着她说这些字无意义,这就意味着李思把张珊的“无确定所指”理解成了“无意义”。A项刻画为:非无意义→有所指,符合上述理解的逆否命题,故A项正确。C项是李思的推理,但并不是“李思认为张珊的断定所蕴涵的意思”。

50. 答案:B　解析:注意问题中的相反陷阱。题干论证可刻画为:国际贡献→国家实力→教育。B项肯定后件,无法肯定前件,是不符合题干意思的选项。其余均与题干论证一致。

51. 答案:D　解析:题干论证结构为,A离不开B,B离不开C,C具有x性质,则A也具有x性质。只有D项与题干论证结构一致。需要指出的是,D项的两个前提顺序换了,即:B离不开C,A离不开B,C具有x性质,则A也具有x性质。前提(包括结论)的顺序更换并不影响推理和论证的方式和结构。

52. 答案:B　解析:题干使用了类比论证的方法,其漏洞在于类比不当,这是因为“灰狼”从属于“狼”这个概念,而“疑似SARS病例”却并不从属于“SARS病例”这个概念,B项恰当地指出了这一漏洞。A项陈述范围过大,不如B项准确。E项的陈述本身是正确的,不当类比确实会得出其他许多明显违反事实的结论,但E项没有指出这种不当类比的本质所在,不符合问题要求。

53. 答案:E　解析:题干指出,违反道德的行为几乎都不受惩罚,从而引起道德失控,威胁社会稳定。因此,为了维护社会的稳定,应当得出的结论是:不应该使违反道德的行为都不受惩罚,即:有些违反道德的行为应该受到惩罚,而不是“违反道德的行为都要受惩治”。违法必究并不是题干论证的论据,所以B、C项与题干的论证无关。

54. 答案:E　解析:注意问题要求找必假的项。张珊喜欢喝绿茶和咖啡,他的朋友中没有人既喜欢喝绿茶,又喜欢喝咖啡,所以E项不可能为真。

55. 答案:E　解析:题干断定,一个善的行为动机和效果必须都是好的;恶的行为同时包括以下两个要点:(1)动机层面:有意伤害他人,或无意伤害他人但这种伤害的可能性是可以预见的;(2)事实层面:确实造成了伤害。E项中,S女士的行为造成伤害的可能性是可以预见的(不留意小孩有可能发生危险),也造成了事实的伤害,所以S女士的行为是恶的。

A项中,P先生并未对他人造成伤害,不符合恶行的第二个要点。

B项中,J先生的动机不好的,不符合题干中善行的要点。

C项中,M女士并非有意伤害他人,她也无法预见这种伤害的可能性,不符合恶行的要点。

D项中,T先生的行为没有好的结果,不符合善行的要点。

本题只要根据题干对两种行为的定义做比对即可,不能根据选项自己想象。

2008年
入学MBA联考逻辑真题

31~32 基于以下题干

只要不起雾，飞机就按时起飞。

31. 以下哪项正确地表达了上述断定？

Ⅰ. 如果飞机按时起飞，则一定没起雾；

Ⅱ. 如果飞机不按时起飞，则一定起雾；

Ⅲ. 除非起雾，否则飞机按时起飞。

A. 只有Ⅰ。　　B. 只有Ⅱ。　　C. 只有Ⅲ。

D. 只有Ⅱ和Ⅲ。　　E. Ⅰ、Ⅱ和Ⅲ。

32. 以下哪项如果为真，说明上述断定不成立？

Ⅰ. 没起雾，但飞机没按时起飞；

Ⅱ. 起雾，但飞机仍然按时起飞；

Ⅲ. 起雾，飞机航班延期。

A. 只有Ⅰ。　　B. 只有Ⅱ。　　C. 只有Ⅲ。

D. 只有Ⅱ和Ⅲ。　　E. Ⅰ、Ⅱ和Ⅲ。

33. 南口镇仅有一中和二中两所中学，一中学生的学习成绩一般比二中的学生好。由于来自南口镇的李明在大学一年级的学习成绩是全班最好的。因此，他一定是南口镇一中毕业的。

以下哪项与题干的论证方式最为类似？

A. 如果父母对孩子的教育得当，则孩子在学校的表现一般都较好。由于王征在学校的表现不好，因此他的家长一定教育失当。

B. 如果小孩每天背诵诗歌1小时，则会出口成章。郭娜每天背诵诗歌不足1小时，因此，她不可能出口成章。

C. 如果人们懂得赚钱的方法，则一般都能积累更多的财富。因此，彭总的财富是来源于他的足智多谋。

D. 儿童的心理教育比成年人更重要。张青是某公司心理素质最好的人，因此，他一定在儿童时获得良好的心理教育。

E. 北方人个子通常比南方人高，马林在班上最高，因此，他一定是北方人。

34. 现在能够纠正词汇、语法和标点符号使用错误的中文电脑软件越来越多，记者们即使不具备良好的汉语基础也不妨碍撰稿。因此培养新闻工作者的学校不必重视学生汉语能力的提高，而应注重新闻工作其他素质的培养。

以下哪项如果为真，最能削弱上述论证和建议？

A. 避免词汇、语法和标点符号的使用错误并不一定能确保文稿的语言质量。

B. 新闻学课程一直强调并要求学生能够熟练应用计算机并熟悉各种软件。

C. 中文软件越是有效，被盗版的可能性越大。

D. 在新闻学院开设新课要经过复杂的论证与报批程序。

E. 目前大部分中文软件经常更新，许多人还在用旧版本。

35. 通常认为左撇子比右撇子更容易出操作事故。这是一种误解。事实上,大多数家务事故,大到火灾、烫伤、小到切破手指,都出自右撇子。

以下哪项最为恰当地概括了上述论证中的漏洞?

A. 对两类没有实质性区别的对象作实质性的区分。

B. 在两类不具有可比性的对象之间进行类比。

C. 未考虑家务事故在整个操作事故中所占的比例。

D. 未考虑左撇子在所有人中所占的比例。

E. 忽视了这种可能性:一些家务事故是由多个人造成的。

36. 东山市威达建材广场每家商店的门边都设有垃圾筒。这些垃圾筒的颜色是绿色或红色的。

如果上述断定为真,则以下哪项一定为真?

Ⅰ. 东山市有一些垃圾筒是绿色的;

Ⅱ. 如果东山市的一家商店门边没有垃圾筒,那么这家商店不在威达建材广场;

Ⅲ. 如果东山市的一家商店门边有一个红色垃圾筒,那么这家商店是在威达建材广场。

A. 只有Ⅰ。 B. 只有Ⅱ。 C. 只有Ⅰ和Ⅱ。

D. 只有Ⅰ和Ⅲ。 E. Ⅰ、Ⅱ和Ⅲ。

37. 水泥的原料是很便宜的,像石灰石和随处可见的泥土都可以用作水泥的原料。但水泥的价格会受石油价格的影响,因为在高温炉窑中把原料变为水泥要耗费大量的能源。

基于上述断定最可能得出以下哪项结论?

A. 石油是水泥所含的原料之一。

B. 石油是制水泥的一些高温炉窑的能源。

C. 水泥的价格随着油价的上升而下跌。

D. 水泥的价格越高,石灰石的价格也越高。

E. 石油价格是决定水泥产量的主要因素。

38. 郑女士:衡远市过去十年的 GDP(国内生产总值)增长率比易阳市高,因此衡远市的经济前景比易阳市好。

胡先生:我不同意你的观点。衡远市的 GDP 增长率虽然比易阳市的高,但易阳市的 GDP 数值却更大。

以下哪项最为准确地概括了郑女士和胡先生争议的焦点?

A. 易阳市的 GDP 数值是否确实比衡远市大?

B. 衡远市的 GDP 增长率是否确实比易阳市高?

C. 一个城市的 GDP 数值大,是否经济前景一定好?

D. 一个城市的 GDP 增长率高,是否经济前景一定好?

E. 比较两个城市的经济前景,GDP 数值与 GDP 增长率哪个更重要?

39. 临床试验显示,对偶尔食用一定量的牛肉干的人而言,大多数品牌的牛肉干的添加剂并不会导致动脉硬化。因此,人们可以放心食用牛肉干而无需担心对健康的影响。

以下哪项如果为真,最能削弱上述论证?

A. 食用大量的牛肉干不利于动脉健康。

B. 动脉健康不等于身体健康。

C. 肉类都含有对人体有害的物质。

D. 喜欢吃牛肉干的人往往也喜欢食用其他对动脉健康有损害的食品。

E. 题干所述临床试验大都是由医学院的实习生在医师指导下完成的。

40. 和平基金会决定中止对 S 研究所的资助,理由是这种资助可能被部分地利用于武器研究。

对此，S研究所承诺：和平基金会的全部资助，都不会用于任何与武器相关的研究。和平基金会因此撤销了上述决定，并得出结论：只要S研究所遵守承诺，和平基金会的上述资助就不再会有利于武器研究。

以下哪项最为恰当地概括了和平基金会上述结论中的漏洞？

A. 忽视了这种可能性：S研究所并不遵守承诺。

B. 忽视了这种可能性：S研究所可以用其他来源的资金进行武器研究。

C. 忽视了这种可能性：和平基金会的资助使S研究所有能力把其他资金改用于武器研究。

D. 忽视了这种可能性：武器研究不一定危害和平。

E. 忽视了这种可能性：和平基金会的上述资助额度有限，对武器研究没有实质性意义。

41~42题基于以下题干

一般人认为，广告商为了吸引顾客不择手段。但广告商并不都是这样。最近，为了扩大销路，一家名为《港湾》的家庭类杂志改名为《炼狱》，主要刊登暴力与色情内容。结果原先《港湾》的杂志的一些常年广告客户拒绝续签合同，转向其他刊物。这说明这些广告商不只考虑经济效益，而且顾及道德责任。

41. 以下各项如果为真，都能削弱上述论证，除了：

A.《炼狱》杂志所登载的暴力与色情内容在同类杂志中较为节制。

B. 刊登暴力与色情内容的杂志通常销量较高，但信誉度较低。

C. 上述拒绝续签合同的广告商主要推销家居商品。

D. 改名后的《炼狱》杂志的广告费比改名前提高了数倍。

E.《炼狱》因登载虚假广告被媒体曝光，一度成为新闻热点。

42. 以下哪项如果为真，最能加强题干的论证？

A.《炼狱》的成本与售价都低于《港湾》。

B. 上述拒绝续签合同的广告商在转向其他刊物后效益未受影响。

C. 家庭类杂志的读者一般对暴力与色情内容不感兴趣。

D. 改名后《炼狱》杂志的广告客户并无明显增加。

E. 一些在其他家庭杂志做广告的客户转向《炼狱》杂志。

43. H国赤道雨林的面积每年以惊人的比例减少，引起了全球的关注。但是，卫星照片的数据显示，去年H国雨林面积的缩小比例明显低于往年。去年，H国政府支出数百万美元用以制止滥砍滥伐和防止森林火灾。H国政政府宣称，上述卫星照片的数据说明，本国政府保护赤道雨林的努力取得了显著成效。

以下哪项为真，最能削弱H国政府的上述结论？

A. 去年H国用以保护赤道雨林的财政投入明显低于往年。

B. 与H国毗邻的G国的赤道雨林的面积并未缩小。

C. 去年H国的旱季出现了异乎寻常的大面积持续降雨。

D. H国用于雨林保护的费用只占年度财政支出的很小比例。

E. 森林面积的萎缩是全球性的环保问题。

44. 根据一种心理学理论，一个人要想快乐就必须和周围的人保持亲密的关系。但是，世界上伟大的画家往往是在孤独中度过了他们大部分时光，并且没有亲密的人际关系。所以这种心理学理论是不成立的。

以下哪项最可能是上述论证所假设的？

A. 该心理学理论是为了揭示内心体验与艺术成就的关系。

B. 有亲密人际关系的人几乎没有孤独的时候。

C. 孤独对于伟大的绘画艺术家来说是必需的。

D. 有些著名画家有亲密的人际关系。

E. 获得伟大成就的画家不可能不快乐。

45. 小陈：目前 1996D3 彗星的部分轨道远离太阳，最近却可以通过太空望远镜发现其发出闪烁光。过去人们从来没有观察到远离太阳的彗星出现这样的闪烁光，所以这种闪烁必然是不寻常的现象。

小王：通常人们都不会去观察那些远离太阳的彗星，这次发现的 1996D3 彗星是有人通过持续而细心地追踪观测而获得的。

以下哪项最为准确地概括了小王反驳小陈的观点所使用的方法？

A. 指出小陈使用的关键概念含义模糊。

B. 指出小陈的论据明显缺乏说服力。

C. 指出小陈的论据自相矛盾。

D. 不同意小陈的结论，并且对小陈的论据提出了另一种解释。

E. 同意小陈的结论，但对小陈的论据提出了另一种解释

46. 陈先生要举办一个亲朋好友的聚会。他出面邀请了他父亲的姐夫，他姐夫的父亲，他哥哥的岳母，他岳母的哥哥。

陈先生最少出面邀请了几个客人？

A. 未邀请客人。　　B. 1 个客人。　　C. 2 个客人。

D. 3 个客人。　　E. 4 个客人。

47. 使用枪支的犯罪比其他类型的犯罪更容易导致命案。但是，大多数使用枪支的犯罪并没有导致命案。因此，没有必要在刑法中把非法使用枪支作为一种严重刑事犯罪，同其他刑事犯罪区分开来。

上述论证中的逻辑漏洞，与以下哪项中出现的最为类似？

A. 肥胖者比体重正常的人更容易患心脏病。但是，肥胖者在我国人口中只占很小的比例。因此，在我国，医疗卫生界没有必要强调肥胖导致心脏病的风险。

B. 不检点的性行为比检点的性行为更容易感染艾滋病。但是，在有不检点性行为的人群中，感染艾滋病的只占很小的比例。因此，没有必要在防治艾滋病的宣传中，强调不检点性行为的危害。

C. 流行的看法是，吸烟比不吸烟更容易导致肺癌。但是，在有的国家，肺癌患者中有吸烟史的人所占的比例，并不高于总人口中有吸烟史的比例。因此，上述流行看法很可能是一种偏见。

D. 高收入者比低收入者更有能力享受生活。但是，不乏高收入者宣称自己不幸福。因此，幸福生活的追求者不必关注收入的高低。

E. 高分考生比低分考生更有资格进入重点大学。但是，不少重点大学学生的实际水平不如某些非重点大学的学生。因此，目前的高考制度不是一种选拔人才的理想制度。

48. 张珊获得的奖学金比李思的高，得知王武的奖学金比苗晓琴的高后，可知张珊的奖学金比苗晓琴的高。

以下各项假设均能使上述推断成立，除了：

A. 王武的奖学金比李思的高。　　B. 李思的奖学金比苗晓琴的高。

C. 李思的奖学金比王武的高。　　D. 李思的奖学金和王武的一样高。

E. 张珊的奖学金不比王武的低。

49. 某实验室一共有 A、B、C 三种类型的机器人，A 型能识别颜色，B 型能识别形状，C 型既不能识别颜色也不能识别形状。实验室用红球、蓝球、红方块和蓝方块对 1 号和 2 号机器人进行实验，

命令它们拿起红球，但1号拿起了红方块，2号拿起了蓝球。

根据上述实验，以下哪项判断一定为真？

A. 1号和2号都是C型。

B. 1号和2号有且只有一个是C型。

C. 1号是A型且2号是B型。

D. 1号不是B型且2号不是A型。

E. 1号可能不是A、B、C三种类型的任何一种。

50. 以上四张卡片，一面是大写英文字母，另一面是阿拉伯数字。主持人断定，如果是一面是A，则另一面是4。

A	B	4	7

如果试图推翻主持人的断定，但只允许翻动以上的两张卡片，正确的选择是

A. 翻动A和4。 B. 翻动A和7。 C. 翻动A和B。

D. 翻动B和7。 E. 翻动B和4。

51. 统计显示，在汽车事故中，装有安全气囊汽车的比例高于未装安全气囊的汽车。因此，在汽车中安装安全气囊，并不能使车主更安全。

以下哪项最为恰当地指出了上述论证的漏洞？

A. 不加说明就予假设：任何装有安全气囊汽车都有可能遭遇汽车事故。

B. 忽视了这种可能性：未装安全气囊的车主更注意谨慎驾驶。

C. 不当地假设：在任何汽车事故中，安全气囊都会自动打开。

D. 不当地把发生汽车事故的可能程度等同于车主在事故中受伤害的严重程度。

E. 忽视了这种可能性：装有安全气囊的汽车所占的比例越来越大。

52. 有些好货不便宜。因此，便宜货不都是好货。

与以下哪项推理作类比最能说明上述推理不成立？

A. 湖南人不都爱吃辣椒。因此，有些爱吃辣椒的不是湖南人。

B. 有些人不自私。因此，人并不都自私。

C. 好的动机不一定有好的结果。因此，好的结果不一定都产生于好的动机。

D. 金属都导电。因此，导电的都是金属。

E. 有些南方人不是广东人。因此，广东人不都是南方人。

53. 某校以年级为单位，把学生的学习成绩分为优、良、中、差四等。在一年中，各门考试总分前10%的为优；后30%的为差，其余的为良与中。在上一年中，高二年级成绩为优的学生多于高一年级成绩为优的学生。

如果上述断定为真，则以下哪一项一定为真？

A. 高二年级成绩为差的学生少于高一年级成绩为差的学生。

B. 高二年级成绩为差的学生多于高一年级成绩为差的学生。

C. 高二年级成绩为优的学生多于高一年级成绩为良的学生。

D. 高二年级成绩为优的学生少于高一年级成绩为良的学生。

E. 高二年级成绩为差的学生多于高一年级成绩为中的学生。

54. 有90个病人，都患难治疾病T，服用过同样的常规药物。这些病人被分为人数相等的两组，第一组服用一种用于治疗T的实验药物W素。第二组服用不含有W素的安慰剂。10年后的统计显示，两组都有44人死亡。因此这种实验药物是无效的。

以下哪项如果为真，最能削弱上述论证？

A. 在上述死亡的病人中，第二组的平均死亡年份比第一组早两年。

B. 在上述死亡的病人中,第二组的平均寿命比第一组小两岁。

C. 在上述活着的病人中,第二组的比第一组的病情更严重。

D. 在上述活着的病人中,第二组的比第一组的更年长。

E. 在上述活着的病人中,第二组的比第一组的更年轻。

55. 小林因未戴泳帽被拒绝进入深水池。小林出示深水合格证说:根据规定我可以进入深水池。游泳池的规定是:未戴游泳帽者不得进入游泳池;只有持有深水合格证,才能进入深水池。

小林最可能把游泳池的规定理解为:

A. 除非持有深水合格证,否则不得进入深水池。

B. 只有持有深水合格证的人,才不需要戴游泳帽。

C. 如果持有深水合格证,就能进入深水池。

D. 准许进入游泳池的,不一定准许进入深水池。

E. 有了深水合格证,就不需要戴游泳帽。

56. 北大西洋海域的鳕鱼数量锐减,但几乎同时海豹的数量却明显增加。有人说是海豹导致了鳕鱼的减少,这种说法难以成立,因为海豹很少以鳕鱼为食。

以下哪项如果为真,最能削弱上述论证?

A. 海水污染对鳕鱼造成的伤害比对海豹造成的伤害严重。

B. 尽管鳕鱼数量锐减,海豹数量明显增加,但在北大西洋海域,海豹的数量仍少于鳕鱼。

C. 在海豹的数量增加以前,北大西洋海域的鳕鱼数量就已经减少了。

D. 海豹生活在鳕鱼无法生存的冰冷海域。

E. 鳕鱼只吃毛鳞鱼,而毛鳞鱼也是海豹的主要食物。

57. 北方人不都爱吃面食,但南方人都不爱吃面食。

如果已知上述第一个断定真,第二个断定假,则以下哪项据此不能确定真假?

Ⅰ. 北方人都爱吃面食,有的南方人也爱吃面食;

Ⅱ. 有的北方人爱吃面食,有的南方人不爱吃面食;

Ⅲ. 北方人都不爱吃面食,南方人都爱吃面食。

A. 只有Ⅰ。　B. 只有Ⅱ。　C. 只有Ⅲ。

D. 只有Ⅱ和Ⅲ。　E. Ⅰ、Ⅱ和Ⅲ。

58. 人都不可能不犯错误,不一定所有人都会犯严重错误。

如果上述断定为真,则以下哪项一定为真?

A. 人都可能犯错误,但有的人可能不犯严重错误。

B. 人都可能犯错误,但所有的人都可能不犯严重错误。

C. 人都一定会犯错误,但有的人可能不犯严重错误。

D. 人都一定会犯错误,但所有的人都可能不犯严重错误。

E. 人都可能犯错误,但有的人一定不犯严重错误。

59~60 题基于以下题干

某公司有 F、G、H、I、M 和 P 六位总经理助理,三个部门,每一个部门恰由三个总经理助理分管。每个总经理助理至少分管一个部门。以下条件必须满足:

(1)有且只有一位总经理助理同时分管三个部门;

(2)F 和 G 不分管同一部门;

(3)H 和 I 不分管同一部门。

59. 以下哪项一定为真?

A. 有的总经理助理恰分管两个部门。

B. 任一部门由F或G分管。
C. M或P只分管一个部门。
D. 没有部门由F、M和P分管。
E. P分管的部门M都分管。

60. 如果F和M不分管同一部门，则以下哪项一定为真？
A. F和H分管同一部门。 B. F和I分管同一部门。 C. I和P分管同一部门。
D. M和G分管同一部门。 E. M和P不分管同一部门。

2008年入学MBA联考逻辑真题解析

答案速查：DAEAD BBEBC AECED CBADB DEBAC EDCAC

31. 答案：D 解析：刻画题干，不起雾→按时起飞。
Ⅰ：按时起飞→不起雾，由后件推出前件，不符合题干。
Ⅱ：不按时起飞→有雾，相当于原命题的逆否命题，符合题干。
Ⅲ：不按时起飞→有雾，相当于原命题的逆否命题，符合题干。

32. 答案：A 解析：将题干刻画为：不起雾→按时起飞
Ⅰ：不起雾∧不按时起飞，与题干互为矛盾命题，如果该项为真，说明题干为假。
Ⅱ：起雾∧按时起飞，不是题干的矛盾命题。
Ⅲ：起雾∧不按时起飞，不是题干的矛盾命题。

33. 答案：E 解析：个体具有的属性整体未必具备，整体具备的属性个体也未必具备，因此不能仅仅根据个体具有的属性去判断其归属的整体，这是题干和E项所犯的逻辑谬误，其余各项不具备这个特征。
A项的问题是，把一个可能性推理（表现"一般"都较好）当成了必然性推理。
B项否定了假言命题的前件，后件无法确定真假。
C项结论中的"足智多谋"无法从前提中找到依据，是过度推理。
D项把"心理教育重要"这个话题转移成了"获得过良好的心理教育"。

34. 答案：A 解析：题干的论证基于一个隐含的假设：汉语能力的高低只会对词汇、语法和标点符号使用有影响。
A项削弱隐含假设，说明即使上述错误被纠正，也不等于汉语能力提高了，同样可能会妨碍撰稿。
B项没有提及汉语能力的提高，属于无关信息。
C项盗版与否不影响论证的成立，属于无关信息。
D项没有提及汉语能力的提高，属于无关信息。
E项更新与否不影响论证的成立，属于无关信息。

35. 答案：D 解析：在本题的论证过程中，衡量是否"更容易出操作事故"的标准应当是发生事故的概率而非数量。看到比例想基数，如果左撇子和右撇子的基数差别很大，仅仅将分子进行对比，却不考虑分母的影响，这样的衡量标准就没有意义。因此，上述论证需要考虑左撇子和右撇子在群体中的占比差距。

36. 答案：B 解析：题干刻画为：(1)建材广场的商店门边→垃圾桶；(2)垃圾桶→红∨绿。
Ⅰ：不能确定真假，对于条件(2)来说，即便这个相容选言命题为真，只能知道至少有一个选言支为真,而无法确定到底哪一个为真。如果东山市所有垃圾筒都是红色的,并不违反题干的条件。

Ⅱ:相当于条件(1)的逆否命题,必真。

Ⅲ:不能确定真假,相当于肯定条件(1)的后件,前件真假不定。

37.答案:B 解析:题干的论据为“造水泥需要耗费大量能源”,结论是“水泥价格受石油价格影响”,那么,由“搭桥”的解题思路,所耗费的能源至少部分是石油。

A 项未提及耗费能源,相当于为题干的结论提出新的论据,不选。

B 项在石油与能源之间搭桥,符合题干。

C 项与题干表述矛盾。

D 项未提及石油和能源,属于无关信息。

E 项题干只说水泥的价格会受石油影响,没有提及产量的变化,不选。

38.答案:E 解析:郑女士比较两个城市的经济前景的论据是 GDP 增长率,而胡先生比较两个城市的经济前景的论据是 GDP 数值。二人由不同的论据出发,得到的结论相悖,因此,两人争议的焦点是,比较两个城市的经济前景,GDP 数值与 GDP 增长率哪个更重要。需要注意的是,辩论双方并没有否定对方的论据,因此 A、B 项不选;而 C、D 项则是分别针对辩论双方进行质疑,并没有体现争议的根本不同之处。

39.答案:B 解析:题干前提:牛肉干不会导致动脉硬化,结论:牛肉干不会影响健康。结论把前提中的“不导致动脉硬化”偷换成了“健康”,B 项指出了这一点。

A 项指出“不导致动脉硬化”不等于“动脉健康”,而“动脉健康”属于题干结论所述“健康”的一部分,故该项削弱力度较弱。

C 项削弱结论,但不如 B 项直接削弱论证关系对论证的影响大。

D 项无关信息,其他食品是否有害与牛肉干的作用无关。

E 项无关信息。

40.答案:C 解析:分析题干,和平基金会的论据是资助不用于武器研究,结论为资助不利于武器研究。论证当中存在的漏洞是,即使 S 研究所遵守承诺,和平基金会的上述资助没有直接用于武器研究,未必不会间接利于武器研究。实质上,这种资助可以使 S 研究所减少研究武器的机会成本。

A 项否定论据,没有指出漏洞。

B 项未提到和平基金会。

D 项无关信息。

E 项没有实质性意义同样可以提供支持。

41.答案:A 解析:注意问题中的相反陷阱。

A 项与题干论证无关。因为广告商决定是否投放广告的依据是广告的效果或者回报,而不是杂志的内容是否节制。

B 项可以削弱,说明可能是出于信誉度影响广告效果而决定终止广告投放,而不是顾及道德。

C 项可以削弱,说明可能是出于杂志受众与广告受众不同影响广告效果而决定终止广告投放,而不是顾及道德。

D 项可以削弱,说明可能出于广告成本过高影响回报率而决定终止广告投放,而不是顾及道德。

E 项可以削弱,说明可能出于负面舆论影响广告效果而决定终止广告投放,而不是顾及道德。

42.答案:E 解析:A 项是无关项,杂志的成本和售价与广告商收益没有联系。

B 项即使为真,也无法说明广告商们考虑了道德责任,而有可能是判断出了改名为《炼狱》后广告回报降低的趋势。

C 项说明广告商考虑的是经济效益,无法证明是否考虑“道德责任”。

D 项广告客户没有明显增加,数量是不变还是减少了?未知。故该项不能说明拒签的广告商是否考虑经济效益或道德责任。

E 项支持项,有的广告商由家庭杂志转投《炼狱》,说明《炼狱》确实比一些家庭杂志带来的广告效益更好。那么,面对这份利益,一些广告商仍然选择拒签合同,这就更能支持“顾及道德责任”的结论。

43. 答案:C 解析:题干由去年 H 国雨林面积的缩小比例明显低于往年,得出了该国政府保护措施得力的结论。

A 项投入减少既不能说明政府没有保护,也无法否定政府的保护效果,无法削弱。

B 项无关项。

C 项他因削弱,指出雨林面积的缩小比例降低,可能是因为大面积降雨,未必得益于政府的保护。

D 项即便保护费占比低,也无法否定政府的努力没有效果,更不能说明政府没有付出“努力”。

E 项无关项。

44. 答案:E 解析:定位结论句:“这种心理学理论是不成立的”,心理学理论所指的是:没有亲密关系就无法快乐,因此题干的结论为:孤独也能快乐,其论据是:伟大的画家往往孤独。要使结论成立,就需要在“伟大的画家”和“快乐”之间构建联系。

A 项无关选项。

B 项既没提到画家,也没提到快乐。

C 项没有提到快乐。

D 项没有提到快乐。

E 项伟大的画家都是快乐的,与题干信息联立后为:有的孤独的人是伟大的画家,伟大的画家都快乐,因此有些孤独的人快乐,符合题干。

45. 答案:D 解析:小陈的隐含前提是过去没有观察到闪烁光,是因为这种现象不存在。进而,由过去从未发现,得出了该现象不寻常的结论。

小王并不否定小陈的论据“过去从未发现”,只是对这一情况做出了另一种解释:从未发现可能是由于缺乏观察,而未必是因为其不存在。

基于这一解释,小王得出了与小陈不同的结论。

46. 答案:C 解析:题干问最少的人数,要求我们尽量合并要素。陈先生邀请的客人中有男性,也有女性,性别是无法合并的,因此至少是 2 人。男性客人可以同时是他父亲的姐夫、他姐夫的父亲、他岳母的哥哥。注意,逻辑题并不考查家庭伦理关系的专业知识。

47. 答案:B 解析:题干的论证采用这样一个有漏洞的论证形式,甲比乙更容易导致丙;大多数甲没有导致丙;因此,没有必要强调甲。在本题的各项中,只有 B 项采取了此种论证形式。

48. 答案:A 解析:注意题干的相反陷阱。

A 项:张珊>李思,王武>苗晓琴,由于张珊和王武之间没有比较标准,论断未必成立。

B 项:张珊>李思>苗晓琴,论断成立。

C 项:张珊>李思>王武>苗晓琴,论断成立。

D 项:张珊>李思=王武>苗晓琴,论断成立。

E 项:张珊≥王武>苗晓琴,论断成立。

49. 答案:D 解析:1 号拿起了红方块,说明 1 号肯定不是 B 型,因为 B 型能识别形状,不可能错拿方块,但是由于我们无法得知其拿对颜色是否只是偶然,因此我们无法必然判断 1 号是 A 型还是 C 型;同理,2 号不是 A 型,但无法判断 2 号是 B 型还是 C 型。

50. 答案:B 解析:主持人的断定“如果一面是 A,则另一面是 4”是一个充分条件假言命题,只有出现“一面是 A∧另一面不是 4”时才能推翻其断定。

对于第二张和第三张纸牌,由于联言命题的其中一个联言支已经为假,“一面是 A∧另一面不是 4”必然为假,那就无法推翻该判定。

因此,翻 A,如果另一面不是 4,“一面是 A∧另一面不是 4”为真,则可以推翻其断定;同理,翻 7,如果另一面是 A,“一面是 A∧另一面不是 4”也为真,也推翻了主持人的断定。

51. 答案:D 解析:安全气囊的作用,不在于避免汽车事故,而在于当事故发生时减少车主受伤害的程度。题干的论证显然忽略了这一点,因此 D 项最能说明由论据推不出结论。

需要指出的是,本题的 D 选项表述有问题,它把“装有安全气囊汽车的发生事故的比例较高”偷换为“安全气囊汽车发生事故的可能性更高”,这是不合理的,因为这还需要对比这两种汽车在所有汽车中所占的比例。如果大多数汽车都装有安全气囊,那么在汽车事故中,装有安全气囊汽车的比例高于未装安全气囊的汽车是正常的,而不能说明其发生事故的可能性大。但逻辑题只能选择相对最好的选项,此处只能善意理解该选项。

E 项可以解释为何装有安全气囊的汽车事故数量更多,而与题干结论的“车主安全”无关。

52. 答案:E 解析:题干的论证是:有些 S 不是 P,因此 P 不都是 S。把选项一一代入,只有 E 项是符合这一形式。

A 项虽然在论证方式上与题干保持了一致,但由于它做了否定等值处理,形式上的匹配程度不如 E 项。如果没有 E 项,则选 A 项。

B 项与题干并不匹配,它的形式是:有些 S 不是 P,因此,S 不都是 P。

53. 答案:B 解析:由题干可知,10%高二学生人数>10%高一学生人数,则可以推出高二学生基数更大,相应地,高二年级的后 30%的学生也多于高一年级后 30%的学生。

54. 答案:A 解析:根据题干信息,每组只有 1 人活着,因此比较活着的人就没有什么意义了,所以 C、D、E 项均不予考虑。对两组病人的考察,只能从患病并进行治疗开始,计算药物作用下寿命的延续时长。由于每位病人患病时年龄不同,计算平均寿命没有意义。

A 项如果为真,说明服用药物的病人的生命延续时间比未服用药物的病人要长,这有利于说明该药物有效,从而最能削弱题干的论证。由此可以理解,A 项“平均死亡年份”指的是由患病到死亡的时间长度。

55. 答案:C 解析:按照游泳池的规定,持有深水合格证是进入深水池的必要条件。而小林理解为,持有深水合格证是进入深水池的充分条件。只有 C 项指出了这一点。

56. 答案:E 解析:题干的结论为:海豹没有导致鳕鱼减少,要削弱该结论,意味着要证明正是海豹导致了鳕鱼的减少。

A 项支持结论,表明可能是污染而不是海豹导致了鳕鱼的减少。

B 项无关项,数量的比较无法说明因果关系。

C 项对结论有支持作用,表明海豹的出现不是鳕鱼减少的直接原因。

D 项支持结论,表明海豹不大可能与鳕鱼有接触。

E 项削弱项,既然毛鳞鱼既是鳕鱼的主要食物,也是海豹的主要食物,因而海豹数量的明显增加,使得鳕鱼食物减少,通过另找他因说明海豹间接导致了鳕鱼数量的下降。

57. 答案:D 解析:题干中“北方人不都爱吃面食”为真,等价于“有的北方人不爱吃面食”;“南方人都不爱吃面食”为假,可推出“有的南方人爱吃面食”。

Ⅰ“北方人都爱吃面食,有的南方人也爱吃面食”是一个联言命题,其中“北方人都爱吃面食”是题干“有的北方人不爱吃面食”的矛盾命题,为假,所以整个联言命题为假。

Ⅱ“有的北方人爱吃面食,有的南方人不爱吃面食”也是一个联言命题。根据下反对关系的性质,由“有的北方人不爱吃面食”推不出“有的北方人爱吃面食”的真假;由“有的南方人爱吃面食”也推不出“有的南方人不爱吃面食”的真假,所以整个命题真假不定。

Ⅲ也是一个联言命题,根据直言命题的对当关系,每个联言支都是全称命题,而全称命题的真假无法由相应的特称命题来判定,所以整个命题真假不定。

58. 答案:C 解析:题干前半句按照双重否定表肯定的原则转化为:“人都一定会犯错误”,后半句按照模态命题否定等值原则转化为:“有的人可能不犯严重错误”,即可得到C项。

59. 答案:A 解析:由本题题干可知,由于该公司有3个部门,每一个部门恰由3个总经理助理分管,从而存在3×3=9个职位。条件(1)规定,有且只有一位总经理助理同时分管3个部门,也就是占用了3个职位。因此,剩下的6个职位将由剩下的5名总经理助理分管,既然“每个总经理助理至少分管1个部门”,5个人必然至少占了5个职位,还有1个职位必须再交给其中1人,那就意味着会有一位总经理助理同时分管2个部门。因此,本题A项一定为真。

60. 答案:C 解析:由于条件(1)一中的这位总经理助理同时管理着所有部门,那就一定和每位经理都有共同管理的部门,解题的起点在于找到这个人。根据条件(2)可以判断:这个人不是F和G;根据条件(3)可以判断:这个人不是H和I;根据本题的补充信息可以判断:这个人也不是M。因此,同时管理所有部门的经理在6个人中只剩下P。由于P在3个部门中都有职位,所以无论I在哪个部门,都会和P共事,答案选C项。

2007年
入学MBA联考逻辑真题

26. 在青崖山区,商品通过无线广播电台进行密集的广告宣传将会迅速获得最大程度的知名度。

上述断定最可能推出以下哪项结论?

A. 在青崖山区,无线广播电台是商品打开市场的最重要途径。

B. 在青崖山区,高知名度的商品将拥有众多消费者。

C. 在青崖山区,无线广播电台的广告宣传可以使商品的信息传到每户人家。

D. 在青崖山区,某一商品为了迅速获得最大程度的知名度,除了通过无线广播电台进行密集的广告宣传外,不需要利用其他宣传工具做广告。

E. 在青崖山区,某一商品的知名度与其性能和质量的关系很大。

27. 新疆的哈萨克人用经过训练的金雕在草原上长途追击野狼。某研究小组为研究金雕的飞行方向和判断野狼群的活动范围,将无线电传导器放置在一只金雕身上进行追踪。野狼为了觅食,其活动范围通常很广,因此,金雕追击野狼的飞行范围通常也很大。然而,两周以来,无线电传导器不断传回的信号显示,金雕仅在放飞地 3 公里范围内飞行。

以下哪项如果为真,最有助于解释上述金雕的行为?

A. 金雕的放飞地周边重峦叠嶂,险峻异常。

B. 金雕的放飞地 2 公里范围内有一牧羊草场,成为狼群袭击的目标。

C. 由于受训金雕的捕杀,放飞地广阔草原的野狼几乎灭绝了。

D. 无线电传导器信号仅能在有限的范围内传导。

E. 无线电传导器的安放并未削弱金雕的飞行能力。

28. 除非不把理论当作教条,否则就会束缚思想。

以下各项都表达了与题干相同的含义,除了:

A. 如果不把理论当作教条,就不会束缚思想。

B. 如果把理论当作教条,就会束缚思想。

C. 只有束缚思想,才会把理论当作教条。

D. 只有不把理论当作教条,才不会束缚思想。

E. 除非束缚思想,否则不会把理论当作教条。

29. 舞蹈学院的张教授批评本市芭蕾舞团最近的演出没能充分表现古典芭蕾舞的特色。他的同事林教授认为这一批评是个人偏见。作为芭蕾舞技巧专家,林教授考察过芭蕾舞团的表演者,结论是每一位表演者都拥有足够的技巧和才能来表现古典芭蕾舞的特色。

以下哪项最为恰当地概括了林教授反驳中的漏洞?

A. 他对张教授的评论风格进行攻击而不是对其观点加以批驳。

B. 他无视张教授的批评意见是与实际情况相符的。

C. 他仅从维护自己的权威地位的角度加以反驳。

D. 他依据一个特殊事例轻率概括出一个普遍结论。

E. 他不当地假设,如果一个团体每个成员具有某种特征,那么这个团体就总能体现这种特征。

30. 王园获得的奖金比梁振杰的高。得知魏国庆的奖金比苗晓琴的高后,可知王园的奖金也比苗晓琴的高。

以下各项假设均能使上述推断成立，除了：

A.魏国庆的奖金比王园的高。

B.梁振杰的奖金比苗晓琴的高。

C.梁振杰的奖金比魏国庆的高。

D.梁振杰的奖金和魏国庆的一样。

E.王园的奖金和魏国庆的一样。

31.张华是甲班学生，对围棋感兴趣。该班学生或者对国际象棋感兴趣，或者对军棋感兴趣；如果对围棋感兴趣，则对军棋不感兴趣。因此，张华对中国象棋感兴趣。

以下哪项最可能是上述论证的假设？

A.如果对国际象棋感兴趣，则对中国象棋感兴趣。

B.甲班对国际象棋感兴趣的学生都对中国象棋感兴趣。

C.围棋和中国象棋比军棋更具挑战性。

D.甲班学生感兴趣的棋类只限于围棋、国际象棋、军棋和中国象棋。

E.甲班所有学生都对中国象棋感兴趣。

32.神经化学物质的失衡可以引起人的行为失常，大到严重的精神疾病，小到常见的孤僻、抑郁甚至暴躁、嫉妒。神经化学的这些发现，使我们不但对精神疾病患者，而且对身边原本生厌的怪癖行为者，怀有同情和容忍。因为精神健康，无非是指具有平衡的神经化学物质。

以下哪项最为准确地表达了上述论证所要表达的结论？

A.神经化学物质失衡的人在人群中只占少数。

B.神经化学的上述发现将大大丰富精神病学的理论。

C.理解神经化学物质与行为的关系将有助于培养对他人的同情心。

D.神经化学物质的失衡可以引起精神疾病或其他行为失常。

E.神经化学物质是否平衡是决定精神或行为是否正常的主要因素。

33.在我国北方严寒冬季的夜晚，车辆前挡风玻璃会因低温而结冰霜。第二天对车辆发动预热后，玻璃上的冰霜会很快融化。何宁对此不解，李军解释道：因为车辆仅有的除霜孔位于前挡风玻璃，而车辆预热后除霜孔完全开启，因此，是开启除霜孔使车辆玻璃冰霜融化。

以下哪项如果为真，最能质疑李军对车辆玻璃冰霜迅速融化的解释？

A.车辆一侧玻璃窗没有出现冰霜现象。

B.尽管车尾玻璃窗没有除霜孔，其玻璃上的冰霜融化速度与前挡风玻璃没有差别。

C.当吹在车辆玻璃上的空气气温增加，其冰霜的融化速度也会增加。

D.车辆前挡风玻璃除霜孔排出的暖气流排出后可能很快冷却。

E.即使启用车内空调暖风功能，除霜孔的功用也不能被取代。

34.小莫十分渴望成为一名微雕艺术家，为此，他去请教微雕大师孔先生：“您如果教我学习微雕，我将要多久才能成为一名微雕艺术家？”孔先生回答道：“大约十年。”小莫不满足于此，再问：“如果我不分昼夜每天苦练，能否缩短时间？”孔先生道：“那要用二十年。”

以下哪项最可能是孔先生的回答所提示的微雕艺术家的重要素质？

A.谦虚。　　B.勤奋。　　C.尊师。

D.耐心。　　E.决心。

35.莫大伟到吉安公司上班的第一天，就被公司职工自由散漫的表现所震惊。莫大伟由此得出结论：吉安公司是一个管理失效的公司，吉安公司的员工都缺乏工作积极性和责任心。

以下哪项如果为真，最能削弱上述论证？

A. 当领导不在时,公司的员工会表现出自由散漫。

B. 吉安公司的员工超过2万,遍布该省的十多个城市。

C. 莫大伟大学刚毕业就到吉安公司,对校门外的生活不适应。

D. 吉安公司的员工和领导的表现完全不一样。

E. 莫大伟上班的这一天刚好是节假日后的第一个工作日。

36. 小王参加了某公司招工面试,不久,他得知以下消息:

(1)公司已决定,他与小陈至少录用一人;

(2)公司可能不录用他;

(3)公司一定录用他;

(4)公司已录用小陈。

其中两条消息为真,两条消息为假。

如果上述断定为真,则以下哪项为真?

A. 公司已录用小王,未录用小陈。

B. 公司未录用小王,已录用小陈。

C. 公司既录用了小王,也录用了小陈。

D. 公司未录用小王,也未录用小陈。

E. 不能确定录用结果。

37. 魏先生:计算机对于当代人类的重要性,就如同火对于史前人类。因此,普及计算机知识应当从孩子抓起;从小学甚至幼儿园开始就应当介绍计算机知识;一进中学就应当学习计算机语言。

贾女士:你忽视了计算机技术的一个重要特点,这是一门知识更新和技术更新最为迅速的科学。童年时代所了解的计算机知识,中学时代所学的计算机语言,到需要运用的成年时代早已陈旧过时了。

以下哪项作为魏先生对贾女士的反驳最为有力?

A. 快速发展和更新并不仅是计算机技术的特点。

B. 孩子具备接受不断发展的新知识的能力。

C. 在中国,算盘早已被计算机取代,但这并不说明有关算盘的知识已毫无价值。

D. 学习计算机知识和熟悉某种计算机语言,有利于提高理解和运用计算机的能力。

E. 计算机课程并不是中小学教育的主课。

38. 郑兵的孩子即将升高中。郑兵发现,在当地中学,学生与老师比例低的学校,学生的高考成绩普遍都比较好。郑兵因此决定,让他的孩子选择学生总人数最少的学校就读。

以下哪项最为恰当地指出郑兵上述决定的漏洞?

A. 忽略了学校教学质量既和学生与老师的比例有关,也和生源质量有关。

B. 仅注重高考成绩,忽略了孩子的全面发展。

C. 不当地假设:学生总人数少就意味着学生与老师的比例低。

D. 在考虑孩子的教育时忽略了孩子本人的愿望。

E. 忽略了学校教学质量主要与老师的素质而不是数量有关。

39. “男女”和“阴阳”似乎指的是同一种区分标准,但实际上,“男人和女人”区分人的性别特征,“阴柔和阳刚”区分人的行为特征。按照“男女”的性别特征,正常人分为两个不重叠的部分;按照“阴阳”的行为特征,正常人分为两个重叠的部分。

以下各项都符合题干的含义,除了:

A. 人的性别特征不能决定人的行为特征。

B. 女人的行为,不一定具有阴柔的特征。

C. 男人的行为，不一定具有阳刚的特征。

D. 同一个人的行为，可以既有阴柔又有阳刚的特征。

E. 一个人的同一行为，可以既有阴柔又有阳刚的特征。

40. 一项时间跨度为半个世纪的专项调查研究得出肯定结论：饮用常规量的咖啡对人的心脏无害。因此，咖啡的饮用者完全可以放心地享用，只要不过量。

以下哪项最为恰当地指出了上述论证的漏洞？

A. 咖啡的常规饮用量可能因人而异。

B. 心脏健康不等同于身体健康。

C. 咖啡饮用者可能在喝咖啡时吃对心脏有害的食物。

D. 喝茶，特别是喝绿茶比喝咖啡有利于心脏保健。

E. 有的人从不喝咖啡但心脏仍然健康。

41. 在印度发现了一群不平常的陨石，它们的构成元素表明，它们只可能来自水星、金星和火星。由于水星靠太阳最近，它的物质只可能被太阳吸引而不可能落到地球上；这些陨石也不可能来自金星，因为金星表面的任何物质都不可能摆脱它和太阳的引力而落到地球上。因此，这些陨石很可能是某次巨大的碰撞后从火星落到地球上的。

上述论证方式和以下哪项最为类似？

A. 这起谋杀或是劫杀，或是仇杀，或是情杀。但作案现场并无财物丢失；死者家属和睦，夫妻恩爱，并无情人。因此，最大的可能是仇杀。

B. 如果张甲是作案者，那必有作案动机和作案时间。张甲确有作案动机，但没有作案时间。因此，张甲不可能是作案者。

C. 此次飞机失事的原因，或是人为破坏，或是设备故障，或是操作失误。被发现的黑匣子显示，事故原因确是设备故障。因此，可以排除人为破坏和操作失误。

D. 所有的自然数或是奇数，或是偶数。有的自然数不是奇数，因此，有的自然数是偶数。

E. 任一三角形或是直角三角形，或是钝角三角形，或是锐角三角形。这个三角形有两个内角之和小于90°。因此，这个三角形是钝角三角形。

42. 某公司一批优秀的中层干部竞选总经理职位。所有的竞选者除了李女士自身外，没有人能同时具备她的所有优点。

从以上断定能合乎逻辑地得出以下哪项结论？

A. 在所有竞选者中，李女士最具备条件当选总经理。

B. 李女士具有其他竞选者都不具备的某些优点。

C. 李女士具有其他竞选者的所有优点。

D. 李女士的任一优点都有竞选者不具备。

E. 任何其他竞选者都有不及李女士之处。

43. 去年某旅游胜地游客人数与前年游客人数相比，减少约一半。当地旅游管理部门调查发现，去年与前年的最大不同是入场门票从120元升到190元。

以下哪项措施，最可能有效解决上述游客锐减问题？

A. 利用多种媒体加强广告宣传。

B. 旅游地增加更多的游玩项目。

C. 根据实际情况，入场门票实行季节浮动价。

D. 对游客提供更周到的服务。

E. 加强该旅游地与旅游公司的联系。

44. 三分之二的陪审员认为证人在被告作案时间、作案地点或作案动机上提供伪证。

以下哪项能作为结论从上述断定中推出？

A. 三分之二的陪审员认为证人在被告作案时间上提供伪证。

B. 三分之二的陪审员认为证人在被告作案地点上提供伪证。

C. 三分之二的陪审员认为证人在被告作案动机上提供伪证。

D. 在被告作案时间、作案地点或作案动机这三个问题中，至少有一个问题，三分之二的陪审员认为证人在这个问题上提供伪证。

E. 以上各项均不能从题干的断定推出。

45. 社会成员的幸福感是可以运用现代手段精确量化的。衡量一项社会改革措施是否成功，要看社会成员的幸福感总量是否增加，S 市最近推出的福利改革明显增加了公务员的幸福感总量，因此，这项改革措施是成功的。

以下哪项如果为真，最能削弱上述论证？

A. 上述改革措施并没有增加 S 市所有公务员的幸福感。

B. S 市公务员只占全市社会成员很小的比例。

C. 上述改革措施在增加公务员幸福感总量的同时，减少了 S 市民营企业人员的幸福感总量。

D. 上述改革措施在增加公务员幸福感总量的同时，减少了 S 市全体社会成员的幸福感总量。

E. 上述改革措施已经引起 S 市市民的广泛争议。

46. 有球迷喜欢所有参赛球队。

如果上述断定为真，则以下哪项不可能为真？

A. 所有参赛球队都有球迷喜欢。

B. 有球迷不喜欢所有参赛球队。

C. 所有球迷都不喜欢某个参赛球队。

D. 有球迷不喜欢某个参赛球队。

E. 每个参赛球队都有球迷不喜欢。

47. 帕累托最优，指这样一种社会状态：对于任何一个人来说，如果不使其他某个（或某些）人境况变坏，他的境况就不可能变好。如果一种变革能使至少有一个人的境况变好，同时没有其他人境况因此变坏，则称这一变革为帕累托变革。

以下各项都符合题干的断定，除了：

A. 对于任何一个人来说，只要他的情况可能变好，就会有其他人的境况变坏。这样的社会，处于帕累托最优状态。

B. 如果某个帕累托变革可行，则说明社会并非处于帕累托最优状态。

C. 如果没有任何帕累托变革的余地，则社会处于帕累托最优状态。

D. 对于任何一个人来说，只有使其他某个（或某些）人境况变坏，他的情况才可能变好。这样的社会，处于帕累托最优状态。

E. 对于任何一个人来说，只要使其他人境况变坏，他的情况就可能变好。这样的社会，处于帕累托最优状态。

48. 蓝星航线上所有货轮的长度都大于 100 米，该航线上所有客轮的长度都小于 100 米。蓝星航线上的大多数轮船都是 1990 年以前下水的。金星航线上的所有货轮和客轮都是 1990 年以后下水的，其长度都小于 100 米。大通港一号码头只对上述两条航线的轮船开放，该码头设施只适用于长度小于 100 米的轮船。捷运号是最近停靠在大通港一号码头的一艘货轮。

如果上述判定为真，则以下哪项一定为真？

A. 捷运号是 1990 年以后下水的。

B. 捷运号属于蓝星航线。

C. 大通港只适于长度小于100米的货轮。

D. 大通港不对其他航线开放。

E. 蓝星航线上的所有轮船都早于金星航线上的轮船下水。

49~50题基于以下题干

人的行为,分为私人行为和社会行为,后者直接涉及他人和社会利益。有人提出这样的原则:对于官员来说,除了法规明文允许的以外,其余的社会行为都是禁止的;对于平民来说,除了法规明文禁止的以外,其余的社会行为都是允许的。

49. 为使上述原则能对官员和平民的社会行为产生不同的约束力,以下哪项是必须假设的?

A. 官员社会行为的影响力明显高于平民。

B. 法规明文涉及(允许或禁止)的行为,并不覆盖所有的社会行为。

C. 平民比官员更愿意接受法规的约束。

D. 官员的社会行为如果不加严格约束,其手中的权力就会被滥用。

E. 被法规明文允许的社会行为,要少于被禁止的社会行为。

50. 如果实施上述原则能对官员和平民的社会行为产生不同的约束力,则以下各项断定均不违反这一原则,除了:

A. 一个被允许或禁止的行为,不一定法规明文允许或禁止的。

B. 有些行为,允许平民实施,但禁止官员实施。

C. 有些行为,允许官员实施,但禁止平民实施。

D. 官员所实施的行为,如果法规明文允许,则允许平民实施。

E. 官员所实施的行为,如果法规明文禁止,则禁止平民实施。

51. 所有校学生会委员都参加了大学生电影评论协会。张珊、李斯和王武都是校学生会委员。大学生电影评论协会不吸收大学一年级学生参加。

如果上述断定为真,则以下哪项一定为真?

Ⅰ. 张珊、李斯和王武都不是大学一年级学生;

Ⅱ. 所有校学生会委员都不是大学一年级学生;

Ⅲ. 有些大学生电影评论协会的成员不是校学生会委员。

A. 只有Ⅰ。　　B. 只有Ⅱ。　　C. 只有Ⅲ。

D. 只有Ⅰ和Ⅱ。　　E. Ⅰ、Ⅱ和Ⅲ。

52. 对行为的解释与对行为的辩护,是两个必须加以区别的概念。对一个行为的解释,是指准确地表达导致这一行为的原因。对一个行为的辩护,是指出行为者具有实施这一行为的正当理由。事实上,对许多行为的辩护,并不是对此种行为的解释。只有当对一个行为的辩护成为对该行为解释的实质部分时,这样的行为才是合理的。

基于上述断定能得出以下哪项结论?

A. 当一个行为得到辩护,则也得到解释。

B. 当一个行为的原因中包含该行为的正当理由,则该行为是合理的。

C. 任何行为都不可能是完全合理的。

D. 有些行为的原因是不可能被发现的。

E. 如果一个行为是合理的,则实施这一行为的正当理由必定也是导致该行为的原因。

53. 在西方经济发展的萧条期,消费需求的萎缩导致许多企业解雇职工甚至倒闭。在萧条期,被解雇的职工很难找到新的工作,这就增加了失业人数。萧条之后的复苏,是指消费需求的增加和社会投资能力的扩张。这种扩张要求增加劳动力。但是经历了萧条之后的企业主大都丧失了经商的自信,他们尽可能地推迟雇用新的职工。

上述断定如果为真,最能支持以下哪项结论?

A. 经济复苏不一定能迅速减少失业人数。

B. 萧条之后的复苏至少需要两三年。

C. 萧条期的失业大军主要由倒闭企业的职工组成。

D. 萧条通常是由企业主丧失经商自信引起的。

E. 在西方经济发展中出现萧条是解雇职工造成的。

54. 司机:有经验的司机完全有能力并习惯以每小时 120 公里的速度在高速公路上安全行驶。因此,高速公路上的最高时速不应由 120 公里改为现在的 110 公里,因为这既会不必要地降低高速公路的使用效率,也会使一些有经验的司机违反交规。

交警:每个司机都可以在法律规定的速度内行驶,只要他愿意。因此,把对最高时速的修改说成是某些违规行为的原因,是不能成立的。

以下哪项最为准确地概括了上述司机和交警争论的焦点?

A. 上述对高速公路最高时速的修改是否必要。

B. 有经验的司机是否有能力以每小时 120 公里的速度在高速公路上安全行驶。

C. 上述对高速公路最高时速的修改是否一定会使一些有经验的司机违反交规。

D. 上述对高速公路最高时速的修改实施后,有经验的司机是否会在合法的时速内行驶。

E. 上述对高速公路最高时速的修改,是否会降低高速公路的使用效率。

55. 为了提高运作效率,H 公司应当实行灵活工作日制度,也就是充分考虑雇员的个人意愿,来决定他们每周的工作与休息日。研究表明,这种灵活工作日制度,能使企业员工保持良好的情绪和饱满的精神。

上述论证依赖以下哪项假设?

Ⅰ. 那些希望实行灵活工作日的员工,大都是 H 公司的业务骨干。

Ⅱ. 员工良好的情绪和饱满的精神,能有效提高企业的运作效率。

Ⅲ. H 公司不实行周末休息制度。

A. 只有Ⅰ。　　B. 只有Ⅱ。　　C. 只有Ⅲ。

D. 只有Ⅱ和Ⅲ。　　E. Ⅰ、Ⅱ和Ⅲ。

2007 年入学 MBA 联考逻辑真题解析

答案速查:DBAEA　BCBDB　ADCEB　AECED　CEABC　DEACD

26. 答案:D　解析:根据题干,"通过无线广播电台进行密集的广告宣传"是"迅速获得最大程度的知名度"的充分条件。

A 项"打开市场"题干未提及,将"扩大知名度"偷换为"打开市场"是过度推理。

B 项与 A 项类似,是过度推理。

C 项断定过于绝对,"最大程度的知名度"是相对而言,未必需要"传到每户人家"。

D 项充分条件满足即"有它就可以",从成本最小化原则出发,无需其他条件。

E 项与题干信息无关。

27. 答案:B　解析:A 项与题干信息无关,不可主观想象为重峦叠嶂阻碍了金雕飞行。

B 项根据"野狼……活动范围通常很广,因此,金雕追击野狼的飞行范围通常也很大"可以判断,金雕的飞行范围是与野狼群的活动范围密切相关的。B 项说明野狼群的活动只在放飞地 2 公里的范围,可以解释金雕仅在放飞地 3 公里范围内飞行。

C 项即使野狼灭绝，但金雕的飞行轨迹是没有限制的，故该项无法解释其活动范围相对固定这一现象。

D 项不能解释，因为题干中提到了信号是“不断传回”的，如果金雕中间飞出了信号的有效范围，信号将中断。

E 项既然无线电传导器没有削弱飞行能力，飞行范围缩小就更无法解释题干的矛盾。

28. 答案：A　解析：题干刻画式为：当作教条→束缚思想（或：¬束缚思想→¬当作教条）

A 项刻画式为：¬当作教条→¬束缚思想，与题干不符。

B 项刻画式为：当作教条→束缚思想。

C 项刻画式为：当作教条→束缚思想。

D 项刻画式为：¬束缚思想→¬当作教条（或：当作教条→束缚思想）。

E 项刻画式为：¬束缚思想→¬当作教条（或：当作教条→束缚思想）。

29. 答案：E　解析：即使每个个体都具备某种属性，整体也未必具备，例如分子是肉眼不可见的，书籍是由分子构成的，但书籍是可见的。题干中林教授忽略了个体与整体的这个属性区别，选项 E 恰当地指出了这一点。其余各项，题干均没有涉及。

30. 答案：A　解析：根据关系命题的传递性，已知（1）王园>梁振杰；（2）魏国庆>苗晓琴，要想确保王园的奖金比苗晓琴的高，就得在（1）（2）之间建立关系，并保证（1）中成员奖金数不低于（2）中成员，否则无法做必然性推理。

A 项的假设不符合这一原则，因此不能使题干的推断成立。

31. 答案：B　解析：题干条件刻画（1）甲班学生→国际象棋 ∨ 军棋；（2）围棋→¬军棋。由于张华是甲班学生，对围棋感兴趣，由条件（2）得他对军棋不感兴趣。又由条件（1），根据相容选言命题否定肯定式，否定了军棋就要肯定国际象棋，故可推知张华对国际象棋感兴趣。题干得出的结论是，张华对中国象棋感兴趣。因此，题干的论证应当在国际象棋和中国象棋之间建立联系。

A 项支持项，但其涉及的人员范围超出了甲班，故假设过强，不是题干结论成立的必要条件。

B 项在国际象棋和中国象棋之间建立联系，说明张华对国际象棋感兴趣是他对中国象棋感兴趣的充分条件，在五个选项中是最为必要的选项。

C 项与题干无关。

D 项无需假设，与题干推理无关。

E 项是支持项，但范围涉及了全班同学，不是必要的条件，属于过强假设。

32. 答案：C　解析：本体要求寻找结论。定位关键词“因为”，“因为”在整个题干最后一句，故其之前是结论：神经化学的这些发现，使我们……怀有同情和容忍，匹配 C 项。

D 项是题干的背景信息，所以不选。A 项“少数”，B 项“丰富理论”，E 项“主要”均为过度推理。

33. 答案：B　解析：题干中李军认为，除霜孔使车辆玻璃冰霜融化（有因有果）。B 项认为，没有除霜孔，车辆玻璃的冰霜也能同样融化，属于无因也有果的削弱。

A 项结霜与否与除霜孔的效果无关。

C 项无法得知空气气温增加是否是除霜孔起了作用。

D 项与除霜孔的效果无关。

E 项支持项。

34. 答案：D　解析：言语理解题。在题干中，孔先生指出，如果小莫不分昼夜每天苦练，则反而会需要更长的学习时间。显然，孔先生的回答与 A、B、C、E 项无关。

35. 答案：B　解析：A 项对题干的论证有一定的支持作用。

B 项如果为真，则说明莫大伟的论证存在以偏概全的问题，即根据吉安公司小部分员工的情况,草率地对整个吉安公司得出相关结论。

C 项无关项。

D 项题干结论判断的是员工的表现,而该项说的是领导的表现。“不一样”也不能主观认定与“工作积极性和责任心”有关。

E 项不能主观臆测节假日后第一个工作日都不认真工作。

36. 答案:A 解析:条件(2)“公司可能不录他”和条件(3)“公司一定录用他”是矛盾关系,两者必有一真必有一假。根据题意,剩下(1)“公司已决定,他与小陈至少录一人”和(4)“公司已录用小陈”,也必有一真必有一假。由于(4)为真时根据相容选言命题的性质(1)也为真,不符合题意,所以(4)一定为假,即公司不录用小陈。(4)为假则(1)为真,根据相容选言命题否定肯定式可推出“公司录用小王”。

37. 答案:D 解析:魏先生的结论:普及计算机知识应当从孩子抓起。贾女士提出反驳的论据是:所学会过时,指出了手段无意义。D 项说明,即使计算机知识过时了,也是有用的,这就反驳了贾女士的观点。

A 项不能削弱贾女士的论据,而是承认了其论据,有支持作用。该项实质上是转移话题。

B 项即便为真,就说明成年前学的计算机知识不会过时吗?说明计算机知识需要从孩子抓起吗?该项与贾女士的论据及结论都无关,不能构成对贾女士的反驳。这也是转移话题。

C 项有削弱作用,但类比举反例是一种间接论证,力度不如 D 项直接反驳。

E 项无关项。

38. 答案:C 解析:A 项说法在现实中有合理性,但与题干推理无关。

B 项无关项。

C 项题干的论证隐含了这样一个假设:如果学生总人数少,意味着学生与老师的比例低。但该假设未必成立,因为这也取决于老师的总数。C 项指出了不当假设。

D 项无关项。

E 项说法在现实中有合理性,但与题干推理无关。

39. 答案:E 解析:A 项可推出。根据题干,既然性别特征可将人分为两个不重叠的部分,而行为特征可将人分为两个重叠的部分,故性别特征不能决定人的行为特征。

B 项可推出。既然按照“阴阳”的行为特征,正常人分为两个重叠的部分,所以女人的某个行为完全可以具有甚至只具有阳刚的特征。

C 项与 B 项类似。

D 项可推出。依据是题干最后一句话。

E 项无法在题干中找到依据。

40. 答案:B 解析:题干由对心脏无害推出可以放心饮用咖啡,其论证隐含了这样一个假设:对心脏无害就等同于对身体没有其他损害。B 项合理地指出了这一点,从而使得结论不能成立。

41. 答案:A 解析:题干的论证方式是求因果五法中的“剩余法”,通过列举各种可能性,并逐一排除,剩下的唯一一种就是最有可能的。A 项与题干的论证方法最为相似;C 项是根据结果进行排除,与题干根据排除确定结论是相反的推理过程;B、D、E 项都没有采用排除的方法进行论证。

42. 答案:E 解析:根据题干:没有竞选者同时具备李女士的所有优点,即:任何其他竞选者必然至少在某一方面不如李女士,即 E 项:任何其他竞选者都有不及李女士之处。其他选项都是过度推理,无法由题干信息必然得出。

43. 答案:C 解析:由题干可知,游客人数锐减的主要原因在于门票价格的上涨。因此,要有效解决游客人数锐减的问题,就要从门票价格上着手。只有 C 项的措施涉及了门票的价格问题。

44. 答案:E　解析:在整体上有三分之二的人认为作了伪证,但每个人判断伪证的依据可能有一个到三个不等,故题干的信息不可以理解为:在某一问题上有三分之二的人认为作伪证,否则就是过度推理。本题的知识点依据是:集合的性质,非集合的个体未必具备。

45. 答案:D　解析:

A 项公务员整体幸福感增加,不以每个公务员的幸福感增加为前提;况且,这也与社会成员幸福感无关。

B 项公务员即使占比很小,也有可能具备代表性,故无法削弱题干结论。

C 项"民营企业人员"代表不了社会成员。

D 项题干的论证成立基于这样一条隐含假设:公务员的幸福感增加意味着社会成员的幸福感总量增加。D 项对该隐含假设进行了断桥,指出公务员的幸福感增加可能是以牺牲全体社会成员的幸福感总量为代价的,从而最能削弱题干的论证。

E 项脱离题干论证的无关项。

46. 答案:C　解析:本题需要找必然为假的选项,将题干加否定,找到其等值的命题,即可判断答案。并非"有球迷喜欢所有参赛球队"等价于"所有球迷都不喜欢有的参赛球队"。其余各项均无法判断真假。

47. 答案:E　解析:由本题题干可知,帕累托最优状态指:一个人的情况变好→其他某个(或某些)人的境况变坏;而帕累托变革是指:一个人的情况变好∧没有其他人境况变坏。这两个概念互为矛盾,B、C 项都符合这个意思。对帕累托最优状态而言,"其他某个(或某些)人的境况变坏"是"一个人的情况变好"的必要条件(没它就不行),E 项则把它当成了充分条件,不符合题干的断定。

48. 答案:A　解析:根据"大通港一号码头只适用于长度小于 100 米的轮船",由捷运号停靠在大通港一号码头,可以推知该船的长度小于 100 米;又根据"蓝星航线上所有货轮的长度都大于 100 米",由该船为货轮可以进一步推知该船不属于蓝星航线。根据"大通港一号码头只对上述两条航线的轮船开放"可以推知捷运号属于金星航线。由于金星航线上的所有货轮都是 1990 年以后下水的,从而可知捷运号是 1990 年以后下水的。

C、D 项都不能选,题干只提到了大通港一号码头,对于大通港的整体情况并未涉及。

49. 答案:B　解析:为了使题干提出的原则能对官员和平民的社会行为产生不同的约束力,必须存在这样一些社会行为:这些行为既不为法律所禁止,也不为法律所允许。这类行为禁止官员实施,但允许平民实施。如下表所示:

	明文允许	未涉及	明文禁止
官员	√	×	×
平民	√	√	×

因此,B 项是必须假设的。否则,若法规明文涉及(允许或禁止)的行为,覆盖所有的社会行为,那么上述原则就不能对官员和平民的社会行为产生不同的约束力。

50. 答案:C　解析:题干要求寻找会违反原则的选项。由本题题干可知,允许官员实施的行为,一定是法律允许的行为,这类行为不可能禁止平民实施。如上题的表格所示。因此,C 项违反题干的原则。

51. 答案:D　解析:由于"张珊、李斯和王武都是校学生会委员",且"所有校学生会委员都参加了大学生电影评论协会",可知"张珊、李斯和王武都参加了大学生电影评论协会"。又由"大学生电影评论协会不吸收大学一年级学生参加",得"张珊、李斯和王武都不是大一的学生",以及"所有校学生会委员都不是大学一年级学生",Ⅰ和Ⅱ一定为真。题干第一句话是直言命题,对其进行换位推理,可得:有些大学生电影评论协会的成员是校学生会委员,根据这个特称肯定命题为真,推不出相应的特称否定命题的真假,故Ⅲ真假不定。

52. 答案:E 解析:根据题干最后一句,可以刻画为:合理的→辩护成为解释的实质部分。“解释”的关键词是“指出原因”,“辩护”的关键词是“指出正当理由”。E 项是根据题干对“解释”和“辩护”的定义,对这个刻画式进行的改写。

题干断定,只有当对一个行为的辩护成为对该行为解释的实质部分时,这样的行为才是合理的。这是一个必要条件假言命题,B 项把必要条件当作了充分条件,故不成立。

A 项没有假定该行为合理;C、D 项题干没有提及。

53. 答案:A 解析:本题属于推论题而不是支持题,解题方向是自上而下的。由题干可知,尽管经济复苏可以带来劳动力需求的增长,但由于经历了萧条之后的企业主大都丧失了经商的自信,他们尽可能地推迟雇用新的职工,可以推得,在经济复苏的初期,失业人数并不一定出现明显的下降。因此,题干最能支持 A 项的断定。

B 项的所需时间题干没有提及,属于过度推理。

C 项亦然,题干只是说“增加了失业人数”,不能由此过度推断成 C 项。

D 项无法根据题干推断经济萧条与丧失经商自信之间的因果关系。

E 项与题干陈述因果倒置。

54. 答案:C 解析:司机的结论是,高速公路上的最高时速不应下调;论据:一是降低高速公路的使用效率;二是会使一些有经验的司机违反交规。交警的反驳主要针对司机的第二条理由,也就是这种修改不必然导致违反交规。因此,C 项最为准确地概括了司机和交警争论的焦点。

A 项交警并没有涉及。

B 项司机没有涉及。

D 项判断的是主观意愿,而交警谈的是按限速行驶的能力。

E 项交警没有涉及。

55. 答案:D 解析:本题的论据是,灵活工作日制度能使企业员工保持良好的情绪和饱满的精神。本题的结论是,为了提高运作效率,H 公司应当实行灵活工作日制度。

为了使论据能够很好地支持结论,应当假设“员工良好的情绪和饱满的精神,能有效提高企业的运作效率”,即Ⅱ。

此外,还应假设 H 公司不实行周末休息制度。这是因为,如果 H 公司实行周末休息制度,则意味着不可能再实行灵活工作日制度,即Ⅲ。(一般来说,这两种工作制度是互斥的,“灵活”就意味着休息日不再固定。)

Ⅰ不是必要假设,即使提议者并非骨干,也可以支持题干的结论。

2006年
入学MBA联考逻辑真题

26. 小张承诺：如果天不下雨，我一定去听音乐会。

以下哪项如果为真，说明小张没有兑现承诺？

Ⅰ. 天没下雨，小张没去听音乐会；

Ⅱ. 天下雨，小张去听了音乐会；

Ⅲ. 天下雨，小张没去听音乐会。

A. 仅Ⅰ。　　B. 仅Ⅱ。　　C. 仅Ⅲ。

D. 仅Ⅰ和Ⅱ。　　E. Ⅰ、Ⅱ和Ⅲ。

27. 我想说的都是真话，但真话我未必都说。

如果上述断定为真，则以下各项都可能为真，除了：

A. 我有时也说假话。

B. 我不是想啥说啥。

C. 有时说某些善意的假话并不违背我的意愿。

D. 我说的都是我想说的话。

E. 我说的都是真话。

28. 有些人若有一次厌食，会对这次膳食中有特殊味道的食物持续产生强烈厌恶，不管这种食物是否会对身体有利。这种现象可以解释为什么小孩更易于对某些食物产生强烈的厌食。

以下哪项如果为真，最能加强上述解释？

A. 小孩的膳食配搭中含有特殊味道的食物比成年人多。

B. 对未尝过的食物，成年人比小孩子更容易产生抗拒心理。

C. 小孩的嗅觉和味觉比成年人敏锐。

D. 和成年人相比，小孩子较为缺乏食物与健康的相关知识。

E. 如果讨厌某种食物，小孩厌食的持续时间比成年人更长。

29. 在桂林漓江一些有地下河流的岩洞中，有许多露出河流水面的石笋。这些石笋是由水滴长年滴落在岩石表面而逐渐积累的矿物质形成的。

如果上述断定为真，最能支持以下哪项结论？

A. 过去漓江的江面比现在高。

B. 只有漓江的岩洞中才有地下河流。

C. 漓江的岩洞中大都有地下河流。

D. 上述岩洞中的地下河流是在石笋形成前出现的。

E. 上述岩洞中地下河流的水比过去深。

30～31 题基于以下题干

一般认为，一个人 80 岁和他在 30 岁时相比，理解和记忆能力都显著减退。最近一项调查显示，80 岁的老人和 30 岁的年轻人在玩麻将时所表现出的理解和记忆能力没有明显差别。因此，认为一个人到了 80 岁理解和记忆能力会显著减退的看法是站不住脚的。

30. 以下哪项如果为真，最能削弱上述论证？

A. 玩麻将需要的主要不是理解和记忆能力。

B. 玩麻将只需要较低的理解和记忆能力。

C. 80 岁的老人比 30 岁的年轻人有更多时间玩麻将。

D. 玩麻将有利于提高一个人的理解和记忆能力。

E. 一个人到了 80 岁理解和记忆能力会显著减退的看法,是对老年人的偏见。

31. 以下哪项如果为真,最能加强上述论证?

A. 目前 30 岁的年轻人的理解和记忆能力,高于 50 年前的同龄人。

B. 上述调查的对象都是退休或在职的大学教师。

C. 上述调查由权威部门策划和实施。

D. 记忆能力的减退不必然导致理解能力的减退。

E. 科学研究证明,人的平均寿命可以达到 120 岁。

32. 除了吃川菜,张涛不吃其他菜肴。所有林村人都爱吃川菜。川菜的特色为麻、辣、香,其中有大量的干鲜辣椒、花椒、大蒜、姜、葱、香菜等调料。大部分吃川菜的人都喜好一边吃川菜,一边喝四川特有的盖碗茶。

如果上述断定为真,则以下哪项一定为真?

A. 所有林村人都爱吃麻、辣、香的食物。

B. 所有林村人都喝四川出产的茶。

C. 大部分林村人喝盖碗茶。

D. 张涛喝盖碗茶。

E. 张涛是四川人。

33. 地球在其形成的早期是一个熔岩状态的快速旋转体,绝大部分的铁元素处于其核心部分。有一些熔岩从这个旋转体的表面甩出,后来冷凝形成了月球。

如果以上这种关于月球起源的理论正确,则最能支持以下哪项结论?

A. 月球是唯一围绕地球运行的星球。

B. 月球将早于地球解体。

C. 月球表面的凝固是在地球表面凝固之后。

D. 月球像地球一样具有固体的表层结构和熔岩状态的核心。

E. 月球的含铁比例小于地球核心部分的含铁比例。

34. 研究表明,斑马身上的黑白条纹是它们互相辨认的标志。雌性斑马和它们的幼小子女离散后,可以在相貌体形相近的成群斑马中很快又聚集到一起,而幼小斑马不能将自己母亲的条纹与其他成年斑马的条纹区分开来。显而易见,每个母斑马都可以辨别出自己后代的条纹。

上述论证采用了以下哪种论证方法?

A. 通过对发生机制的适当描述,支持关于某个可能发生现象的假说。

B. 在对某种现象的两种可供选择的解释中,通过排除其中的一种,来确定另一种。

C. 论证一个普遍规律,并用来说明一个特殊情况。

D. 根据两组对象有某些类似的特性,得出它们具有某个相同特性。

E. 通过反例推翻一个一般性结论。

35. 海拔越高,空气越稀薄。因为西宁的海拔高于西安,因此,西宁的空气比西安稀薄。

以下哪项中的推理与题干的最为类似?

A. 一个人的年龄越大,他就变得越成熟。老张的年龄比他的儿子大,因此,老张比他的儿子成熟。

B. 一棵树的年头越长,它的年轮越多。老张院子中槐树的年头比老李家的槐树年头长,因此,老张家的槐树比老李家的年轮多。

C. 今年马拉松冠军的成绩比前年好。张华是今年的马拉松冠军,因此,他今年的马拉松成绩比他前年的好。

D. 在激烈竞争的市场上,产品质量越高并且广告投入越多,产品需求就越大。甲公司投入的广告费比乙公司的多,因此,对甲公司产品的需求量比对乙公司的需求量大。

E. 一种语言的词汇量越大,越难学。英语比意大利语难学,因此,英语的词汇量比意大利语大。

36. 张教授:和谐的本质是多样性的统一。自然界是和谐的,例如没有两片树叶是完全相同的。因此,克隆人是破坏社会和谐的一种潜在危险。

李研究员:你设想的那种危险是不现实的。因为一个人和他的克隆复制品完全相同的仅仅是遗传基因。克隆人在成长和受教育的过程中,必然在外形,个性和人生目标等诸方面形成自己的不同特点。如果说克隆人有可能破坏社会和谐的话,我看一个现实危险是,有人可能把他的克隆复制品当作自己活的“器官银行”。

以下哪项最为恰当地概括了张教授和李研究员争论的焦点?

A. 克隆人是否会破坏社会的和谐?

B. 一个人和他的克隆复制品的遗传基因是否可能不同?

C. 一个人和他的克隆复制品是否完全相同?

D. 和谐的本质是否为多样性的统一?

E. 是否可能有人把他的克隆复制品当作自己的活“器官银行”?

37. 在近代科技发展中,技术革新从发明、应用到推广的循环过程不断加快。世界经济的繁荣是建立在导致新产业诞生的连续不断的技术革新上的。因此,产业界需要增加科研投入以促进经济进一步持续发展。

上述论证基于以下哪项假设?

Ⅰ. 科研成果能够产生一系列新技术、新发明;

Ⅱ. 电讯、生物制药、环保是目前技术革新循环最快的产业,将会在未来几年中产生大量的新技术、新发明;

Ⅲ. 目前产业界投入科研的资金量还不足以确保一系列新技术、新发明的产生。

A. 仅Ⅰ。　　B. 仅Ⅲ。　　C. 仅Ⅰ和Ⅱ。

D. 仅Ⅰ和Ⅲ。　　E. Ⅰ、Ⅱ和Ⅲ。

38. 在一次对全省小煤矿的安全检查后,甲、乙、丙三个安检人员有如下结论:

甲:有小煤矿存在安全隐患;

乙:有小煤矿不存在安全隐患;

丙:大运和宏通两个小煤矿不存在安全隐患。

如果上述三个结论只有一个正确,则以下哪项一定为真?

A. 大运和宏通煤矿都不存在安全隐患。

B. 大运和宏通煤矿都存在安全隐患。

C. 大运存在安全隐患,但宏通不存在安全隐患。

D. 大运不存在安全隐患,但宏通存在安全隐患。

E. 上述断定都不一定为真。

39. 研究发现,市面上X牌香烟的Y成分可以抑制EB病毒。实验证实,EB病毒是很强的致鼻咽癌的病原体,可以导致正常的鼻咽部细胞转化为癌细胞。因此,经常吸X牌香烟的人将减少患鼻咽癌的风险。

以下哪项如果为真，最能削弱上述论证？

A. 不同条件下的实验，可以得出类似的结论。

B. 已经患有鼻咽癌的患者吸 X 牌香烟后并未发现病情好转。

C. Y 成分可以抑制 EB 病毒，也可以对人的免疫系统产生负面作用。

D. 经常吸 X 牌香烟会加强 Y 成分对 EB 病毒的抑制作用。

E. Y 成分的作用可以被 X 牌香烟的 Z 成分中和。

40～41 题基于以下题干

免疫研究室的钟教授说："生命科学院从前的研究生那种勤奋精神越来越不多见了，因为我发现目前在我的研究生中，起早摸黑做实验的人越来越少了。"

40. 钟教授的论证基于以下哪项假设？

A. 现在生命科学院的研究生需要从事的实验外活动越来越多。

B. 对于生命科学院的研究生来说，只有起早摸黑才能确保完成实验任务。

C. 研究生是否起早摸黑做实验是他们勤奋与否的一个重要标准。

D. 钟教授的研究生做实验不勤奋是由于钟教授没有足够的科研经费。

E. 现在的年轻人并不热衷于实验室工作。

41. 以下哪项最为恰当地指出了钟教授推理中的漏洞？

A. 不当地断定：除了生命科学院以外，其他学院的研究生普遍都不够用功。

B. 没有考虑到研究生的不勤奋有各自不同的原因。

C. 只是提出了问题，但没有提出解决问题的方法。

D. 不当地假设：他的学生状况就是生命科学院所有研究生的一般状况。

E. 没有设身处地考虑他的研究生毕业后找工作的难处。

42. 某报评论：H 市的空气质量本来应该已经得到改善。五年来，市政府在环境保护方面花了气力，包括耗资 600 多亿元将一些污染最严重的工厂迁走。但是，H 市仍难摆脱空气污染的困扰，因为解决空气污染问题面临着许多不利条件，其中，一个是机动车辆的增加，另一个是全球石油价格的上升。

以下各项如果为真，都能削弱上述论断，除了：

A. 近年来 H 市加强了对废气的排放的限制，加大了对污染治理费征收的力度。

B. 近年来 H 市启用了大量电车和使用燃气的公交车，地铁的运行路线也有明显增加。

C. 由于石油涨价，许多计划购买豪华车的人转为购买低耗油的小型车。

D. 由于石油涨价，在国际市场上一些价位偏低的劣质含硫石油进入 H 市。

E. 由于汽油涨价和公车改革，拥有汽车的人缩减了驾车旅游的计划。

43. 对常兴市 23 家老人院的一项评估显示，爱慈老人院在疾病治疗水平方面受到的评价相当低，而在其他不少方面评价不错。虽然各老人院的规模大致相当，但爱慈老人院医生与住院老人的比率在常兴市的老人院中几乎是最小的。因此，医生数量不足是造成爱慈老人院在疾病治疗水平方面评价偏低的原因。

以下哪项如果为真，最能加强上述论证？

A. 和祥老人院也在常兴市，对其疾病治疗水平的评价比爱慈老人院还要低。

B. 爱慈老人院的医务护理人员比常兴市其他老人院都要多。

C. 爱慈老人院的医生发表的相关学术文章很少。

D. 爱慈老人院位于常兴市的市郊。

E. 爱慈老人院某些医生的医术一般。

44～45 题基于以下题干

小红说：如果中山大道只允许通行轿车和不超过10吨的货车，大部分货车将绕开中山大道。小兵说：如果这样的话，中山大道的车流量将减少，从而减少中山大道的撞车事故。

44. 以下哪项是小红的断定所假设的？

A. 轿车和10吨以下的货车仅能在中山大道行驶。

B. 目前中山大道的交通十分拥挤。

C. 货车司机都喜欢在中山大道行驶。

D. 大小货车在中山大道外的马路行驶十分便利。

E. 目前行驶在中山大道的大部分货车都在10吨以上。

45. 以下哪项如果为真，最能加强小兵的结论？

A. 中山大道的撞车事故主要发生在10吨以上的货车。

B. 在中山大道上，大客车很少发生撞车事故。

C. 中山大道因为常发生撞车事故，交通堵塞严重。

D. 许多原计划购买10吨以上货车的单位转而购买10吨以下的货车。

E. 近来中山大道周围的撞车事故减少了。

46. 一把钥匙能打开天下所有的锁，这样的万能钥匙是不可能存在的。

以下哪项最符合题干的断定？

A. 任何钥匙都必然有它打不开的锁。

B. 至少有一把钥匙必然打不开天下所有的锁。

C. 至少有一把锁天下所有的钥匙都必然打不开。

D. 任何钥匙都可能有它打不开的锁。

E. 至少有一把钥匙可能打不开天下所有的锁。

47. 在一次歌唱竞赛中，每一名参赛选手都有评委投了优秀票。

如果上述断定为真，则以下哪项不可能为真？

Ⅰ. 有的评委投了所有参赛选手优秀票；

Ⅱ. 有的评委没有给任何参赛选手投优秀票；

Ⅲ. 有的参赛选手没有得到一张优秀票。

A. 仅Ⅰ。　　B. 仅Ⅱ。　　C. 仅Ⅲ。

D. 仅Ⅰ和Ⅱ。　　E. 仅Ⅰ和Ⅲ。

48~49题基于以下题干

陈先生：北欧人具有一种特别明显的乐观精神。这种精神体现为日常生活态度，也体现为理解自然、社会和人生的哲学理念。北欧人的人均寿命历来是最高的，这正是导致他们具备乐观精神的重要原因。

贾女士：你的说法难以成立。因为你的理解最多只能说明，北欧的老年人为何具备乐观精神。

48. 以下哪项最可能是贾女士的反驳所假设的？

A. 北欧的中青年人并不知道北欧人的人均寿命历来是最高的。

B. 只有已经长寿的人，才具备产生上述乐观精神的条件。

C. 北欧国家都有完善的保护老年人利益的社会福利制度。

D. 成熟地理解自然、社会和人生的哲学理念，只有老年人才可能具有。

E. 北欧人实际上并不具有明显的乐观精神。

49. 以下哪项如果为真，最能加强陈先生的观点并削弱贾女士的反驳？

A. 人均寿命是影响社会需求和生产的重要因素；经济发展水平是影响社会情绪的重要因素。

B. 北非的一些国家人均寿命不高，但并不缺乏乐观的民族精神。

C. 医学研究表明,乐观精神有利于长寿。

D. 经济发展水平是影响人的寿命及其情绪的决定因素。

E. 一家权威机构的最新统计表明,目前全世界人均寿命最高的国家是日本。

50. 大多数独生子女都有以自我为中心的倾向,有些非独生子女同样有以自我为中心的倾向。以自我为中心倾向的产生有各种原因,但一个共同原因是缺乏父母的正确引导。

如果上述断定为真,则以下哪项一定为真?

A. 每个缺乏父母正确引导的家庭都有独生子女。

B. 有些缺乏父母正确引导的家庭有不止一个子女。

C. 有些家庭虽然缺乏父母正确引导,但子女并不以自我为中心。

D. 大多数缺乏父母正确引导的家庭都有独生子女。

E. 缺乏父母正确引导的多子女家庭,少于缺乏父母正确引导的独生子女家庭。

51. 脑部受到重击后人就会失去意识。有人因此得出结论:意识是大脑的产物,肉体一旦死亡,意识就不复存在。但是,一台被摔的电视机突然损坏,它正在播出的图像当然立即消失,但这并不意味着正由电视塔发射的相应图像信号就不复存在。因此,要得出“意识不能独立于肉体而存在”的结论,恐怕还需要更多的证据。

以下哪项最为准确地概括了“被摔的电视机”这一实例在上述论证中的作用?

A. 作为一个证据,它说明意识可以独立于肉体而存在。

B. 作为一个反例,它驳斥关于意识本质的流行信念。

C. 作为一个类似意识丧失的实例,它从自身中得出的结论和关于意识本质的流行信念显然不同。

D. 作为一个主要证据,它试图得出结论:意识和大脑的关系,类似于电视图像信号和接收它的电视机之间的关系。

E. 作为一个实例,它说明流行的信念都是应当质疑的。

52. 思考是人的大脑才具有的机能。计算机所做的事(如深蓝与国际象棋大师对弈)更接近于思考,而不同于动物(指人以外的动物,下同)的任何一种行为。但计算机不具有意志力,而有些动物具有意志力。

如果上述断定为真,则以下哪项一定为真?

Ⅰ. 具备意志力不一定要经过思考;

Ⅱ. 动物的行为中不包括思考;

Ⅲ. 思考不一定要具备意志力。

A. 仅Ⅰ。 B. 仅Ⅱ。 C. 仅Ⅲ。

D. 仅Ⅰ和Ⅱ。 E. Ⅰ、Ⅱ和Ⅲ。

53. 类人猿和其后的史前人类所使用的工具很相似。最近在东部非洲考古所发现的古代工具,就属于史前人类和类人猿都使用过的类型。但是,发现这些工具的地方是热带大草原,热带大草原有史前人类居住过,而类人猿只生活在森林中。因此,这些被发现的古代工具是史前人类而不是类人猿使用过的。

为使上述论证有说服力,以下哪项是必须假设的?

A. 即使在相当长的环境生态变化过程中,森林也不会演变为草原。

B. 史前人类从未在森林中生活过。

C. 史前人类比类人猿更能熟练地使用工具。

D. 史前人类在迁移时并不携带工具。

E. 类人猿只能使用工具,并不能制造工具。

54. 研究显示，大多数有创造性的工程师，都有在纸上乱涂乱画，并记下一些看来稀奇古怪想法的习惯。他们的大多数最有价值的设计，都直接与这种习惯有关。而现在的许多工程师都用电脑工作，在纸上乱涂乱画不再是一种普遍的习惯。一些专家担心，这会影响工程师的创造性思维，建议在用于工程设计的计算机程序中匹配模拟的便条纸，能让使用者在上面涂鸦。

以下哪项最可能是上述建议所假设的？

A. 在纸上乱涂乱画，只可能产生工程设计方面的灵感。

B. 对计算机程序中匹配的模拟便条纸，只能用于乱涂乱画，或记录看来稀奇古怪的想法。

C. 所有用计算机工作的工程师都不会备有纸笔以随时记下有意思的想法。

D. 工程师在纸上乱涂乱画所记下的看来稀奇古怪的想法，大多数都有应用价值。

E. 乱涂乱画所产生的灵感，并不一定通过在纸上的操作获得。

55. 在丈夫或妻子至少有一个是中国人的夫妻中，中国女性比中国男性多2万人。

如果上述断定为真，则以下哪项一定为真？

Ⅰ. 恰有2万名中国女性嫁给了外国人；

Ⅱ. 在和中国人结婚的外国人中，男性多于女性；

Ⅲ. 在和中国人结婚的人中，男性多于女性。

A. 仅Ⅰ。　　B. 仅Ⅱ。　　C. 仅Ⅲ。

D. 仅Ⅱ和Ⅲ。　　E. Ⅰ、Ⅱ和Ⅲ。

2006年入学MBA联考逻辑真题解析

答案速查：ACCEB　AAEBB　CDBEC　DDBEA　ACDAB　CDAED

26. 答案：A　解析：小张承诺的是一个充分条件假言命题，即“天不下雨”是“小张去听音乐会”的充分条件。Ⅰ是这个充分条件假言命题的矛盾命题，必定为假；Ⅱ和Ⅲ为真时，否定了命题的前件，命题恒真，此时小张的承诺都是真的。

27. 答案：C　解析：问题要求寻找一定为假的选项。C项“有时说某些善意的假话并不违背我意愿”的意思是，有时我想说善意的假话。而题干断定的是“我想说的都是真话”，因此任何假话（包括善意的假话）都违背我的意愿，所以C项不可能为真。A项无法根据题干判定为必假，所以可能为真；其余各项与A项类似。

28. 答案：C　解析：根据题干，要求加强的解释是“小孩更易厌食”，其厌食的对象是有特殊味道的食物，这就需要在“小孩”和“特殊味道的食物”之间构建关联。C项指出小孩的嗅觉和味觉比成年人敏锐，那么对于特殊味道也更加敏感，进而“更易于”对某些食物产生强烈的厌食。

A项：强干扰项，不能加强解释。因为题干中解释的现象是：小孩相较成人“更易”对某些食物产生厌恶。这是针对同一种食物而言的。即使小孩饮食中特殊味道食物多，也无法解释为什么对于同样的食物厌恶的可能性更高。

B项：题干描述的是“若有一次厌食”，即已经尝过该食物，B项与之无关。

D项：不符合“不管这种食物是否会对身体有利”，是无关项。

E项：该项断定的是“厌食持续时间更长”，与题干的“更容易产生厌食”无关。

29. 答案：E　解析：题干中强调这些石笋是由水滴常年滴落在岩石表面形成的，如果当时这些岩石没有露出水面，那么石笋就不可能形成；现在是石笋露出河流水面，因此可以推断河流变深了，故E项的推断最为合理。

A项无关，题干讨论的是地下河流，无法推断漓江江面的高度。

B 项中的"只有…才…"属于过度推断。

C 项中的"大都"属于过度推断。

D 项无法判断,因为只要水滴滴落在岩石表面就可以形成石笋,完全可以先有石笋再形成河流。

30. 答案:B 解析:题干的结论是:一个人到了 80 岁理解力和记忆力不会显著衰退。要削弱上述论证,就要证明该结论得不出。

B 项说明这个实验选择的方法没有区分度,从而削弱了题干。如果玩麻将只需要较低的理解和记忆能力,说明尽管年轻人和老人的理解和记忆力有差别,但打麻将无法真正体现能力的差别。如同教授和小学生做 1+1,得数都是 2,并不能说明他们的学问接近,只是实验的考量标准不合理而已。

A 项如果表达为"玩麻将不需要理解和记忆能力",则能有力地削弱题干,但 A 项表达是的"玩麻将需要的主要不是理解和记忆能力",那么,理解和记忆能力可能还是玩麻将"次要"的需要,实验对于题干结论的成立还是有意义,因此 A 项削弱力度较小。

C 项是无关项,不可想象为"花更多时间"可以增加理解和记忆能力。

D 项无法削弱,因为如果玩麻将可以提高人的理解和记忆力,只能推出经常玩麻将的人比不玩麻将的人的理解记忆力高,这就与年龄无关。

E 项为主观意见,不能削弱。

31. 答案:A 解析:题干断定"80 岁的人和 30 岁的人打麻将时表现出的理解和记忆能力并没有明显差距",如果用 X_1 代表现在 80 岁人,用 Y 代表现在三十岁的人,可表示为①$X_1=Y$;而 A 项断定 30 岁的人的理解和记忆能力比 50 年前的同龄人高,"50 年前的同龄人"即现在的 80 岁的人,如果用 X_2 代表现在 80 岁的人年轻时的状态,可表示为②$X_2<Y$。由①②可得 $X_2<X_1$,说明现在 80 岁的人随着年龄的增长,他们的理解和记忆力不仅没有减退反而更强了。这就支持了题干的结论:理解和记忆能力减退的看法站不住脚。

B 项有削弱作用,因为如果被调查者是退休或在职大学教师,则说明是他们的职业让他们保持了较好的理解和记忆力,是特例。

C 项诉诸权威,无法加强论证。

D 项提出的是记忆力与理解力的关系,而题干将二者作为一个整体列举。

E 项为无关项。

32. 答案:A 解析:"所有林村人都爱吃川菜,川菜的特点是麻、辣、香",很显然所有林村人都爱吃麻、辣、香的食物,匹配 A 项。

B、C、D 项无法判断,因为题干中断定"大部分吃川菜的人都喜好盖碗茶",无法推出林村人或张涛是否属于上述的"大部分"。

题干没有在川菜和四川之间建立联系,所以 E 项真假不定。

33. 答案:E 解析:题干断定地球形成早期是个绝大部分铁元素位于核心的旋转体,而月球是由旋转体表面甩出的熔岩冷凝成的。由于表面的铁只占总量的极少部分,因此可以推出月球含铁比例小于地球核心的含铁比例。其他选项都是过度推理,从题干中无法得出。特别是 C 项,凝固的时间不等于形成的时间,凝固的时间先后无法判断。

34. 答案:B 解析:题干断定"斑马身上的黑白条纹是互相辨认的标志",因此有两个可能性,即"小斑马通过条纹辨认出母斑马",或者"母斑马通过条纹辨认出小斑马"。题干中指出小斑马不能辨认母斑马,便可推出母斑马辨认出小斑马。即如 B 项所指出的那样。

35. 答案:B 解析:题干的推理结构是:根据两个属性之间的共变规律,判断两个个体之间的比较。A项和B项看起来都符合题干的论证，然而A项“年龄”和“成熟”这两个属性的共变规律，仅仅针对同一个人适用，在不同的人之间就未必如此。根据题干，“海拔”与“空气稀薄”之间的共变规律，适用于所有城市，而不仅局限于同一个城市。故只有B项与之类似。

C、D项的前提都不是共变规律；E项作比较时推理的方向与题干相反，颠倒了两个属性的因果顺序。

36. 答案：C 解析：张教授的论证隐含假设是：一个人和他的克隆复制品是完全相同的。李研究员认为，那种危险是不现实的。但李研究员反驳的并不是张教授的结论，而是其论据中的假设“完全相同”。因此，他们争论的焦点是：一个人和他的克隆复制品是否完全相同。

A项：为干扰项，两者都认为克隆人会破坏社会的和谐，仅仅是理由不同而已。

B项：张教授没有提到。

D项：李研究员没有提到。

E项：张教授没有提到。

37. 答案：D 解析：题干前提讲的是经济繁荣与技术革新的关系，结论讲的是科研投入与经济发展(繁荣)的关系，要让前提和结论产生论证关系，就必须构建“技术革新”和“科研投入”的关联，I在科研投入和技术革新之间搭桥，应该假设。

Ⅲ是需要预设的，如果目前产业界投入的资金量足以保证一系列新技术、新发明产生，那么再增加投入就没有必要了。

Ⅱ不必假设，题干结论的成立并不依赖于具体某个行业的状况。

38. 答案：B 解析：甲、乙两个人的话是下反对关系，不可同假，至少有一个真，因此真话一定在甲、乙两个人之中，那么丙的话一定是假的，这就推出来大运和宏通至少有一个存在安全隐患，即甲说“有小煤矿存在安全隐患”是真的，由于仅有一句真话，那乙说“有小煤矿不存在安全隐患”就是假的，即所有的小煤矿都存在安全隐患。这样可以推出“大运和宏通都存在安全隐患”，B项为真。

39. 答案：E 解析：E项说明X香烟对于抑制EB病毒可能没有任何作用。

A、D项有加强作用。

B项和题干讨论的内容不同，题干说的是可以减少患鼻咽癌的风险，而B项说的是已经患鼻咽癌的患者的情况。

即使Y成分有其他负面影响，也不能以此否认其对鼻咽癌的防治作用，所以C项不选。

40. 答案：C 解析：根据钟教授所说，起早摸黑做实验的人越来越少了，因此他认为勤奋精神越来越少见了。由此可以推出，起早摸黑做实验是勤奋与否的重要标准之一，否则钟教授的结论无法成立。A、B、D项在题干中没有提到。而E项的主语是现在的年轻人，与题干中的“科学院的研究生”不同，是无关项。

41. 答案：D 解析：题干中钟教授断定“他的研究生中”起早摸黑做实验的人越来越少，而得出的结论是“生命科学院研究生”的勤奋精神不见了。这就必须假设，钟教授自己学生的状况能代表生命科学院研究生的普遍状况。

42. 答案：D 解析：注意问题中的相反陷阱。题干提出的论点是“H市仍难摆脱空气污染的困扰”，D项提出劣质含硫石油进入H市，使污染加重，支持了题干的论断。A、B、C、E项都说明是政府和老百姓采取了一系列措施，促进摆脱空气污染，从而削弱了题干。

43. 答案：B 解析：题干的论证是“医生数量不足是造成爱慈老人院在疾病治疗水平方面评价偏低的原因”，而B项断定其护理人员比其他老人院更多，因此说明不是护理人员不足而造成治疗水平的评价偏低，虽然这不能充分证明就是由于“医生数量不足”导致评价偏低，但是至少为这一因果关系的成立排除了另外一种可能性，这是一个排除他因的支持项，在各个选项中是相对最好的支持。

A项引入了其他的对比，无助于说明"爱慈老人院"评价偏低的因果关系。

C项无法加强题干，因为学术论文数量少不等于医生数量少。

D项是无关项，不能过度想象认为位于市郊的医院医生水平不高，从而误认为此项为"另找他因削弱"。

E项是一个另找他因的削弱项。

44. 答案：E 解析：小红断定如果10吨以上的货车都不允许在中山大道行驶的话，大部分货车将不在中山大道行驶。由此可推出其假设为"目前行驶在中山大道的大部分货车都在10吨以上。"其余各项都未在小红的断定中提到。

45. 答案：A 解析：小兵断定10吨以上货车绕开中山大道后，中山大道的撞车事故将减少，这就必须假设"中山大道的撞车事故主要发生在10吨以上的货车"，A项指出了这一点，是必要的支持。

B项"大客车"属于无关项。

C项提及"交通堵塞"与题干无关。

D项为无关项。

E项说的是中山大道"周围"，地点范围与题干不符。

46. 答案：A 解析：题干即"不可能有一把钥匙打开所有的锁"，等价转换即"任何钥匙都必然打不开有的锁"。注意题干问题问的是"以下哪项最符合题干的断定"，因此不需要找完全一致的选项，只有A项"任何钥匙都必然有它打不开的锁"符合原意。

47. 答案：C 解析：根据题干，所有参赛选手都得到了至少一张优秀票。其否定命题即"有的参赛选手没有得到一张优秀票"，因此Ⅲ不可能为真。

根据"每个选手都有优秀票"这一得票情况无法推断评委的投票情况，所以Ⅰ和Ⅱ都可能是真的。

48. 答案：D 解析：题干中陈先生的理解是，因为北欧人均寿命高，所以北欧人乐观。贾女士的反驳是，北欧人均寿命高，只能说明北欧老年人乐观。如果D项为假，即所有人都可能获得这种精神，那么贾女士的观点就难以成立。该项说的"成熟地理解自然、社会和人生的哲学理念"是对"乐观"这个概念，基于题干第一句信息的改写。

B项是干扰项，该项说的是"长寿"，而老年人未必都是长寿的，所以该项假设过强。

其余各项都是无关项。

49. 答案：A 解析：如果A项为真，有利于说明：人均寿命是促进需求和生产（因而促进经济发展）的原因，经济发展是产生民族乐观情绪的原因。因而人均寿命和乐观之间有因果联系。这就加强了陈先生的观点。由于经济发展带来的乐观是不分年龄段的。因此也削弱了贾女士的反驳。所以选择A选项。

B项谈的是"北非"，与话题范围不符；即便该项谈"北欧"，答案陈先生的观点是人均寿命高就有乐观精神，并不说明不高就没有，因此也对观点无助。

C项实际上用指出因果倒置的方式削弱了陈先生的观点。

D项认为是经济水平同时影响了寿命和情绪，用另找他因的方式对陈先生的观点进行了削弱。

E项与题干讨论内容无关。

50. 答案：B 解析：既然题干断定"有些非独生子女→以自我为中心""以自我为中心→都缺乏父母的正确引导"，那就可以推出"有些非独生子女→缺乏父母正确引导"，将这个特称肯定命题进行换位推理，即可得到：有些缺乏父母正确引导的家庭是非独生子女家庭，匹配B项。

其余选项均为过度推理，无法在题干中找到对应。

51. 答案：C 解析：人是有意识的动物，而电视机不具有意识，这是题干类比的不当之处。C项很好地概括了"被摔的电视机"在题干论证中的作用。

A、B项不能选，因为题干并未提出新的结论或是驳斥原文观点（区分驳斥和质疑，前者是提出新的主张，而质疑是指出原论证无效），而仅仅是对原结论做了论证有效性分析。

D项是干扰项，"意识和大脑的关系，类似于电视图像信号和接收它的电视机之间的关系"不是结论，而是论证的隐含假设。

E项以偏概全，过于绝对。

52. 答案：D 解析：根据题干最后一句和第一句可知，有些动物具有意志力，但不能思考，因此Ⅰ成立。

根据题干第一句可知，思考是人的大脑才具有的机能，所以Ⅱ一定为真。

从题干中无法了解Ⅲ的真假，因为计算机的行为接近于思考，不等于就是思考。

53. 答案：A 解析：题干由生存环境作为依据判断工具的使用者，就必须要假设生存环境不会发生变迁。否则，如果在环境生态变化过程中，森林可以演变为草原的话，就无法必然判断这些工具的使用者到底是谁，因此必须假设A项。

54. 答案：E 解析：专家根据"在纸上乱涂乱画可以获得创造性思维"，进而建议"配备模拟便条纸以免影响创造性思维"，这就必须假设在模拟便条纸上与在纸张上乱涂乱画效果相同，即E项；否则，若只有纸才能提供这一灵感，那么专家的建议就是无效的。

A、B项的"只可能"和"只能"这种表述，都是不必假设的。例如A项为假时，即便涂鸦可以产生其他方面的灵感，也不妨碍产生工程设计方面的灵感，更不妨碍模拟便条纸的作用。

C项不必假设，因为即使工程师都备有纸和笔，模拟便条纸仍然可以是有用的。

D项的是否有应用价值，题干中未提及。

55. 答案：D 解析：在丈夫或妻子至少有一个中国人的夫妻情况可表示为：

(1)①夫（中国）=②妻（中国）

(2)③夫（中国）=④妻（外国）

(3)⑤夫（外国）=⑥妻（中国）

Ⅰ是过度推理，由题干可得：(②+⑥)-(①+③)=20 000，由于①=②，可以推出⑥-③=20 000，但推不出⑥=20 000；

Ⅱ正确，和中国人结婚的外国人有④和⑤，根据题干，"中国女性大于中国男性"即②+⑥>①+③，由于①=②，可推出⑥>③。又因为③=④，⑤=⑥，可得⑤>④；

Ⅲ正确，和中国人结婚的人有①②④⑤，其中①⑤是男性，②④是女性。由①=②，⑤>④可得①+⑤>②+④。

2005年
入学MBA联考逻辑真题

24~25题基于以下题干

市政府计划对全市的地铁进行全面改造，通过较大幅度地提高客运量，缓解沿线包括高速公路上机动车的拥堵；市政府同时又计划增收沿线两条主要高速公路的机动车过路费，用以弥补上述改造的费用。这样做的理由是，机动车主是上述改造的直接受益者，应当承担部分开支。

24. 以下哪项相关断定如果为真，最能质疑上述计划？

A. 市政府无权支配全部高速公路机动车过路费收入。

B. 地铁乘客同样是上述改造的直接受益者，但并不承担开支。

C. 机动车有不同的档次，但收取的过路费区别不大。

D. 为躲避多交过路费，机动车会绕开收费站，增加普通公路的流量。

E. 高速公路上机动车拥堵现象不如普通公路严重。

25. 以下哪项相关断定为真，最有助于论证上述计划的合理性？

A. 上述计划通过了市民听证会的审议。

B. 在相邻的大中城市中，该市的交通拥堵状况最为严重。

C. 增收过路费的数额经过专家的严格论证。

D. 市政府有足够的财力完成上述改造。

E. 改造后的地铁中，相当数量的乘客都有私人机动车。

26. 在期货市场上，粮食可以在收获前就“出售”，如果预测欠收，粮价就上升，如果预测丰收，粮价就下跌。目前粮食作物正面临严重干旱，今晨气象学家预测，一场足以解除旱情的大面积降雨将在傍晚开始。因此，近期期货市场上的粮价会大幅度下跌。

以下哪项如果为真，最能削弱上述论证？

A. 气象学家气候预测的准确性并不稳定。

B. 气象学家同时提醒做好防涝准备，防备这场大面积降雨延续过长。

C. 农业学家预测，一种严重的虫害将在本季粮食作物的成熟期出现。

D. 和期货市场上的某些商品相比，粮食价格的波动幅度较小。

E. 干旱不是对粮食作物生长的最严重威胁。

27. 以优惠价出售日常家用小商品的零售商通常有上千雇员，其中大多数只能领取最低工资；随着国家法定的最低工资额的提高，零售商的人力成本也随之大幅度提高。但是，零售商的利润非但没有降低，反而提高了。

以下哪项如果为真，最有助于解释上述看来矛盾的现象？

A. 上述零售商的基本顾客，是领取最低工资的人。

B. 人力成本只占零售商经营成本的一半。

C. 在国家提高最低工资额的法令实施后，除了人力成本以外，其他零售商经营成本也有所提高。

D. 零售商的雇员有一部分来自农村，他们都拿最低工资。

E. 在国家提高最低工资额的法令实施后，零售商降低了某些高薪雇员的工资。

28. 马医生发现，在进行手术前喝高浓度加蜂蜜的热参茶可以使他手术时主刀更稳，用时更短，效果更好。因此,他认为,要么是参,要么是蜂蜜,含有的某些化学成分能帮助他更快更好地进行手术。

以下哪项如果为真,能削弱马医生的上述结论?

Ⅰ.马医生在喝含高浓度加蜂蜜的热柠檬茶后的手术效果同喝高浓度加蜂蜜的热参茶一样好;

Ⅱ.马医生在喝白开水之后的手术效果与喝高浓度加蜂蜜的热参茶一样好;

Ⅲ.洪医生主刀的手术效果比马医生好,而前者没有术前喝高浓度的蜂蜜热参茶的习惯。

A.仅Ⅰ。 B.仅Ⅱ。 C.仅Ⅲ。

D.仅Ⅰ和Ⅱ。 E.Ⅰ、Ⅱ和Ⅲ。

29~30题基于以下题干

宏达山钢铁公司由5个子公司组成。去年,其子公司火龙公司试行与利润挂钩的工资制度,其他子公司则维持原有的工资制度。结果,火龙公司的劳动生产率比其他子公司的平均劳动生产率高出13%。因此,在宏达山钢铁公司实行与利润挂钩的工资制度有利于提高该公司的劳动生产率。

29.以下哪项最可能是上述论证所假设的?

A.火龙公司与其他各子公司分别相比,原来的劳动生产率基本相同。

B.火龙公司与其他各子公司分别相比,原来的利润率基本相同。

C.火龙公司的职工数量,和其他子公司的平均职工数量基本相同。

D.火龙公司原来的劳动生产率,与其他子公司相比不是最高的。

E.火龙公司原来的劳动生产率,和其他各子公司原来的平均劳动生产率基本相同。

30.以下哪项如果为真,最能削弱上述论证?

A.实行了与利润挂钩的分配制度后,火龙公司从其他子公司挖走了不少人才。

B.宏达山钢铁公司去年从国外购进的先进技术装备,主要用于火龙公司。

C.火龙公司是3年前组建的,而其他子公司都有10年以上的历史。

D.红塔钢铁公司去年也实行了与利润挂钩的工资制度,但劳动生产率没有明显提高。

E.宏达山公司的子公司金龙公司去年没有实行与利润挂钩的工资制度,但它的劳动生产率比火龙公司略高。

31.市场上推出了一种新型的电脑键盘。新型键盘具有传统键盘所没有的“三最”特点,即最常用的键设计在最靠近最灵活手指的部分。新型键盘能大大提高键入速度,并减少错误率。因此,用新型键盘替换传统键盘能迅速提高相关部门的工作效率。

以下哪项如果为真,最能削弱上述论证?

A.有的键盘使用者最灵活的手指和平常人不同。

B.传统键盘中最常用的键并非设计在离最灵活手指最远的部分。

C.越能高效率地使用传统键盘,短期内越不易熟练地使用新型键盘。

D.新型键盘的价格高于传统键盘的价格。

E.无论使用何种键盘,键入速度和错误率都因人而异。

32.面试是招聘的一个不可取代的环节,因为通过面试,可以了解应聘者的个性。那些个性不合适的应聘者将被淘汰。

以下哪项是上述论证最可能假设的?

A.应聘者的个性很难通过招聘的其他环节展示。

B.个性是确定录用应聘者的最主要因素。

C.只有经验丰富的招聘者才能通过面试准确把握应聘者的个性。

D.在招聘环节中,面试比其他环节更重要。

E.面试的唯一目的是为了解应聘者的个性。

33.人应对自己的正常行为负责,这种负责甚至包括因行为触犯法律而承受制裁。但是,人不应该对自己不可控制的行为负责。

以下哪项能从上述断定推出？

Ⅰ.人的有些正常行为会导致触犯法律；

Ⅱ.人对自己的正常行为有控制力；

Ⅲ.不可控制的行为不可能触犯法律。

A.仅Ⅰ。　B.仅Ⅱ。　C.仅Ⅲ。

D.仅Ⅰ和Ⅱ。　E.Ⅰ、Ⅱ和Ⅲ。

34.也许令许多经常不刷牙的人感到意外的是，这种不良习惯已使他们成为易患口腔癌的高危人群。为了帮助这部分人早期发现口腔癌，市卫生部门发行了一本小册子，教人们如何使用一些简单的家用照明工具，如台灯、手电等，进行每周一次的口腔自检。

以下哪项如果为真，最能对上述小册子的效果提出质疑？

A.有些口腔疾病的病症靠自检难以发现。

B.预防口腔癌的方案因人而异。

C.经常刷牙的人也可能患口腔癌。

D.口腔自检的可靠性不如在医院所作的专门检查。

E.经常不刷牙的人不大可能做每周一次的口腔自检。

35.户籍改革的要点是放宽对外来人口的限制，G市在对待户籍改革上面临两难。一方面，市政府懂得吸引外来人口对城市化进程的意义；另一方面，又担心人口激增的压力。在决策班子里形成了“开放”和“保守”两派意见。

以下各项如果为真，都只能支持上述某一派的意见，除了：

A.城市与农村户口分离的户籍制度，不能适应目前社会主义市场经济的需要。

B.G市存在严重的交通堵塞，环境污染等问题，其城市人口的合理容量有限。

C.G市近几年的犯罪案件增加，案犯中来自农村的打工人员比例增高。

D.近年来，G市的许多工程的建设者多数是来自农村的农民工，其子女的就学成为市教育部门面临的难题。

E.由于计划生育政策和生育观的改变，近年来G市的幼儿园、小学乃至中学的班级数量递减。

36.一个花匠正在配制插花。可供配制的花共有苍兰、玫瑰、百合、牡丹、海棠和秋菊6个品种，一件合格的插花必须至少由两种花组成，并同时满足以下条件：如果有苍兰或海棠，则不能有秋菊；如果有牡丹，则必须有秋菊；如果有玫瑰，则必须有海棠。

以下各项所列的两种花都可以单独或与其他花搭配，组成一件合格的插花，除了：

A.苍兰和玫瑰。　B.苍兰和海棠。　C.玫瑰和百合。

D.玫瑰和牡丹。　E.百合和秋菊。

37.一桩投毒谋杀案，作案者要么是甲，要么是乙，二者必居其一；所用毒药或者是毒鼠强，或者是乐果，二者至少其一。

如果上述断定为真，则以下哪项推断一定成立？

Ⅰ.该投毒案不是甲投毒鼠强所为，因此一定是乙投乐果所为；

Ⅱ.在该案侦破中发现甲投了毒鼠强，因此案中的毒药不可能是乐果；

Ⅲ.该投毒案的作案者不是甲，并且所投毒药不是毒鼠强，因此一定是乙投乐果所为。

A.仅Ⅰ。　B.仅Ⅱ。　C.仅Ⅲ。

D.仅Ⅰ和Ⅲ。　E.Ⅰ、Ⅱ和Ⅲ。

38.一个产品要畅销，产品的质量和经销商的诚信缺一不可。

以下各项都符合题干的断定，除了：

A. 一个产品滞销,说明它或者质量不好,或者经销商缺乏诚信。
B. 一个产品,只有质量高并且诚信经销,才能畅销。
C. 一个产品畅销,说明它质量高并有诚信的经销商。
D. 一个产品,除非有高的质量和诚信的经销商品,否则不能畅销。
E. 一个质量好并且由诚信者经销的产品不一定畅销。

39. 一方面确定法律面前人人平等,同时又允许有人触犯法律而不受制裁,这是不可能的。
以下哪项最符合题干的断定?
A. 或者允许有人凌驾于法律之上,或者任何人触犯法律要受到制裁,这是必然的。
B. 任何人触犯法律要受到制裁,这是必然的。
C. 有人凌驾于法律之上,触犯法律而不受制裁,这是可能的。
D. 如果不允许有人触犯法律而可以不受制裁,那么法律面前人人平等是可能。
E. 一方面允许有人凌驾于法律之上,同时又声称任何人触犯法律要受到制裁,这是可能的。

40~41 基于以下题干
某校的一项抽样调查显示:该校经常泡网吧的学生中,家庭经济条件优越的占 80%;学习成绩下降的也占 80%,因此,家庭条件优越是学生泡网吧的重要原因;泡网吧是学习成绩下降的重要原因。

40. 以下哪项为真,最能削弱上述论证?
A. 该校位于高档住宅,学生九成以上家庭条件优越。
B. 经过清理整顿,该校周围网吧符合规范。
C. 有的家庭条件优越的学生并不泡网吧。
D. 家庭条件优越的家长并不赞成学生泡网吧。
E. 被抽样调查的学生占全校学生的 30%。

41. 以下哪项为真,最能加强上述论证?
A. 该校是市重点学校,学生的成绩高于普通学校。
B. 该校狠抓教学质量,上学期半数以上学生的成绩都有明显提高。
C. 被抽样调查的学生多数能如实填写问卷。
D. 该校经常做这种形式的问卷调查。
E. 该项调查的结果已报,受到了教育局的重视。

42. 对所有产品都进行了检查,并没有发现假冒伪劣产品。
如果上述断定为假,则以下哪项为真?
Ⅰ. 有的产品尚未经检查,但发现了假冒伪劣产品;
Ⅱ. 或者有的产品尚未经过检查,或者发现了假冒伪劣产品;
Ⅲ. 如果对所有产品都进行了检查,则可发现假冒伪劣产品。

A. 仅Ⅰ。　B. 仅Ⅱ。　C. 仅Ⅲ。
D. 仅Ⅰ和Ⅱ。　E. 仅Ⅱ和Ⅲ。

43. 有些纳税人隐瞒实际收入逃避交纳所得税时,一个恶性循环就出现了:逃税造成了年度总税收量的减少;总税收量的减少迫使立法者提高所得税率;所得税率的提高增加了合法纳税者的税负,这促使更多的人设法通过隐瞒实际收入逃税。
如果以下哪项如果为真,上述恶性循环可以打破?
A. 提高所得税率的目的之一是激励纳税人努力增加税前收入。
B. 能有效识别逃税行为的金税工程即将实施。
C. 年度税收总量不允许因逃税而减少。

D. 所得税率必须有上限。

E. 纳税人的实际收入基本持平。

44. 厂长：采用新的工艺流程可以大大减少炼铜车间所产生的二氧化碳。这一新流程的要点是用封闭式熔炉替代原来的开放式熔炉。但是，不光购置和安装新的设备是笔大的开支，而且运作新流程的成本也高于目前的流程。因此，从总体上说，采用新的工艺流程将大大增加生产成本而使本厂无利可图。

总工程师：我有不同意见。事实上，最新的封闭式熔炉的熔炼能力是现有的开放式熔炉无法相比的。

在以下哪个问题上，总工程师和厂长最可能有不同意见？

A. 采用新的工艺流程是否确实可以大大减少炼铜车间所产生的二氧化碳？

B. 运作新流程的成本是否一定高于目前的流程？

C. 采用新的工艺流程是否一定使本厂无利可图？

D. 最新的封闭式熔炉的熔炼能力是否确实明显优于现有的开放式熔炉？

E. 使用最新的封闭式熔炉是否明显增加了生产成本？

45. 香蕉叶斑病是一种严重影响香蕉树生长的传染病，它的危害范围遍及全球。这种疾病可由一种专门的杀菌剂有效控制，但喷洒这种杀菌剂会对周边人群的健康造成危害。因此，在人口集中的地区对小块香蕉林喷洒这种杀菌剂是不妥当的。幸亏规模香蕉种植园大都远离人口集中的地区，可以安全地使用这种杀菌剂。因此，全世界的香蕉产量，大部分不会受到香蕉叶斑病的影响。

以下哪项可能是上述论证所假设的？

A. 人类最终可以培育出抗叶斑病的香蕉品种。

B. 全世界生产的香蕉，大部分产自规模香蕉种植园。

C. 和在小块香蕉林中相比，香蕉叶斑病在规模香蕉种植园中传播得较慢。

D. 香蕉叶斑病是全球范围内唯一危害香蕉生长的传染病。

E. 香蕉叶斑病不危害植物。

46. 为了减少汽车追尾事故，有些国家的法律规定，汽车在白天行驶时也必须打开尾灯。一般地说，一个国家的地理位置离赤道越远，其白天的能见度越差；而白天的能见度越差，实施上述法律效果越显著。事实上，目前世界上实施上述法律的国家都比中国离赤道远。

上述断定最能支持以下哪项相关结论？

A. 中国离赤道较近，没有必要制定和实施上述法律。

B. 在实施上述法律的国家中，能见度差是造成白天汽车追尾的最主要原因。

C. 一般地说，和目前已实施上述法律的国家相比，如果在中国实施上述法律，其效果将较不显著。

D. 中国白天汽车追尾事故在交通事故中的比例，高于已实施上述法律的国家。

E. 如果离赤道的距离相同，则实施上述法律的国家每年发生的白天汽车追尾事故的数量，少于未实施上述法律的国家。

47. 去年 4 月，股市出现了强劲反弹，某证券部通过对该部股民持仓品种的调查发现，大多数经验丰富的股民都买了小盘绩优股，所有年轻的股民都选择了大盘蓝筹股，而所有买了小盘绩优股的股民都没买大盘蓝筹股。

如果上述情况为真，则以下哪项关于该证券部股民的调查结果也必定为真？

Ⅰ. 有些年轻的股民是经验丰富的股民；

Ⅱ. 有些经验丰富的股民没买大盘蓝筹股；

Ⅲ. 年轻的股民都没买小盘绩优股。

A. 仅Ⅱ。　　B. 仅Ⅰ和Ⅱ。　　C. 仅Ⅱ和Ⅲ。

D. 仅Ⅰ和Ⅲ。　　E. Ⅰ、Ⅱ和Ⅲ。

48. 城市污染是工业化社会的一个突出问题。城市居民因污染而患病的比例一般高于农村。但奇怪的是,城市中心的树木反而比农村的树木长得更茂盛,更高大。

以下各项如果为真,哪项最无助于解释上述现象?

A. 城里人对树木的保护意识比农村人强。

B. 由于热岛效应,城市中心的年平均气温明显比农村高。

C. 城市多高楼,树木因其趋光性而长得更高大。

D. 城市栽种的主要树木品种与农村不同。

E. 农村空气中的氧气含量高于城市。

49. 19世纪前,技术、科学发展相对独立。而19世纪的电气革命,是建立在科学基础上的技术创新,它不可避免地导致了两者的结合与发展,而这又使人类不可避免地面对尖锐的伦理道德问题和资源环境问题。

以下哪项符合题干的断定?

Ⅰ. 产生当今尖锐的伦理道德问题和资源环境问题的一个重要根源是电气革命;

Ⅱ. 如果没有电气革命,则不会产生当今尖锐的伦理道德问题和资源环境问题;

Ⅲ. 如果没有科学与技术的结合,就不会有电气革命。

A. 仅Ⅰ。　　B. 仅Ⅱ。　　C. 仅Ⅲ。

D. 仅Ⅰ和Ⅲ。　　E. Ⅰ、Ⅱ和Ⅲ。

50. 新华大学在北戴河设有疗养院,每年夏季接待该校的教职工。去年夏季该疗养院的入住率,即全部床位的使用率为87%,来此疗养的教职工占全校教职工的比例为10%。今年夏季来此疗养的教职工占全校教职工的比例下降至8%,但入住率却上升至92%。

以下各项如果为真,都有助于解释上述看来矛盾的数据,除了:

A. 今年该校新成立了理学院,教职工总数比去年有较大增长。

B. 今年该疗养院打破了历年的惯例,第一次有限制地对外开放。

C. 今年该疗养院的客房总数不变,但单人间的比例由原来的5%提高至10%,双人间由原来的40%提高到60%。

D. 该疗养院去年大部分客房今年改为足疗保健室或棋牌娱乐室。

E. 经过去年冬季的改建,该疗养院的各项设施的质量明显提高,大大增加了对疗养者的吸引力。

51. 一项关于婚姻的调查显示,那些起居时间明显不同的夫妻之间,虽然每天相处的时间相对要少,但每月爆发激烈争吵的次数,比起那些起居时间基本相同的夫妻明显要多。因此,为了维护良好的夫妻关系,夫妻之间应当注意尽量保持基本相同的起居规律。

以下哪项如果为真,最能削弱上述论证?

A. 夫妻间不发生激烈争吵不一定关系就好。

B. 夫妻闹矛盾时,一方往往用不同时起居的方式以示不满。

C. 个人的起居时间一般随季节变化。

D. 起居时间的明显变化会影响人的情绪和健康。

E. 起居时间的不同很少是夫妻间争吵的直接原因。

52. 一般而言,科学家总是把创新性研究当作自己的目标,并且只把同样具有此种目标的人作为自己的同行。因此,如果有的科学家因为向大众普及科学知识而赢得赞誉,虽然大多数科学家会认同这种赞誉,但不会把这样的科学家作为自己的同行。

为使上述论证成立,以下哪项是必须假设的?

Ⅰ.创新性科学研究比普及科学知识更重要;

Ⅱ.大多数科学家认为普及科学知识不需要创新性研究;

Ⅲ.大多数科学家认为,从事普及科学知识不可能同时进行创新性研究。

A.仅Ⅰ。　B.仅Ⅱ。　C.仅Ⅲ。

D.仅Ⅱ和Ⅲ。　E.Ⅰ、Ⅱ和Ⅲ。

53.要杜绝令人深恶痛绝的“黑哨”,必须对其课以罚款,或者永久性地取消其裁判资格,或者直至追究其刑事责任。事实证明,罚款的手段在这里难以完全奏效,因为在一些大型赛事中,高额的贿金往往足以抵消被罚款的损失。因此,如果不永久性地取消“黑哨”的裁判资格,就不可能杜绝令人深恶痛绝的“黑哨”现象。

以下哪项是上述论证最可能假设的?

A.一个被追究刑事责任的“黑哨”必定被永久性地取消裁判资格。

B.大型赛事中对裁判的贿金没有上限。

C.“黑哨”是一种职务犯罪,本身已触犯法律。

D.对“黑哨”的罚金不可能没有上限。

E.“黑哨”现象只存在于大型赛事中。

2005年入学MBA联考逻辑真题解析

答案速查:DECAB　EBCAD　EDDCA　AABEB　CBCCE　DEBDA

24.答案:D　解析:题干计划的目标是通过地铁改造,缓解地铁沿线包括高速公路上机动车的拥堵,并通过收取过路费弥补费用。如果D项为真,则实施上述计划可能在减少高速公路车流量的同时增加了普通公路的流量,因而不能真正缓解地铁沿线机动车的拥堵。由于司机会选择绕行,从而也无法收取相应过路费,这就说明题干的两个计划都是无意义的。

A项市政府无需支配“全部”收入,将一部分用于弥补改造费即可,无法削弱。

B、C项属于无关项。

E项不涉及两个计划的效果,无法质疑。

25.答案:E　解析:如果E项为真,相当数量原先驾驶私人机动车的人改乘地铁,这就说明地铁改造计划能够缓解拥堵。B项虽然说明该市情况严重,但无法证明上述计划的合理性。

A项诉诸公众,C项诉诸权威,不是有力的支持。

D项最多只能证明计划可行,但无法证明其合理。

26.答案:C　解析:题干根据预测来判断粮食收成进而判断期货市场的粮价;答案中的C项断定的是预测严重虫害,从而导致欠收的信息,这自然会促使粮价上涨,这就有力地削弱了题干的论证。

B项为干扰项,仅提出“气象学家提醒做好防涝准备”,并非实际预测。

27.答案:A　解析:题干给出的矛盾是成本上升,但利润也上升。利润=收入-成本。因此要想解释这一点,必须指出零售商的收入增加了。

如果A项为真,则说明,国家法定的最低工资额的提高,虽然增加了零售商的人工成本,但也同时增强了零售商基本顾客的购买力,这就可能提高了商品的销量,从而增加了零售商的利润。因此,该项是各选项中相对最合理的解释。

B、D、E项都不能解释题干矛盾,“人力成本大幅度提高”是题干给出的既定事实,不受人力成本占比、最低工资、某些高薪雇员降薪的影响。

C项不能解释反而加剧了题干矛盾。题干已经指出"零售商的人力成本也随之大幅度提高"。

本题命题思路以及干扰项设计，与2010年入学管理类综合能力第35题类似。

28. 答案：B 解析：题干构建了不相容选言命题，要么参，要么蜂蜜，对于手术有帮助；如果Ⅱ为真，则说明没有参和蜂蜜，能有同样好的手术效果。这就有力地削弱了马医生的结论。

Ⅰ不能削弱马医生的结论，因为这不能排除蜂蜜的效果。

Ⅲ不能削弱马医生的结论，因为马医生的结论只是针对自己，并非针对洪医生。

29. 答案：E 解析：题干想要构建求异实验（差异要素：是否试行新工资制度；差异结果：劳动生产率对比），因此，E项是题干的论证应当假设的，说明比较的起点一致，排除了一个可能对结论构成干扰的差异要素。如果E项为假，就存在一种情况：火龙公司原来的劳动生产率本就高于其他子公司的平均劳动生产率，那么试验中得出的差异数据就未必是由于试行新工资制度造成的。

A项断定过强，因为题干求异实验的对照组，采用的不是每个子公司单独的劳动生产率，而是所有子公司的"平均劳动生产率"。

B、C项提出了"利润率"和"平均职工数量"的概念，与题中讨论的"劳动生产率"仅构成间接影响，相对于E来说是不够直接的。

D项所说"不是最高的"不必假设，因为即使火龙公司原来的劳动生产率比大多数子公司高，完全可能实行新的工资制度之后生产率更高，即该项为假的时候题干结论也可以成立。

30. 答案：B 解析：如果B项为真，则有利于说明，火龙公司劳动生产率的提高，可能是由于使用了其他子公司所没有的先进技术装备，而未必是因为试行了新工资制度。这就相对最好地削弱了题干的论证（但并不是充分的削弱，因为不能完全否定新工资制度的作用）。

A项提到火龙公司从其他子公司挖走不少人才，这很可能就是新的工资制度的作用，即新的工资制度→吸引人才→提高生产率，所以这是对题干论证的间接支持。

C项明显是无关项。

题干的结论是针对宏达山公司的，红塔公司不一定属于该公司，因此，D项是无关项。

E项不能削弱题干，生产率高于平均数，不意味着高于构成平均数的每一个数，所以即使火龙公司不是五个公司中的第一名，也不说明新的工资制度无效。

31. 答案：C 解析：如果C项为真，则有利于说明，使用新型键盘，在短期内不利于提高工作效率，削弱了题干结论中的"迅速"。

A项针对的仅是"有的键盘使用者"，削弱强度较弱。

B项只说传统键盘特性，不能否定新型键盘可以提高工作效率。

D项提出的价格与提高效率无关。

E项提出键入速度和错误率均因人而异，是使用者之间的对比，而题干说的是同一个使用者使用不同键盘时的对比，所以该项没有削弱作用。

32. 答案：A 解析：为使题干的结论"面试不可取代"成立，A项是必须假设的。否则，如果应聘者的个性也可以通过招聘的其他环节展示，那就不能由"了解应聘者个性"得出结论：面试不可取代。

B项不必假设，因为即使个性不是主要因素，不等于无关紧要，自然不能说明面试可以被取代。

C项无法说明面试本身的必要性。

D项并没有说明了解个性与面试的关联。

E项假设过强，无需唯一。

33. 答案：D 解析：题干断定，人应对自己的正常行为负责，这种负责甚至包括因行为触犯法律而承受制裁。由此可推出：人的有些正常行为会导致触犯法律。因此，Ⅰ可推出。

题干断定,人应对自己的正常行为负责;同时又断定,人不应该对自己不可控制的行为负责。由此可推出,不可控制的行为不是正常行为,即人对自己的正常行为有控制力。因此,Ⅱ可推出。

不可控制的行为不是正常行为,由正常行为可能会触犯法律,推不出非正常行为不会触犯法律,故Ⅲ不可推出。

34. 答案:E 解析:根据题干,上述小册子的目的是帮助“经常不刷牙的人进行口腔自检”。而E项断定经常不刷牙的人不大可能做每周一次的口腔自检,这就有力地质疑了小册子这一手段的意义。

A、D项都有削弱作用,但A项说的“有些”不能说明小册子完全没效果。D项为真也不排除小册子是有效果的。B项是“预防口腔癌”,而题干说的是“早期发现”。C项削弱了刷牙的效果,与题目要求的削弱“小册子的效果”无关。

35. 答案:D 解析:D项断定,近年来,G市的许多工程的建设者多数是来自农村的农民工。这一断定支持“开放”;D项又断定,民工子女的就学成为市教育部门面临的难题;这一断定支持“保守”;故该项实际支持了两派的意见。

其余各项都只支持某一派的意见:A项支持“开放”;B项断定G市人口合理容量有限,支持“保守”。C项通过说明“开放”的弊端来间接支持“保守”;E项通过阐述“保守”的担心没有必要来支持“开放”。

36. 答案:D 解析:由条件,如果有玫瑰,则必须有海棠;如果有海棠,则不能有秋菊;没有秋菊,就不能有牡丹。连成逻辑链为:玫瑰→海棠→¬秋菊→¬牡丹。因此,如果有玫瑰,就不能有牡丹。所以,D项所列不能组成一件合格的插花。

37. 答案:C 解析:由条件,作案者有两种可能性,而选择的毒药是相容选言命题,有三种可能性,故作案者与毒药的组合共有六种,排除一种可能性不能确定剩下是哪种,故Ⅰ不一定成立。

题干断定,所用毒药或者是毒鼠强,或者是乐果,二者至少居其一。因此,该投毒案可能同时使用这两种毒药,所以Ⅱ不一定成立。

由条件,根据选言命题的否定肯定式,如果该投毒案的作案者不是甲,则一定是乙;如果所投的毒药不是毒鼠强,则一定是乐果。因此,如果该投毒案的作案者不是甲,并且所投的毒药不是毒鼠强,那么,一定是乙投乐果所为。所以Ⅲ成立。

38. 答案:A 解析:题干实际上断定,产品的合格质量和经销商的诚信是产品畅销的必要条件。刻画式为:畅销→质量∧诚信。

B、C、D项的刻画式都符合题干,E项相当于肯定了题干的后件,判断其前件真假不定(不一定畅销),也符合假言命题的推理规则。A项否定了题干的前件,进而否定其后件,违反了假言命题推理规则。因此,A项不符合题干的断定。

39. 答案:A 解析:不可能(S∧P)⇔必然(¬S∨¬P)。因此,“一方面确保法律面前人人平等,同时又允许有人触犯法律而不受制裁,这是不可能的”等价于“或者允许有人凌驾于法律之上,或者任何人触犯法律都要受到制裁,这是必然的”。

40. 答案:A 解析:看见局部想整体。如果A项为真,九成以上学生家庭优越,经常泡网吧的学生中家庭经济条件优越的只占80%,则这一比例并不高于、事实上还低于全部学生中家庭优越的比例。这就有力地削弱了题干的上述结论,说明家庭条件优越与泡网吧之间很可能只是统计相关,而非因果相关。

B、D项为无关项。

C项指“有的”学生,削弱程度较弱。

E项无法削弱,即使抽样学生为30%,该调查也完全可能符合抽样调查的样本要求。

41. 答案:B 解析:看见局部想整体。如果B项为真,全部学生中半数以上有进步,而经常泡网吧的学生中80%都退步了,"泡网吧学生"的退步比例大于整体退步的比例,可以支持学习成绩下降是泡网吧导致的。

C、D、E项为无关选项。

A项是与其他普通学校的对比,无法对"泡网吧是学习成绩下降的重要原因"的结论进行加强。

42. 答案:E 解析:根据德摩根定律知:$\neg(S \land P) \Leftrightarrow \neg S \lor \neg P$,又由选言命题的否定肯定式可得:$\neg S \lor \neg P = S \to \neg P$,题干可进行如下变形推理:

题干为假,意味着:

并非("对所有的产品都进行了检查"并且"没有发现假冒伪劣产品")

⇔(并非"对所有的产品都进行了检查")或者(并非"没有发现假冒伪劣产品")

⇔或者有的产品尚未经检查,或者发现了假冒伪劣产品

⇔如果对所有的产品都进行了检查,则可发现假冒伪劣产品。

43. 答案:B 解析:要想打破恶性循环,首先在于制止逃税,否则绝大多数纳税人都更倾向于不交税。如果B项为真,则可有效地识别并减少逃税行为,因而可以打破上述恶性循环。

A项对打破恶性循环没有帮助,因为即使纳税人增加了税前收入,仍会为了少缴税而隐瞒收入。

C项不选,"不允许"意味着即使税收总量因为逃税而减少,也要想办法在其他方面补偿回来,这只会使得恶性循环更加严重。

D项不选,所得税率的上限无法制止纳税人逃税。

E项不选,即使纳税人的实际收入持平,他们仍然可能隐瞒收入而逃税。

44. 答案:C 解析:厂长的结论是采用新工艺流程无利可图,其根据是采用新的工艺流程将大大增加生产成本。总工程师并没有否认采用新的工艺流程会增加生产成本,但指出了这种生产成本的增加能显著有利于提高生产能力,因而增加利润,从而未必无利可图。因此,总工程师和厂长的不同意见是:采用新的工艺流程是否一定使该厂无利可图。

A、B、E项并没有被总工程师否认,D项在厂长的看法中也没有被提及。

45. 答案:B 解析:题干的结论是:香蕉产量不受影响。其根据是:规模香蕉园可以使用杀菌剂。题干前提的"规模香蕉园"与结论的"香蕉产量"之间缺乏联系。为使这一论证有说服力,需要在二者之间进行搭桥:全世界生产的香蕉,大部分产自规模香蕉种植园。

46. 答案:C 解析:题干做了以下三个断定:

(1)一个国家的地理位置离赤道越远,其白天能见度越差;

(2)白天的能见度越差,实施上述法律的效果越显著;

(3)目前世界上实施上述法律的国家都比中国离赤道远。

由(1)和(3),可得(4):和中国相比,目前世界上实施上述法律的国家白天的能见度较差。

由(2)和(4)可得(5):一般地说,和目前已实施上述法律的国家相比,中国实施上述法律效果将较不显著。匹配C项。

47. 答案:C 解析:题干做了三个断定:

(1)有的经验丰富的股民买了小盘股;

(2)所有年轻的股民都选择了大盘股;

(3)所有买了小盘股的都没买大盘股。

由(1)和(3)可得(4):有的经验丰富的股民没买大盘股。即Ⅱ一定为真。

由(2)和(3)可得:年轻的股民都没买小盘股。即Ⅲ一定为真。

由(4)和(2)可得:有的经验丰富的股民不是年轻的股民。这是一个特称否定命题,无法推知

相应的特称肯定命题的真假,故Ⅰ不能推出。

48. 答案:E 解析:注意题干的相反陷阱。E项提及的氧气含量与树木生长无关,故无法解释城市的树木比农村茂盛的现象。

A项通过“保护得好”可以解释城市中心树木茂盛高大。

B项指出气温高,根据常识,气温低树木容易凋零,故城市气温高就可以解释题干现象。

C项显然可以解释题干现象。

D项有可能解释题干现象,因为如果城市栽种的树木品种是高大型植物,则可说明城市的树木比农村更茂盛的原因。

49. 答案:D 解析:题干断定:电气革命→科学∧技术→伦理道德问题∧资源环境问题。

根据此逻辑链可以判定,电气革命的确是产生当今尖锐的伦理道德问题和资源环境问题的原因,即Ⅰ成立。同时,根据题干逻辑链的逆否命题可知,如果没有科学与技术的结合,就不会有电气革命。因此,Ⅲ成立。

由题干可推出电气革命是人类面对尖锐的伦理道德问题和资源环境问题的充分条件,不能推出前者是后者的必要条件。因此,Ⅱ不符合题干的断定。

50. 答案:E 解析:注意问题的相反陷阱。题干需要解释的是:为什么参加疗养的职工占全校职工的比例下降了,但疗养院的入住率反而上升了。

如果A项为真,则说明,虽然参加疗养的教职工占全校教职工的比例下降,但因为教职工总数有较大增长,因此,参加疗养的教职工的绝对人数可能会增长,从而导致疗养院的入住率上升。

B项指出今年疗养院第一次有限制地对外开放,这说明入住率上升有可能是由于外部客人的入住。

C项意思是多人间的数量会相应减少,单双人间数量会增加,所以床位的数量可能会减少,即较少入住人数即可达到较高入住率。

D项意味着客房总数的减少,因此可以解释入住率还是上升的。

E项增加了吸引力,不等于吸引来了疗养者,所以无助于解释上述现象。

51. 答案:B 解析:题干根据“起居时间不同”与“夫妻不和”的相关性,给出了建议,要让建议有意义,就必须假设“起居时间不同”是“夫妻不和”的原因,否则相同起居就无法影响夫妻关系。B项指出了结论的因果倒置,即:是“夫妻不和”导致“起居时间不同”,而不是相反。这就有力地削弱了题干的论证。

A项没涉及起居时间,C、D项没涉及夫妻关系,都是无关项。

E项提到起居时间不同很少是夫妻争吵的直接原因,但仍有可能是导致争吵的间接原因,因此削弱力度较弱。

52. 答案:D 解析:题干论据是“以创新性研究为目标的科学家作为同行”,结论是“不把普及科学知识的科学家作为同行”。为使题干的论证成立,必须确保“创新性研究”与“普及科学知识”是互斥的,因此Ⅱ和Ⅲ均为必要假设。

题干的论证未涉及重要性问题,因此Ⅰ不是必须假设的。

53. 答案:A 解析:已知①要杜绝“黑哨”→罚款∨取消资格∨追究责任;②罚款无效。

根据①和②可得:要杜绝“黑哨”→取消资格∨追究责任,但题干结论是:不取消资格→无法杜绝黑哨。一种可能性是:追究责任也是无效的(和罚款一样);另一种可能性是:如果不取消资格,那么也无法追究责任。A项符合第二种可能,其余选项均无助于说明追究责任是无效的,故A项为最可能假设的选项。

2004年
入学MBA联考逻辑真题

31. 不可能宏达公司和亚鹏公司都没有中标。
以下哪项最为准确地表达了上述断定的意思?
A. 宏达公司和亚鹏公司可能都中标。
B. 宏达公司和亚鹏公司至少有一个可能中标。
C. 宏达公司和亚鹏公司必然都中标。
D. 宏达公司和亚鹏公司至少有一个必然中标。
E. 如果宏达公司中标,那么和亚鹏公司不可能中标。

32. 所有物质实体都是可见的,而任何可见的东西都没有神秘感。因此,精神世界不是物质实体。
以下哪项最可能是上述论证所假设的?
A. 精神世界是不可见的。
B. 有神秘感的东西都是不可见的。
C. 可见的东西都是物质实体。
D. 精神世界有时也是可见的。
E. 精神世界具有神秘感。

33. 汽油酒精,顾名思义是一种汽油酒精混合物。作为一种汽车燃料,和汽油相比,燃烧一个单位的汽油酒精能产生较多的能量,同时排出较少的有害废气一氧化碳和二氧化碳。以汽车日流量超过200万辆的北京为例,如果所有汽车都使用汽油酒精,那么,每天产生的二氧化碳,不比北京的绿色植被通过光合作用吸收的多。因此,可以预计,在世界范围内,汽油酒精将很快进军并占领汽车燃料市场。
以下各项如果为真,都能加强题干论证,除了:
A. 汽车每公里消耗的汽油酒精量和汽油基本持平,至多略高。
B. 和汽油相比,使用汽油酒精更有利于汽车的保养。
C. 使用汽油酒精将减少对汽油的需求,有利于缓解石油短缺的压力。
D. 全世界汽车日流量超过200万辆的城市中,北京的绿色植被覆盖率较低。
E. 和汽油相比,汽油酒精的生产成本较低,因而售价也较低。

34~35题基于以下题干

某花店只有从花农那里购得低于正常价格的花,才能以低于市场的价格卖花而获利;除非该花店的销售量很大,否则,不能从花农那里购得低于正常价格的花;要想有大的销售量,该花店就要满足消费者的兴趣或者拥有特定品种的独家销售权。

34. 如果上述断定为真,则以下哪项必定为真?
A. 如果该花店从花农那里购得低于正常价格的花,那么就会以低于市场的价格卖花而获利。
B. 如果该花店没有以低于市场的价格卖花而获利,则一定没有从花农那里购得低于正常价格的花。
C. 该花店不仅满足了消费者的个人兴趣,而且拥有特定品种独家销售权,但仍然不能以低于市场的价格卖花而获利。
D. 如果该花店广泛满足了消费者的个人兴趣或者拥有特定品种独家销售权,那么就会有大的销售量。
E. 如果该花店以低于市场价格卖花而获利,那么一定是从花农那里购得了低于正常价格的花。

35. 如果上述断定为真，并且事实上该花店没有满足广大消费者的个人兴趣，则以下哪项不可能为真？

A. 如果该花店不拥有特定品种独家销售权，就不能从花农那里购得低于正常价格的花。

B. 即使该花店拥有特定品种独家销售权，也不能从花农那里购得低于正常价格的花。

C. 该花店虽然没有拥有特定品种独家销售权，但仍以低于市场的价格卖花而获利。

D. 该花店通过广告促销的方法获利。

E. 花店以低于市场的价格卖花获利是花市普遍现象。

36. 一项对 30 名年龄在 3 岁的独生孩子与 30 名同龄非独生的第一胎孩子的研究发现，这两组孩子日常行为能力非常相似，这种日常行为能力包括语言能力，对外界的反应能力，以及和同龄人、他们的家长及其他大人相处的能力等等。因此，独生孩子与非独生孩子的社会能力发展几乎一致。

以下哪项如果为真，最能削弱上述结论？

A. 进行对比的两组孩子是不同地区的孩子。

B. 独生孩子与母亲的接触时间多于非独生孩子与母亲接触的时间。

C. 家长通常在第一胎孩子接近 3 岁时怀有他们的第二胎孩子。

D. 大部分参与此项目的研究者没有兄弟姐妹。

E. 独生孩子与非独生孩子与母亲的接触时间和与父亲接触的时间是各不相同的。

37. 国产影片《英雄》显然是前两年最好的古装武打片。这部电影是由著名导演、演员、摄影师、武打设计师参与的一部国际化大制作的电影，票房收入明显领先，说明观看该片的人数远多于进口的美国大片《卧虎藏龙》的人数，尽管《卧虎藏龙》也是精心制作的中国古装武打片。

为使上述论证成立，以下哪项是必须假设的？

Ⅰ. 国产影片《英雄》和美国影片《卧虎藏龙》的票价基本相同；

Ⅱ. 观众数量是评价电影质量的标准；

Ⅲ. 导演、演员、摄影师、武打设计师和服装设计师的阵容是评价电影质量的标准。

A. 仅Ⅰ。　　B. 仅Ⅱ。　　C. 仅Ⅲ。

D. 仅Ⅰ和Ⅱ。　　E. Ⅰ、Ⅱ和Ⅲ。

38. 实业钢铁厂将竞选厂长。如果董来春参加竞选，则极具竞选实力的郝建生和曾思敏不参加竞选。所以，如果董来春参加竞选，他将肯定当选。

为使上述论证成立，以下哪项是必须假设的？

Ⅰ. 当选者一定是竞选实力最强的竞选者；

Ⅱ. 如果董来春参加竞选，那么，他将是唯一的候选人；

Ⅲ. 在实业钢铁厂，除了郝建生和曾思敏，没有其他人的竞选实力比董来春强。

A. 仅Ⅰ。　　B. 仅Ⅱ。　　C. 仅Ⅲ。

D. 仅Ⅰ和Ⅲ。　　E. Ⅰ、Ⅱ和Ⅲ。

39. 在一项社会调查中，调查者通过电话向大约一万名随机选择的被调查者问及有关他们的收入和储蓄方面的问题。结果显示，被调查者的年龄越大，越不愿意回答这样的问题。这说明，年龄较轻的人比年龄较大的人更愿意告诉别人有关自己的收入状况。

以下哪项如果为真，最能削弱上述论证？

A. 小张不是被调查者，在其他场合表示，不愿意告诉别人自己的收入状况。

B. 老李是被调查者，愿意告诉别人自己的收入状况。

C. 老陈是被调查者，不愿意告诉别人收入状况，并在其他场合表示，自己年轻时因收入高，很愿意告诉别人自己的收入状况。

D. 小刘是被调查者，愿意告诉别人自己的收入状况，并且在其他场合表示，自己的这种意愿不会随着年龄而改变。

E. 被调查者中,年龄大的收入状况一般比年龄小的要好。

40. 风险资本家融资的初创公司比通过其他渠道融资的公司失败率要低。所以,与诸如企业家个人素质、战略规划质量或公司管理结构等因素相比,融资渠道对于初创公司的成功更为重要。

以下哪项如果为真,最能削弱上述论证?

A. 风险资本家在决定是否为初创公司提供资金时,把该公司的企业家个人素质、战略规划质量和管理结构等作为主要的考虑因素。

B. 作为取得成功的要素,初创公司的企业家个人素质比它的战略规划更为重要。

C. 初创公司的倒闭率近年逐步下降。

D. 一般来讲,初创公司的管理结构不如发展中的公司完整。

E. 风险资本家对初创公司的财务背景比其他融资渠道更为敏感。

41. 某乡间公路附近经常有鸡群聚集。鸡群对这条公路上高速行驶的汽车的安全造成了威胁。为了解决这个问题,当地交通部门计划购入一群猎狗来驱赶鸡群。

以下哪项如果为真,最能对上述计划构成质疑?

A. 出没于公路边的成群猎狗会对交通安全构成威胁。

B. 猎狗在驱赶鸡群时可能伤害鸡群。

C. 猎狗需要经过特殊训练才能够驱赶鸡群。

D. 猎狗可能会有疫病,有必要进行定期检疫。

E. 猎狗的使用会增加交通管理的成本。

42. 许多国家首脑在出任前并未有丰富的外交经验,但这并没有妨碍他们作出成功的外交决策。外交学院的教授告诉我们,丰富的外交经验对于成功的外交决策是不可缺少的。但事实上,一个人,只要有高度的政治敏感、准确的信息分析能力和果断的个人勇气,就能很快地学会如何作出成功的外交决策。对于一个缺少以上三种素养的外交决策者来说,丰富的外交经验没有什么价值。

如果上述断定为真,则以下哪项一定为真?

A. 外交学院的教授比任前的国家首脑具有更多的外交经验。

B. 具有高度的政治敏感、准确的信息分析能力和果断的个人勇气,是一个国家首脑作出成功的外交决策的必要条件。

C. 丰富的外交经验,对于国家首脑作出成功的外交决策来说,既不是充分条件,也不是必要条件。

D. 丰富的外交经验,对于国家首脑作出成功的外交决策来说,是必要条件,但不是充分条件

E. 在其他条件相同的情况下,外交经验越丰富,越有利于作出成功的外交决策。

43. 环宇公司规定,其所属的各营业分公司,如果年营业额超过 800 万元,其职员可获得优秀奖;只有年营业额超过 600 万元的,其职员才能获得激励奖。年终统计显示,该公司所属的 12 个分公司中,6 个年营业额超过了 1 000 万元,其余的则不足 600 万元。

如果上述断定为真,则以下哪项关于该公司今年获奖的断定一定为真?

Ⅰ. 获得激励奖的职员,一定获得优秀奖;

Ⅱ. 获得优秀奖的职员,一定获得激励奖;

Ⅲ. 半数职员获得了优秀奖。

A. 仅Ⅰ。　　B. 仅Ⅱ　　C. 仅Ⅲ。

D. 仅Ⅰ和Ⅲ。　　E. Ⅰ、Ⅱ和Ⅲ。

44. 通常的高山反应是由高海拔地区空气中缺氧造成的,当缺氧条件改变时,症状可以很快消失。急性脑血管梗阻也具有脑缺氧的病征,如不及时恰当处理,会危及生命。由于急性脑血管梗阻的症状和普通高山反应相似,因此,在高海拔地区,急性脑血管梗阻这种病特别危险。

以下哪项最可能是上述论证所假设的？

A. 普通高山反应和急性脑血管梗阻的医疗处理是不同的。

B. 高山反应不会诱发急性脑血管梗阻。

C. 急性脑血管梗阻如及时恰当处理不会危及生命。

D. 高海拔地区缺少抢救和医治急性脑血管梗阻的条件。

E. 高海拔地区的缺氧可能会影响医生的工作，降低其诊断的准确性。

45. 只有具备足够的资金投入和技术人才，一个企业的产品才能拥有高科技含量。而这种高科技含量，对于一个产品长期稳定地占领市场是必不可少的。

以下哪项情况如果存在，最能削弱以上断定？

A. 苹果牌电脑拥有高科技含量，并长期稳定地占领着市场。

B. 西门子洗衣机没能长期稳定地占领市场，但该产品并不缺乏高科技含量。

C. 长江电视机没能长期稳定地占领市场，因为该产品缺乏高科技含量。

D. 清河空调长期稳定地占领着市场，但该产品的厂家缺乏足够的资金投入。

E. 开开电冰箱没能长期稳定地占领市场，但该产品的厂家有足够的资金投入和技术人才。

46. 莱布尼兹是17世纪伟大的哲学家。他先于牛顿发表了他的微积分研究成果。但是当时牛顿公布了他的私人笔记，说明他至少在莱布尼兹发表其成果的10年前已经运用了微积分的原理。牛顿还说，在莱布尼兹发表其成果的不久前，他在给莱布尼兹的信中谈起过自己关于微积分的思想。但是事后的研究说明，牛顿的这封信中，有关微积分的几行字几乎没有涉及这一理论的任何重要之处。因此，可以得出结论，莱布尼兹和牛顿各自独立地发现了微积分。

以下哪项是上述论证必须假设的？

A. 莱布尼兹在数学方面的才能不亚于牛顿。

B. 莱布尼兹是个诚实的人。

C. 没有第三个人不迟于莱布尼兹和牛顿独立地发现了微积分。

D. 莱布尼兹发表微积分研究成果前从没有把其中的关键性内容告诉任何人。

E. 莱布尼兹和牛顿都没有从第三渠道获得关于微积分的关键性细节。

47. 去年春江市的汽车月销售量一直保持稳定。在这一年中，“宏达”车的月销售量较前年翻了一番，它在春江市的汽车市场上所占的销售份额也有相应的增长。今年一开始，尾气排放新标准开始在春江市实施。在该标准实施的头三个月中，虽然“宏达”车在春江市的月销售量仍然保持在去年年底达到的水平，但在春江市的汽车市场上所占的销售份额明显下降。

如果上述断定为真，以下哪项不可能为真？

A. 在实施尾气排放新标准的头三个月中，除了“宏达”车以外，所有品牌的汽车各自在春江市的月销售量都明显下降。

B. 在实施尾气排放新标准之前三个月中，除了“宏达”车以外，所有品牌的汽车销售量在春江市汽车市场所占的份额都明显下降。

C. 如果汽车尾气排放新标准不实施，“宏达”车在春江市汽车市场上所占的销售份额比题干所断定的情况更低。

D. 如果汽车尾气排放新标准继续实施，春江市的汽车月销售总量将会出现下降。

E. 由于实施了汽车尾气排放新标准，在春江市销售的每辆“宏达”汽车的平均利润有所上升。

48~49题基于以下题干

张先生：应该向吸烟者征税，用以缓解医疗保健事业的投入不足。因为正是吸烟，导致了许多严重的疾病。要吸烟者承担一部分费用，来对付因他们不良习惯而造成的健康问题，是完全合理的。

李女士：照您这么说，如果您经常吃奶油蛋糕，或者肥猪肉，也应该纳税。因为如同吸烟一样，经常食用高脂肪、高胆固醇的食物同样会导致许多严重的疾病。但是没有人会认为这样做是合理的,并且人们的危害健康的不良习惯数不胜数,都对此征税,事实上无法操作。

48. 以下哪项最为恰当地概括了张先生和李女士争论的焦点?

A. 张先生关于缓解医疗保健事业投入不足的建议是否合理?

B. 有不良习惯的人是否应当对由此种习惯造成的社会后果负责?

C. 食用高脂肪、高胆固醇的食物对健康造成的危害是否同吸烟一样?

D. 由增加个人负担来缓解社会公共事业的投入不足是否合理?

E. 通过征税的方式来纠正不良习惯是否合理?

49. 以下哪项最为恰当地概括了李女士的反驳所运用的方法?

A. 举出一个反例说明对方的建议虽然合理但在执行中无法操作。

B. 指出对方对一个关键性概念的界定和运用有误。

C. 提出了一个和对方不同的解决问题的方法。

D. 从对方的论据得出了一个明显荒谬的结论。

E. 对对方在论证中所运用的信息的准确性提出质疑。

50. 在一场魔术表演中,魔术师看来是随意请一位观众志愿者上台配合他的表演。根据魔术师的要求,志愿者从魔术师手中的一副扑克中随意抽出一张。志愿者看清楚了这张牌,但显然没有让魔术师看到这张牌。随后,志愿者把这张牌插回那副扑克中。魔术师把扑克洗了几遍,又切了一遍。最后魔术师从中取出一张,志愿者确认,这就是他抽出的那一张。有好奇者重复三次看了这个节目,想揭穿其中的奥秘。第一次,他用快速摄像机记录下了魔术师的手法,没有发现漏洞;第二次,他用自己的扑克代替魔术师的扑克;第三次,他自己充当志愿者。这三次表演,魔术师无一失手。此好奇者因此推断:该魔术的奥秘,不在手法技巧,也不在扑克或者志愿者有诈。

以下哪项最为确切地指出了好奇者的推理中的漏洞?

A. 好奇者忽视了这种可能性:他的摄像机功能会不稳定。

B. 好奇者忽视了这种可能性:除了摄像机以外,还有其他仪器可以准确记录魔术师的手法。

C. 好奇者忽视了这种可能性:手法技巧只有在使用做了手脚的扑克时才能奏效。

D. 好奇者忽视了这种可能性:魔术师表演同一个节目可以使用不同的方法。

E. 好奇者忽视了这种可能性:除了他所怀疑的上述三种方法外,魔术师还可能使用其他的方法。

51. 储存在专用电脑中的某财团的商业核心机密被盗窃。该财团的三名高级雇员甲、乙、丙三人涉嫌被拘审。经审讯,查明了以下事实:

(1)机密是在电脑密码被破译后窃取的,破译电脑密码必须受过专门训练;

(2)如果甲作案,那么丙一定参与;

(3)乙没有受过破译电脑密码的专门训练;

(4)作案者就是这三人中的一人或一伙。

从上述条件,可推出以下哪项结论?

A. 作案者中有甲。　　B. 作案者中有乙。　　C. 作案者中有丙。

D. 作案者中有甲和丙。　　E. 甲、乙和丙都是作案者。

52. 一个部落或种族在历史的发展中灭绝了,但它的文字会流传下来。“亚里洛”就是这样一种文字。考古学家是在内陆发现这种文字的。经研究“亚里洛”中没有表示“海”的文字,但有表示“冬”“雪”“狼”的文字。因此,专家们推测,使用“亚里洛”文字的部落或种族在历史上生活在远离海洋的寒冷地带。

以下哪项如果为真,最能削弱上述专家的推测?

A. 蒙古语中有表示“海”的文字,尽管古代蒙古人从没见过海。

B."亚里洛"中有表示"鱼"的文字。

C."亚里洛"中有表示"热"的文字。

D."亚里洛"中没有表示"山"的文字。

E."亚里洛"中没有表示"云"的文字。

53.西方航空公司由北京至西安的全额票价一年多来保持不变,但是,目前西方航空公司由北京至西安的机票90%打折出售,只有10%全额出售;而在一年前则一半打折出售,一半全额出售。因此,目前西方航空公司由北京至西安的平均票价,比一年前要低。

以下哪项最可能是上述论证所假设的?

A.目前和一年前一样,西方航空公司由北京至西安的机票,打折的和全额的,有基本相同的售出率。

B.目前和一年前一样,西方航空公司由北京至西安的打折机票售出率,不低于全额机票。

C.目前西方航空公司由北京至西安的打折机票的票价,和一年前基本相同。

D.目前西方航空公司由北京至西安航线的服务水平比一年前下降了。

E.西方航空公司所有航线的全额票价一年多来保持不变。

54.小丽在情人节那天收到了专递公司送来的一束鲜花。如果这束鲜花是熟人送的,那么送花人一定知道小丽不喜欢玫瑰,而喜欢紫罗兰。但小丽收到的是玫瑰。如果这束花不是熟人送的,那么,花中一定附有签字名片。但小丽收到的花中没有名片。因此,专递公司肯定犯了以下的某种错误:或者该送紫罗兰却误送了玫瑰,或者失落了花中的名片,或者这束花应该是送给别人的。

以下哪项如果为真,最能削弱上述论证?

A.女士在情人节收到的鲜花一般都是玫瑰。

B.有些人送花,除了取悦对方外,还有其他目的。

C.有些人送花是出于取悦对方以外的其他目的。

D.不是熟人不大可能给小丽送花。

E.上述专递公司在以往的业务中从未有过失误记录。

55.张教授:如果没有爱迪生,人类还将生活在黑暗中。理解这样的评价,不需要任何想象力。爱迪生的发明,改变了人类的生存方式。但是,他只在学校中受过几个月的正式教育。因此,接受正式教育对于在技术发展中作出杰出贡献并不是必要的。

李研究员:你的看法完全错了。自爱迪生时代以来,技术的发展日新月异。在当代如果你想对技术发展作出杰出贡献,即使接受当时的正式教育,全面具备爱迪生时代的知识也是远远不够的。

以下哪项最恰当地指出了李研究员的反驳中存在的漏洞?

A.没有确切界定何为"技术发展"。

B.没有确切界定何为"接受正式教育"。

C.夸大了当代技术发展的成果。

D.忽略了一个核心概念:人类的生存方式。

E.低估了爱迪生的发明对当代技术发展的意义。

2004年入学MBA联考逻辑真题解析

答案速查:DEDEC CDDDA ACAAD EAADD CECCA

31.答案:D 解析:按照否定等值的规则,否定"非A且非B",等于断定"A或B",否定"可能",等于断定"必然",由此确定选D项。

32.答案:E 解析:由题干前提可以推出"物质实体→可见→无神秘感",而结论为"精神世界→

¬物质实体”。将结论做拆分，得到：精神世界→( )→¬物质实体。

将题干的两个前提，分别进行逆否，得到：

¬可见→¬物质实体；神秘感→¬物质实体。

这两个命题的前件均可补充进括号中，形成完整的逻辑链，即：

精神世界→(¬可见)→¬物质实体；

精神世界→(神秘感)→¬物质实体

故本题其实有两个正确答案：A、E项。

33. 答案：D　解析：注意问题中的相反陷阱。A项说明每单位汽油酒精所减少的排放，不会因为消耗量过大而“补偿”回去，所以对结论有支持作用；B、C、E项也都从不同侧面陈述了汽油酒精的优势。D项无法加强题干论证，因为全世界汽车日流量超过200万辆的其他城市的绿色植被覆盖率比北京高，不代表绿色植被的覆盖面积也比北京大，各个城市的总面积是未知的。而如果一个城市绿色植被的覆盖面积小于北京，那就未必足以消耗200万辆汽车产生的二氧化碳。

34. 答案：E　解析：题干推理形式可以刻画成：

(1)低价卖花→低价购花；

(2)¬销量大→¬低价购花⇒低价购花→销量大；

(3)销量大→满足兴趣∨独家销售权；

连接以上各式，得到：低价卖花→低价购花→销量大→满足兴趣∨独家销售权。

A项：低价购花→低价卖花。与题干不符。

B项：¬低价卖花→¬低价购花⇒低价购花→低价卖花。与题干不符。

C项：(满足兴趣∧独家销售权)∧¬低价卖花。C项肯定了逻辑链的后件，此时前件真假不定，因此低价卖花只是一种可能性，无法由题干必然推出。

D项：满足兴趣∨独家销售权→销量大。与题干不符。

E项：低价卖花→低价购花。符合题干第一个推理。

35. 答案：C　解析：注意问题中的相反陷阱。各选项的推理形式刻画如下：

A项：¬满足兴趣∧¬独家销售权→¬低价购花。是题干逻辑链的逆否命题，必定为真。

B项：¬满足兴趣∧独家销售权→¬低价购花。肯定了题干逻辑链的后件“满足兴趣∨独家销售权”(相容选言命题只要有一个选言支为真，则该命题为真)，无法必然推出前件的真假，所以该项并非“不可能为真”的选项。

C项：(¬满足兴趣∧¬独家销售权)∧低价卖花。题干相关推理是：低价卖花→满足兴趣∨独家销售权，C项是这个命题的矛盾命题，所以必然为假。

D项：与题干无关，无法判断真假。

E项：并非针对题干特定花店，无法判断真假。

36. 答案：C　解析：题干采用了求异实验，差异要素是“独生”与“非独生”，没有发现差异结果。要想削弱这个实验结论，就要说明实验失败，即差异要素不存在或者有差异结果。如果C项断定为真，则说明在3岁以前，影响日常行为能力的生活环境对于两组实验对象来说是一样的，因此差异要素不存在，进而削弱了结论。

A项不选，因为题干中没有表明地区差异是否会对社会能力造成影响。

B、E项是补充新的差异要素，而题干中没有证据表明与父母的接触时间长短对于社会能力发展有影响。

D项是无关项。

37. 答案：D　解析：题干的论证主线是《英雄》票房收入领先说明观看的人数多；观看《英雄》

的人数多说明《英雄》是前两年最好的古装武打片。为使题干的论证成立，Ⅰ是必须假设的。否则就不能根据票房收入判断观影人数。

Ⅱ也是必须假设的，否则就不能根据观看人数多而得出结论。

Ⅲ项不是必须假设的。题干只是指出，由著名导演、演员、摄影师、武打设计师和服装设计师参与，是《英雄》的一个特点，但并没有断定这是评价《英雄》的质量的一个标准。

38. 答案：D　解析：Ⅰ是必须假设的，否则，如果当选者不一定是竞选实力最强的竞选者，就不能根据极具竞选实力的两个候选人不参加竞选而得出董来春肯定当选的结论。

Ⅲ也是必须假设的。否则，如果除了郝建生和曾思敏，还有其他人的竞选实力比董来春强，那就同样不能根据极具竞选实力的郝建生和曾思敏不参加竞选而得出结论：董来春肯定当选。

Ⅱ不是必须假设的。即使除了董来春还有其他竞选人，只要他们的竞争实力不强于董来春，题干的论证仍然可以成立。

39. 答案：D　解析：A、B项各给出了一个反例（小张不是被调查者是没有影响的，因为调查是随机抽样），但是题干的结论给出的是年龄与告知收入状况的意愿之间的共变关系，单独反例不能说明年龄较轻是否"更愿意"告诉别人收入状况。C项是对题干的支持。E项与题干所要论证的共变关系无关。

D项如果为真，则有利于说明：是否愿意告诉别人自己的收入状况，可能与年龄没有必然联系，削弱了题干中的共变关系，但必须指出的是，D项仅是一个反例，其削弱力度不强，只是相较其他项更合适。

40. 答案：A　解析：题干将融资渠道与其他因素做了对比，强调融资渠道重于其他因素。A项如果为真，说明融资渠道取决于其他因素。这就说明其他因素才是初创公司成功的首要因素。其余各项与题干的论证无关。

41. 答案：A　解析：A项如果为真，说明用猎狗来驱赶鸡群，虽然可能减少鸡群对交通安全的威胁，但因此带来了猎狗对交通安全的威胁，这就达不到消除安全威胁的目的。其余各项均不能对题干的计划构成质疑。

42. 答案：C　解析：题干断定：许多国家首脑在出任前并未有丰富的外交经验，但这并没有妨碍他们做出成功的外交决策。这说明，"丰富的外交经验"不是国家首脑做出成功的外交决策的必要条件；题干又断定：对于一个缺乏政治敏感、准确的信息分析能力和果断的个人勇气的外交决策者来说，丰富的外交经验没有什么价值。这说明：丰富的外交经验，不是国家首脑做出成功的外交决策的充分条件。因此，C项为真。

E项无法在题干中找到匹配的信息。

43. 答案：A　解析：刻画题干：(1)大于800万→优秀奖；(2)激励奖→大于600万。

既然各分公司的年营业额，或者超过1 000万元，或者不足600万。因此，超过600万元的，一定超过800万元，故(2)与(1)可以形成逻辑链：激励奖→大于600万(即大于800万)→优秀奖。

因此，获得激励奖的职员，一定可获得优秀奖，Ⅰ必真。

Ⅱ不一定为真。因为上述逻辑链肯定后件继而肯定前件是无效推理。

Ⅲ不一定为真。因为分公司数量的半数，和职员数量的半数不是同一个概念。

44. 答案：A　解析：A项是题干的论证所需要假设的。否则，如果事实上普通高山反应和急性脑血管梗阻的医疗处理没有什么不同，那么，即使由于急性脑血管梗阻的症状和普通高山反应相似，而把前者误诊为后者，也不会因此产生有害的结果，这样，就难以得出结论：在高海拔地区，急性脑血管梗阻这种病特别危险。

B项无需假设，因为即使高山反应会诱发急性脑血管梗阻，也不影响结论的得出。

C项假设过强，首先，结论特指"在高海拔地区"，而C项扩大了话题范围；其次，题干说及时治疗是挽回生命的必要条件,并不需要假设及时治疗了就能如何。

D 项是对结论的支持,但无需假设,因为当它为假的时候结论仍然成立;

E 项无法说明急性脑血管梗阻的危险性,与结论无关。

45. 答案:D 解析:题干的推理形式是:

(1)高科技含量→资金投入∧技术人才。

(2)占领市场→高科技含量。

将题干推理连接起来得到:占领市场→高科技含量→资金投入∧技术人才。

各选项的推理形式是:

A 项:高科技含量∧占领市场,不是题干逻辑链的矛盾。

B 项:高科技含量∧¬占领市场,不选的理由同上。

C 项:¬高科技含量→¬占领市场,这是题干第二个命题的逆否命题,与原命题等价。

D 项:占领市场∧¬资金投入,这是肯定前件、否定后件的矛盾式,与原命题互为矛盾,故削弱力度最强。注意,题干逻辑链的后件是个联言命题,只要否定一个联言支,则整个联言命题都是假的。

E 项:¬占领市场∧(资金投入∧技术人才),这是否定了题干的前件,不符合假言命题矛盾式,故不能削弱题干。

46. 答案:E 解析:E 项是题干的论证必须假设的。否则,如果事实上莱布尼兹或牛顿从第三渠道获得过关于微积分的关键性细节,那么,即使他们两人在发现微积分的过程中彼此没有实质性的沟通,也不能得出结论:他们各自独立地发现了微积分。

A、B 项谈才能以及人品,与是否各自“独立发现”无关。

C 项即使为假,最多说明他俩不是最先发现的人,并不妨碍他们各自独立地发现。

D 项也无需假设,即使他把关键性内容告诉过别人,也不能说明牛顿发现微积分的过程中依赖了这些内容。

本题思路接近 2003 年入学 MBA 联考第 37 题。

47. 答案:A 解析:题干断定,在尾气排放新标准实施的头三个月中,“宏达”车在春江市的月销售量不变,但所占的销量份额明显下降。由此可推出结论:这三个月春江市汽车销售总量明显增加。因此,A 项不可能为真。

其余各项由于题干未涉及相关信息,真假不定。注意,B 项断定的是“在实施尾气排放新标准之前的三个月中”,这不同于 A 项所断定的“在实施尾气排放新标准的头三个月中”。

48 答案:A 解析:张先生指出应该通过向吸烟者征税,目的是缓解医疗保健事业的投入不足。李女士运用了归谬法对这一建议的合理性提出质疑。两人争论的焦点是:张先生提出征税这一建议是否合理。因此,A 项恰当地概括了两人争论的焦点。

B、D 项扩大了范围,交税不等于对此负责,缓解“医疗保健事业”投入不足不等于缓解“公共事业”投入不足。

C 项与争论无关。

E 项不恰当,因为对话双方都没有提到借此纠正不良习惯。

49. 答案:D 解析:张女士指出,如果向吸烟者征税是合理的,那么向经常食用高脂肪、高胆固醇的食物的人征税也是合理的。而后者显然是不合理的。因此,D 项恰当地概括了张女士的反驳所运用的方法,即归谬法。

其余各项均不恰当,例如 A 项,李女士并不认为对方建议合理。

50. 答案:D 解析:根据题干描述所能得出的结论应该是:该魔术的奥秘,第一次不在于手法技巧,第二次不在于扑克,第三次不在于志愿者有诈。根据第一次的结论推不出第二第三次也不在于手法技巧,根据第二次的结论推不出第一第三次也不在于扑克……如果魔术师表演同一个节目可以使用不同的方法,那么,好奇者的推断不能成立。D 项正是指出了这一漏洞。E 项实际支持了好奇者的推断。

51. 答案:C　解析:由于乙不可能单独作案,所以作案者或者是甲或者是丙。这是一个相容选言命题,二者完全可能同时作案。如果甲作案,根据条件(2),必有丙;如果甲没作案,根据相容选言命题否定肯定式,还是必有丙。故选 C 项。

52. 答案:E　解析:"亚里洛"中没有表示"云"的文字,但使用"亚里洛"文字的部落或种族生活的地带不可能没有云,这就有力地削弱了专家的推测逻辑,说明有无相应的文字和事物之间没有必然联系。

A 项针对的是其他民族,不能必然类推出"亚里洛"的情况。

其余各项均不能削弱题干,例如,不能确认"亚里洛"是否有山,故 D 项不能说明问题。

53. 答案:C　解析:注意,打折机票的比例与折扣率是不同的两个概念,不要混淆。题干根据打折机票的比例不同,试图论证平均票价的差异,这就需要假设折扣率一致。为使题干的论证成立,C 项是必须假设的。如果折扣率不同,例如目前的价格组成是 90%机票打九折+10%全价;而一年前的价格组成是 50%机票打一折+50%全价,那么目前的平均票价就会低于一年前,题干的结论就不成立了。

A 项不必假设,因为售出率影响实际收入,但题干结论说的是平均票价。

B 项不必假设,即使为假,结论也有可能成立。

D 项是无关项,题干未涉及服务水平问题。

E 项也不必假设,因为该项没涉及打折的力度,所以无法讨论平均票价。

54. 答案:C　解析:题干的结论是带有三个选言支的选言命题,如果要削弱这个结论,就要说明这三个选言支都不成立。这就意味着:没有误送、没有失落名片(可推出就是熟人送的)、专递公司没有送错。既然是熟人送的,而且熟人知道小丽不喜欢玫瑰,也没有误送,那么只剩一种可能性了:这位熟人故意送了小丽不喜欢的花。因此本题应选 C 项。

B 项承认了"取悦对方"这个目的,是有助于题干推理结论成立的。

E 项不能削弱,因为过去没有失误,不意味着现在必然不失误。

A、D 项均无关。

55. 答案:A　解析:李研究员的反驳中,把张教授所说的宏观上的技术发展,不当地限定为当代的技术发展。A 项恰当地指明了这一点。请关注李研究员的反驳中"在当代如果想对技术发展作出杰出贡献……"这句话中的"在当代",这明显地说明了核心概念的时间界定不一致。

B 项二者所说的正式教育指的都是当时的教育,没有出现不一致。

C 项李研究员并没有涉及当代技术发展的成果。

D 项张教授提到"爱迪生的发明,改变了人类的生存方式",李研究员说"当代如果你想对技术发展作出杰出贡献……",事实上承认了爱迪生的贡献,指的也是"改变人类生存方式"的贡献。因此不能说李研究员忽略了这个核心概念。

E 项既然李研究员肯定了爱迪生的突出贡献,那就不存在低估的问题。